NCS(국가직무능력표준) 기반 출제기준 반영 / CBT 대비서

타워크레인 운전기능사

Craftsman Tower Crane Operating

김희승·호종관 지음 | 하행봉 감수

" 이 책을 선택한 당신, 당신은 이미 위너입니다! **"**

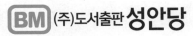
BM (주)도서출판 성안당

도서 A/S 안내

성안당에서 발행하는 모든 도서는 저자와 출판사, 그리고 독자가 함께 만들어 나갑니다.

좋은 책을 펴내기 위해 많은 노력을 기울이고 있습니다. 혹시라도 내용상의 오류나 오탈자 등이 발견되면 "좋은 책은 나라의 보배"로서 우리 모두가 함께 만들어 간다는 마음으로 연락주시기 바랍니다. 수정 보완하여 더 나은 책이 되도록 최선을 다하겠습니다.

성안당은 늘 독자 여러분들의 소중한 의견을 기다리고 있습니다. 좋은 의견을 보내주시는 분께는 성안당 쇼핑몰의 포인트(3,000포인트)를 적립해 드립니다.

잘못 만들어진 책이나 부록 등이 파손된 경우에는 교환해 드립니다.

저자 문의 e-mail : hs600@daum.net(김희승)
본서 기획자 e-mail : coh@cyber.co.kr(최옥현)
홈페이지 : http://www.cyber.co.kr   전화 : 031) 950-6300

✳ 머리말

우리 사회는 산업의 발전과 함께 도시화가 가속화되면서 건물의 고층화, 부재의 대형화로 양중작업의 중요성이 급격히 높아지고 있다. 특히 타워크레인은 초고층 빌딩이나 산업현장에서 작업효율이 높기 때문에 아주 유용하게 사용되고 있다.

하지만 최근 들어 타워크레인 운영 중 인명사고가 발생하고 있어서 국민들의 타워크레인에 대한 관심이 그 어느 때보다도 높아지고 있다. 이에 따라 타워크레인을 조종하거나 설치·해체 및 운영 관련 업종에 종사하는 사람들에게 보다 많은 지식이 요구되고 있는 실정이다.

이 책은 현장 적용성을 높이는 한편, 국가직무능력표준(NCS) 적용을 고려하여 다음과 같이 내용을 보완하였다.

1. 국가기술자격시험 응시자에게 필요한 지식과 수행 프로세스 등 필요한 수험 정보를 알기 쉽게 제공하였다.
2. 현장 적용성 향상에 중점을 두고 안전사항을 보강하였다.
3. 양중작업 및 설치·해체, 유지보수, 운전 등 체계적인 학습이 가능하도록 내용을 구성하였다.
4. 최근 기출문제와 관련 법령을 수록, 해설함으로써 문제에 대응할 수 있도록 준비하였다.

아무쪼록 이 책이 수험생에게는 자격을 취득하는 데 도움이 되고, 실무자에게는 양중작업의 효율성을 높이고 안전성을 확보하는 데 기여할 수 있기를 기대한다.

끝으로 현장에서 수고하는 타워크레인 조종사 여러분의 노고에 감사드리고, 아울러 개정작업에 힘써 주신 성안당 출판사 여러분께도 고마움을 전한다.

저자를 대표하여
김 희 승

✳ NCS(국가직무능력표준) 안내

1 국가직무능력표준(NCS)이란?

국가직무능력표준(NCS, National Competency Standards)은 산업현장에서 직무를 수행하기 위해 요구되는 지식·기술·태도 등의 내용을 국가가 산업부문별, 수준별로 체계화한 것이다.

(1) 국가직무능력표준(NCS) 개념도

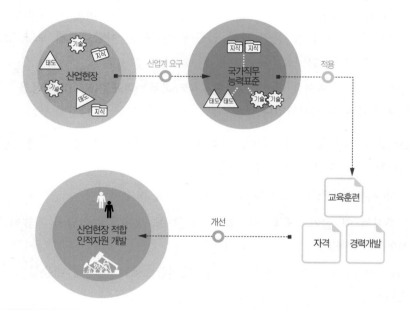

직무능력 : 일을 할 수 있는 On - spec인 능력
① 직업인으로서 기본적으로 갖추어야 할 공통
   능력 → 직업기초능력
② 해당 직무를 수행하는 데 필요한 역량(지식,
   기술, 태도) → 직무수행능력

보다 효율적이고 현실적인 대안 마련
① 실무 중심의 교육·훈련 과정 개편
② 국가자격의 종목 신설 및 재설계
③ 산업현장 직무에 맞게 자격시험 전면 개편
④ NCS 채용을 통한 기업의 능력 중심 인사관리
   및 근로자의 평생경력 개발 관리 지원

(2) 국가직무능력표준(NCS) 학습모듈

국가직무능력표준(NCS)이 현장의 '직무요구서'라고 한다면, NCS 학습모듈은 NCS 능력단위를 교육 훈련에서 학습할 수 있도록 구성한 '교수·학습자료'이다.
NCS 학습모듈은 구체적 직무를 학습할 수 있도록 이론 및 실습과 관련된 내용을 상세하게 제시하고 있다.

② 국가직무능력표준(NCS)이 왜 필요한가?

능력 있는 인재를 개발해 핵심 인프라를 구축하고, 나아가 국가경쟁력을 향상시키기 위해 국가직무능력
표준이 필요하다.

(1) 국가직무능력표준(NCS) 적용 전/후

🔍 지금은

- 직업 교육·훈련 및 자격제도
  가 산업현장과 불일치
- 인적자원의 비효율적 관리
  운용

국가직무
능력표준

🔍 이렇게 바뀝니다.

- 각각 따로 운영되었던 교육·
  훈련, 국가직무능력표준 중심
  시스템으로 전환
  (일−교육·훈련−자격 연계)
- 산업현장 직무 중심의 인적자원
  개발
- 능력중심사회 구현을 위한 핵심
  인프라 구축
- 고용과 평생직업능력개발 연계
  를 통한 국가경쟁력 향상

(2) 국가직무능력표준(NCS) 활용범위

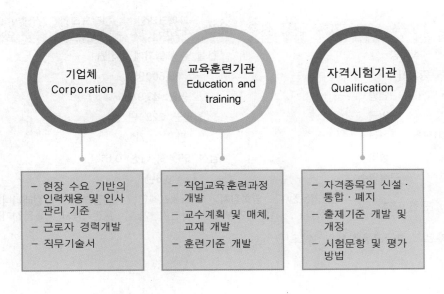

기업체 Corporation	교육훈련기관 Education and training	자격시험기관 Qualification

− 현장 수요 기반의
  인력채용 및 인사
  관리 기준
− 근로자 경력개발
− 직무기술서
	− 직업교육 훈련과정
	  개발
	− 교수계획 및 매체,
	  교재 개발
	− 훈련기준 개발
		− 자격종목의 신설·
		  통합·폐지
		− 출제기준 개발 및
		  개정
		− 시험문항 및 평가
		  방법

③ NCS 분류체계

① 국가직무능력표준의 분류는 직무의 유형(Type)을 중심으로 국가직무능력표준의 단계적 구성을 나타내는 것으로, 국가직무능력표준 개발의 전체적인 로드맵을 제시한다.

② 한국고용직업분류(KECO: Korean Employment Classification of Occupations)를 중심으로 한국표준직업분류, 한국표준산업분류 등을 참고하여 분류하였으며 '대분류(24개) → 중분류(80개) → 소분류(238개) → 세분류(887개)'의 순으로 구성한다.

③ '타워크레인운전'의 NCS 학습모듈

분류체계				NCS 학습모듈
대분류	중분류	소분류	세분류(직무)	
건설	건설기계 운전 · 정비	양중기계운전	타워크레인운전 (타워크레인조종)	1. 타워크레인 신호체계 확인 2. 타워크레인 목적물 해체조종 3. 타워크레인 작업 후 안전조치 4. 타워크레인 작업일보 작성 5. 타워크레인 작업 전 장비점검 6. 타워크레인 작업 후 장비점검 7. 타워크레인 화물운반 8. 타워크레인 목적물 설치조종 9. 타워크레인 작업 전 안전교육 10. 타워크레인 작업지시 확인

④ 직업정보

세분류	기중기운전	양화장치운전	타워크레인 운전	천장크레인 운전	컨테이너크레인 운전
직업명	건설 및 채굴기계 운전원				
종사자 수	89,600명				
종사현황 연령	평균: 43.9세				
종사현황 임금	월평균: 228.1만 원				
종사현황 학력	평균: 11.7년				
종사현황 성비	남성: 99.4%, 여성: 0.6%				
종사현황 근속연수	9.6년				
관련 자격	기중기운전 기능사	양화장치 운전기능사	타워크레인 운전기능사	천장크레인 운전기능사	컨테이너크레인 운전기능사

* 자료 : 한국고용정보원, 워크넷

④ 과정평가형 자격취득

(1) 개념
국가직무능력표준(NCS)에 따라 편성·운영되는 교육·훈련과정을 일정 수준 이상 이수하고 평가를 거쳐 합격기준을 통과한 사람에게 국가기술자격을 부여하는 제도이다.

(2) 시행대상
「국가기술자격법 제10조 제1항」의 과정평가형 자격 신청자격을 충족한 기관 중 공모를 통하여 지정된 교육·훈련기관의 단위과정별 교육·훈련을 이수하고 내부평가에 합격한 자

(3) 교육·훈련생 평가
① 내부평가(지정 교육·훈련기관)
　㉠ 평가대상 : 능력단위별 교육·훈련과정의 75% 이상 출석한 교육·훈련생
　㉡ 평가방법 : 지정받은 교육·훈련과정의 능력단위별로 평가
　　→ 능력단위별 내부평가 계획에 따라 자체 시설·장비를 활용하여 실시
　㉢ 평가시기 : 해당 능력단위에 대한 교육·훈련이 종료된 시점에서 실시하고, 공정성과 투명성이 확보되어야 함
　　→ 내부평가 결과 평가점수가 일정 수준(40%) 미만인 경우에는 교육·훈련기관 자체적으로 재교육 후, 능력단위별 1회에 한해 재평가 실시
② 외부평가(한국산업인력공단)
　㉠ 평가대상 : 단위과정별 모든 능력단위의 내부평가 합격자
　㉡ 평가방법 : 1차·2차 시험으로 구분 실시
　　•1차 시험 : 지필평가(주관식 및 객관식 시험)
　　•2차 시험 : 실무평가(작업형 및 면접 등)

(4) 합격자 결정 및 자격증 교부
① 합격자 결정 기준
　내부평가 및 외부평가 결과를 각각 100점을 만점으로 하여 평균 80점 이상 득점한 자
② 자격증 교부
　기업 등 산업현장에서 필요로 하는 능력보유 여부를 판단할 수 있도록 교육·훈련 기관명·기간·시간 및 NCS 능력단위 등을 기재하여 발급

★ NCS에 대한 자세한 사항은 **N 국가직무능력표준** National Competency Standards 홈페이지(www.ncs.go.kr)에서 확인하시기 바랍니다.★

✳ CBT [Computer Based Test] 안내

1 CBT란?

CBT란 Computer Based Test의 약자로, 컴퓨터 기반 시험을 의미한다.

정보기기운용기능사, 정보처리기능사, 굴삭기운전기능사, 지게차운전기능사, 제과기능사, 제빵기능사, 한식조리기능사, 양식조리기능사, 일식조리기능사, 중식조리기능사, 미용사(일반), 미용사(피부) 등 12종목은 이미 오래 전부터 CBT 시험을 시행하고 있으며, **타워크레인운전기능사는 2016년 5회 시험부터 CBT 시험이 시행**된다.

CBT 필기시험은 컴퓨터로 보는 만큼 수험자가 답안을 제출함과 동시에 합격 여부를 확인할 수 있다.

2 CBT 시험과정

한국산업인력공단에서 운영하는 홈페이지 **큐넷(Q-net)**에서는 누구나 쉽게 **CBT 시험**을 볼 수 있도록 실제 자격시험 환경과 동일하게 구성한 **가상 웹 체험 서비스를 제공**하고 있으며, 그 과정을 요약한 내용은 아래와 같다.

(1) 시험시작 전 신분 확인절차

수험자가 자신에게 배정된 좌석에 앉아 있으면 신분 확인절차가 진행된다.

이것은 시험장 감독위원이 컴퓨터에 나온 수험자 정보와 신분증이 일치하는지를 확인하는 단계이다.

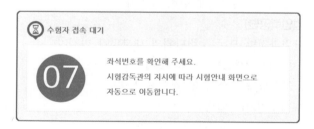

(2) CBT 시험안내 진행

신분 확인이 끝난 후 시험시작 전 CBT 시험안내가 진행된다.

> 안내사항 > 유의사항 > 메뉴 설명 > 문제풀이 연습 > 시험준비 완료

① 시험 [안내사항]을 확인한다.
- 시험은 총 5문제로 구성되어 있으며, 5분간 진행된다. (자격종목별로 시험문제 수와 시험시간은 다를 수 있다. (타워크레인운전기능사 필기-60문제/1시간))
- 시험 도중 수험자의 PC에 장애가 발생할 경우 손을 들어 시험감독관에게 알리면 긴급장애조치 또는 자리이동을 할 수 있다.
- 시험이 끝나면 합격 여부를 바로 확인할 수 있다.

② 시험 [유의사항]을 확인한다.
시험 중 금지되는 행위 및 저작권 보호에 관한 유의사항이 제시된다.

③ 문제풀이 [메뉴 설명]을 확인한다.
문제풀이 기능 설명을 유의해서 읽고 기능을 숙지해야 한다.

④ 자격검정 CBT [문제풀이 연습]을 진행한다.
실제 시험과 동일한 방식의 문제풀이 연습을 통해 CBT 시험을 준비한다.
- CBT 시험문제 화면의 기본 글자크기는 150%이다. 글자가 크거나 작을 경우 크기를 변경할 수 있다.
- 화면배치는 1단 배치가 기본 설정이다. 더 많은 문제를 볼 수 있는 2단 배치와 한 문제씩 보기 설정이 가능하다.

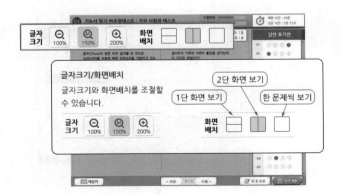

• 답안은 문제의 보기번호를 클릭하거나 답안표기 칸의 번호를 클릭하여 입력할 수 있다.
• 입력된 답안은 문제화면 또는 답안표기 칸의 보기번호를 클릭하여 변경할 수 있다.

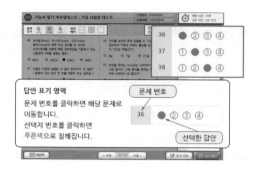

• 페이지 이동은 아래의 페이지 이동 버튼 또는 답안표기 칸의 문제번호를 클릭하여 이동할 수 있다.

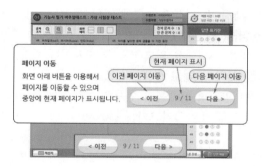

• 응시종목에 계산문제가 있을 경우 좌측 하단의 계산기 기능을 이용할 수 있다.

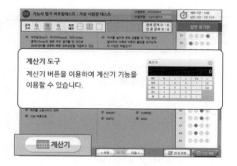

• 안 푼 문제 확인은 답안 표기란 좌측에 안 푼 문제 수를 확인하거나, 답안 표기란 하단 [안 푼 문제] 버튼을 클릭하여 확인할 수 있다. 안 푼 문제번호 보기 팝업창에 안 푼 문제번호가 표시된다. 번호를 클릭하면 해당 문제로 이동한다.

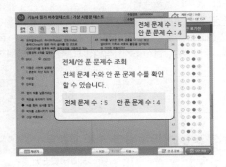

• 시험문제를 다 푼 후 답안 제출을 하거나 시험시간이 모두 경과되었을 경우 시험이 종료되며, 시험결과를 바로 확인할 수 있다.

• [답안 제출] 버튼을 클릭하면 답안 제출 승인 알림창이 나온다. 시험을 마치려면 [예] 버튼을 클릭하고 시험을 계속 진행하려면 [아니오] 버튼을 클릭하면 된다. 답안 제출은 실수 방지를 위해 두 번의 확인 과정을 거친다. 이상이 없으면 [예] 버튼을 한 번 더 클릭하면 된다.

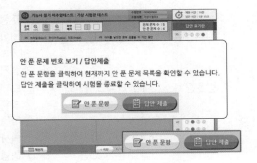

⑤ [시험준비 완료]를 한다.
시험 안내사항 및 문제풀이 연습까지 모두 마친 수험자는 [시험준비 완료] 버튼을 클릭한 후 잠시 대기한다.

(3) CBT 시험 시행

(4) 답안 제출 및 합격 여부 확인

★ 좀 더 자세한 내용은 **Q-Net** 홈페이지(www.q-net.or.kr)를 방문하여 참고하시기 바랍니다. ★

필기

직무 분야	건설	중직무 분야	건설기계 운전 · 정비	자격 종목	타워크레인운전기능사	적용 기간	2020. 1. 1 ~ 2022. 12. 31

직무내용 : 타워크레인 운전은 타워크레인이 설치된 건설현장, 조선소 등에서 목적물 운반을 위해 작업지시 확인, 작업 전 안전교육, 작업 전 장비점검, 신호체계 확인, 목적물 설치운전, 목적물 해체운전, 화물운반 전 · 후, 장비점검, 안전조치, 작업일보 작성 등 타워크레인 운전에 필요한 전 과정을 수행하는 직무이다.

필기검정방법	객관식	문제 수	60	시험 시간	1시간

필기과목명	문제 수	주요항목	세부항목	세세항목
타워크레인 구조 및 기능일반, 양중작업 일반, 타워크레인 설치 · 해체 일반	60	1. 구조	(1) 타워크레인의 구조	① 타워크레인의 주요 구조부 ② 기초앵커 설치에 관한 사항
		2. 기능일반	(1) 타워크레인의 기본 원리	① 기계일반, 기초이론에 관한 사항 ② 타워크레인 운전에 필요한 역학
			(2) 타워크레인의 주요 기능	① 권상 · 권하 ② 횡행 ③ 선회 ④ 기복 ⑤ 주행
		3. 전기일반	(1) 전기이론과 용어	① 전기일반 ② 전기기계 기구의 외함 구조 ③ 접지
		4. 방호장치	(1) 타워크레인의 방호장치	① 타워크레인의 방호장치 종류 ② 타워크레인의 방호장치 원리 ③ 타워크레인의 방호장치 점검사항
			(2) 타워크레인의 운전 요령	① 권상 · 권하 작업 ② 횡행작업 ③ 선회작업 ④ 기복작업 ⑤ 주행작업
		5. 유압이론	(1) 타워크레인의 유압장치	① 유압의 기초 ② 유압구성장치 ③ 텔레스코핑 유압장치
		6. 양중작업	(1) 타워크레인의 양중작업	① 타워크레인의 양중작업 종류 ② 타워크레인의 양중작업 보조용구
			(2) 줄걸이 작업	① 타워크레인에 사용하는 줄걸이 용구의 안전율 ② 줄걸이 작업요령

필기과목명	문제 수	주요항목	세부항목	세세항목
		7. 타워크레인 운전	(1) 타워크레인의 운전 개요	① 타워크레인의 운전자격 ② 타워크레인의 운전자 의무
			(2) 타워크레인의 운전 요령	① 권상·권하작업 ② 횡행작업 ③ 선회작업 ④ 기복작업 ⑤ 주행작업
		8. 신호	(1) 신호방법	① 음성신호 ② 무선신호 ③ 수신호 ④ 호각신호 ⑤ 깃발신호 ⑥ 기타 신호
		9. 설치·해체 작업 시 운전	(1) 설치작업	① 설치작업 시 운전방법 ② 설치작업 시 운전 준수사항
			(2) 해체작업	① 해체작업 시 운전방법 ② 해체작업 시 운전 준수사항
		10. 안전관리 및 관련법규	(1) 안전관리	① 산업안전일반 ② 작업상의 안전 ③ 기계·기기 및 공구에 관한 안전 ④ 전기작업에 관한 안전 ⑤ 기타 작업에 관한 안전
			(2) 관련법규	① 산업안전보건법령 ② 건설기계관리법령

실기

직무 분야	건설	중직무 분야	건설기계 운전·정비	자격 종목	타워크레인운전기능사	적용 기간	2020. 1. 1. ~ 2022. 12. 31.

직무내용 : 타워크레인 운전은 타워크레인이 설치된 건설현장, 조선소 등에서 목적물 운반을 위해 작업지시 확인, 작업 전 안전교육, 작업 전 장비점검, 신호체계 확인, 목적물 설치운전, 목적물 해체운전, 화물운반 전·후, 장비점검, 안전조치, 작업일보 작성 등 타워크레인 운전에 필요한 전 과정을 수행하는 직무이다.

수행준거 : 1. 타워크레인을 운전하여 중량물을 권상·권하 및 착지작업을 할 수 있다.
2. 타워크레인을 운전하여 중량물을 요동 없이 선회·횡행·기복·정지작업을 할 수 있다.
3. 타워크레인의 안전한 작업을 위하여 운전 전·후 점검을 할 수 있다.
4. 타워크레인의 신호법에 의해 신호를 주고받아 작업할 수 있다.

실기검정방법	작업형	시험시간	15~30분 정도

실기과목명	주요항목	세부항목	세세항목
타워크레인운전실무	1. 작업지시 확인	(1) 작업조건 확인하기	① 작업계획서의 목적물 형태와 무게에 따른 인양방법과 달기 기구를 확인할 수 있다.
	2. 작업 전 안전	(1) 개인 안전장구 착용하기	① 작업안전수칙에 따라 개인 안전장구를 착용할 수 있다.
	3. 작업 전 장비점검	(1) 장비 작동 상태 확인하기	① 육안검사를 통해 모든 계기류 및 컨트롤의 작동 상태를 확인할 수 있다. ② 육안검사를 통해 윈치 브레이크, 클러치의 작동 상태를 확인할 수 있다.
		(2) 줄걸이 용구 확인하기	① 육안검사를 통해 줄걸이 와이어로프 상태를 확인할 수 있다. ② 육안검사를 통해 줄걸이 벨트 상태를 확인할 수 있다. ③ 육안검사를 통해 달기 기구 상태를 확인할 수 있다. ④ 육안검사를 통해 스프레드 빔·균형 빔 상태를 확인할 수 있다. ⑤ 작업용도에 적당한 태그 라인을 선택할 수 있다.
		(3) 작업관련장치 확인하기	① 각종 브레이크의 작동 상태를 확인할 수 있다.
	4. 신호체계 확인	(1) 수신호 확인하기	① 크레인작업 표준신호지침에 따라 크레인 작업 시 사용하는 수신호를 확인할 수 있다. ② 크레인작업 표준신호지침에 따라 크레인 작업 시 적용하는 호각신호를 확인할 수 있다.

실기과목명	주요항목	세부항목	세세항목
			③ 크레인작업 표준신호지침에 따라 크레인 작업 시 적용하는 깃발신호를 확인할 수 있다.
			④ 크레인작업 표준신호지침에 따라 표준 신호표식을 작업장과 운전석 옆에 게시, 비치하였는지 확인할 수 있다.
		(2) 무선통신 확인하기	① 크레인작업 표준신호지침에 따라 신호수의 무선 음성신호를 상호 확인할 수 있다.
		(3) 신호수 안전 확인하기	① 작업안전수칙에 따라 지정 신호수의 위치를 확인할 수 있다.
			② 작업안전수칙에 따라 육안으로 신호수의 안전 상태를 확인할 수 있다.
	5.목적물 설치운전	(1) 화물 확인하기	① 작업계획서에 따라 화물의 무게, 부피를 확인할 수 있다.
			② 화물의 조건에 따라 달기 기구의 조건을 확인할 수 있다.
		(2) 설치 위치 확인하기	① 작업계획서에 의해 설치할 위치를 확인할 수 있다.
			② 육안으로 화물 이동경로상에 장애물 여부를 확인할 수 있다.
		(3) 신호수·작업자 확인하기	① 육안으로 줄걸이 작업자가 안전지역에 있는지를 확인할 수 있다.
			② 육안으로 비관련자들이 안전지역에 있는지를 확인할 수 있다.
		(4) 화물 설치하기	① 육안으로 화물의 달기 기구 결속 상태를 확인할 수 있다.
			② 클라이밍(텔레스코핑) 작업계획서에 따라 타워크레인의 수평유지 상태를 확인할 수 있다.
	6. 목적물 해체운전	(1) 화물 확인하기	① 작업계획서에 있는 화물의 무게와 부피를 확인할 수 있다.
			② 화물의 조건에 의해 달기 기구 조건을 확인할 수 있다.
		(2) 해체 하역위치 확인하기	① 육안으로 이동경로상에 장애물 여부를 확인할 수 있다.
		(3) 신호에 따른 화물 해체하기	① 육안으로 목적물의 형태 및 결속 상태를 확인할 수 있다.
			② 작업지침서에 따라 화물의 중량을 확인하여 작업속도를 결정할 수 있다.
			③ 클라이밍(텔레스코핑) 작업계획서에 따라 타워크레인의 수평유지 상태를 확인할 수 있다.

실기과목명	주요항목	세부항목	세세항목
		(4) 화물 하역하기	① 작업계획서에 따라 화물의 하역장소를 확인할 수 있다. ② 정해진 신호에 따라 화물을 안전하게 안착할 수 있다. ③ 작업지침서에 따라 화물의 달기 기구를 해체할 수 있다. ④ 작업지침서에 따라 훅을 안전위치로 올릴 수 있다.
	7. 화물 운반	(1) 작업장 주변 안전 확보하기	① 육안검사를 통해 주변 장애물과의 여유 거리를 확인할 수 있다.
		(2) 화물 확인하기	① 육안검사를 통해 화물의 형태 및 결속 상태를 확인할 수 있다. ② 육안검사를 통해 화물의 고정, 지면과 동결 여부를 확인할 수 있다.
		(3) 권상작업하기	① 작업안전수칙에 따라 주변 장애물과의 안전거리를 확보할 수 있다.
		(4) 화물 줄걸이 상태 확인하기	① 작업지침서에 따라 줄걸이 방법의 안전성 여부를 확인할 수 있다. ② 작업지침서에 따라 무게중심 위치에 따른 적절한 줄걸이 여부를 확인할 수 있다. ③ 작업지침서에 따라 측면하중, 충격하중으로부터 안전한 줄걸이 여부를 확인할 수 있다. ④ 작업계획서에 따라 태그라인 사용 상태를 확인할 수 있다.
		(5) 화물 인양 상태 확인하기	① 육안으로 화물이 안전하게 줄걸이 되었는지 확인할 수 있다.
		(6) 화물 위치 이동하기	① 작업안전수칙에 따라 화물의 이동위치까지의 안전을 확인할 수 있다. ② 육안으로 화물의 이동경로상의 장애물 여부를 확인할 수 있다.
		(7) 권하작업하기	① 작업지침서에 따라 규정 속도로 주행하여 충격하중, 측면하중 최소화 여부를 확인할 수 있다. ② 작업지침서에 따라 안전하게 화물을 내려놓을 수 있다.

✳ 차례

제5장 타워크레인의 구성 · 설치 · 해체

부록 I 과년도 출제문제

부록 II 실전 모의고사

제**1**장

Craftsman Tower Crane Operating

크레인 기초, 일반

제1장 크레인 기초, 일반

1 / 크레인 일반

1 크레인의 정의

크레인(crane)이란 인력을 절감하기 위하여 상당량의 화물을 동력으로 달아 올리거나 어떤 공간으로 이동하여 예정된 장소까지 운반하는 목적의 장비 및 설비이다. 이때 동력으로 하지 않고 인력으로 작업하는 경우는 크레인이라고 하지 않으며, 크레인 안전 규칙에서도 "크레인은 동력을 사용하여 화물을 들어올리거나 이것을 수평으로 운반하는 설비"라고 정의하였다.

(1) 한국산업규격상의 정의

크레인은 화물을 들어올려 수평으로 운반하는 장치이므로 그 운동으로는 화물을 들어올리는 권상(卷上), 권하(卷下), 화물을 수평으로 이동하기 위한 주행(走行), 횡행(橫行), 선회(旋回), 기복(起伏) 및 인입(引入) 운동 등의 하나 또는 이것들이 조합된 운동이 있다.

(2) 산업안전보건기준에 관한 규칙상의 정의

산업안전보건기준에 관한 규칙(제132조)에서 "크레인이라 함은 동력을 사용하여 중량물을 매달아 상하 및 좌우(수평 또는 선회를 말한다)로 운반하는 것을 목적으로 하는 기계 또는 기계장치를 말한다"라고 정의하였다.

(3) 건설기계관리법상의 정의

건설기계관리법 시행령(제2조 별표1 건설기계의 범위 중 제7호)에서 기중기(crane)는 "무한궤도 또는 타이어식으로 강재의 자주 및 선회장치를 가진 것. 다만 궤도(레일)식인 것을 제외한다"라고 규정하였고, 타워크레인(tower crane)은 동일 시행령(제2조 별표1 건설기계의 범위 중 제27호)에서 "수직타워의 상부에 위치한 지브(jib)를 선회시켜 중량물을 상하, 전후 또는 좌우로 이동시킬 수 있는 것으로서 원동기 또는 전동기를 가진 것. 다만「산업집적 활성화 및 공장설립에 관한 법률」제16조에 따라 공장등록대장에 등록된 것은 제외한다"라고 규정하였다.

② 크레인 용어 설명

(1) 호이스트(hoist)

훅이나 그 밖의 달기 기구를 사용하여 화물을 권상 및 횡행 또는 권상 동작만을 하여 양중하는 것으로 상하·횡행 동작만을 하는 양중기를 말한다. 정치식 호이스트, 모노 레일식 호이스트, 이중 레일식 호이스트로 나누어진다.

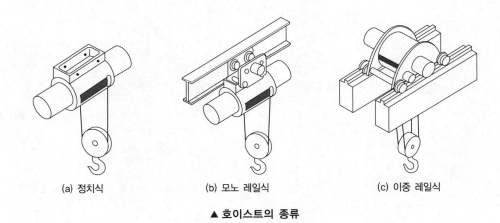

(a) 정치식   (b) 모노 레일식   (c) 이중 레일식

▲ 호이스트의 종류

(2) 크랩(crab*) 또는 트롤리(trolley)

크레인 거더 위에 위치하고 있으며, 화물을 들어올리는 권상장치와 이동할 수 있는 횡행장치 등의 설비가 적절하게 구성되어 배치한 것을 말한다.

* 크래브(crab) 또는 크랩 : 정확한 표기는 크랩이지만, 현장에서는 일반적으로 크래브라고 많이 사용한다.

(3) 붐(boom)·지브(jib)

일반적으로 붐은 하중을 도르래(활차), 로프 등을 개입시켜 지지하고 기복, 굽힘에 따라서 작업 반경을 바꾸는 기둥 모양의 구조물을 지칭하며, 지브는 붐에 연결하여 훅 최대 높이와 작업 반경을 증가시키는 수평 또는 경사 구조물을 말한다. 크레인에서 주로 사용하는 용어로서 제작사마다 다소 달리 표현하기도 하지만 흔히 혼용하여 사용하고 있다. 지브는 회전식 크레인 등에서 짐을 매달기 위해 돌출한 암(arm)을 말하고, 붐과 지브는 같은 개념의 용어이다.

(4) 지브의 경사각

일반적으로 지브의 경사각은 30~80°에서 사용하며, 지브 하부의 풋 핀(foot pivot 또는 foot pin) 중심과 상부 포인트 핀의 중심을 연결한 선이 수평면을 이루는 각을 말한다.

(5) 지브의 길이

지브의 길이는 붐 풋 섹션 지지점인 풋 핀 중심에서 붐 헤드 섹션의 포인트 핀 중심까지의 거리를 말한다. 기계식 크레인에서는 일반적으로 기본 지브(하부 붐과 상부 붐)의 중간 지브(연결지브)를 끼워 길이를 바꾼다. 이때 지브의 길이를 가장 짧게 하면 기본 지브의 길이가 되고, 중간 지브를 넣어 최대로 길게 하면 최대 지브의 길이가 된다.

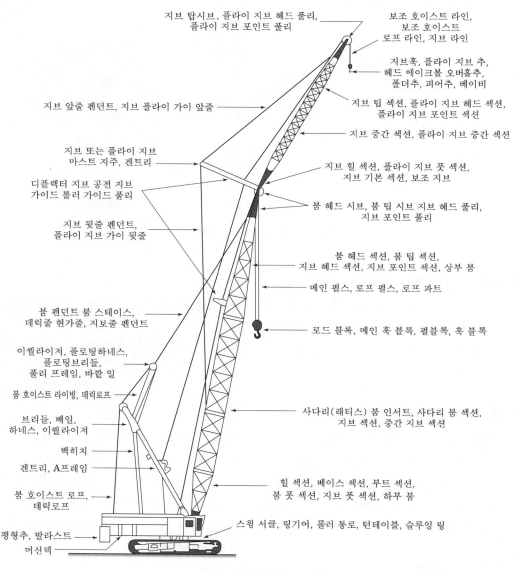

지브 탑시브, 플라이 지브 헤드 폴리, 플라이 지브 포인트 폴리

보조 호이스트 라인, 보조 호이스트 로프 라인, 지브 라인

지브훅, 플라이 지브 추, 헤드 에이크볼 오버홀추, 폴더추, 피어추, 베이비

지브 앞줄 펜던트, 지브 플라이 가이 앞줄

지브 팁 섹션, 플라이 지브 헤드 섹션, 플라이 지브 포인트 섹션

지브 중간 섹션, 플라이 지브 중간 섹션

지브 또는 플라이 지브 마스트 지주, 겐트리

지브 힐 섹션, 플라이 지브 풋 섹션, 지브 기본 섹션, 보조 지브

디플렉터 지브 공전 지브 가이드 롤러 가이드 폴리

붐 헤드 시브, 붐 팁 시브 지브 헤드 폴리, 지브 포인트 폴리

지브 뒷줄 펜던트, 플라이 지브 가이 뒷줄

붐 헤드 섹션, 붐 팁 섹션, 지브 헤드 섹션, 지브 포인트 섹션, 상부 붐

메인 펄스, 로프 펄스, 로프 파트

붐 펜던트 붐 스테이스, 데릭줄 현가줄, 지보줄 펜던트

로드 블록, 메인 훅 블록, 펄블록, 훅 블록

이퀄라이저, 플로팅하네스, 플로팅브리들, 폴리 프레임, 바깥 일

붐 호이스트 라이빙, 데릭로프

브리들, 베일, 하네스, 이퀄라이저

사다리(래티스) 붐 인서트, 사다리 붐 섹션, 지브 섹션, 중간 지브 섹션

백히치

겐트리, A프레임

붐 호이스트 로프, 데릭로프

힐 섹션, 베이스 섹션, 부트 섹션, 붐 풋 섹션, 지브 풋 섹션, 하부 붐

평형추, 발라스트

머신덱

스윙 서클, 링기어, 롤러 통로, 턴테이블, 슬루잉 링

▲ 크롤러 크레인의 각부 명칭

유압식 크레인의 신축 지브에서는 지브 실린더의 힘으로 지브를 신축하여 길이를 변화시킨다. 이때도 가장 짧게 줄이면 최소 지브의 길이라 하고, 최대로 뽑았을 때의 길이를 최대 길이라고 한다. 보조 지브를 붙인 경우의 최대 길이는 보조 지브 부착 최대의 길이라고 한다.

(6) 최대 정격 총하중(권상 하중 ; hoisting load)

크레인의 구조 및 재료에 대해 견딜 수 있는 최대 하중(荷重)으로, 지브의 길이를 짧게 하고 경사각을 최대로 할 때(최소 작업 반경 때)에 견딜 수 있는 최대 하중이다.

(7) 작업 반경(working radius)

크레인의 선회 중심에서 포인트 핀 중심 수직선까지를 말한다. 지브의 길이가 같을 경우, 경사각이 작아질수록 작업 반경은 크게 되고 경사각이 커지면 작업 반경은 작아지게 된다.

> **참고**
>
> 작업 반경은 선회 중심에서의 거리이지 풋 핀(foot pin)에서의 거리가 아니므로 잘못 계산하면 안전사고의 위험이 따르게 된다.

선회 중심

지브 경사각

작업 반경

▲ 지브 경사각과 작업 반경

(8) 정격하중(safe working load)

이동식 크레인의 구조 및 재료에 대해 경사각 및 지브의 길이에 작용하여 견딜 수 있는 최대의 하중(정격 총하중)으로부터 훅, 그래브 버킷 등의 달아 올림 기구의 중량에 상당하는 하중을 제외한 하중을 말하며, 각 경사각 및 지브의 길이에 따라 그때의 정격하중이 정해진다. 지브를 갖지 않은 크레인은 매달기 중량에서 훅 등 달기 기구의 중량을 뺀 하중, 즉 실제로 훅에 걸 수 있는 화물의 최대 하중을 말한다.

(9) 정격 속도(rated speed)

이동식 크레인에 정격하중을 걸고 들어올려 선회 등의 작동을 하는 경우 각각의 최고 속도를 말한다.

(10) 안정도(stability)

① 전방 안정도(forward stability)

이동식 크레인의 전방 안정도는 일반적으로 안정 모멘트를 분자로 하고, 전도 모멘트를 분모로 표시한다. 전도 모멘트는 하중과 지브에 관계되며, 전방 안정도의 값은 클수록 안정된다. 크레인의 안전규칙에서는 크레인의 종류에 따라 정격하중의 1.15~1.25배에 상당하는 하중을 걸어서 안전시험에 합격하도록 되어 있다.

전방 안정도를 산출하는 식은 아래와 같다.

$W+w$ = 하중(W)과 달기 기구(w)의 합

안정 모멘트($-$) = $W_B \times l$

전도 모멘트($+$) = $W_1 \times l_1 + (W+w) \times l_2$

$$안정도 = \frac{안정 \; 모멘트}{전도 \; 모멘트} = \frac{W_B \times l}{W_1 \times l_1 + (W+w) \times l_2}$$

전도 상태 : $W_B \times l = W_1 \times l_1 + (W+w) \times l_2$

여기서, W_B : 크레인 자체 중량, l : 전도 지점부터 중심까지의 길이

W_1 : 크레인 전부 장치(지브 및 부속품), l_1 : 전도 지점부터 크레인 전부 장치 중심까지의 거리

l_2 : 전도 지점으로부터 하중까지의 거리

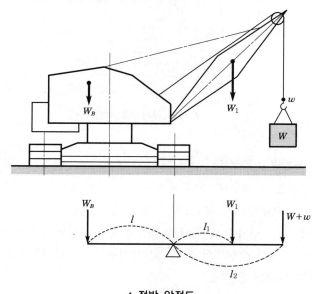

▲ 전방 안정도

② 후방 안정도(backward stability)

권상용 와이어 로프가 전달되었을 때와 같이 하중이 걸리는 방향과 반대 방향으로 힘이 작용할 때의 안전성을 표시하는 것이다. 이동식 크레인에서는 아웃트리거가 장착된 최소 작업

반경(지브 최단 길이, 최대 경사각)의 상태에서 크레인 중량의 15% 이상이 지브축의 전도 지점(전도할 때 지면에 접해 있는 점)에 남아 있도록 정해져 있다.

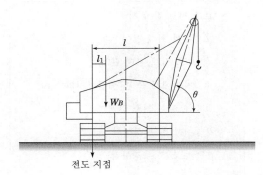

- 조건 : 수평이며 견고한 지면
- θ : 최대 경사 각도(최소 작업 반경)
- l_1 : 0.15l 이상
- 무부하에서 지브는 기본 지브 부착

▲ 후방 안정도

> **참고**
>
> 규정 이상의 평형추(counter weight)를 취부하면 무부하 시의 후방 안정성을 나쁘게 하고, 권상용 와이어 로프가 끊어지거나 비상시 로프를 떼어낼 때 상당히 위험하게 된다.

(11) 양정(lift)

각 경사각의 지브 길이에서 훅, 그래브, 버킷 등의 달기 기구를 유효하게 올리고 내리는 것이 가능한 상한과 하한과의 수직 거리를 말한다. 건설기계관리법에서는 훅의 최대 지상 높이라 하며, 다음 그림과 같이 계산할 수 있다.

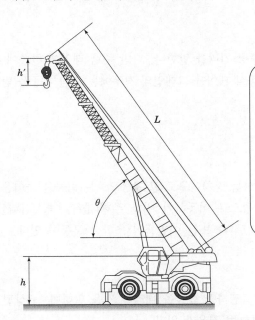

- 보조 지브 미장착 시
  L : 지브 최대 길이
  h : 지면에서 붐 핀 중심까지의 높이
  h' : 훅 최소 간격

- 훅장착 시의 훅 최대 지상 높이(H)
  $$H = (h + L \cdot \sin\theta) - h'$$

▲ 메인 훅의 최대 지상 높이

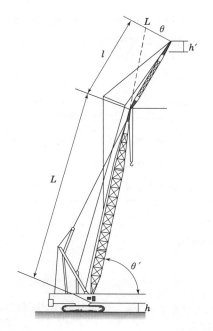

- 보조 지브 장착 시
  L : 지브 최대 길이
  l : 보조 지브 최대 길이
  h : 지면에서 붐 핀 중심까지의 높이
  h' : 보조 훅 최소 간격
  θ : 지브 최대 경사각
  θ' : 보조 지브 경사각

- 훅 장착 시의 훅 최대 지상 높이(H)
  $$H = (h + L \cdot \sin\theta + i \cdot \cos\theta') - h'$$

▲ 보조 훅 최대 지상 높이

(12) 주권(main), 보권(auxiliary)

크레인은 보통 한 개의 달기 기구를 부착하고 있지만 여러 개의 달기 기구를 갖는 크레인도 많이 있다. 이 경우 일반적으로 최대 정격하중을 매달기 위한 달기 기구의 권상장치를 주권이라 하고, 다른 정격하중을 매달기 위한 것을 보권이라 한다.

(13) 스팬(span)

주행하는 크레인의 레일 중심 간(間)의 수평 거리를 말한다. 다만 주행 레일이 한쪽에 두 줄이 있는 경우 그 두 줄의 중심을 취하고, 이동식 케이블 크레인의 경우에는 수직 하중을 받는 바깥쪽 레일 중심 간의 수평 거리를 말한다.

3 크레인의 운동

크레인은 화물을 들어올려 수평으로 운반하는 장치이므로 그 운동으로는 화물을 들어올리는 권상(卷上)·권하(卷下), 그리고 화물을 수평으로 이동하기 위한 주행(走行)·횡행(橫行)·선회(旋回)·기복(起伏)·인입(引入) 운동 등의 하나 또는 이것들이 조합된 운동이 있다.

(1) 권상·권하

권상이란 화물을 달아 올리는 것을 말하고 권하란 화물을 내리는 것을 말하며, 권상된 화물은 당연히 권하하게 되므로 권상으로만 표현하는 경우가 있다.

(2) 주행

주행이란 크레인 또는 이동식 크레인의 장비 전체가 이동하는 것이다. 갠트리 크레인이나 천장 크레인은 2본의 레일상에 설치되어 있으므로 이 레일 위를 이동하는 것이고, 이동식 크레인에서는 지상이나 작업대 위 또는 수상을 이동하는 것이다.

(3) 횡행

크레인 거더의 레일을 따라 트롤리가 이동하는 것을 횡행이라고 하며, 보통 횡행운동 방향은 주행 방향의 직각이다. 지브 크레인이 수평 지브를 따라 트롤리가 이동하는 것도 횡행이라고 한다.

(4) 선회

수직축을 중심으로 하여 지브 등이 회전하는 운동을 말하며, 선회하는 고정식 지브 크레인 등에 주행을 하게 하거나 또는 횡행을 하게 하면 화물을 이동시킬 수 있는 범위는 확대된다.

(5) 기복

크레인의 지브가 그 지브를 중심으로 하여 상하로 운동하는 것을 말한다. 지브 크레인을 예로 들면 지브 경사각이 크게 운동하는 경우에 지브가 올라가고 그 반대의 경우에 지브가 내려간다.

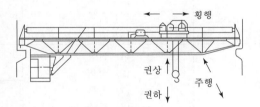

▲ 천장 크레인의 운동

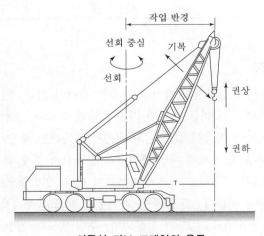

▲ 이동식 지브 크레인의 운동

(6) 인입

달아 올린 화물을 그 높이를 바꾸지 않고 지브의 기둥 쪽으로 끌어당기거나 밀어내는 운동을 말한다. 달아 올린 화물을 상하 운동시키는 경우에는 인입이 아니라 지브의 기복 운동이라 한다.

(7) 크레인 분류에 따른 운동의 조합

분 류	운동의 종류	운동의 조합 예
천장 크레인	(1) 권상 (2) 주행 (3) 횡행	주행＋횡행
지브 크레인	(1) 권상 (2) 선회 (3) 기복 (4) 인입 (5) 주행 (6) 횡행	선회 선회＋기복 선회＋인입 선회＋횡행 선회＋기복 선회＋주행＋기복 선회＋주행＋인입
갠트리 크레인	(1) 권상 (2) 주행 (3) 횡행 (4) 선회 (5) 기복 (6) 인입	선회＋주행＋횡행 선회＋주행＋횡행＋기복 선회＋주행＋횡행＋인입
이동식 크레인	(1) 권상 (2) 선회 (3) 기복 (4) 주행	선회＋기복 선회＋주행
기타	(1) 권상 (2) 주행	권상＋주행

(8) 크레인의 운동 속도

크레인의 운동 속도는 권상장치의 양정과 밀접한 관련이 있다. 일반적으로 양정이 짧은 것은 느리고 긴 것은 빠르며, 취급하는 화물과 기종에 따라 다르다. 또한 최근 크레인의 권상, 주행, 횡행의 각 속도는 작업에 지장이 없는 범위 내에서 증가하는 경향이 있는데, 운동 속도의 증가는 크레인의 운동 부분 및 전체에 대한 충격값을 증가시켜 기체 및 화물 파손을 초래할 경우가 생기므로 극단적 고속을 채용하는 것은 삼가하여야 한다. 일반적으로 저속은 40m/min이고, 고속은 80m/min 이상에 이른다. 또 하중이 가벼우면 빠르고 무거울수록 저속으로 한다.

횡행 속도는 보통 40m/min 정도가 사용되며, 주행 속도는 천장 크레인 이외에는 작업 능력과 그다지 관계가 없으므로 가능한 저속으로 한다.

천장 크레인의 경우 저속은 20m/min부터, 고속은 90~130m/min까지 운동한다.

2 크레인의 분류 및 종류

1 크레인의 분류

크레인은 무려 58종으로 분류하고 있지만 일반적으로 그 사용 목적과 용도에 따라 제작되며 구조, 운동 형태, 구동 방식, 선회 능력, 달기 기구, 설치 방식 등에 따라 다음과 같이 분류된다.

(1) 구조에 의한 분류

천장 크레인, 케이블 크레인, 지브 크레인(타워크레인), 갠트리 크레인

(2) 달기 기구에 의한 분류

훅 크레인, 그랩 버킷(grab bucket), 마그넷 크레인, 장입 크레인, 전극 취급용 크레인, 천장형 스태커 크레인, 단조형 크레인

(3) 운동 형태에 의한 분류

기초 고정 크레인, 클라이밍 크레인, 기초 이동식 크레인, 반경형 크레인

(4) 구동 방식에 의한 분류

수동(인력)식 크레인, 전동식 크레인, 유압식 크레인

(5) 선회 방식에 의한 분류

선회 크레인, 제한 선회 크레인, 풀 서클(full circle) 선회 크레인, 비선회 크레인

참고

• 크래브 혹은 크랩(crab)과 그랩(grab)
 크랩은 천장 크레인의 횡행장치이고, 그랩은 달기 기구의 일종으로 클램셸을 말한다.

2 크레인의 종류

일반적으로 크레인은 사용 목적에 따라 제조되며, 여러 가지 구조와 형상이 있다. 동일한 구조와 형식이면서 설치 장소, 용도 등에 따라 호칭이 다르며, 반대로 형식의 구조가 달라도 일반적으로 동일 명칭을 붙이기도 한다.

따라서 여기서는 각 분류에 따른 개별 크레인의 용도를 열거하기보다는 사업장에서 사용하는 빈도가 높은 크레인들에 대해서 KS분류에 따라 구분하기로 한다.

(1) 일반 천장 크레인

① 크랩(crab)식 천장 크레인

통상적으로 사용되는 천장 크레인은 그림에서 보는 바와 같이 크레인의 거더 위에 크랩이 위치해 있으며, 권상·권하·횡행·주행운동을 한다.

일반적으로 달기 기구는 훅(hook)이며 보권을 갖는 것도 있다. 용도는 기계공장 등에서는 기계 조립이나 부품 운반, 창고에서는 물품의 정리, 반입, 반출 등 사용 범위는 매우 넓다. 또한 주 거더(girder)의 구조는 트러스 거더, 플레이트 거더, 박스 거더 등으로 구분된다.

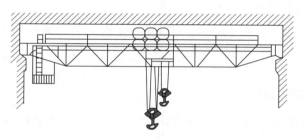

▲ 크랩(crab)식 천장 크레인

② 호이스트식 천장 크레인

간결하고 경제적이므로 고속성이나 조직성 등을 중요시하지 않는 용도에 많이 쓰이고 있다. 크랩(crab)식 천장 크레인의 크랩(crab) 대신에 전동 호이스트(더블 레일형) 등을 올려놓은 형식과 모노 거더 아래에 호이스트를 매단 형식(모노 레일형)이 호이스트식 크레인의 주를 이루고 있다. 또한 호이스트식 천장 크레인의 조작은 거의 지상에서 조작하는 펜던트 형식의 누름 버튼 스위치를 쓰고 있다.

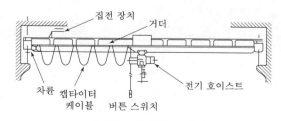

▲ 호이스트식 천장 크레인

(2) 특수 천장 크레인

① 단조(鍛造) 크레인

적열(赤熱)한 강괴를 수압기 혹은 증기 해머로 단조할 때 강괴를 넣거나 빼내거나 또는 단조면
을 바꾸거나 하는 데 사용되는 크레인이다. 이 작업은 심한 충격이 따르므로 크레인도 이것에
순응할 수 있도록 특수한 이완장치 및 완충장치가 갖추어져 있다. 또 고온에서 연속 작업이
이루어지므로 강괴 취급부 및 전기장치는 그것에 적합하게 강구되어 있으며, 운전실 등도 냉
방되는 것이 많다.

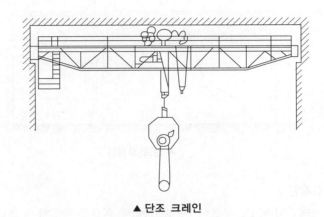

▲ 단조 크레인

② 레이들 크레인(ladle crane)

고로(高爐)에서 나오는 용선(熔銑)을 채운 레이들을 받아서 혼선로(混銑爐) 또는 평로(平爐)에
주입하거나 전로에서 나오는 용강을 레이들에 받아 주형에 주입하는 작업에 사용되는 크레인
이다. 소용량(30t 이하)에서는 보조 권상장치가 붙어 있는 보통형 천장 크레인을 사용하나,
그 이상에서는 전용 크레인이 사용된다.

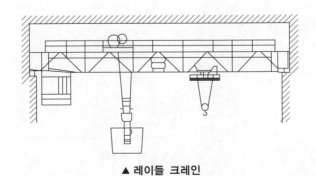

▲ 레이들 크레인

③ 원료 크레인

제철소에서 주로 사용되는 철 부스러기를 원료 하치장에서 장입 크레인에 넘기는 곳으로 운반하는 크레인이다. 사용 빈도가 많기 때문에 동하중계수를 1.4~1.9로 하며, 원료 상자에 넣은 철 부스러기를 평로에 넣어 원료 상자를 회전시켜 노(爐) 속에 떨어뜨리는 구조이다. 운반은 권상, 횡행, 주행, 램의 상하운동, 회전, 선회로 한다.

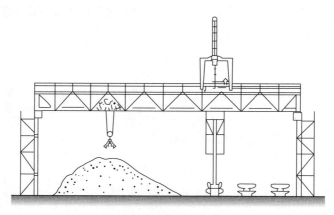

▲ 원료 크레인

④ 장입(裝入) 크레인

차징(충전) 크레인이라고도 부르며, 평로(平爐)에 원료를 장입하는 작업을 목적으로 한다. 원료 크레인에 의하여 운반차에 놓인 장입함(裝入函)을 1개씩 램의 앞 끝으로 받아서 평로 내에 장입한 다음, 램을 경사지게 뒤집어 원료를 쏟아 부어 빼낸 뒤 다음 작업을 시작한다.

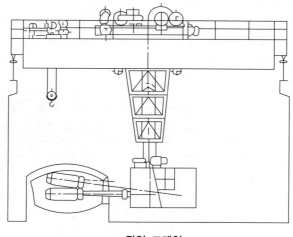

▲ 장입 크레인

⑤ 강괴(鋼塊) 크레인

주 업무는 강괴의 장입 및 추출이지만 노 바닥의 청소, 연료(분말 코크스 등)의 공급, 커버 캐리지의 조작 및 교환 등 여러 작업에 이용되고 있으며, 스트리퍼 크레인이라고도 부른다. 주형에 주입된 강괴를 냉각 후 추출하는 작업을 전문으로 하는 추출용과 추출된 강괴를 집어 올려 균열로에 집어넣거나 노에서 가열된 강괴를 끄집어내는 작업을 전문으로 하는 소킹 피트 크레인(soaking pit crane)이 있다.

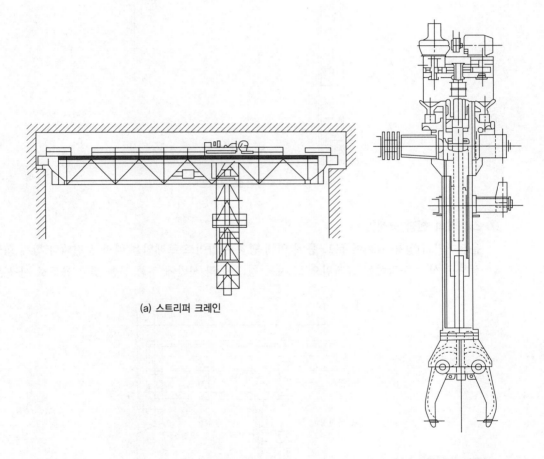

(a) 스트리퍼 크레인

(b) 소킹 피트 크레인

▲ 강괴용 천장 기중기의 형태

⑥ 담금질 크레인

재료를 담금질하는 데 사용하는 크레인으로, 냉각수 유조 안에 재료를 단시간 내에 넣기 위해 내려가는 속도가 빠를수록 좋다. 풀어 내리는 기구는 전기식과 유압식이 있다.

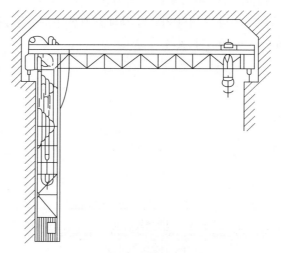

▲ 담금질 크레인

⑦ 스테커식 천장 크레인

운전대가 권상용 와이어 로프 등에 의해 당겨져 가이드 프레임을 따라 운전대와 함께 화물이 상하로 상승 하강하는 크레인으로, 자동 창고 등의 선반에 부품 등을 쌓는 용도로 사용된다.

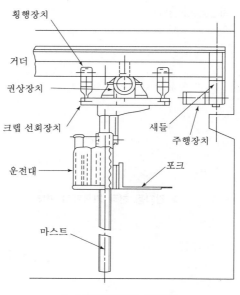

▲ 스테커식 천장 크레인

(3) 지브 크레인

어떤 지지점에서 경사 또는 수평으로 나온 붐(지브)을 갖는 크레인을 말하며, 그 종류도 매우 다양하고 천장 크레인 다음으로 많이 사용된다. 지브 크레인에는 낮은 지브 크레인, 탑 모양 지브 크레인, 문 모양 지브 크레인, 포스트 모양 지브 크레인, 해머 헤드 크레인 클라이밍 크레인, 플로팅 크레인(floating crane ; 해상 기중기선), 끌어당김 크레인, 트럭 크레인, 휠 크레인, 데릭 등이 포함된다.

① 낮은 지브 크레인

다리가 없는 지브 크레인으로서 고정형과 주행형이 있다. 고정형은 기초 위에 설치된 롤러패스(원형레일) 위에 권상장치, 기복장치, 밸런스웨이트, 운전실 등을 올려놓은 것이며 주행형은 롤러패스가 주행하는 대차 위에 설치되어 있다. 주로 부두, 안벽 등에 설치되어 하역용으로 사용된다.

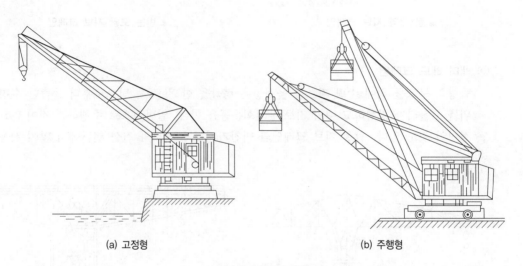

(a) 고정형   (b) 주행형

▲ 낮은 지브 크레인

② 문 모양 지브 크레인

구조물 사이로 화차를 끌어들이거나 트럭이 출입할 수 있도록 롤러패스를 구조물 위에 설치한 크레인이며 일반적으로 주행하는 형식이 많다. 구조상 한쪽 다리용 레일을 창고나 건물벽 등에 설치한 것은 반문 모양 지브 크레인이라 부르며, 크레인의 점유 면적이 적으므로 부두, 안벽 등에 설치되어 하역용으로 사용된다.

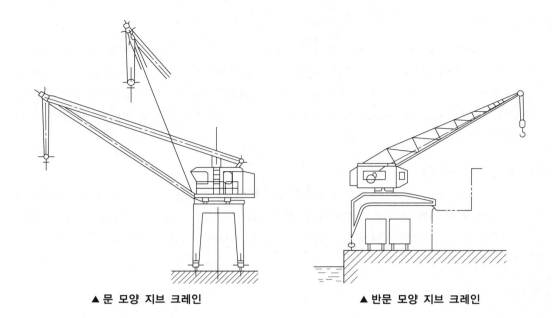

▲ 문 모양 지브 크레인   ▲ 반문 모양 지브 크레인

③ 해머 헤드 크레인

탑형의 구조물 위에 수평 지브를 올려놓은 형상을 한 것으로, 탑으로부터 돌출한 수평 지브 위를 트롤리가 횡행하고 수평 지브는 선회운동을 한다. 일반적으로 주행하는 것이 많으나 고정형인 것도 있다. 탑형 지브 크레인과 마찬가지로 조선소와 건설 현장에서 많이 사용된다.

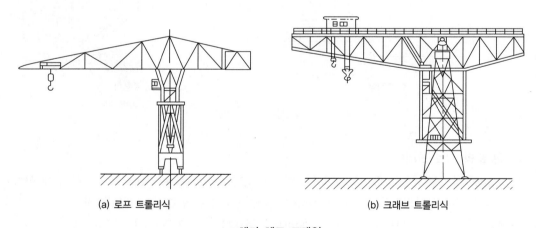

(a) 로프 트롤리식   (b) 크래브 트롤리식

▲ 해머 헤드 크레인

④ 탑 모양 지브 크레인

높은 탑 형태의 구조물 윗부분에 기복하는 지브가 설치된 형식이다. 권상·주행·선회·기복 운동을 할 수 있으며, 조선소에서 많이 사용된다.

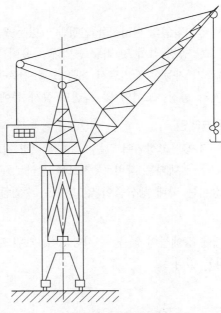

▲ 탑 모양 지브 크레인

⑤ 클라이밍(climbing) 크레인

클라이밍 장치를 갖춘 지브 크레인으로 고층 빌딩이나 대형 구조물의 건설, 댐 건설의 콘크리트 타설용에 사용되며, 1개의 공사가 완료되면 다른 공사 현장으로 이동·설치하여 재사용할 수 있다.

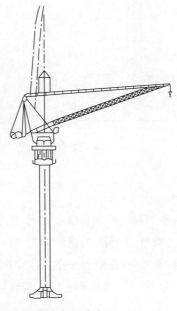

▲ 클라이밍 크레인

⑥ 타워크레인

최첨단 기능을 갖추고 안전작업의 편리성을 인정받고 있는 초고층용 양중 건설기계로서, 기종에 따라 도심지의 협소한 공간 작업 및 적층 공법에 사용이 용이하다. 따라서 지상권 침해로 인한 민원 발생의 해소가 가능한 장비로서 최근 고층 건축공사, 프리캐스트 콘크리트(PC ; precast concrete) 제작 공장, 조선업 및 플랜트 공사 등에 많이 사용되고 있다.

㉮ 러핑 지브형 타워크레인

T형 타워크레인은 지브가 고정되어 있는 데 비해 러핑 지브형은 고공권 침해 또는 타건물에 간섭이 있을 경우 선택되는 장비로, 지브를 상하로 움직여 작업물을 인양할 수 있는 형식이다. 대형 장비는 국내 생산품이 없고 주로 수입품에 의존하고 있다.

㉯ T형 타워크레인

주로 작업 반경 내에 장애물이 없을 때 사용되며, 타워크레인의 주종을 이루는 형식으로 가장 많이 사용되고 있다.

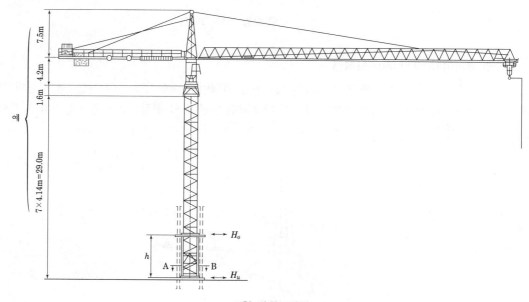

▲ T형 타워크레인

⑦ 인입 크레인(luffing crane)

보통 지브 크레인은 지브를 기복하면 화물도 동시에 상하로 이동한다. 따라서 지브의 기복은 큰 동력을 필요로 하며 경쾌한 운전을 기대할 수가 없다. 이와 같은 결점을 없애고 화물을 지브의 기둥 쪽으로 당길 때 거의 일정한 높이를 유지하고 수평으로 이동하도록 개발된 것이 레벨러핑 크레인(인입 크레인)이다. 종류로는 더블 링크식, 스윙 레버식, 로프 밸런스식, 텐션 로프식 등이 있다.

스윙 레버식 인입 크레인은 인입할 때 지브의 선단이 원호를 그리는 것과 같이 높게 된다. 훅과 지브 선단의 시브 사이의 와이어 로프를 조정하여 화물이 수평 이동하며, 부두, 안벽 등에 설치되어 잡화물의 하역에 이용한다. 링크식 인입 크레인은 인입할 때 지브 선단의 지브 가 화물과 함께 수평 이동하는 것으로 사용하기가 매우 쉬우며, 요동이 적다. 중량물의 하역이 나 사용 빈도가 많은 석탄, 광석류 등의 운반에 적합하다.

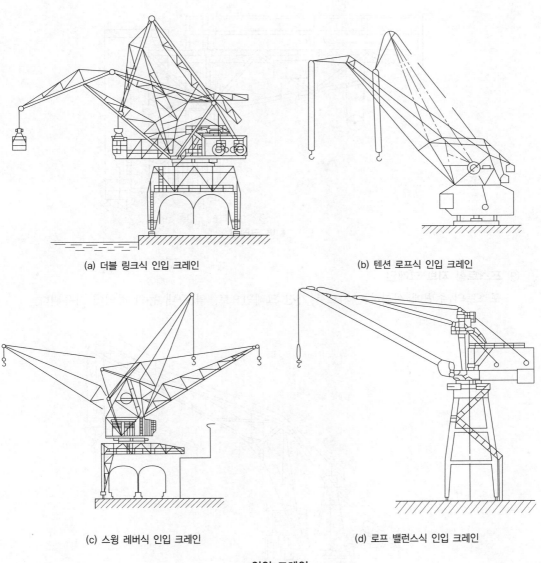

(a) 더블 링크식 인입 크레인

(b) 텐션 로프식 인입 크레인

(c) 스윙 레버식 인입 크레인

(d) 로프 밸런스식 인입 크레인

▲ 인입 크레인

⑧ 벽 크레인

공장 건물, 창고의 기둥 또는 벽측으로부터 돌출된 수평 지브상에 트롤리가 횡행하는 형식의 크레인이다. 트롤리가 없어 지브 선단에서 직접 화물을 매다는 간단한 지브 크레인도 있으며, 수평 지브가 선회하는 것, 전체가 주행하는 것 등이 있다. 용도는 크래브식 천장 크레인과 거의 같으나 천장 크레인의 보조 작업용으로 사용하는 경우가 많다.

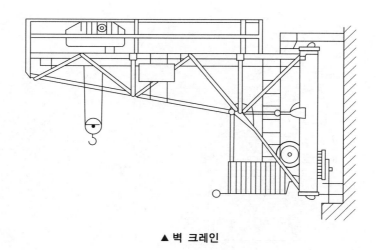

▲ 벽 크레인

⑨ 포스트형 지브 크레인

포스트의 주변에 선회하는 지브를 가진 크레인으로, 역 구내 등의 하역에 사용된다.

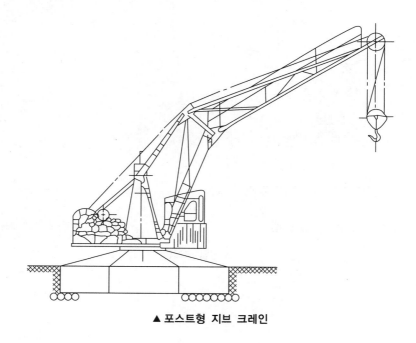

▲ 포스트형 지브 크레인

(4) 케이블 크레인

케이블 크레인은 2조의 마주보는 철탑 간에 와이어 로프를 설치하고, 여기에 트롤리를 매달아 이동시켜 이 트롤리에 훅(hook) 또는 버킷(bucket) 등의 기구를 매달아 하역하는 것이다. 최근에는 전원 개발로 인해 많은 댐이 만들어져 대용량의 것을 다수 제작하게 되었다.

구조상 양각 고정형, 편각 고정형, 양각 이동형의 3종류로 대별된다. 이 기중기의 주 용도는 제방 콘크리트 치기용, 광대한 저목장의 정리 운반용, 산림의 벌목 운반용, 석재·토사 채취용, 각종 토목 공사용 등이며, 용도별로는 콘크리트 치기용과 중량물 운반용의 2가지로 나눈다.

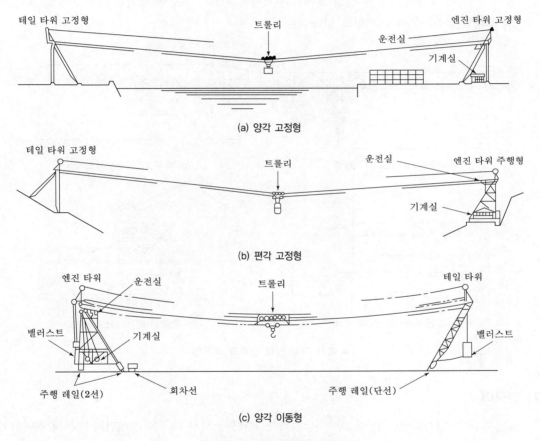

▲ 여러 가지 형의 케이블 기중기

(5) 컨테이너 크레인

부두에서 컨테이너의 선적 또는 하역을 위해 컨테이너 전용 달기 기구를 설치한 크레인을 컨테이너 크레인이라고 부른다. 또한 양육된 컨테이너 운반에는 보통 갠트리 크레인이나 타이어 마운트 갠트리 크레인이 많이 사용된다.

(6) 갠트리 크레인

천장 크레인 거더의 양끝에 다리를 설치하고 지상 또는 건물 바닥에 설치한 레일 위를 주행하도록 한 것이다. 옥외에 설치된 것이 거의 대부분이며, 캔틸레버를 붙여서 주행 레일의 바깥쪽으로도 작업 범위를 확대할 수 있다. 갠트리 크레인은 일반 공장, 부두 등에서 하역용으로 사용되는 것 외에 조선소의 선체 조립에도 이용되고, 제철소의 각종 원재료의 취급 등 매우 광범위하게 사용되고 있다.

종류로는 트롤리 구조에 따라 호이스트식, 로프 트롤리식, 크랩(crab)식, 맨 트롤리식 등이 있고, 이외에 트롤리 대신에 인입 크레인이나 바닥 지브 크레인을 설치한 인입 크레인 또는 지브 크레인식의 갠트리 크레인도 있다.

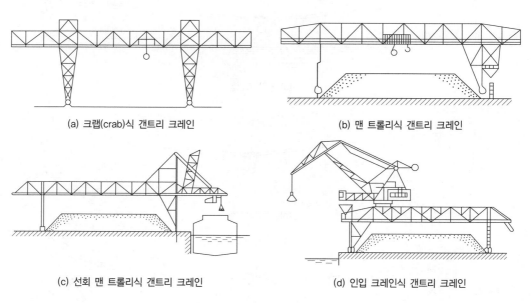

(a) 크랩(crab)식 갠트리 크레인

(b) 맨 트롤리식 갠트리 크레인

(c) 선회 맨 트롤리식 갠트리 크레인

(d) 인입 크레인식 갠트리 크레인

▲ 여러 가지 형의 갠트리 크레인

(7) 언로더

배에서 작은 입자로 된 화물을 양육(揚陸)하는 크레인으로서 대부분 크레인의 내부에 컨베이어가 설치되어 있으며, 크게 갠트리 크레인식과 인입 크레인식으로 구분된다.

인입 크레인식 언로더는 안벽에 직각인 인입운동뿐만 아니라 선회운동을 하면서 작업을 할 수도 있다. 또한 버킷과 훅의 교체도 비교적 쉬워서 기동성이 있는 언로더라고 할 수 있으며, 더블 링크식이 있다. 갠트리 크레인 언로더는 갠트리 크레인과 마찬가지로 크래브식, 로프 트롤리식, 선회 맨 트롤리식 등의 종류가 있다.

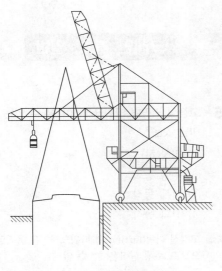

(a) 로프 트롤리식 언로더

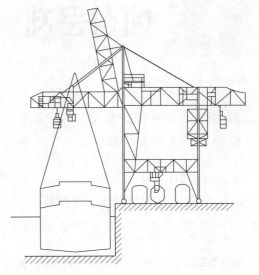

(b) 맨 트롤리식 언로더

(c) 선회 맨 트롤리식 언로더

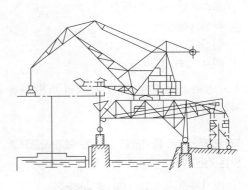

(d) 인입 기중기 붙이 언로더

▲ 여러 가지 형의 언로더

제 1 장 예상문제

01 '기복'에 대한 용어 설명으로 맞는 것은?

① 수직면에서 자중의 변화

② 수직면에서 속도의 변화

③ 수직면에서 지브 각의 변화

④ 수직면에서 와이어 로프 각의 변화

해설 기복이란 수직면에서 지브 각의 변화를 말한다.

02 선회 동작을 할 수 있는 크레인에 해당하지 않는 것은?

① 포스트형 지브 크레인

② 타워크레인

③ 천장 크레인

④ 지브 크레인

해설 선회(slewing)란 붐 등 연장 구조물의 회전운동을 말한다.

03 타워크레인으로 들어올릴 수 있는 최대 하중으로 맞는 것은?

① 정격하중　　　② 권상 하중

③ 끝단 하중　　　④ 동 하중

해설 정격하중이란 정격 총하중(권상 하중)에서 달아 올림 기구의 중량을 뺀 것이며, 들어올릴 수 있는 최대 하중은 권상 하중을 말한다.

04 하중 용어 중에서 달기 기구의 중량을 제외한 하중을 의미하는 것은?

① 끝단 하중　　　② 정격하중

③ 임계 하중　　　④ 수직 하중

해설 임계 하중이란 들 수 있는 하중과 들 수 없는 임계점의 하중이며, 권상 하중에서 달기 기구 하중을 빼면 정격하중이 된다.

05 고정식 러핑형 타워크레인이 할 수 있는 동작이 아닌 것은?

① 권상(하) 동작

② 주행 동작

③ 기복 동작

④ 선회 동작

해설 고정식 러핑(luffing)형 타워크레인은 움직일 수 없으므로 주행 동작은 할 수 없다.

06 다음 중 ( ) 안에 들어갈 내용으로 적합한 것은?

> 지브가 기복하는 장치를 갖는 크레인 등은 운전자가 보기 쉬운 위치에 당해 지브의 ( ) 지시장치를 구비하여야 한다.

① 거리　　　　　② 하중

③ 속도　　　　　④ 경사각

해설 지브가 움직여 주는 크레인에는 보기 쉬운 곳에 경사각 지시장치를 설치해야 한다.

07 타워크레인 정격하중의 의미로 가장 적합한 것은?

① 훅(hook) 및 달기 기구의 중량을 포함하여 타워크레인이 들어올릴 수 있는 최대 하중

② 훅(hook) 및 달기 기구의 중량을 제외한 타워크레인이 들어올릴 수 있는 최대 하중

③ 평상시 주로 취급하는 화물의 하중

④ 훅(hook)의 중량을 포함한 타워크레인이 들어올릴 수 있는 최대 하중

해설 훅(hook)이나 달기 기구 중량이 포함되면 정격 총하중(권상 하중)이 되고, 훅(hook) 및 달기 기구 중량을 제외하면 정격하중이 된다.

정답 01 ③　02 ③　03 ②　04 ②　05 ②　06 ④　07 ②

08 기복(luffing)하는 타워크레인의 지브(jib 또는 boom)를 위로 올리고자 수신호 할 때의 신호 방법으로 적합한 것은?

① 팔을 펴 엄지손가락을 위로 향하게 한다.
② 팔을 펴 엄지손가락을 아래로 향하게 한다.
③ 두 주먹을 몸 허리에 놓고 두 엄지손가락을 서로 안으로 마주보게 한다.
④ 두 주먹을 몸 허리에 놓고 두 엄지손가락을 밖으로 향하게 한다.

해설 수신호 방법 중 팔을 펴서 엄지손가락이 위로 가게 하는 신호는 지브(붐)를 위로 올리기이며, 엄지손가락을 아래로 하면 붐 내리기가 된다.

09 타워크레인의 동작 중 수직면에서 지브 각을 변화하는 것을 무엇이라고 하는가?

① 기복　　　　② 횡행
③ 주행　　　　④ 권상

10 크레인의 구조 및 재료에 견딜 수 있는 최대 하중은?

① 정격하중　　　② 권상 하중
③ 끝단 하중　　　④ 동 하중

해설 타워크레인의 구조 및 재료에 대해 견딜 수 있는 최대 하중을 권상 하중이라고 하며 훅(hook), 그래브, 버킷 등 달기 기구 중량을 뺀 하중을 정격하중이라 한다.

11 타워크레인의 항목 중 구조부와 거리가 먼 것은?

① 캣(타워) 헤드
② 권상 윈치
③ 지브
④ 마스트(타워 섹션)

해설 권상장치는 메인 지브에서 작동하여 권상·권하를 하는 작업장치이다.

12 수평 기복(level luffing)을 바르게 설명한 것은?

① 화물의 높이가 자동적으로 일정하게 유지되도록 지브가 기복하는 것을 말한다.
② 지브가 수평으로 유지되도록 하는 것을 말한다.
③ 지면에 놓인 화물을 수평으로 끌어당기는 것을 말한다.
④ 훅(hook)에 매달린 화물을 균형 상태를 유지하면서 선회하는 것을 말한다.

해설 수평 기복이란 화물의 높이가 자동적으로 일정하게 유지되도록 지브가 기복하는 것이고, 기복이란 수직면에서 지브 각의 변화를 말한다.

L형 크레인 기복(luffing)

13 이동형 타워크레인 선정 시 종류 및 크기에 따라 적정 사양을 선정할 때 갖출 조건 중 관련 없는 것은?

① 최대 권상 높이
② 기초 앵커 설치 부지 조건
③ 가장 무거운 부재의 중량
④ 이동식 크레인 선회 반경

해설 기초 앵커 설치 부지 조건은 설치·해체 사항이며 이동식 크레인 선정 사항은 아니다.

14 건설 현장에서 사용하고 있는 타워크레인의 주요 구조부가 아닌 것은?

① 브레이크

② 훅(hook) 등의 달기 기구

③ 전선류

④ 윈치, 균형추

해설 전선류는 주요 구조부 구성을 보조하는 부품이나 부속으로 볼 수 있다.

15 L형(경사 지브형) 타워크레인의 운동 중 기복을 바르게 설명한 것은?

① 수직축을 중심으로 회전운동을 하는 것을 말한다.

② 거더의 레일을 따라 트롤리가 이동하는 것이다.

③ 크레인의 지브가 수직면에서 지브 각의 변화를 말한다.

④ 달아 올린 화물을 타워크레인의 마스트 쪽으로 당기거나 밀어내는 것이다.

해설 기복이란 수직면에서 지브 각의 변화를 말한다.

16 주행식 타워크레인의 트랙에 관한 설명으로 알맞지 않은 것은?

① 트랙에 접지가 되었는지 확인한다.

② 레일 트랙이 설치 기준에 맞게 설치되었는지 점검한다.

③ 크레인을 기동하기 전에 레일 트랙에 장애물을 점검한다.

④ 크레인의 회전 및 주행 모멘트는 역전류를 사용하여 정지시킨다.

해설 회전 및 주행 모멘트에 역전류를 사용하면 전동기 제어기 등의 수명이 짧아진다.

17 타워크레인의 지브가 바람에 의해 영향을 받는 면적을 최소로 하여 타워크레인의 본체를 보호하는 방호장치는?

① 충돌 방지장치

② 와이어 로프 이탈 방지장치

③ 선회 브레이크 풀림장치

④ 트롤리 정지장치

해설 타워크레인은 바람이 불면 지브가 영향을 많이 받으므로 브레이크 장치를 풀어 놓아야 한다.

18 기복(luffing)형 타워크레인에서 양중물의 무게가 무거운 경우 선회 반경은?

① 짧아진다.

② 길어진다.

③ 기울어진다.

④ 변함없다.

해설 양중물의 무게가 무거울수록 선회 반경이 짧아진다.

19 타워크레인의 종류가 아닌 것은?

① L형 타워크레인

② T형 타워크레인

③ 이동형 타워크레인

④ 전천후 타워크레인

해설 전천후 이동식 크레인은 휠형 크레인에 있고 타워크레인에는 없다.

20 크레인의 각 경사각의 길이에서 유효하게 올리고 내리는 것이 가능한 상한과 하한과의 수직거리는?

① 안정도라 한다.

② 작업반경을 말한다.

③ 양정을 말한다.

④ 트롤리를 말한다.

정답 14 ③ 15 ③ 16 ④ 17 ③ 18 ① 19 ④ 20 ③

21 기복(jib-luffing)장치에 대한 설명으로 옳지 않은 것은?

① 최고·최저각을 제한하는 구조로 되어 있다.
② 타워크레인의 높이를 조절하는 기계장치이다.
③ 지브의 기복각으로 작업 반경을 조절한다.
④ 최고 경계각을 차단하는 기계적 제한장치가 있다.

22 메인 지브에 설치된 트롤리가 가장 멀리 갔을 때 하중의 변화는?

① 운전석 가까이보다 무거운 하중을 들어올릴 수 있다.
② 규정된 가장 가벼운 하중을 들어올려야 안전하다.
③ 총 하중의 중간값의 하중을 들어올릴 수 있다.
④ 메인 지브의 거리와 관계없이 총 정격하중을 들어올릴 수 있다.

23 콘크리트 공장, 조선소 등에서 사용하고 레일을 타고 이동하여 작업 반경을 최소화할 수 있는 장점이 있는 크레인은?

① L형 타워크레인 ② T형 타워크레인
③ 장입식 크레인 ④ 주행식 크레인

24 L형 타워크레인의 러핑로프와 관련이 있는 것은?

① 트롤리를 앞뒤로 움직인다.
② 트롤리를 좌우로 움직인다.
③ 메인 지브의 각도 변화를 가능하게 한다.
④ 카운터 지브의 각도 변화를 가능하게 한다.

25 메인 지브를 상하 변환 각도로 움직여 작업물을 인양하는 크레인은?

① L형 타워크레인
② T형 타워크레인
③ 갠트리 크레인
④ over head 크레인

해설 러핑 지브형 타워크레인이라고도 한다. L형 타워크레인은 지브를 상하로 움직여 작업을 하는 크레인이다.

정답 21 ② 22 ② 23 ④ 24 ③ 25 ①

타워크레인운전기능사

제**2**장

Craftsman Tower Crane Operating

작업관련 역학

제2장 작업관련 역학

1 물체의 운동

1 속도의 관성

(1) 운동

어떤 물체가 다른 물체에 대하여 그 위치를 변경하는 것을 물체의 운동이라고 한다. 즉, 달리고 있는 차의 좌석에 앉아 있는 사람은 전동차에 대해서 정지하고 있지만 대지(大地)를 기준으로 하면 운동 중이며, 또한 달리고 있는 전차 안을 걷고 있는 사람은 대지, 전동차 모두에 대해서 운동하고 있는 것이 된다.

이와 같이 운동에는 반드시 기준이 되는 물체가 있으므로 이것을 무엇으로 잡느냐에 따라서 어떤 물체가 운동을 하고 있는가 안 하는가, 그리고 어떠한 운동을 하게 되는가가 명백해진다. 따라서 운동은 모두 상대적이며, 운동선에 따라 구분하면 직선운동과 곡선운동으로 나눌 수 있고, 운동선과는 관계없이 등속운동과 등속이 아닌 운동으로도 구분할 수 있다.

(2) 속도

속도란 물체의 운동이 빠르고 느린 정도를 말하며, 단위 시간에 물체가 이동한 거리로 나타낸다. 등속운동을 하고 있는 물체가 10초 간에 50m를 이동하였다고 하면 그때의 속도는 매초 5m(5m/sec)이고, 등속운동을 하는 물체가 10초 간에 100m를 이동하였다고 하면 그 물체의 평균 속도는 매초 10m(10m/sec)이다. 또 물체가 이동한 거리는 이동하는 데 소요한 시간에 이동하는 등속운동의 속도를 곱한 값과 같다. 등속이 아닌 운동을 하고 있는 물체의 각 순간의 속도는 그 순간을 포함한 극히 짧은 기간 중에 물체가 이동한 거리를 그 시간으로 나눈 값이며, 이것을 물체의 그 순간에 있어서의(또는 그 위치에서의) 속력이라고 한다.

속도의 단위는 보통 m/sec, km/h 등이 사용되며, 물체의 운동을 충분히 이해하기 위해서는 속도뿐만 아니라 운동의 방향도 함께 알아두어야 한다.

(3) 운동의 합성

속도는 힘과 똑같이 평행사변형의 법칙을 사용하여 합성하거나 분해할 수 있다. 예를 들어 권상, 권하, 횡행, 주행 가운데 2개의 운동을 동시에 하면 다음 그림과 같이 된다.

그림 (a)는 권하와 횡행의 운동을 동시에 하는 경우로 화물이 강하하는 방향과 속도를 알 수가 있고, 그림 (b)는 횡행과 주행의 운동을 동시에 행한 경우로 트롤리의 진행 방향과 속도를 알 수 있다.

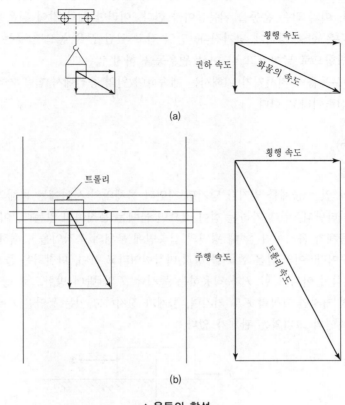

▲ 운동의 합성

(4) 관성

정지하고 있던 전동차가 갑자기 출발하면 안에 서 있는 사람은 전동차가 진행하는 방향과 반대 방향으로 넘어질 것 같으며, 달리고 있던 전동차가 급정지하면 안에 서 있는 사람은 진행하는 방향으로 넘어질 것 같다. 이것은 물체가 밖에서 힘이 작용하지 않는 한 정지하고 있을 때는 영구히 정지 상태를 계속하려고 하고, 운동하고 있을 때는 그대로 등속 직선운동을 계속하려는 성질이 있기 때문이며, 이와 같은 현상을 관성이라고 한다.

바꿔 말하면 정지해 있는 물체를 움직이거나 운동하는 물체의 속도나 운동하는 방향을 바꾸어 주기 위해서는 힘이 필요하고, 속도 변화량이 클수록 이에 요구되는 힘도 커지며, 짐을 갑자기 끌어올리거나 움직이고 있는 물체를 갑자기 멈추게 하거나 할 때는 매우 큰 힘이 필요하게 된다. 와이어 로프가 충격으로 끊어지는 것은 이런 이유 때문이다.

2 원운동과 마찰

(1) 원운동과 구심력

끈 끝에 추를 묶은 다음 손으로 돌리면 추는 손을 중심으로 끈의 길이를 반경으로 하는 원 주위를 운동하며, 이와 같은 운동을 원운동이라 한다. 이러한 예와 같이 원운동을 시킬 때 손을 빨리 돌리면 손은 한층 강하게 당겨진다. 만일 잡고 있던 끈을 놓으면 추는 끈을 놓은 위치에서 원의 접선 방향으로 날아가고 더 이상 원운동을 하지 않는다.

물체의 원운동을 유지시키기 위해서는 계속하여 원의 중심에서 힘을 가해야만 하고, 이와 같은 힘을 구심력이라고 한다.

(2) 마찰(friction)

① 정지 마찰

평면 위에 있는 물체를 밀거나 당기면 지면과 물체와의 사이에는 물체의 운동을 방해하려는 저항이 나타난다. 이때 가하는 힘이 적으면 물체는 움직이지 않는데, 이것은 물체에 힘 T를 가하여 물체가 움직이려 할 때 평면의 접촉면에 물체의 움직임을 방해하는 힘 F가 작용하고 있기 때문이다. 이와 같은 힘 F를 정지 마찰력이라고 하며, 마찰력은 물체에 처음부터 작용하고 있는 힘이 아니고 힘 T가 작용하는 동시에 T와 반대 방향으로 생기는 힘이다. 가하는 힘이 점점 커지면 마찰력 F도 커지며, 물체가 정지하고 있는 동안은 $F = T$의 관계가 성립되지만 접촉면의 크기와는 관계가 없다.

▲ 정지 마찰

마찰력은 무한정 커지는 것이 아니라 한계가 있으며, 그 한계를 넘으면 균형이 깨져 힘이 작용하는 방향으로 물체가 움직인다. 이때의 마찰력을 최대 정지 마찰력이라 하며, 최대 정지 마찰력은 접촉하고 있는 면에 작용하는 수직력에 비례하므로 다음과 같은 관계가 성립된다.

$$최대\ 정지\ 마찰력(F) = 정지\ 마찰\ 계수(k) \times 수직력(W)$$

k는 정지 마찰 계수라고 하며, 그 값은 접촉하고 있는 2개의 물체의 종류와 접촉면의 상태(표면의 거칠기, 윤활유, 온도 등)에 따라 변한다.

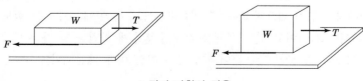

▲ 정지 마찰의 작용

즉, 연강과 연강의 정지 마찰 계수는 보통 0.4 정도이지만 접촉면에 오일을 칠하면 0.2 정도로 작아지며 운동 마찰력보다 크다.

② 운동 마찰

수평한 바닥에 놓아둔 경사진 판에다 공을 굴리면 수평인 바닥을 굴러서 멈춘다. 이것은 물체가 움직이기 시작했어도 이 움직임을 방해하는 힘, 즉 마찰력이 언제나 물체에 작용하고 있다는 것을 나타낸다.

이와 같이 물체가 움직이고 있을 때 작용하는 마찰력을 운동 마찰력이라고 한다. 운동 마찰력도 접촉하고 있는 면에 작용하는 수직력에 비례한다. 운동 마찰력은 최대 정지 마찰력보다 작으며, 운동 마찰 계수는 정지 마찰 계수와 같이 접촉하고 있는 두 물체의 종류와 접촉면의 상태에 따라 다르다. 물체에 운동하는 힘을 가하여 움직이기 시작할 때까지의 마찰력의 크기를 나타내면 다음 그림과 같다.

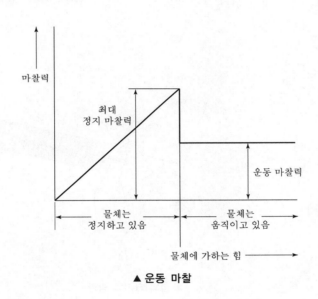

▲ 운동 마찰

③ 굴림 마찰(rolling friction)

앞에서 설명한 바와 같이 2개의 물체가 접촉되어 있다가 한쪽이 미끄러질 때 생기는 마찰을 미끄럼 마찰이라고 하며, 물체가 접촉면을 따라 구를 때에 통을 굴리면 이것을 밀 때보다 쉽게 이동시킬 수 있다.

굴림 마찰력은 통이나 드럼의 예에서와 같이 미끄럼 마찰력에 비하여 수십분의 1 정도로 아주 작으며, 무거운 짐을 쉽게 이동시키기 위하여 받침 통나무를 사용하거나 축에 롤러 베어링이나 볼 베어링을 사용하는 것도 이때문이다.

1 힘의 작용과 합성

(1) 힘

고정되지 않은 어떤 물체에 힘을 가하면 그 물체를 움직일 수도 있고 움직이는 것을 정지시킬 수도 있다. 다음 그림과 같이 스프링의 한쪽 끝을 고정시키고 다른 끝을 잡아당기면 스프링이 늘어남에 따라 근육의 긴장감으로 힘의 작용을 알 수 있으며, 힘이 클수록 느끼는 정도가 크다. 또 수평한 바닥 위에 설치된 경사진 면을 따라 공을 굴리면 공은 경사면을 따라 바닥 위를 굴러서 어느 지점에 이르러서는 정지한다. 이때 바닥 위에 모래를 뿌려 두면 공이 바닥 위를 구르는 거리가 짧아지는 것을 알 수 있다. 이것은 손이나 공에 무엇인가가 작용하고 있기 때문이며, 역학에서는 이것을 힘이라고 한다.

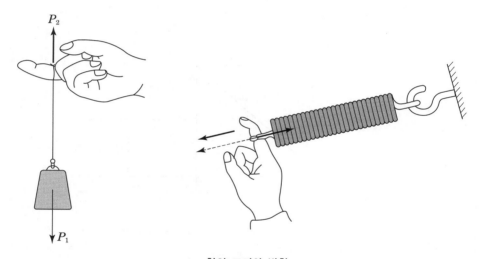

▲ 힘의 크기와 방향

힘에 크기와 방향이 있다는 것은 이미 설명하여 알 수 있다. 힘이 물체에 작용하는 위치가 달라지면 힘의 크기나 방향을 바꾸었을 때와 마찬가지로 물체에 주는 효과가 달라지며, 힘이 작용하는 위치를 작용점이라고 한다. 이와 같이 힘에는 힘의 크기, 힘의 방향, 힘의 작용점의 3요소가 있다.

(2) 힘의 합성

하나의 물체에 둘 이상의 힘이 작용하고 있을 때 둘 이상의 힘을 이들과 똑같은 효과를 내는 하나의 힘으로 바꾸어 놓을 수 있다. 그림과 같이 책상 위의 물체 P에 2개의 끈 A, B를 연결하여 잡아당기면 물체는 C의 방향으로 1개의 힘을 받는 것처럼 작용한다.

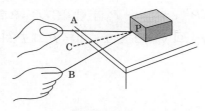

▲ 힘의 합성 원리

이렇게 합쳐진 하나의 힘을 둘 이상의 힘의 합력(合力)이라고 하며, 합력에 대해서 물체에 작용하고 있는 둘 이상 각각의 힘을 분력(分力)이라고 한다. 또한 몇 개의 작용하는 힘의 합력을 구하는 것을 합성(合成)이라고 한다. 그림 (a)와 같이 힘의 방향이 다른 두 힘 P_1과 P_2가 한 지점 O에 작용할 때의 합력은 P_1과 P_2를 서로 이웃하는 두 변으로 하는 평행사변형의 대각선으로서 두 힘의 크기 및 방향을 구할 수 있다. 이것을 힘의 평행사변형의 법칙이라 한다.

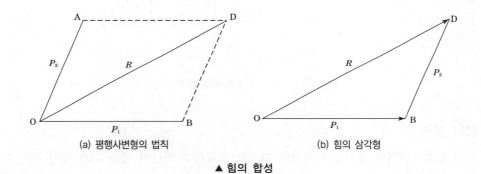

(a) 평행사변형의 법칙　　　　　(b) 힘의 삼각형

▲ 힘의 합성

그림 (b)와 같이 △OBD의 OD에 의해서도 합력의 크기 및 방향을 구할 수 있고, 한 지점에서 셋 이상의 힘이 작용하는 경우의 합력도 위에 서술한 방법을 반복하면 구할 수 있다. 아래 그림과 같이 두 힘이 일직선상에 작용할 때의 합력의 크기는 그들의 합 또는 차로 표시한다.

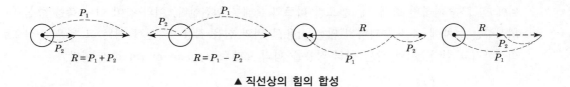

▲ 직선상의 힘의 합성

(3) 평행력의 합성

물체에 작용하는 2개의 평행력의 합력을 구하는 경우에 대하여 생각해 보면, 다음 그림과 같이 물체상의 점 A 및 B에 각각 평행한 힘 P_1 및 P_2가 작용하고 있는 것으로 한다. 지금 A와 B가 이어지는 선상에서 방향이 반대인 크기가 같은 그림 P_3, $-P_3$를 각기점 A와 B에 작용시켜도 전체로서 물체에 주어지는 효과에 변함이 없다.

P_1과 P_3의 합력을 P'_1, P_2와 $-P_3$의 합력을 P'_2으로 하고, P'_1과 P'_2의 합력 R을 구한다. R은 P'_1과 P'_2의 합력으로 그 크기는 P_1과 P_2와의 합이고, 그 방향은 P_1 및 P_2에 평행하다.

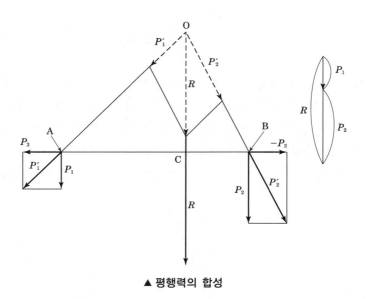

▲ 평행력의 합성

(4) 힘의 분해

힘의 평행사변형의 법칙을 이용하여 반대로 조작하면 하나의 힘을 서로 어떤 각을 이루는 두 개 이상의 힘으로 나눌 수 있다. 이와 같이 하나의 힘을 서로 어떤 각을 이루는 두 개 이상의 힘으로 나누는 것을 힘의 분력 또는 힘의 분해라고 하며, 힘의 분해는 합성과 반대이다.

(5) 힘의 모멘트(moment of force)

그림에서 보는 바와 같이 스패너(spanner)로 볼트나 너트를 돌리는 경우를 생각해 보자. 스패너에 힘 P를 가하면 스패너는 볼트나 너트의 둘레를 회전한다. 이와 같이 어느 축을 중심으로 회전하는 물체에 축을 통과하지 않는 작용선 위의 힘을 작용시키면 물체는 그 축을 중심으로 회전하려고 한다. 이와 같은 힘의 작용을 힘의 모멘트(moment of force)라 한다.

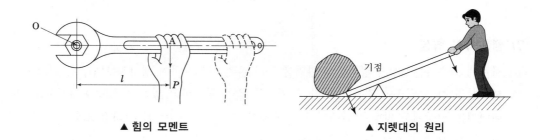

▲ 힘의 모멘트   ▲ 지렛대의 원리

즉, 너트를 스패너로 조일 때 스패너의 자루 끝에 가까운 곳을 쥐면 조이기 쉽고, 자루가 긴 스패너를 사용할수록 자루 끝을 쥐고 조이면 작은 힘으로 조일 수 있다. 이 스패너의 예로 회전 작용은 힘의 크기에만 관계하는 것이 아니라 힘의 작용선과 회전축과의 거리 또는 회전축에서 힘의 작용선에 내린 수직선의 길이에도 관계하고 있다는 것을 알 수 있다.

이 힘의 작용선과 회전축과의 거리(l)를 힘의 팔이라고 하며, 지렛대를 사용하여 중량물을 움직일 경우 잡는 위치가 지렛점에 가까울수록 큰 힘이 필요하다.

이와 같이 힘의 모멘트는 어떤 회전축이나 지점에 있어서 힘과 팔의 길이를 곱하여 나타내는 것을 말한다. 즉, 힘의 모멘트를 M 이라 하면

$$M = P \times l$$

여기서, P : 힘의 크기

l : 팔의 길이

그림에 표시된 망치형 크레인에 $W(\mathrm{kg})$의 짐을 매달 때 수평 지브의 B점에서 매달 때와 C점에서 매달 때의 크레인을 전도시키려는 힘의 모멘트를 비교해 보면, 전도 지점(회전축)은 D점이 되고 힘의 팔의 길이는 각각 l_1, l_2이므로

$$l_1 < l_2$$
$$W \times l_1 < W \times l_2$$

망치형 크레인을 전도시키려는 힘의 모멘트는 화물의 중량과 동일할 때 수평 지브의 끝부분에 가까운 A점에 화물을 매달았을 때가 가장 크다.

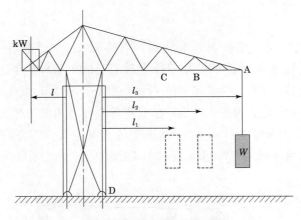

▲ 망치형 기중기의 힘의 작용

또한, 다음 그림과 같은 이동식 기중기의 크롤러식과 휠식 및 다른 기중기의 경우에도 마찬가지이며, 지브를 기울일수록 힘의 팔은 길어지므로 같은 점을 매다는 경우 휠 기중기를 전도시키려는 힘의 모멘트는 커진다.

보통 힘의 모멘트는 물체를 시계 방향으로 회전시키려는 것을 정(正 : +), 반시계 방향으로 회전시키려는 것을 부(負 : −)로 한다. 즉, 보통 너트를 조일 경우는 정이며 늦추는 경우는 부가 된다.

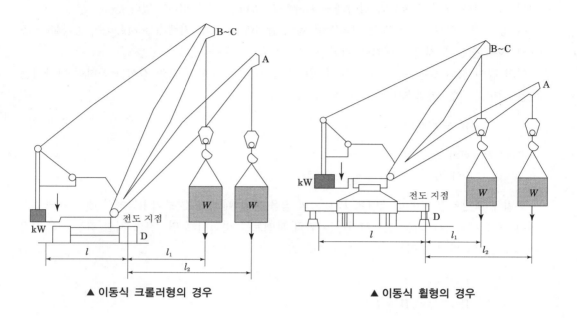

▲ 이동식 크롤러형의 경우　　　　　　　▲ 이동식 휠형의 경우

2 힘의 균형

(1) 힘의 평형

어떤 물체를 가운데 두고 줄을 서로 당길 때 양쪽의 힘이 같으면 물체는 움직이지 않는다. 또한 추(weight)를 가는 줄로 매달아 한쪽 끝을 천장 대들보에 묶으면 추는 끈이 최대한 늘어난 위치에서 정지하는데, 이것은 추에 중력이 작용하여 추를 당기고 있기 때문이다.

이와 같이 물체에 힘이 작용하고 있지만 물체가 계속 정지하고 있는 상태를 "힘의 평형상태에 있다"고 한다. 물체에 힘이 작용하고 있지만 물체가 등속 직선운동을 계속하고 있을 경우도 역학적으로는 물체가 정지하고 있는 경우와 똑같으므로 "힘의 평형을 유지하고 있다"고 한다.

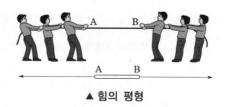

▲ 힘의 평형

(2) 한 지점에 작용하는 힘의 평형

한 지점에 두 개의 힘이 작용하여 균형을 유지하는 경우 두 힘의 크기는 같으나 방향은 반대이다. 다음 그림과 같이 끈의 중량을 무시하면 P_1과 P_2는 같은 작용선상에 있고 그 크기는 서로 같고 방향은 반대이다.

또, 한 지점에 다수의 힘이 작용하고 또 이들이 평형을 이루기 위한 조건은 각각의 힘의 합력이 0이어야 한다. 아래 그림은 버킷에 줄을 달아서 두 사람이 당겨 올렸을 때의 상태를 나타낸 것으로, P_1과 P_2의 합력 R이 버킷의 중량 W와 같을 때 버킷은 정지해 있으며, 만약 두 사람이 더 세게 당기면 R은 버킷의 중량보다 커져서 버킷은 위로 올라간다.

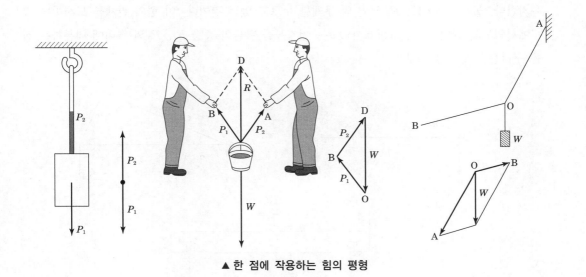

▲ 한 점에 작용하는 힘의 평형

(3) 평행력의 균형

천칭봉으로 화물을 걸머지는 경우 양쪽 화물의 중량이 같을 때는 천칭봉의 중앙을 걸머지지만, 화물의 중량이 다를 때에는 화물이 무거운 쪽에 어깨를 가까이 댄다. 이것은 힘의 모멘트를 맞추기 위해서이다.

모든 정(正)의 모멘트 합계가 모든 부(負)의 모멘트 합계와 같을 때, 즉 물체에 작용하는 모든 힘의 모멘트의 합이 같을 때 회전축을 갖는 물체는 균형을 유지한다. 그림에서 어깨를 회전축으로 힘의 모멘트를 생각하여 볼 때, 화물의 중량을 각각 P_1, P_2로 하고 화물을 매단 위치와 어깨와의 수평 거리를 각각 a, b로 하면,

▲ 평행력의 균형

좌측의 모멘트는 $M_1 = P_1 \times a$

우측의 모멘트는 $M_2 = P_2 \times b$

※ 힘의 균형 조건에서 $M_1 = M_2$, $M_1 - M_2 = 0$

즉, $P_1 \times a - P_2 \times b = 0$

이 식에서 $a = \dfrac{P_2}{P_1 + P_2} \times l$ $(l = a + b)$

즉, 천칭봉을 화물의 중량 P_1, P_2의 역비로 배분한 곳에 어깨를 갖다 대면 천칭봉은 균형을 유지한다. 물론 어깨에는 $P_1 + P_2$의 무게를 누르고 있는 것이다. 이 힘의 관계를 도시하면 그림에서의 a와 같이 되고, 그림에서의 b는 천칭봉을 화물의 중량 P_1, P_2의 역비에 내분하는 점을 구하는 방법을 나타낸다.

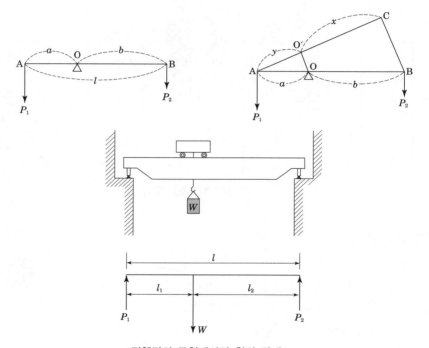

▲ 평행력의 균형에서의 힘의 관계

천칭봉의 경우를 역으로 하면 그림에서와 같이 천장 크레인에 화물을 달았을 때의 크레인 거더를 받치는 힘을 구할 수가 있다.

즉, $P_1 = \dfrac{-W \times l_2}{l}$, $P_2 = \dfrac{-W \times l_1}{l}$

단, W는 하중과 트롤리의 무게를 합한 것으로, 위 식으로 구한 P_1, P_2에 각각 거더 중량의 $\dfrac{1}{2}$씩을 가한 것이 실제로 크레인 거더를 받치는 힘이다.

3 중량과 중심

1 중량과 비중

(1) 중량

물체의 중량을 의미하며, 무게는 물체에 작용하는 중력을 말한다. 크기는 물체, 즉 추를 가는 끈으로 묶어 줄을 당기는 힘과 같고 단위는 kg 또는 톤(t)으로 표시한다. 물체의 중량은 체적이 동일하더라도 재질에 따라 다르다. 예를 들어 알루미늄은 나무보다 무겁고, 납이나 철보다는 가볍다.

물체의 중량을 W, 체적을 V라고 하면,

$$물체의\ 단위\ 체적당\ 중량\ D = \frac{W}{V}$$

다음의 단위 중량표는 여러 가지 재질의 물체에서 단위 체적당 중량의 대략적인 값을 나타낸 것이다. 반대로 어떤 균질한 물체의 체적 V를 알면 단위 중량표에서 그 물체의 총중량을 알 수 있다.

$$즉,\ 총중량\ W = D \times V$$

이때, 단위기호는 D가 t/m^3이고 V가 m^3라면 W는 t이며, D가 kg/L이고 V가 L라면 W는 kg이 된다.

(2) 여러 가지 물체의 단위 중량표

종 류	1m³당 중량(t)	연강을 1로 했을 때의 비율	종 류	1m³당 중량(t)	연강을 1로 했을 때의 비율
납(鉛)	11.4	1.46	모 래	1.6	0.21
동(銅)	8.9	1.14	석탄(덩어리)	0.8	0.10
강(鋼)	7.8	1.00	석탄(가루)	1.0	0.13
석(錫, 주석)	7.3	0.94	코크스	1.0	0.13
주 철	7.2	0.92	북가시나무	0.9	0.10
아 연	7.1	0.91	느티나무	0.7	0.10
선 철	7.0	0.90	너도밤나무	0.7	0.10
알루미늄	2.7	0.35	밤나무	0.6	0.10
점 토	2.6	0.33	적 송	0.5	0.05
콘크리트	2.3	0.29	낙엽송	0.5	0.05
벽 돌	2.2	0.28	삼	0.4	0.05
흙	2.0	0.26	오 동	0.3	0.05

(주) 목재의 중량은 마른 중량이고, 흙, 자갈, 모래, 석탄 및 코크스는 외관 단위 중량임.

예를 들어 길이 4m, 폭 2.5m, 두께 0.3m의 강의 중량을 구해 보면,

$$V = 4 \times 2.5 \times 0.3 = 3\text{cm}^3$$

D는 중량표에서 1m³당 중량이 7.8임을 알 수 있으므로,

$$W = D \times V = 7.8 \times 3 = 23.4\text{t}$$

참고

① **질량(質量)** : 어떤 물체에 포함된 물질의 양을 말하며, 단위는 kg 또는 ton이다. 중량의 크기와 질량의 수치는 조금 다르지만, 실용성은 동일하다고 해도 무방하다.

② **밀도(단위 체적당의 질량)** : 밀도의 수치와 단위 체적당 중량의 수치 및 비중의 수치는 모두 동일하다고 생각해도 무방하다.

(3) 물체의 체적 약산식

물체의 형상		체적 약산식
명 칭	도 형	
사면체		가로×세로×높이
원기둥		직경²(D^2)×높이(S)×0.785$\left(\dfrac{\pi}{4}\right)$ 즉, $\dfrac{\pi D^2 S}{4}$
원반		직경²(D^2)×높이(S)×0.785$\left(\dfrac{\pi}{4}\right)$ 즉, $\dfrac{\pi D^2 S}{4}$
공		반지름³(r^3)×3.14(π)×$\dfrac{4}{3}$
원뿔		직경²(D^2)×높이(S)×0.785$\left(\dfrac{\pi}{4}\right)$÷3 즉, $\dfrac{\pi D^2 S}{4 \times 3}$

물체의 형상		체적 약산식
명 칭	도 형	
타원형		$\dfrac{\pi}{4}a \cdot b \cdot c$
삼각기둥		밑넓이×높이÷3 (밑넓이=밑면의 가로×세로÷2)

(4) 비중

물체의 중량과 그 물체와 같은 체적의 4℃의 순수한 물의 질량비를 그 물체의 비중이라고 한다. 4℃의 순수한 물의 질량은 1L일 때 1kg, 1m³일 때 1톤(t)이므로 어떤 균일한 물체의 중량은 다음 식으로 구할 수 있다.

$$W = d \times V$$

여기서, W : 물체의 중량, d : 물체의 비중, V : 물체의 체적

② 중심

모든 물체는 많은 부분으로 분할될 수 있으며, 분할된 각각의 부분에는 중력이 작용한다. 따라서 물체에는 많은 평행력(중력)이 작용하고 있다고 볼 수 있으며, 이들 평행력의 합력을 구하면 물체에 작용하는 중력, 즉 물체의 중량과 같아진다. 이 합력의 작용점을 중심이라고 하며, 중심은 임의 물체에 대해서 일정한 점으로, 물체의 위치나 놓는 방식이 달라도 중심은 변함이 없다.

(1) 중심을 구하는 법

중심을 구하려면 그림에서와 같이 물체를 가는 끈으로 들어올렸을 때 힘의 균형 조건에서 물체를 받치는 힘의 작용선이 바로 위로 향하는 것을 이용하여 물체를 임의의 다른 장소에서 각각의 물체를 받치고 있는 힘의 작용선의 교점을 구하면 좋다.

중심 위치표는 기본적인 형태의 중심(G)을 나타낸 것이다. 비교적 간단한 형태로 되어 있는 형상의 물체 중심은 각각 부분의 중심에 각각의 중량이 집중되는 점으로부터 그 균형을 생각하는 것에 따라서 구하여진다.

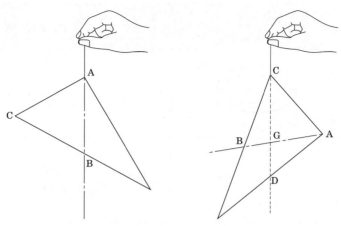

▲ 물체의 중심을 구하는 법

(2) 중심 위치표

형 상	구하는 방법	위 치
삼각형	3중선의 교점 또는 중앙선을 그어 높이의 1/3 지점에 있다.	
평행사변형	대각선의 교점에 있다.	
오각형	오각을 두 개의 삼각형 ABD, ACD로 나누어 2각의 중심 G_1, G_2를 연결하는 직선 $G_1 G_2$와 AB의 중간점과 CD의 중간점을 연결하는 직선 MN과의 교점에 있다.	
사변형	사변형의 대각선 AC에 의하여 나누어지는 3각형의 중심을 각각 G_1, G_2라 하고 다시 대각선 BD에 의하여 나누어지는 삼각형의 중심을 G_3, G_4라 하면 직선 $G_1 G_2$와 $G_3 G_4$의 교점에 있다.	
반원	중심에서 세운 수직 반경의 약 $\frac{2}{5}$ 지점에 있다. $yG = \frac{4}{3} \cdot \frac{r}{\pi} = 0.42r$	

형 상	구하는 방법	위 치
원뿔	G_1을 밑바닥의 중심이라고 하면 G는 밑바닥에서의 $\frac{1}{4}$의 높이에 있다.	
사면체	6개의 면 중에서 상하 또는 좌우의 임의의 4개 면의 중심을 잡아 연결되는 선분의 교점에 G가 있다.	

① 그림에 의한 방법(도식 계산에 의한 방법)

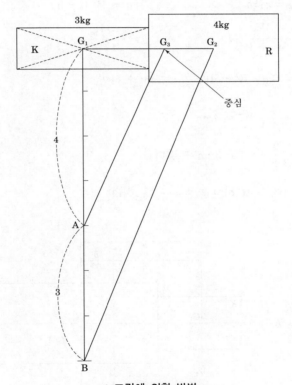

▲ 그림에 의한 방법

표시하는 바와 같은 모양인 물체의 중심을 그림 계산으로 구하려면, 물체의 K, R 부분의 중심을 각각 G_1, G_2라 하면 각 부분의 중량이 각각 3kg, 4kg이므로 G_1에서 임의의 직선 $\overline{G_1B}$를 긋고 $\overline{G_1B}$ 위에 이것을 중량의 역비, 즉 4 : 3으로 내분되는 점 A를 구하여 A에서 $\overline{BG_2}$에 평행한 직선 $\overline{AG_3}$를 그어 $\overline{G_1G_2}$와 교점을 G로 한다. 이 G가 구하는 물체의 중심이다.

② 수식에 의한 방법

그림 도식에 의한 방법에서 조합된 물체의 중심 G를 구해 보면, 그림에 있어서 물체 K 부분의 중심과 R 부분의 중심을 지나는 직선을 AB로 하면 구하는 중심 G_3는 이 AB선상에 있다. 또, 물체 K 부분의 중심을 G_1, 직사면체인 R 부분의 중심을 G_2라 하면 G_1, G_2에는 각 부분의 중량 W_1, W_2가 집중되어 있다고 생각할 수 있으므로 중력이 평행을 이루는 점 G_3는 다음과 같다.

$$W_1 a = W_2 b \qquad\qquad Wa = W_2(l - a)$$

$$a = \frac{W_2}{W_1 + W_2}\, l \qquad\qquad b = \frac{W_1}{W_1 + W_2}\, l$$

여기서, $W_1 = 3$kg, $W_2 = 4$kg, $l = 7$cm라 하면,

$$a = \frac{4}{3 + 4} \times 7 = 4\text{cm}$$

$$b = \frac{3}{3 + 4} \times 7 = 3\text{cm가 된다.}$$

크기는 $W_1 + W_2 = W$이므로 3+4=7kg이다.

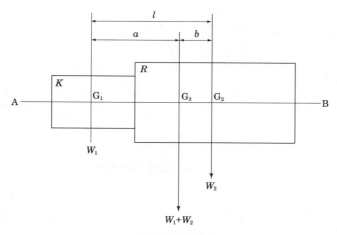

▲ 수식에 의한 방법

(3) 앉음새(안정)

정지하고 있는 물체에 힘을 가하여 조금 기울였다가 손을 떼었을 때, 그 물체가 원위치로 되돌아가려고 하면, 그 물체는 '안정' 또는 '앉음새가 좋다'라고 하고, 만일 그 물체가 굴러 넘어지려고 하면 '불안정' 또는 '앉음새가 나쁘다'라고 한다.

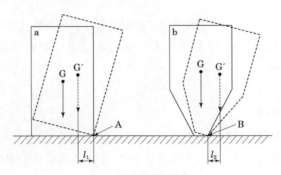

▲ 물체의 앉음새

그림에서 a는 물체를 점선의 위치까지 기울일 때 중심 G를 통하는 중력 작용선이 전도 지점 A보다 내측에 있으므로 손을 놓으면 원위치에 되돌아가 안정하지만, b는 중력의 작용선이 전도 지점 B보다 외측에 있으므로 물체는 전도되며 불안정하다.

다음 그림은 동일 물체의 놓는 방법을 변화시킨 것으로, (a)의 경우와 (b)의 경우를 비교하면 (a) 중심의 위치가 높으므로 (b)보다 안정도가 나쁘고, (c)의 경우는 중심의 위치가 더욱 낮으므로 안정도가 더 좋다.

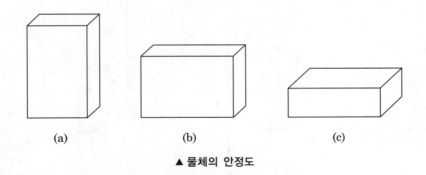

(a)   (b)   (c)

▲ 물체의 안정도

물체는 중심의 위치가 높을수록, 물체의 저면적이 작아질수록 안정도는 나빠진다. 따라서 물체의 중심 위치를 낮추고 물체의 저면적을 크게 하면 물체는 안정도가 좋아진다.

1 시브와 줄걸이

(1) 정활차(고정 sheave)

정활차는 힘의 방향을 바꾸는 장치이며, 당기는 힘(P)과 하중(W)은 마찰을 생각하지 않으면 $P = W$이다. 그러나 실제로는 로프를 시브 둘레에 굽히기 위한 저항과 시브 축의 마찰로 인해 $P > W$이어야 한다.

(2) 동활차(이동 sheave)

하중은 동활차의 축에 매달려 작용하고 로프의 한쪽 끝은 고정되어 있다. 자유로이 운동하는 장치로서 하중을 끌어올리는 데 그 무게의 반의 힘이 소요되지만 짐이 움직이는 거리는 당기는 거리의 반이다.

마찰 저항을 무시하면,

$$P = \frac{W + g}{N + l} \qquad\qquad W = \frac{S}{N + l}$$

여기서, W : 하중, P : 당기는 힘, l : 활차의 수, g : 활차 및 매다는 기구의 무게

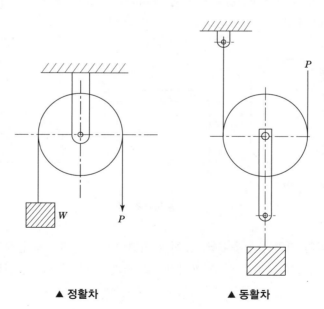

▲ 정활차　　　　　　　　▲ 동활차

(3) 조합 활차(고정 sheave + 이동 sheave)

기중기에 사용되는 도르래장치는 정활차와 동활차를 둘 이상 결합한 장치이다. 무거운 짐을 매달려면 동활차를 많이 사용할수록 당기는 힘은 작아지지만 짐이 움직이는 거리는 짧아지며 실제로는 드럼과 결합하여 사용한다.

권상장치의 균형 활차(이퀄라이저 ; equalizer)는 감아 올리는 와이어의 중앙부를 지지하는 역할을 하며, 와이어를 거는 방법에 따라 훅에 장치할 때와 크랩(crab) 프레임 일부에 장치할 때가 있다.

이것은 이론상 조금도 이동하지 않으므로 당기는 힘이나 짐이 움직이는 거리는 계산에 넣지 않고 좌우 따로따로 절반씩 하중을 담당하는 것이다. 4개의 와이어로 짐을 매달 때는 4줄걸이라 하며, 마찰 저항을 무시하면

$$P = \frac{W+g}{N+l} \text{ 이며,}$$

4줄 걸어 당기는 힘 $P = \dfrac{W}{4}$, 움직인 거리 $l = \dfrac{S}{2}$

6줄 걸어 당기는 힘 $P = \dfrac{W}{6}$, 움직인 거리 $l = \dfrac{S}{3}$

8줄 걸어 당기는 힘 $P = \dfrac{W}{8}$, 움직인 거리 $l = \dfrac{S}{4}$

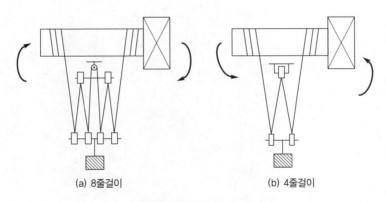

(a) 8줄걸이　　　　(b) 4줄걸이

▲ 조합 활차의 배열 방식

마찰 저항을 고려했을 경우

$$P = \frac{W+g}{\eta\gamma\,(N+l)}$$

여기서, $\eta\gamma$: 전체 효율(4줄걸이 : 0.906, 6줄걸이 : 0.861, 8줄걸이 : 0.823)

2 줄걸이용 로프에 매다는 각도와 장력

어떤 화물(짐)에 줄걸이를 하였을 때 훅에 걸린 와이어 로프의 각도 a를 조각도(弔角度)라 하며, 조각도가 달라지면 같은 중량의 짐을 매달았을 경우라도 로프에 걸리는 힘은 여러 가지로 달라진다.

아래의 그림과 같이 와이어 로프로 줄걸이를 하였을 때 짐의 중량 W를 지탱하는 힘은 양쪽의 와이어 로프를 당기는 힘 T_1, T_2의 합력 T이며, T_1, T_2 각각은 $1/2\,W$보다 크다. 매다는 각도 a(양쪽의 와이어 로프가 만드는 각도)가 커지면 와이어 로프가 당기는 힘 T_1, T_2도 커지며, 짐의 중량이 동일하다면 매다는 각이 커질수록 굵은 와이어 로프를 사용해야 한다는 것을 알 수 있다.

와이어 로프의 당기는 힘 T_1, T_2의 수평 방향의 분력 P는 짐의 압축력으로 작용하며, 매다는 각이 커질수록 짐에 작용하는 압축력은 커진다.

또한 다음의 로프 장력과 조각도 표는 매다는 각과 와이어 로프가 당기는 힘과의 관계를 나타낸 것이다.

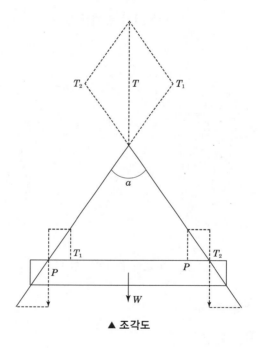

▲ 조각도

■ 조각도와 로프의 장력

조각도(°)	줄걸이 와이어 로프의 장력 r_1, r_2의 변화	짐에 작용하는 압축력 P의 변화
0	1.000배	0배
10	1.004	0.087
20	1.015	0.176
30	1.035	0.268
40	1.065	0.364
50	1.103	0.466
60	1.155	0.577
70	1.221	0.700
80	1.305	0.839
90	1.414	1.000
100	1.556	1.191
110	1.743	1.428
120	2.000	1.732
130	2.366	2.144
140	2.924	2.747
150	3.864	3.732

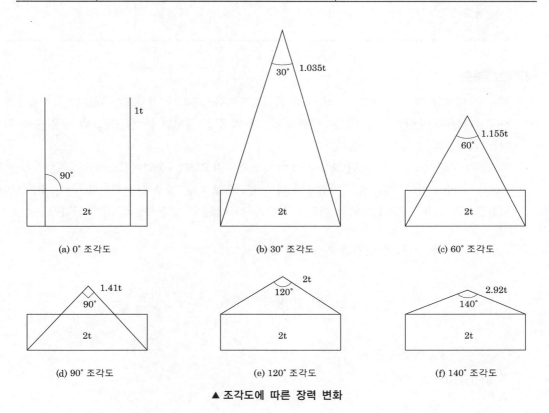

(a) 0° 조각도 (b) 30° 조각도 (c) 60° 조각도

(d) 90° 조각도 (e) 120° 조각도 (f) 140° 조각도

▲ 조각도에 따른 장력 변화

3 강도 및 안전계수

(1) 재료의 강도

크레인에 화물(짐)을 매달 때에는 하중에 의해서 크레인 각 부분에 이미 설명한 바와 같이 당김과 압축, 전달 등의 힘이 걸리므로 크레인에 사용하는 재료는 충분히 이러한 힘들을 견딜 수 있어야 한다.

또한, 노화(老化)되고 흠이 생겨 재료의 강도가 약해진 것을 모르고 작업을 실시하거나 그 재료의 강도 이상의 하중을 걸면 큰 사고를 발생시킬 수 있으므로 재료의 강도를 잘 알고 있어야 한다.

▣ 기중기에 사용하는 재료의 안전강도

재 료	연 강	반경강	와이어 케이블용 탄소강	니켈 크롬강	주 철	주 강
인장강도 (kg/cm²)	3,700~ 4,500	4,500	9,000~ 18,000	6,000~ 18,000	1,400~ 2,300	1,400~ 4,500
용도	형강 봉강 훅	키, 핀	와이어 케이블	구름 베어링 축 수	차륜 보통 주철 드럼	차륜 드럼

(2) 안전계수

재료를 사용할 때 응력 한도는 전 항의 극한강도이다. 그러나 실제로는 재료를 극한강도까지 사용한다는 것은 아주 위험하므로 극한강도 이하의 값을 정하여 이것을 재료의 사용 중에 일어나는 최대한의 응력으로 정한다.

즉, 이 무한강도값 이내라면 보통 사용해서 안전하다고 보는 응력이므로 이와 같은 응력을 허용 응력이라고 한다. 재료의 극한강도를 허용 응력으로 나눈 값을 안전계수라 하며, 훅, 와이어 로프, 줄걸이 용구 등이 파괴될 때의 하중, 즉 절단하중과 안전하중의 비가 안전계수이다.

$$즉, \ 재료의 \ 안전계수 = \frac{극한강도}{허용 \ 응력}$$

$$훅, \ 와이어 \ 로프 \ 등 \ 줄걸이 \ 용구의 \ 안전계수 = \frac{극한강도}{허용 \ 응력}$$

$$\therefore \ 안전하중 = \frac{극한강도}{허용 \ 응력}$$

안전계수의 값은 줄걸이 용구 등의 종류, 모양, 재질, 사용 방법 등을 종합적으로 고려하여 결정하지만, 기중기 등의 안전규칙에 따르면 줄걸이용 와이어 로프, 줄걸이용 체인, 훅, 섀클 및 링의 안전계수는 5로 정해져 있다(산업안전기준).

예제

극한강도 4,500kg/cm^{2}의 막대기를 허용 응력 900kg/cm^{2}로 사용할 때 안전계수는 얼마인가?

● 해설

안전계수 $= \dfrac{4,500}{900} = 5$

제2장 예상문제

01 동력의 값이 가장 큰 것은?

① 1PS　　　　　② 1HP

③ 1kW　　　　　④ 1.2HP

> **해설** ① 1PS=735W
> ② 1HP=746W
> ③ 1kW=1,000W
> ④ 1.2HP=882W

02 강재가 그림과 같이 좌우 방향으로 하중을 받으면 그 폭은 어떻게 변화되려고 하는가?

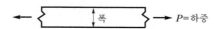

① 변화 없음
② 감소함
③ 증가함
④ 감소 후 증가함

> **해설** 강재의 좌우 방향에 하중이 가해지면 잡아당기는 작용이 되므로 폭은 감소된다.

03 와이어 로프의 안전계수가 5이고, 절단하중이 20,000kgf일 때 안전하중은?

① 6,000kgf
② 5,000kgf
③ 4,000kgf
④ 2,000kgf

> **해설** 정격(안전) 하중 = $\dfrac{절단(파단)하중}{안전계수}$
>
> $= \dfrac{20,000}{5}$
>
> $= 4,000\,\mathrm{kgf}$

04 그림과 같이 물건을 들어올리려고 했을 때 권상을 한 후에는 어떤 현상이 일어나는가?

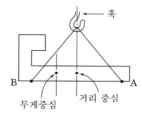

① 수평 상태가 유지된다.
② A 쪽이 밑으로 기울어진다.
③ B 쪽이 밑으로 기울어진다.
④ 무게중심과 훅 중심이 수직으로 만난다.

> **해설** 거리의 중심을 기준으로 하여 B 쪽이 무거우므로 B 쪽이 밑으로 기울어진다.

05 2,000kgf의 짐을 두 줄걸이로 하여 줄걸이 로프의 각도를 60도로 매달았을 때 한쪽 줄에 걸리는 하중(kgf)은?

① 2,310
② 2,000
③ 1,155
④ 578

> **해설** $\dfrac{2,000\mathrm{kgf}}{2줄} = 1,000\,\mathrm{kgf}$이며 60°에서 한 줄에 걸리는 하중은 1.155배이므로 $1,000 \times 1.155 = 1,155\mathrm{kg}$이 된다.

정답 01 ③　02 ②　03 ③　04 ③　05 ③

06 크레인의 운동 속도에 대한 설명으로 틀린 것은?

① 주행 속도는 가능한 저속으로 운전하는 것이 좋다.

② 위험물 운반 시에는 가능한 저속으로 운전함이 좋다.

③ 권상장치에서 속도는 양정이 짧은 것은 빠르게, 긴 것은 느리게 작동되도록 한다.

④ 권상장치에서 속도는 하중이 가벼우면 빠르게, 무거우면 느리게 작동되도록 한다.

해설 권상장치에서 속도는 양정이 짧으면 느리게, 길면 빠르게 작동되도록 한다.

07 물체 중량을 구하는 공식으로 맞는 것은?

① 비중×넓이   ② 무게×길이

③ 넓이×체적   ④ 비중×체적

해설 물체의 중량은 비중×체적으로 구해지며, m^3로 하면 톤(ton)이 되고 cm^3로 하면 그램(g)이 된다.

08 다음 중 힘의 3요소가 아닌 것은?

① 힘의 크기

② 힘의 작용점

③ 힘의 작용 방향

④ 힘의 균형

해설 힘의 3요소는 힘의 크기, 작용점, 작용 방향이다.

09 1g의 물체에 작용하여 $1cm/s^2$의 가속도를 일으키는 힘의 단위는?

① 1dyn(다인)

② 1HP(마력)

③ 1ft(피트)

④ 1lb(파운드)

해설 다인이란 힘의 CGS 절대 단위로서 질량 1g의 물체에 $1cm/s^2$의 가속도를 발생시키는 힘의 강도이다.

10 40톤의 부화물이 있다. 이 부화물을 들어올리기 위해서는 20mm 직경의 와이어 로프를 몇 가닥으로 해야 하는가? (단, 20mm 와이어의 절단하중은 20톤이며 안전계수는 7로 하고, 와이어 자체의 무게는 0으로 계산한다.)

① 2가닥(2줄걸이)

② 8가닥(8줄걸이)

③ 14가닥(14줄걸이)

④ 20가닥(20줄걸이)

해설 와이어 로프의 절단하중이 20톤이며 안전계수가 7이므로, 로프 한 가닥당 안전하중은 2.85톤이므로 $\frac{40톤}{2.85}$=14가닥이 된다.

11 가로 10m, 세로 1m, 높이 0.2m인 금속 화물이 있다. 이것을 4줄걸이 30도로 들어올릴 때 한 개의 와이어에 걸리는 하중은? (단, 금속의 비중은 7.8)

① 3.9톤   ② 7.8톤

③ 4.05톤   ④ 15.6톤

해설 $10×1×0.2=2m^3$이며 비중 $7.8×2m^3$=15.6톤이 되고 4줄걸이이므로 $\frac{15.6}{4줄}$=3.9이다. 이때 줄걸이 각도가 30°면 1줄에 걸리는 장력은 1.05배이므로 약 4.05톤이 된다.

12 그림과 같은 둥근 막대에 인장 하중 P를 가했을 때 $d_1 : d_2$의 직경의 비가 1 : 2이면, d_1과 d_2에 생기는 응력의 비는?

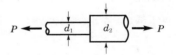

① 1 : 2   ② 3 : 1

③ 4 : 1   ④ 8 : 1

13 선회 속도가 0.81rev/min으로 표시되었다. 올바른 설명은?

① 타워크레인 선회 속도는 1분당 0.81m이다.
② 타워크레인 선회 속도는 1분당 0.81cm이다.
③ 타워크레인 선회 속도는 1분당 0.81회전이다.
④ 타워크레인 선회 속도는 1선회 시 0.81분 걸린다.

[해설] rev은 revolution, 즉 회전을 뜻하고, min은 minute, 즉 분을 뜻한다.

14 그림에서 240톤의 부화물을 들어올리려 할 때 당기는 힘은? (단, 마찰 계수 및 각종 효율은 무시한다.)

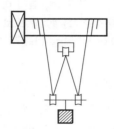

① 80톤　　　　② 60톤
③ 120톤　　　④ 240톤

[해설] $\dfrac{240t}{4줄} = 60$톤이 된다.

15 다음 하중에서 동하중에 해당하지 않는 것은?

① 위치 하중　　② 반복 하중
③ 교번 하중　　④ 충격 하중

[해설] 위치 하중은 정하중에 해당된다.

16 지브 크레인의 지브(붐) 길이 20m 지점에서 10톤의 화물을 줄걸이하여 인양하고자 할 때 이 지점에서 모멘트는?

① 20ton · m　　② 100ton · m
③ 200ton · m　　④ 300ton · m

[해설] 20m×10톤이므로 200ton/m이다.

17 강재가 그림과 같이 압축 하중을 받으면 그 직경은 어떻게 변화되려고 하는가?

① 변화 없음　　② 감소함
③ 증가함　　　④ 감소 후 증가함

[해설] 강재가 압축 하중이 가해지면 증가된다.

18 어떤 물체가 그 물체의 위치를 변경하는 것의 정의는?

① 작용점　　　② 방향
③ 운동　　　　④ 속도

19 크레인에서 그림과 같이 부화물(200톤)을 들어올리려 할 때 당기는 힘은? (단, 마찰 저항이나 매다는 기구 자체의 무게는 없는 것으로 가정한다.)

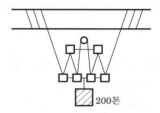

① 25톤　　　　② 28.75톤
③ 40톤　　　　④ 100톤

[해설] $\dfrac{200t}{8줄} = 25$톤이 된다.

20 줄걸이 작업 시 짐을 매달아 올릴 때 주의사항으로 맞지 않는 것은?

① 매다는 각도는 60° 이내로 한다.
② 짐을 전도시킬 때는 가급적 주위를 넓게 하여 실시한다.
③ 큰 짐 위에 작은 짐을 얹어서 짐이 떨어지지 않도록 한다.
④ 전도 작업 도중 중심이 달라질 때는 와이어 로프 등이 미끄러지지 않도록 주의한다.

[해설] 크레인으로 짐을 권상할 때 큰 짐 위에 작은 짐을 얹으면 위험하다.

[정답] **13** ③　**14** ②　**15** ①　**16** ③　**17** ③　**18** ③　**19** ①　**20** ③

21 다음 그림은 축의 무게중심 G를 나타내고 있다. A의 거리는? (단, $W_1 = 6\text{kg}$, $W_2 = 9\text{kg}$)

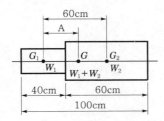

① 약 20cm   ② 약 31cm

③ 약 36cm   ④ 약 25cm

[해설] $A = \dfrac{W_2 \cdot L}{W_1 + W_2} = \dfrac{9}{6+9} \times 60 ≒ 36\text{cm}$

22 어떤 물질의 비중량 또는 밀도를 4℃의 순수한 물의 비중량 또는 밀도로 나누는 값은?

① 비체적   ② 비중
③ 비질량   ④ 차원

23 타워크레인 구조 부분 계산에 사용하는 하중의 종류가 아닌 것은?

① 굽힘 하중   ② 좌굴 하중
③ 풍하중   ④ 파단하중

[해설] 크레인 제작·안전·검사기준에 관한 규칙 제9조에 의하여 수직동, 수직 정하중, 수평 동하중, 열하중, 풍하중, 충돌 하중 등이 있다.
파단하중은 와이어 로프에 있다.

24 타워크레인의 선회 동작으로 인하여 타워 마스트에 발생하는 모멘트는?

① 전단 모멘트   ② 좌굴 모멘트
③ 비틀림 모멘트   ④ 굽힘 모멘트

25 운동하고 있는 물체는 언제까지나 같은 속도로 운동을 계속하려고 한다. 이러한 성질을 가리키는 법칙은?

① 작용과 반작용의 법칙
② 관성의 법칙
③ 가속도의 법칙
④ 우력의 법칙

26 지름이 2m, 높이가 4m인 원기둥 모양의 목재를 크레인으로 운반하고자 한다. 목재의 무게(kgf)는? (단, 목재의 1m³당 무게는 150kgf로 간주한다.)

① 542   ② 942
③ 1,584   ④ 1,885

[해설] 원기둥의 부피를 구하려면 $\dfrac{\pi D^2 s}{4}$ 이므로 $0.785 \times 2^2 \times 4 = 12.56\text{m}^3$이고 목재의 무게는 1m³당 150kgf 이므로 $12.56 \times 150 = 1,885\text{kgf}$가 된다.

27 원기둥의 체적 계산식은? (단, D는 직경, S는 높이, R은 반경)

① $\dfrac{\pi RDS}{2}$ ② $\dfrac{\pi R^2 S}{4}$

③ $\dfrac{\pi DS}{2}$ ④ $\dfrac{\pi D^2 S}{4}$

28 모멘트 $M = P \times L$일 때 P와 L의 설명으로 맞는 것은?

① P : 힘, L : 길이
② P : 길이, L : 면적
③ P : 무게, L : 체적
④ P : 부피, L : 길이

[정답] 21 ③ 22 ② 23 ④ 24 ③ 25 ② 26 ④ 27 ④ 28 ①

타워크레인운전기능사

제 **3** 장

Craftsman Tower Crane Operating

크레인 전기

제3장 크레인 전기

1 전기의 개요

1 전기의 작용과 정체

전기란 우리 눈에 보이지는 않으나 여러 가지 적절한 실험으로 그 존재를 알 수 있으며, 이 전기를 발생시키기 위해서는 전자의 작용을 필요로 한다. 전자의 작용은 일정한 형태의 에너지(energy), 즉 자기 작용, 압력, 빛, 열, 마찰, 화학작용 등이 물질에 가해질 때 나타난다.

(1) 물질과 분자·원자의 구성

지상의 모든 물질은 분자(molecule)로 구성되어 있으며, 분자는 한 개 또는 백여 종의 서로 다른 원자들의 결합으로 이루어져 있다.

예를 들면, 물은 수소와 산소로, 그리고 우리의 신체는 수소, 산소, 칼슘, 탄소, 인 등의 결합으로 이루어진 것이며, 원자를 자세히 관찰해 보면 정전하를 띠고 있는 핵과 부전하를 갖는 전자로 구성되어 있는 것을 알 수 있다.

일반적으로 중성인 상태에서는 물질 내부의 (+)전위와 (-)전위가 같아서 어떤 전기적 특성을 나타내는 경우는 없다. 원래 (+)전하와 (-)전하는 서로 잡아 끌어당기는 성질을 갖고 있다. 따라서 원자는 한가운데 양전기를 가진 원자핵이 있고, 그 주위로 음전기를 가진 전자(electron)가 마치 태양의 주위를 지구와 유성이 돌고 있는 것처럼 특정의 궤도를 아주 빠른 속도로 돌고 있는 것으로 생각한다. 즉 전자란 전기의 작은 입자(particle)라고 한다.

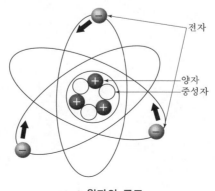

전자

양자
중성자

▲ 원자의 구조

(2) 전기 발생 근원

전기를 발생시킬 목적으로 전자의 작용을 일으키려면 일정한 형태의 에너지를 사용해야 한다. 사용할 수 있는 에너지는 마찰, 압력, 열, 빛, 자기, 화학 작용 등이 있고 다음 사항들이 일어날 수 있다.

① **전하의 반발** : 같은 전하끼리는 서로 반발한다.
② **전하의 흡인** : 다른 전하끼리는 서로 끌어당긴다.
③ **정전기** : 정지하고 있는 전하
④ **마찰 전하** : 한 물질을 다른 물질과 마찰시켜 발생하는 전하
⑤ **접촉 전하** : 직접 접촉에 의해 한 물질에서 다른 물질로 옮겨가는 전하
⑥ **유도 전하** : 직접 접촉 없이 한 물질에서 다른 물질로 옮겨가는 전하
⑦ **접촉 방전** : 전자가 접촉을 통하여 음전하에서 양전하로 넘어가는 현상
⑧ **아크 방전** : 전자가 아크를 통하여 음전하에서 양전하로 넘어가는 현상

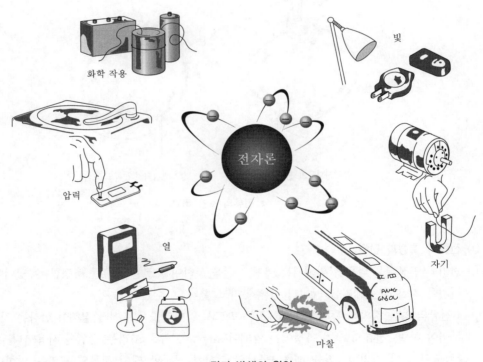

▲ 전기 발생의 원인

2 전기의 구성

(1) 전류

전류란 양전하를 가진 물질과 음전하를 가진 물질이 금속선에 직접 연결되면 양쪽 전하 사이의 흡인력에 의해 음전하(자유 전자)는 금속선을 지나 양전하가 있는 쪽으로 이동하고 이로써 양자가 결합하여 중화하는 것이다. 즉, 음전하 쪽에서 양전하 쪽으로 전자가 흐르며, 이러한 현상을 "금속선에 전류가 흐른다"라고 한다. 전자론을 알기 전에 전기는 전등을 켜고 전동기를 돌리는 데 쓰여지고 동력화되면서도 아무도 어떻게 왜 작용하는지 알지 못하였고, 무엇인가가 전선 내에서 양(+)에서 음(−)으로 이동한다고 믿었다. 전류에 대한 이러한 관념을 관습적 전류의 흐름이라고 부른다. 현재는 전류가 전자의 흐름으로 이루어진 것이라는 사실을 규명하게 되었지만, 이러한 전기적 현상을 발견할 수 없었던 과거에는 전기는 (−)극에서 (+)극으로 흐르는 것이 아니라 (+)극에서 (−)극으로 흐른다고 믿고 있었다.

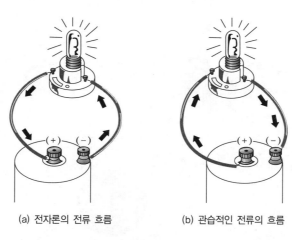

(a) 전자론의 전류 흐름　　(b) 관습적인 전류의 흐름

▲ 전류의 흐름 비교

① 전류의 측정과 단위

전기와 전장품을 다루기 위해서는 어떤 물질을 통하여 흐르는 전류를 측정할 수 있어야 하며, 여기에 사용되는 계기를 암미터(전류계)라고 한다.

전류의 양을 정확히 측정하기 위해서는 반드시 암미터를 선로에 연결해야 한다는 것을 알아두어야 하며, 전류의 크기 측정에는 암페어(ampere, 약호 A)라는 단위를 사용한다. 1암페어는 도체 안의 임의의 1점을 매초 1쿨롬의 전하가 통과할 때의 전류의 크기를 말한다.

단위의 종류 : 1암페어(기호 A)=1,000밀리암페어(기호 mA)

1밀리암페어(기호 mA)=1,000마이크로암페어(기호 μA)

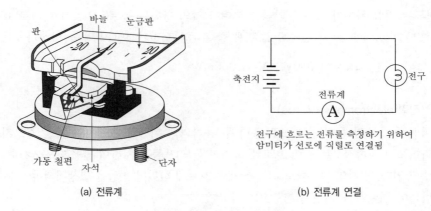

바늘　눈금판

판

가동 철편　자석　단자

(a) 전류계

축전지

전구

전류계

전구에 흐르는 전류를 측정하기 위하여
암미터가 선로에 직렬로 연결됨

(b) 전류계 연결

▲ 전류계의 연결

② **전류의 3대 작용**

㉮ **발열작용** : 도체 안의 저항에 전류가 흐르면 열이 발생한다.

　　예 전구, 담배 라이터, 예열 플러그(glow plug), 전열기 등

㉯ **화학작용** : 전해액에 전류가 흐르면 화학작용이 일어난다.

　　예 축전지, 전기도금 등

㉰ **자기작용** : 전선이나 코일에 전류가 흐르면 그 주위의 공간에는 자기 현상이 일어난다.

　　예 전동기, 발전기, 경음기 등

(2) 전압(전위차)

전압이란 전류가 흐르는 압력이다. 다음 그림과 같이 물이 담긴 A, B의 용기에 파이프를 연결하면
물은 수위가 높은 A쪽에서 수위가 낮은 B쪽으로 흐르게 되며, 이때 물이 흐르는 세기는 용기
A와 B의 수위차, 즉 수압에 의하여 결정이 된
다. 따라서 (+)전하 A와 (−)전하 B를 전선
C로 연결하면 (+)전하는 전선 C를 통하여
(−)전하를 향하여 전류가 흐르며, 이때 A에
서 B를 향하여 수위차만큼의 전기적 압력이
가해졌다고 가정할 수 있는데, 이와 같은 전
기적인 압력을 전압(전위차)이라고 한다. 즉,
전압이란 물체에 전하를 많이 저장해 두면 같
은 극성의 전하는 서로 반발작용을 하여 다른
전하가 있는 쪽 또는 전하가 부족한 쪽으로 이
동하려는 압력을 말한다.

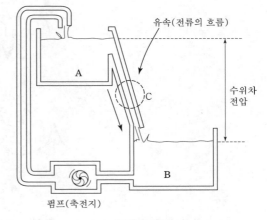

유속(전류의 흐름)

A

C

수위차
전압

B

펌프(축전지)

▲ 수압과 전압

전류는 전압 차이가 클수록 많이 흐르며 전압의 단위는 볼트(volt, 기호 V)로 표시한다. 1V란 '1옴(Ω)의 도체에 1A의 전류를 흐르게 할 수 있는 전기적인 압력'을 말한다.

단, 1kV=1,000V, 1V=1,000mV

① 기전력(electromotive force)

어떤 용기 A의 물이 용기 B로 흘러 두 용기의 수위차가 없어지면 물은 흐르지 않게 되므로 파이프에 지속적으로 물이 흐르게 하려면 물 펌프를 설치하여 물을 퍼 올려 수압차를 만들어 주면 된다. 전기의 경우에도 전류를 계속 흐르게 하려면 전압을 발생시켜야 하는데, 이 전압을 만들어내는 힘을 기전력(起電力)이라고 한다.

즉, 원자의 핵과 전자를 분리시켜 전하를 끊임없이 발생시키는 힘을 기전력이라고 하며, 기전력의 크기는 전압으로 표시되므로 단위도 볼트(V)로 표시한다.

② 전압과 전류의 흐름

크레인에 사용되는 모든 전기기기는 규정된 일정량의 전류가 흘러야만 작동되도록 제작되어 있으며, 두 전하 사이의 전압, 즉 기전력이 클수록 전류의 흐름은 커지지만 만약 전류량이 규정치를 초과하면 전기기기는 소손된다.

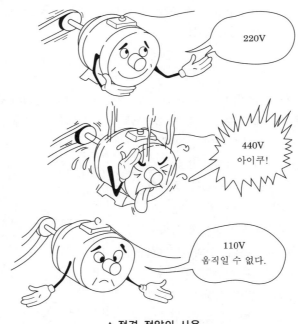

▲ 정격 전압의 사용

전류가 흐름으로써 전기기기가 일을 하게 하려면 전류가 흐르기 위한 기전력이나 전압이 있어야 하며, 전압의 크기는 전기기기의 규격에 따라 결정된다.

(3) 저항

전자가 물질 속을 이동할 때에는 물질 내의 원자와 충돌하여 저항을 받는다. 이 저항은 물질이 지니고 있는 자유 전자의 수나 원자핵의 구조, 물질의 형상 또는 온도에 따라서 달라진다. 이와 같이 물질 속을 전류가 흐르기 쉬운가 또는 어려운가의 정도를 나타낸 것을 전기 저항(resistance, 기호 R)이라고 부른다.

전기 저항의 크기를 나타내는 단위는 옴(Ohm, 기호 Ω)을 사용하며, 1옴은 1A의 전류가 흐르는 데 1V의 전압을 필요로 하는 도체의 저항을 말한다.

$$단위의 \ 종류 : 1메가옴 = 1,000,000옴 = 10^6옴(기호 \ M\Omega)$$
$$1킬로옴 = 1,000옴 = 10^3옴(기호 \ k\Omega)$$
$$1옴(기호 \ \Omega)$$
$$1마이크로옴 = \frac{1}{1,000,000}옴 = 10^{-6}옴(기호 \ \mu\Omega)$$

① 고유 저항

크레인의 전기기기에 사용되는 물질의 저항은 재질, 형상, 온도에 따라 변화하며, 온도를 일정하게 하면 재질에 따라 저항값이 달라진다. 형상과 온도를 다음과 같이 정한 경우의 저항값을 그 물질의 고유 저항(specific resistance)이라 한다.

고유 저항의 단위는 $\Omega \cdot m$를 사용하고 금속 도체와 같이 고유 저항이 작은 경우는 $10^{-6}\Omega \cdot cm$를 사용한다. 고유 저항을 알면 임의의 길이 및 단면적을 가진 물질의 저항도 알 수 있으며, 금속의 고유 저항은 다음과 같다.

■ 금속 도체의 고유 저항

도체의 명칭	고유 저항 ($\mu\Omega \cdot cm$)20℃	도체의 명칭	고유 저항 ($\mu\Omega \cdot cm$)20℃
은(Ag)	1.62	니켈(Ni)	6.9
구리(Cu)	1.69	철(Fe)	10.0
금(Au)	2.40	강	20.6
알루미늄(Al)	2.62	주철	57~114
황동(Cu+Zn)	5.7	니켈-크롬(Ni-Cr)	100~140

② 접촉 저항

크레인에 전기기기를 연결할 때 헐겁게 연결하거나 녹이나 페인트를 떼어내지 않고 전선을 연결하면 그 접촉면 사이에 저항이 발생하여 전류의 흐름을 방해한다. 이와 같이 접촉면에서 발생하는 저항을 접촉 저항이라고 한다.

즉, 전기 배선의 접지용 볼트(bolt)가 헐겁거나, 스위치의 소손에 의한 접촉 불량, 접지면의 녹, 각 단자의 산화에 의한 부식 등에 의하여 발생하는 저항이다. 접촉 상태가 불량하면 저항이 증가하여 전류의 흐름을 방해하므로 부하에 필요한 전류 공급이 이루어지지 않아 제기능을 발휘할 수 없게 된다. 따라서 배선을 연결할 경우 납땜을 하거나 단자 등의 청소를 깨끗이 하여 접촉 저항을 감소시켜야 한다. 또한 접촉 저항은 접촉 면적과 접촉 압력의 증가에 따라서 감소하기 때문에 같은 굵기의 전선을 사용하여야 하며, 볼트의 체결 및 단자의 접촉을 확실히 하여야 한다.

３ 저항의 접속 및 법칙

(1) 옴의 법칙(Ohm's law)

전기 회로에서 흐르는 전압, 전류, 저항 사이에는 다음과 같은 일정한 관계가 있다. 즉, 도체를 흐르는 전류는 도체에 가해진 전압에 비례하고, 그 도체의 저항에 반비례한다. 이 관계는 1827년 독일의 물리학자 옴(Ohm)이 전류, 저항 사이에 일정한 관계를 가지고 있다는 사실을 처음으로 발견한 것으로 옴의 법칙이라고 한다.

그림과 같은 전기 회로에 있어서 (+)극과 (−)극 두 점 사이의 전압을 E[V]라 하고 여기에 흐르는 전류를 I[A]라 하며, 저항을 R[Ω]이라고 하면, 다음 식과 같은 관계가 성립된다.

$$I = \frac{E}{R}[\text{A}], \qquad E = IR[\text{V}], \qquad R = \frac{E}{I}[\Omega]$$

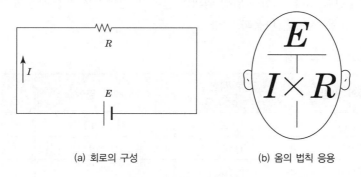

(a) 회로의 구성　　　　　　(b) 옴의 법칙 응용

▲ 옴의 법칙

(2) 저항의 접속

저항의 접속법이란 서로 저항값이 다르거나 같은 저항값이라도 여러 개의 저항체를 연결하는 방법을 말하며, 기본적으로 직렬 접속과 병렬 접속이 있다.

어느 접속이나 전체 저항(R)은 전압(E)을 전류(I)로 나눈 $R = \frac{E}{I}$ 이며, 이때 R은 R_1, R_2 2개의 저항을 합성한 것이므로 이 R을 합성 저항(resultant resistance)이라고 한다.

① **직렬 접속(series connection)**

그림과 같이 저항 R_1, R_2를 접속하고 양끝에 전원 E를 가했을 때 흐르는 전류를 I라 하면,

$$E = E_1 + E_2 = I(R_1,\ R_2)$$

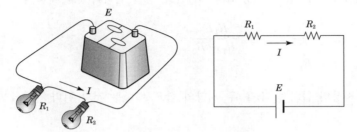

▲ 직렬 접속

따라서 합성 저항 R은 $R = \dfrac{E}{I} = R_1,\ R_2$.

다시 말하면, 여러 개의 저항을 직렬로 접속하면 합성 저항은 각각의 저항을 합친 것과 같다. R_1, R_2, $R_3 \cdots R_n$의 저항을 직렬 접속하였을 때 합성 저항 R은 $R = R_1 + R_2 + R_3 + \cdots + R_n$이 된다.

② **병렬 접속(parallel connection)**

그림과 같이 저항 R_1, R_2, R_3를 접속하고 양끝에 전원 E를 가했을 때 각 저항에 흐르는 전류를 I_1, I_2, I_3라 하면,

$$I_1 = \frac{E}{R_1}, \qquad I_2 = \frac{E}{R_2}, \qquad I_3 = \frac{E}{R_3}$$

따라서, 합성 전류 I는

$$I = I_1 + I_2 + I_3 = \frac{E}{R_1} + \frac{E}{R_2} + \frac{E}{R_3} = E\left(\frac{1}{R_1} + \frac{1}{R_2} + \frac{1}{R_3}\right)$$

합성 저항 R은

$$R = \frac{E}{I} = \frac{1}{\dfrac{1}{R_1} + \dfrac{1}{R_2} + \dfrac{1}{R_3}} \quad \text{또는} \quad \frac{1}{R} = \frac{1}{R_1} + \frac{1}{R_2} + \frac{1}{R_3}$$

즉, 여러 저항을 병렬 접속하였을 때의 합성 저항은 각 저항의 역수의 합과 같다.

따라서 R_1, R_2, $R_3 \cdots R_n$의 저항을 병렬로 접속하였을 때의 합성 저항 R은

$$R = \frac{1}{\dfrac{1}{R_1} + \dfrac{1}{R_2} + \dfrac{1}{R_3} \cdots + \dfrac{1}{R_n}}$$

만일 R_1과 같은 저항 n개를 병렬로 접속했을 때의 합성 저항 R은

$$R = \frac{R_1}{n}$$

또 그림 (b)와 같이 두 저항 R_1과 R_2만을 병렬 접속하였을 때의 합성 저항 R은

$$R = \frac{1}{\dfrac{1}{R_1} + \dfrac{1}{R_2}} = \frac{R_1 R_2}{R_1 + R_2}$$

즉, 두 저항의 곱(상승적)을 두 저항의 합으로 나눈 것과 같다.

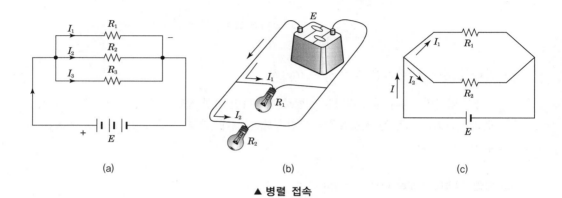

▲ 병렬 접속

저항값을 모르는 R_1, R_2, R_3의 세 저항으로 구성된 병렬회로가 45V의 전압에 연결되어 있다. 전체 회로 전류는 6A이며, R_1을 통해 흐르고 있는 전류는 1.5A, R_2를 통해서 흐르고 있는 전류는 3A, 그리고 R_3를 통해 흐르는 전류는 모른다고 하였을 때 R_3의 저항을 구하여라.

● 해설

모르는 저항값을 구하기 위해 우선 회로를 그리고, 알고 있는 저항, 전압 및 전류의 값을 기입한 다음, 이들 값과 모르는 저항값의 표를 작성한다. 이들 두 곳의 양이 알려진 분기 회로에서 미지의 한 곳의 양을 옴의 법칙이나 병렬회로의 합성 저항, 전류, 전압에 관한 식을 이용하여 풀 수 있다. 즉 R_1과 R_2에 대하여 전압과 전류를 알고 있으므로 옴의 법칙을 써서 R_1과 R_2를 구한다.

$$R_1 = \frac{45}{1.5} = 30\,\Omega \qquad R_2 = \frac{45}{3} = 15\,\Omega$$

또한 R_3의 값을 구하기 위해 R_3을 통하는 전류를 결정해야 하며, 합성 전류는 6A이므로 세 분기 전류의 합과 같다. R_1과 R_2를 통하는 전류의 합은 4.5A이고 합성 회로 전류의 나머지는 R_3를 통하는 전류를 구한다.

$$I_3 = 6 - 4.5 = 1.5A$$

R_3에 대한 전류를 알고 있으므로 저항값을 구할 수 있다. 옴의 법칙을 써서 R_3를 구한다.

$$R_3 = \frac{45}{1.5} = 30\Omega$$

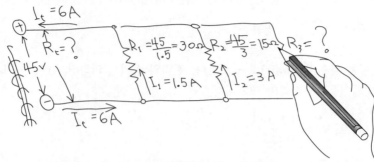

▲ 계산 방식의 예

4 전력과 전력량

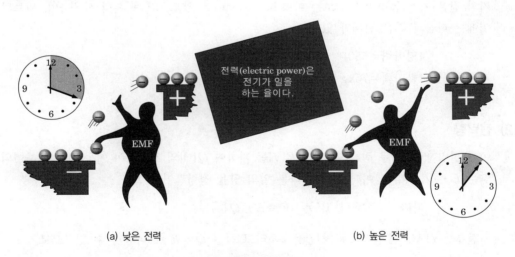

(a) 낮은 전력 　　　　　(b) 높은 전력

▲ 전력의 비유

원래 전력이란 전기적인 일을 뜻하며, 전기적인 힘이 전압이고 그 전압은 전자의 운동인 전류를 생기게 하는 것으로 두 점 사이에 존재한다. 전류를 발생하지 않는 전압은 두 물체 간에서 장력(tension)을 받고도 움직이지 않는 스프링의 힘과 같이 운동을 일으키지 않는 일이 아니다. 전압이 전자의 운동을 일으킬 때는 한 점에서 다른 점으로 전자를 움직이면서 일을 하며, 이 일하는 율(rate)을 전력이라 한다.

(1) 전력(electric power)

전구에 전압을 인가하여 전류를 흐르게 하면 빛이나 열이 발생한다. 또, 선풍기에서 전기 모터는 날개를 돌리기 위해 기계적인 운동을 한다. 이와 같이 전기기구나 장치는 전기 에너지를 소비하면서 일을 한다. 이때 전기 에너지가 소비되는 율(rate)을 전력(電力)이라고 한다.

다시 말해 시간 t초 동안 W[J]의 에너지가 소비되었다면,

$$\text{전력} = \frac{\text{에너지}}{\text{시간}} \quad \text{또는} \quad P = \frac{W}{t}$$

전력의 단위는 와트(W ; watt)로 표시한다. 전력의 정의에 의하면, 1W란 1줄[J]의 에너지가 1초 동안 소비되었을 때 전력의 크기이다.

$$1\text{와트}[\text{W}] = \frac{1\text{줄}[\text{J}]}{1\text{초}[\text{s}]}$$

예를 들어, 10J의 에너지가 2초 동안에 소비되었다면, 이때 전력은,

$$P = \frac{10\text{J}}{2\text{s}} = 5[\text{W}]$$

전력의 단위는 큰 전력을 나타내는 데 편리하도록 킬로와트(약호 kW) 단위를 사용하며, 전동기와 같은 기계 동력의 단위로는 마력(horse power, 약호 HP)을 흔히 사용하며, 와트와의 사이에는 다음과 같은 관계가 있다.

$$1\text{영마력} = 550\text{ft} \cdot \text{lb/s} = 746\text{W}$$
$$1\text{불마력} = 75\text{kg} \cdot \text{m/s} = 735\text{W}$$

(2) 전력량

이미 설명한 대로 두 점 간에 전압 E[V]를 가하여 Q[C]의 전기량이 이동되면 그 사이의 일의 양은 $E \cdot Q$[J]이다. 이때 전기가 하는 일의 양을 전력량이라 한다.

따라서, 전력량 W는 $W = E \cdot Q$[J]

전류를 I[A], 전류가 흐른 시간을 t초라고 하면 $Q = It$ 로 나타낼 수 있으므로,

$$W = EIt[\text{J}]$$

또한 큰 전력량을 말할 때에는 줄(J) 대신에 와트시(watt-hour, 약호 Wh) 및 킬로와트시(kilo watt-hour, 약호 kWh)의 단위를 사용한다.

$$1\text{Wh} = 3,600\text{J}[\text{W} \cdot \text{s}], \quad 1\text{kWh} = 1,000\text{Wh}$$

따라서, E[V]의 전압에 있어서 I[A]의 전류가 T시간 통하였을 때의 전력량은,

$$W = EIT[\text{Wh}] = \frac{EIT}{1,000}[\text{kWh}]$$

(3) 줄의 법칙과 발열량

저항 $R[\Omega]$인 도체에 E[V]의 전압을 가했을 때 이 도체를 흐르는 전류를 I[A]라고 하면 저항 R 중에 소비되는 전력 P는,

$$P = EI[\text{W}]$$

그러므로 R, E, I 사이에는 옴의 법칙에 따라 $I = E/R$ 또는 $E = IR$ 의 관계가 성립되므로 $P = EI$ 에 대입하면,

$$P = I^2 R[\text{W}] = \frac{E^2}{R}[\text{W}]$$

> **참고**
>
> 직류 전력과 단상 교류 전력에서는 역률이 100%이므로 관계없으나, 삼상 교류 전력의 경우 역률은 약 0.8%(80%)이다.
> 즉, 단상 교류 전력(W)=전압×전류×역률
> 삼상 교류 전력(W)=전압×전류×역률×$\sqrt{3}$ 으로 구한다.

5 직류와 교류

(1) 직류와 교류의 구분과 맥류

전기에는 동전기와 정전기가 있으며, 동전기에는 직류(direct current ; DC)와 교류(alternating current ; AC)가 있으며, 이 두 가지에 속하지 않는 것에 맥류 또는 전동 전류가 있다.

직류란 시간의 경과에 따라 전압 또는 전류가 일정값을 가지며, 그 방향이 일정한 것을 말한다. 반면, 교류란 시간의 경과에 따라 전압 또는 전류가 시시각각 변화하며, 그 방향이 정방향과 역방향으로 번갈아 반복하는 것을 말한다.

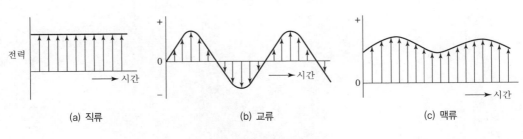

▲ 직류와 교류

(2) 단상 교류와 3상 교류

교류 발전기는 자석을 회전시키고 도체를 고정시켜 발전하는 발전기이며, 그림(단상 교류의 발생)과 같이 자석이 1회전 하였을 때 도체에 발생하는 기전력의 크기 및 방향을 나타낸다. 이와 같이 기전력이 발생하는 도체가 전선 1조로 된 것을 단상 교류라고 한다.

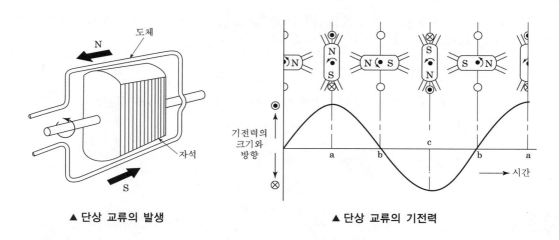

▲ 단상 교류의 발생   ▲ 단상 교류의 기전력

단상 교류와 같은 방식의 도체를 120°간격으로 3개 고정하고 그 내부에서 자석을 회전시키면 각 권선마다 전류가 유도되며, 이를 3상 교류라고 한다.

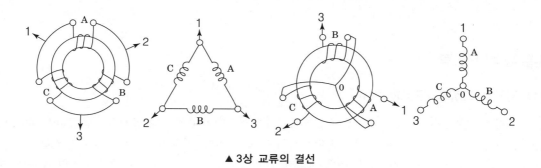

▲ 3상 교류의 결선

3상 교류는 단상 교류에 비해 고능률이며, 경제성이 우수하다. 현재의 한국 전력은 발전소에서 3상 교류 발전기로써 전류는 변전소를 통하여 공급한다고 할 수 있다.

(3) 맴돌이 전류(eddy current)

도체 중에 자력선이 통과하고 있을 때 첫 번째 그림(맴돌이 전류)과 같이 자력선이 변화하거나 (그림에서는 자력선이 증가한다), 두 번째 그림(맴돌이 전류 제동)과 같이 도체와 자력선이 서로 상대적으로 운동할 때는 도체 내에 전자 유도 작용에 의한 기전력이 발생한다. 이것 때문에 흐르는 유도 전류는 도체 중에서 가장 저항이 작은 통로를 선택하여 마치 맴돌이와 같이 작은 회로를 만들어 흐르는데, 이와 같은 전류를 맴돌이 전류라고 한다. 맴돌이 전류가 흐르고 있는 도체에는 그 도체의 저항에 따른 열이 발생하는데, 이것을 맴돌이 전류 손실이라고 한다. 교류 회로에 사용되는 변압기의 철심이 사용 중에 서서히 온도가 상승하는 것은 맴돌이 전류 때문이며, 이 원리를 이용한 맴돌이 전류 제동기가 이동성 장비(자동차 또는 건설장비)의 제3 브레이크인 맴돌이 전류 감속기(eddy current retarder)로 이용되고 있다.

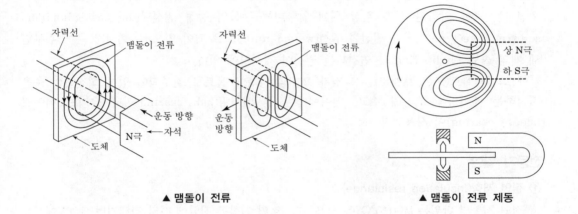

▲ 맴돌이 전류　　　　　　　　　　　　　　▲ 맴돌이 전류 제동

2　크레인 전기 기계·기구

① 전동기

전동기는 전기적 에너지를 기계적 에너지로 변환시키는 장치를 말하며, 크레인의 동력원인 전동기는 빈번히 정회전, 역전, 정지가 반복되므로 이러한 동작에 충분히 견딜 수 있도록 튼튼히 설계·제작된다. 전동기는 그 전원의 종류에 따라 교류 전동기와 직류 전동기로 대별되고, 크레인에서는 특수한 경우를 제외하고 대부분 3상 유도 전동기가 사용되고 있다.

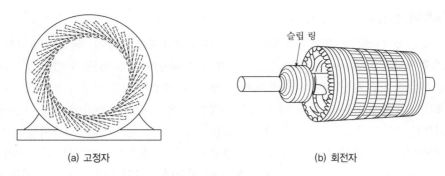

(a) 고정자	(b) 회전자

▲ 교류 3상 전동기의 구성

주요 구조는 고정자, 회전자, 엔드 플레이트의 세 부분으로 구성되며, 성층 철심(成層鐵心 : laminated core), 프레임과 고정자, 그리고 슬롯 속에 넣은 개개의 코일 등으로 구성되어 있다. 회전자는 축에 압착된 성층 철심 위에 알루미늄 주물의 농형 권선형(die cast aluminum squirrel cage type)이거나 권선형 권선(wound rotor)으로 되어 있으며, 회전자 축에 취부한 세 개의 슬립 링(slip ring)과 연결되는 권선이 철심상에 있다.

엔드 플레이트(또는 브래킷)는 고정자 프레임 양측에 볼트로 취부되어 있어 회전하는 축을 지지하는 베어링을 고정해 주고, 베어링에는 볼 베어링(ball bearing)이나 슬리브 베어링(sleeve bearing)이 사용된다.

(1) 전동기 일반

① 절연 저항(insulation resistance)

절연 저항의 단위는 $M\Omega(10^6\Omega)$을 사용한다. 절연 저항은 전압에 따라 정해지며, 220V에서는 약 $0.2M\Omega$ 이상, 440V에서는 약 $0.4M\Omega$ 이상, 3,300V에서는 약 $3M\Omega$ 이상이다. 또 절연 점검은 메거(megger)를 사용하여 저항을 측정한다.

② 절연의 종류와 온도 상승 한도

전동기를 운전하면 내부 손실에 의한 발열 때문에 온도가 상승하고 수 시간 경과하면 일정한 온도가 유지된다(이 경우를 온도가 포화되었다고 한다). 전동기의 운전 시 온도와 전동기 주위 기온과의 차를 온도 상승이라 하고, 이 값이 올라가면 절연물의 열화가 빨라져 전동기가 소손되기도 한다.

공기를 1차 냉매로 하고, 냉매 온도의 한도가 40℃인 경우 KS C 4002 유도 전동기는 다음 표와 같이 정해져 있다. 냉매 온도가 40℃ 이상인 경우와 해발 1,000m를 넘는 경우에는 온도 상승 한도를 수정해야 한다.

■ 유도 전동기의 온도 상승 한도(KS C 4002) (단위 : ℃)

순 서	유도기의 세분	A종 절연 온도계법	A종 절연 저항법	A종 절연 매립온도계법	E종 절연 온도계법	E종 절연 저항법	E종 절연 매립온도계법	B종 절연 온도계법	B종 절연 저항법	B종 절연 매립온도계법	F종 절연 온도계법	F종 절연 저항법	F종 절연 매립온도계법	H종 절연 온도계법	H종 절연 저항법	H종 절연 매립온도계법
1	고정자 권선	−	60	60	−	75	75	−	80	80	−	100	100	−	125	125
2	절연한 회전자 권선	−	60	−	−	75	−	−	80	−	−	100	−	−	125	−
3	농형 권선	이 부분의 온도는 어떠한 경우에도 근방의 절연물 기타 재료에 손상을 주지 않아야 한다.														
4	권선에 접촉하지 않은 철심 또는 기타 부분															
5	권선에 접촉하는 철심 또는 기타 부분	60	−	−	75	−	−	80	−	−	100	−	−	125	−	−
6	정류자 및 슬립 링	60	−	−	75	−	−	80	−	−	0	−	−	100	−	−
7	베어링(자냉식)	표면에서 측정할 때 40℃, 베어링 메탈에 온도계 소지를 매립해서 측정할 때 45℃, 내열성이 양호한 윤활제를 사용할 경우는 표면에서 측정할 때 55℃, 다만 수냉식 베어링 또는 특수 내열 윤활제를 사용 시에는 당사자 간의 협정에 따른다.														

> **참고**
>
> • 전동기 절연 재료 중 가장 많이 사용되는 것은 A형이다. 간혹 가장 높은 온도 상승에 견디는 것을 요구하는 문제의 답과 혼동될 수 있다.
> ① A종 : 목면, 종이, 비단 등의 유기질 재료로 구성되어 바니스류를 함침(含浸)하여 항상 기름 속에서 사용되는 것을 말한다.
> ② B종 : 마이카, 석면, 유리 섬유 등의 무기질 재료를 보통 접착제와 함께 사용한 것을 말한다.
> ③ H종 : 마이카, 석면, 유리 섬유 등의 무기질 재료를 규소 수지(Si : 실리콘 수지) 또는 동등한 성질을 지닌 재료로서 접착제와 함께 사용한 것을 말한다.
> ④ E종 : 에나멜, 폴리에스테르계의 필름을 말한다.
> ⑤ F종 : 마이카, 석면, 유리섬유 등의 재료를 실리콘 알키드수지 등의 접착제와 함께 사용한 것을 말한다.
>
> • 온도 상승에 적합한 절연이 사용되고 있는 한 6항의 온도 상승은 허용된다. 단, 정류자 또는 슬립 링이 코일에 근접되어 있을 때는 코일의 절연 종류의 온도 상승을 초과해서는 안 된다.
>
> • 절연 종류별 허용 최고 온도
> Y=90℃, A=105℃, E=120℃, B=130℃, F=155℃, H=180℃

③ 전압의 영향

크레인용 전동기는 기동 토크가 정격 토크의 225% 이상으로 규정되고 농형 전동기는 200% 정도로 설계되어 있다. 전압 강하의 허용 범위는 10%이며, 이때의 토크는 80%로 떨어지므로 이런 경우에도 부하의 최대 토크보다 커야 하고, 출력의 결정 시에는 전동기 설치 장소의 전압 강하에도 주의해야 한다.

한편 농형 전동기일 때에는 기동 시에 450~600%의 기동 전류가 흘러서 역률이 매우 낮은 관계로 배선의 전압 강하가 커지므로 기동 토크를 충분히 검토할 필요가 있다.

④ 시간 정격

전동기는 운전을 하면 열이 나지만 외기 온도(표준 규격 40℃ 이하)에서 50~60℃까지는 허용된다. 이 한도를 넘어서 사용하면 전동기가 타버린다.

보통은 정격 부하로 장시간 연속적으로 운전하면 이 온도까지 상승하지만, 이 표시법으로 널리 사용되는 것은 정격 출력으로 운전하여 온도 상승이 허용값에 도달할 때까지의 시간으로 표시하는 방법이다. 크레인용 전동기는 단속 사용(斷速使用)이므로 더욱 짧은 시간의 운전이라도 좋으며, 30분이나 1시간의 정격 부하에서 연속 운전으로 온도 상승이 50~60℃까지 일어나면 좋다. 이런 것을 30분 정격 또는 1시간 정격이라 하며, 전동기의 규격 설명 명판에 전압 220V, 전류 100A, 정격 1시간이라 되어 있으면 그 수치로 1시간 연속 사용해도 지장이 없다는 것을 보증하는 것이다.

시간 정격의 선정은 연속 작업 시간, 한 작업 사이클 중에서의 전동기의 급전 시간 비율(부하 시간율), 기동 정지의 빈도에 의해 정해지는데, 이것이 긴 것은 가격이 비싸고 형상도 커진다. 그래서 출력의 한 단위의 전동기를 사용하여 경부하로 운전할 때도 있다. 보통의 천장 크레인, 지브 크레인 등은 30분 정격으로 충분하나 그래브 버킷, 리프팅 마그넷 사용의 크레인의 감아 올림, 석탄, 광석용 대형 양륙 크레인 등의 횡행, 제철제강용의 천장 크레인 등에는 용도에 따라 60분, 120분 혹은 연속 정격을 채용하고 있으나, 특별한 지장이 없는 한 부하 시간율은 40%로 하고 %ED로 기입한다.

⑤ 속도 및 미끄러짐

3상 결선을 한 3상 유도 전동기의 고정자에 3상 교류를 통하면 회전자계(回轉磁界)가 생긴다. 회전자계 속도는 극수를 P, 전원의 주파수를 f, 동기 속도를 N_s라 하면,

동기 속도 $N_s = \dfrac{120f}{P}$ [rpm]이 되고, 극수 P는 권선 접속에 따라 변한다.

즉, 우리나라는 주파수가 60Hz이므로

$$4극의 \ N_s = \frac{120 \times 60}{4} = 1{,}800\text{rpm}$$

$$6극의 \ N_s = \frac{120 \times 60}{6} = 1{,}200\text{rpm}$$

$$8극의 \ N_s = \frac{120 \times 60}{8} = 900\text{rpm}$$

이 된다. 동기 속도가 N_s, 전동기 속도(회전수)가 N일 때 동기 속도와 전동기 속도의 차이 $(N_s - N)$와 동기 속도 N_s와의 비를 슬립(slip)이라 하며, 보통 S로 나타내고 다음 식과 같이 정의한다.

$$회전자 \ 속도 \ N = N_s - \frac{S \times N_s}{8}[\text{rpm}]$$

$$슬립(\text{slip}) \ S = \frac{N_s - N}{N_s} \times 100[\%]$$

따라서 유도 전동기는 동기 속도보다 약간 늦은 속도로 회전한다. 일반적으로 이 미끄러짐의 값은 극히 작고, 전 부하의 슬립 값은 소용량은 5~10%, 증대 용량은 3~5% 정도이다.

▣ 동기 속도(회전수)

전도 주파수 단위 [Hz]	전동기의 극수				
	4	6	8	10	12
50	1500	1000	750	600	500
60	1800	1200	900	720	600

(2) 직류 직권 전동기의 특징

직류 직권 전동기는 기동 회전력이 크고 부하의 변동에 따라 속도가 변화하는 정출력 특성이 있으므로 크레인의 감아올림(hoist), 프로펠러(propeller), 팬(fan) 등에 사용된다. 속도제어는 회전자 회로에 직렬로 저항을 넣어서 넓은 범위로 조정하고 있으며, 일부 특수 크레인에 사용되고 있다.

① 기동 전류

기동 시에 회로에 저항을 넣어 회전 상승과 함께 제어반 및 제어기 등에 의해 차례로 저항값을 감소시켜 전동기(motor)에 무리가 없도록 적당히 전류를 조정할 수 있다.

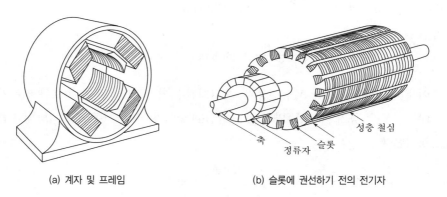

(a) 계자 및 프레임   (b) 슬롯에 권선하기 전의 전기자

▲ 직류 전동기의 주요 구성

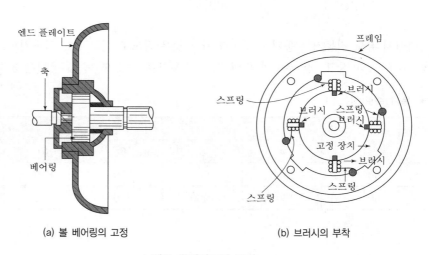

(a) 볼 베어링의 고정   (b) 브러시의 부착

▲ 엔드 플레이트의 구성

② 속도 제어

회로망의 수치를 제어반 또는 제어기(controller)로 증감하여 전기자(電機子)에 가해지는 전압을 변화시켜 속도 제어를 한다. 이 경우 저항을 속도 제어용 저항이라 하며 기동 저항과 동일하다.

③ 기동 회전력과 운전

기동 회전력이 매우 크며 전류의 증가와 함께 급증한다. 따라서 부하가 무거워지며 커다란 회전력이 필요하므로 역기전력을 낮추어 전류를 많이 흐르게 해야 하기 때문에 전동기(motor)의 회전은 느려진다.

전류가 많아지면 자계의 자력은 증가하지만 계자의 자속이 증가하면 동일 회전수로는 역기전력이 높아져서 소요의 부하 전류를 흐르게 하지 못하기 때문에 전동기의 속도를 저하시키지 않을 수 없게 된다.

이와 같이 전기자의 속도를 저하시킬 요소가 중복되므로 부하가 증가하면 속도의 저하는 심해지며 부하가 가벼워졌을 때는 반대로 속도는 상승한다. 따라서 부하가 너무 가벼우면 지나치게 고속이 되어 원심력 때문에 전기자를 파손할 수 있으므로 위험하다.

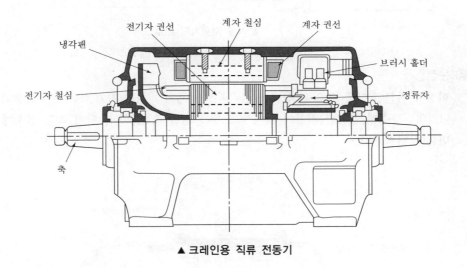

▲ 크레인용 직류 전동기

(3) 교류 권선형 유도 전동기의 특징

고정자 및 회전자의 양쪽에 권선이 있으며, 이 회전자의 권선에 슬립 링(slip ring)을 통해서 외부 저항을 증감하면 부하를 걸었을 때의 속도를 가감할 수 있다.

① 기동 전류

회전자 권선에 저항을 접속시켜 제어반 또는 제어기에 의해 저항을 여러 단수로 구분하여 차례로 단락하여 전동기에 무리가 없도록 적당한 크기로 할 수가 있다.

② 기동 회전력

회전자 권선에 저항을 접속하여 역률을 개선할 수 있기 때문에 작은 가동 전류에 비하여 큰 회전력을 낼 수가 있다. 저항값을 적당히 하면 1단만으로 기동할 수도 있다. 이 저항을 기동 저항이라고 한다.

③ 속도 제어

회전자 권선에 접속된 저항을 증감하여 속도 제어를 하고 있다. 이 경우의 저항을 속도 제어용 저항이라 하며, 기동 저항과 겸용하고 있다. 감아 내릴 때에 제어기(controller)를 1단 부근에 놓으면 하차(荷車)에 의해 가속되어 회전자의 바인드선을 흔들어서 사고를 일으키는 경우가 있다.

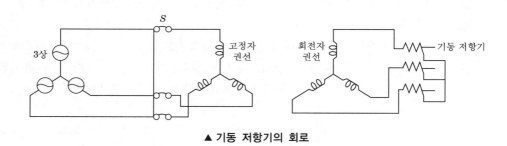

▲ 기동 저항기의 회로

④ 운전

회전자 권선이 단축(短縮)된 상태에서는 권선 자체의 저항이 작기 때문에 슬립은 3~5%로 작다. 회전자측에 삽입한 저항에 의해 속도를 조정할 수 있으며, 단지 속도 감소에 비례하여 비율이 나빠진다.

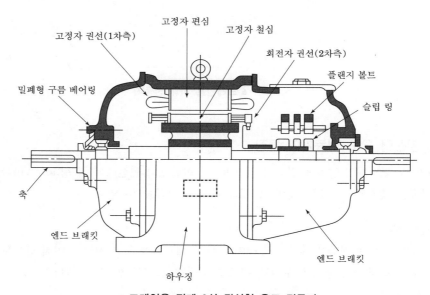

▲ 크레인용 전폐 3상 권선형 유도 전동기

(4) 농형 유도 전동기의 특징

농형은 이차측이 권선이 아니고 그림과 같이 전도체가 농형에 배치되어 있는 극히 간단한 구조로 되어 있다. 권선형과 같이 시동 전류를 제한한다든지 속도를 제어하는 것은 일차측에 저항기 또는 리액터(철심이 들어 있는 코일)를 넣어 이것을 제어하는 것에 따라 어느 정도는 가능하나 그 제어 성능은 권선형보다 못하다.

따라서 크레인과 같은 빈번한 시동, 정지, 정회전, 역전을 반복하는 용도에는 권선형이 많이 사용된다. 그러나 전동기 용량이 적을 경우(15kW 정도 이하)에는 경제적 이유로 농형이 사용되는 경우가 많다.

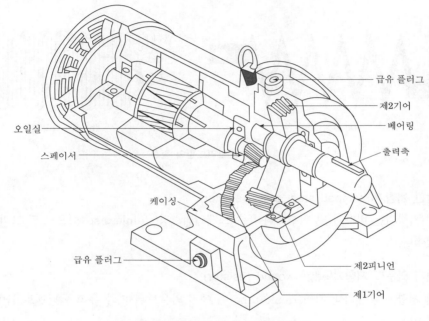

▲ 소형 감속기가 내장된 농형 전동기

2 브레이크와 2차 저항기

(1) 2차 저항기

저항기란, 권선형 전동기의 2차측에 접속되어 제어반 또는 컨트롤러에 의해 저항값의 크기를 조절하여 전동기 속도를 제어하는 기구를 말한다. 저항체는 주철로 된 캐스트 그리드(cast grid), 권선형의 철선 저항기(wire wound resistor), 액체나 탄소판 등을 이용한 강판 저항기(stamped steel plate resistor)로 나누어지나 점차적으로 그리드형 저항기가 많이 사용된다. 이 저항체는 전력을 열로 바꾸므로 사용 중에 온도가 350°까지 높아질 수 있으며, 점검·수리시에는 부근에 가연성 물질을 두지 말고 통풍이 잘 되고 비를 맞지 않는 장소에 설치해야 한다. 그러나 저항기를 사용하지 않을 때는 상온에 두며, 크레인의 진동이 심한 관계로 접속부의 이완이나 파손이 일어나므로 점검과 보수를 자주하도록 한다.

① 캐스트 그리드 저항기(cast grid resistor)

이 저항기는 철 합금을 주조하여 만들었으며, 그리드는 운모를 입힌 막대 위에 붙어 있고, 고압 강판 사이에 끼여 있다. 클램프형의 단자가 사용된다.

② 철선 저항기(wire wound resistor)

이 형식의 저항기는 자기 철심 주위에 특수 저항 철선을 감은 것으로, 철심은 접촉 자화와 단락을 막기 위한 것이며 코일이 감긴 철심은 알루미늄 틀 위에 조립되어 저항기를 만든다. 주로 고저항에 저전류가 요구되는 소마력 전동기에 많이 사용된다.

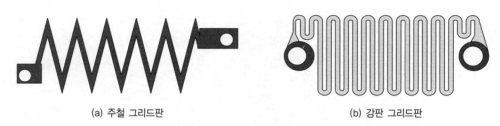

(a) 주철 그리드판　　　　　　　　(b) 강판 그리드판

▲ 그리드판의 종류

③ 강판 저항기(stamped steel plate resistor)

이 저항기는 비파괴 및 비부식인 특수 스테인리스강(stainless steel)으로 된 그리드를 사용한 것이다.

④ 에지 와운드 저항기(edge wound resistor)

이 저항기는 세라믹 관(ceramic tube)에 에지 와운드된 띠와 유리 에나멜로 불에 구워 만든 것이다.

(2) 브레이크

크레인의 브레이크는 일반적으로 마찰을 이용해서 운동 에너지를 열에너지로 바꾸는 마찰 브레이크(friction brake)를 많이 사용한다. 브레이크 장치는 제동력을 크게 하여 운동을 빨리 정지시키기 위해 마찰 계수와 브레이크 드럼의 지름을 크게 하면 되지만, 드럼의 크기에는 제한이 있으므로 마찰 계수를 크게 하는 것이 좋다. 브레이크에는 전동기(motor)가 회전하는 부하 상태에서 속도를 제어하는 속도 제어 브레이크와 전동기를 정지시키기 위한 제동용 전동기 브레이크(motor brake)가 있다.

① EC 브레이크(eddy current brake) 또는 와류(渦流) 브레이크(속도 제어용)

이 브레이크는 자극 전면에 놓인 금속제 원판이 회전하면 그 회전을 멈추게 하려는 방향으로 제동이 작용하는 성질을 응용한 것이다. 전류가 소용돌이 모양으로 흐르기 때문에 이와 같은 브레이크를 와류 브레이크 또는 에디 커런트 브레이크라고 한다.

전동기와는 별도로 브레이크를 설치하여 가벼운 부하에서는 전동기에 의해 강제적인 힘으로 내리고 중부하(重負荷)에서는 짐의 자중(自重)으로 강하하려는 것을 에디 커런트 브레이크가 제동하면서 일정한 저속도로 감아 내릴 수 있다.

이 브레이크의 특징은 다음과 같다.

㉮ 자동 제어의 채택에 따라 이성적인 속도 제어로 안정된 저속도를 쉽게 얻을 수 있다(정격 속도의 1/5 정도).

㉯ 미세하게 짐을 매달아 올리기 또는 내리기를 쉽게 할 수 있다.

㉰ 기계적 접촉에 의한 브레이크와 병용할 경우에는 부담을 가볍게 하여 마모를 줄인다.

㉱ 셀렌 정류기를 병용하여 간단하게 교류 전원의 기중기에 사용할 수 있다.

㉲ 관성력이 크므로 석탄, 광석 전용 기중기와 같이 사용이 빈번하고 미세한 속도 제어가 필요 없는 곳에서는 비경제적이다.

㉳ 구조가 간단하고 단단하며 조정이 필요 없다.

② 전동 유압 압상기 브레이크 또는 스러스트 브레이크(속도 제어용)

이 형식의 브레이크는 측압 브레이크로서, 제동력으로 브레이크 스프링에 압력을 가하여 브레이크 슈(brake shoe)를 드럼(drum)에 밀쳐서 회전 에너지를 마찰에 의한 열에너지로 바꾸어 라이닝(lining)에 흡수 또는 발산시키며, 반대로 스러스트(thruster)에 의한 브레이크를 개방하는 형식이다.

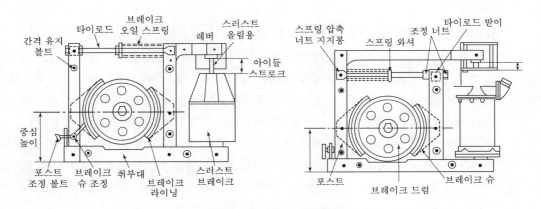

▲ 전동 유압 압상기 브레이크의 구조

마그넷 브레이크에 비해 동작이 느리므로 충격이 작아 각부의 파손 및 마모가 적으나 급격하게 제동이 걸리지 않는 것이 결점이다. 작동이 원만하여 횡행(橫行), 주행 브레이크가 많이 활용되지만 감아 올림은 동작되는 시간이 너무 늦어 전기 제동을 병행하여야 한다. 이 브레이크는 크게 제동 작용을 직접하는 드럼 및 슈와 제동 효과를 조정할 수 있는 타이로드 및 레버 부분 그리고 측압을 발생하는 압상기 부분으로 구분할 수 있다.

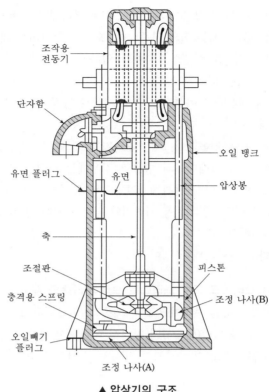

조작용
전동기

단자함

유면 플러그

유면

오일 탱크

압상봉

축

조절판

피스톤

충격용 스프링

조정 나사(B)

오일빼기
플러그

조정 나사(A)

▲ 압상기의 구조

③ 교류 전자 브레이크 또는 마그넷 브레이크

교류 전자석을 제동력의 이완에 이용하는 것으로 소용량은 단상을, 기타는 3상 교류를 전원으로 사용하며, 제동과 해제의 동작 시간은 대략 0.1초 정도이다. 제동 시의 충격을 완화하기 위하여 대시포트를 설치하고 있으며, 이것에는 오일 또는 공기가 들어 있는 실린더 및 피스톤이 구성되어 그것들은 작은 구멍을 통해서 피스톤의 상하로 이동하는 것이 많다.

횡행, 주행 등 타력 운동을 하는 경우에는 브레이크를 늦추어 놓으므로 컨트롤러 브레이크에는 전기를 흐르게 하고, 전동기에는 전기가 흐르지 않는 코스팅 노치를 설치한다. 이 브레이크는 기동 전류가 크고 충격, 소음이 발생한다는 점에서 용량이 작은 것이 적합하며, 50kW 이하의 전동기에 많이 사용된다.

또한 이 브레이크는 직접 제동 작용을 하는 브레이크 드럼, 라이닝, 슈와 이들을 작동시키는 여자 코일, 기동 철심, 고정 철심, 마그넷 케이스 등으로 구성되며 타이로드나 슈 조정 볼트는 조정 효과에 따라 제동 작용에 영향을 준다.

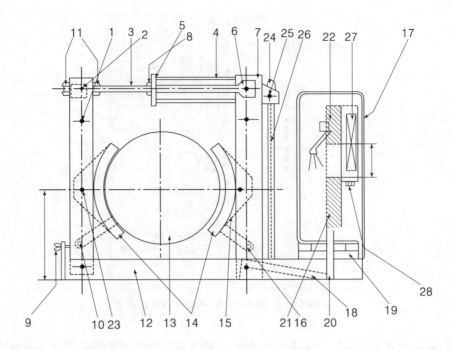

1. 간격 유지 볼트   2. 타이로드 받이   3. 타이로드   4. 브레이크 오일 스프링
5. 스프링 와셔   6. 스프링 압축 지지봉   7. 크랭크 레버   8. 스프링 압축 조정 너트
9. 포스트 조정 볼트   10. 포스트   11. 조정 너트   12. 취부대
13. 브레이크 드럼   14. 브레이크 라이닝   15. 브레이크 슈   16. 브레이크 슈 조정 볼트
17. 마그넷 케이스   18. 행거   19. 마그넷 케이스 고정대   20. 플런저
21. 가동 철심부   22. 고정 철심부   23. 부핀   24. 조정 너트
25. 봉핀   26. 행거 로드   27. 여자 코일
28. 여자 코일 취부용 너트
   (CL : 센터라인, K : 중심 높이,
   CL : 스트로크 스러스트)

▲ 교류 전자 브레이크

③ 시동 및 제어 기구

(1) 농형 유도 전동기의 완시동 기기

농형 유도 전동기의 시동 시 충격을 적게 하고 원활히 운전하기 위하여 시동 회전력을 감소시키는 방법이 있다. 기계적으로 행하기 위해서는 유체 클러치, 분체 클러치 등이 있으며, 전기적으로 행하는 방법으로는 시동 시에만 일차측 전압을 낮추어 행하는 것이 있다.

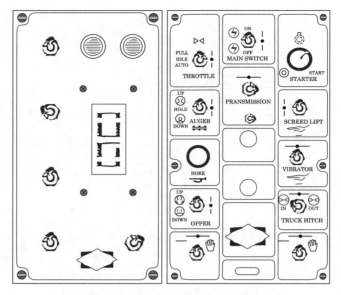

▲ SPS 조절 캐비닛(시동 완충기 포함형의 경우)

3상 교류 중 1상만 또는 3상 전부의 시동 전압을 절감시켜 시동하고 점차 전압을 올려가는 방법으로, 일반적으로는 저항기 리액터, 사이리스터, 타이머 등으로 되어 있다. 리액터와 사이리스터를 사용한 완시동장치는 시동 시간을 1~3초 사이로 조정하고, 크레인의 횡행 또는 주행에 사용되어 화물이 흔들리는 것을 방지하는 데 효과가 있다.

(2) 제어기(controller)

제어기(컨트롤러)는 1본의 핸들을 돌리는 것에 의해 1차측의 전원 회로의 전환을 행하고 전동기의 정회전, 역전, 정지를 행함과 동시에 2차측의 저항(이차 저항)을 순차 단락시켜 속도 제어를 할 수 있다.

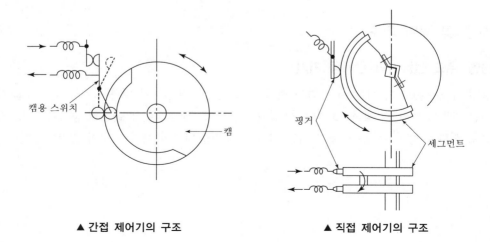

▲ 간접 제어기의 구조   ▲ 직접 제어기의 구조

제어기의 종류에는 직접 제어용의 직접 제어기와, 전자 제어반을 사용하여 간접 제어를 하는 간접 제어기(주간 제어기라고도 한다)가 있다.

직접 제어기는 그림과 같이 핸들로 회전되는 원호형의 드럼형 세그먼트와 이것에 접하는 고정 행거로 되어 있는 것이 많고, 드럼형 제어기라고도 말한다.

간접 제어기는 그림과 같이 핸들로 회전시키는 캠과 그 주변에 고정된 스위치로 된 것이 많다. 조작 핸들의 구조는, 수평 방향으로 회전 조작하는 크랭크 핸들과 종방향으로 조작하는 레버 핸들의 것이 있으며, 횡형으로는 로프 조작에서 당기는 형의 마루위 조작을 하는 것도 있다. 조작 핸들의 눈금을 새겨 놓고 각 눈금 정지 위치(0노치)를 중심으로 1노치, 2노치, 3노치, … 5노치라고 부른다.

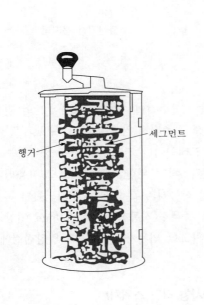

▲ 크랭크 핸들의 직접 제어기

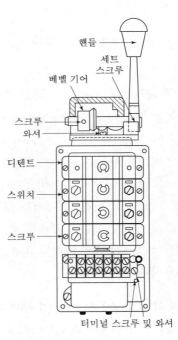

▲ 레버 핸들의 제어기

(3) 전자 접촉기(contactor)

전자 접촉기는 마그넷 커넥터 또는 단순히 커넥터로 불리고 있고, 전동기의 주회로를 빈번히 개폐하는 것을 주목적으로 하고 있다. 그 주요부는 개폐 동력원이 되는 조작 전자식 회로를 개폐하는 접점부 및 전류 차단 시에 발생하는 아크를 끄는 소화부로 되어 있고, 전자석의 흡인력에 의해 회로를 닫고 중력 또는 스프링의 힘으로 회로를 열게(용도에 따라 반대로 되는 경우도 있음) 되어 있다.

조작 전자석은 그 권선을 직류로 여자하는 것과 교류로 여자하는 것이 있다. 직류 여자의 전자석은 일반적으로 괴상 철심을, 교류 여자의 전자석은 얇은 규소강판을 포개어 맞춘 것(적층 철심이라고도 함)을 사용하고 있다.

또 접촉기는 전자석의 형태에 따라 클램프형과 플랜지형으로 대별된다. 접점은 은, 동이나 그 합금 등 접촉 저항이 낮고 내호성이 우수한 금속이 사용되고 있다.

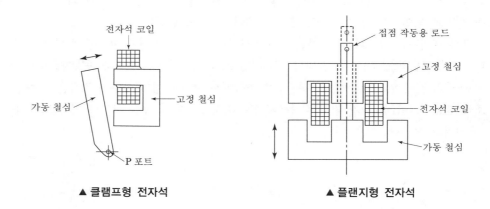

▲ 클램프형 전자석   ▲ 플랜지형 전자석

(4) 제한 개폐기(limit switch ; 리밋 스위치)

크레인의 안전장치와 연동장치의 일부로 사용되는 필수적인 기기이다. 대부분의 권상 리밋 스위치는 보텀 블록(bottom block)이 어떤 부분과도 접촉되지 않도록 하고, 주행과 횡행장치에도 리밋 스위치를 장치하여 운행의 과행과 이웃의 크레인이나 기타 구조물에 충돌하는 것을 방지하고, 하나의 운동에서 다음의 운동으로 이행(移行)하기 위한 연동장치로도 사용된다.

또한 크레인 등 안전규칙에서는 리밋 스위치를 작동시켜 훅 블록이 정지되어서 훅 블록의 상면과 드럼, 지브, 트롤리 프레임 등과의 간격을 중추형(직동식)에서는 50mm 이상, 스크류형 및 캠형 리밋 스위치에서는 250mm 이상 각각 확보할 의무가 붙어 있어 일상점검에서는 주의가 필요하다.

① 기어식 리밋 스위치(geared limit switch ; 나사형 리밋 스위치)

연동기인 인터록에 의해 나사가 회전하면 그것과 맞물리는 너트가 이동하여 개폐기의 레버를 움직여 접점을 끊는 것으로, 훅이 예정된 상한점에 도달했을 때는 상승 회로를 끊고 예정된 하한선에 도달했을 때는 하강 회로를 끊는다.

② 캠형 리밋 스위치

드럼으로부터 회전을 받아 원판상의 캠(cam)판 주위에 설치된 요철에 의해 캠판에 배치된 스위치 축에 붙어 레버를 작동시킨다. 일단 회전축은 1회전 이내 보통 전 양정에 대해 내외 회전각으로 리밋 스위치를 작동하도록 되어 있다.

용도는 나사형과 마찬가지로 캠을 이동시킴으로써 임의의 접점을 얻을 수 있는 것이다. 결점은 와이어 로프의 교환 후 조정이 반드시 필요하다는 것이다.

③ 레버형 리밋 스위치(weight operated limit switch ; 하중 작동식 리밋 스위치)

개폐기의 작동축에 V형 레버 또는 롤러가 붙은 레버를 장치해서 운동체 일부를 위하여 직접 작동시키는 구조로서 주행, 횡행 및 과권 방지에는 중추형을 사용하여 혹이 직접 치면 작동하는 방식을 말한다.

레버 선단에는 롤러(roller)를 붙인 것이 많고, 충격에 대하여 튼튼하며, 동작 시의 반동에 대해서 되돌아오는 일이 없도록 되어 있다.

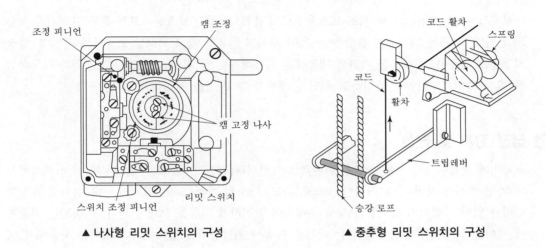

▲ 나사형 리밋 스위치의 구성 　　　　▲ 중추형 리밋 스위치의 구성

(5) 제어반

제어반의 구성은 전자 접촉기를 주체로 하여 나이프형 개폐기, 가속 계전기 등으로 되어 동시에 절연 반상 또는 틀 위에 정연과 취부하여 배선되어져 보수·점검에 편리하게 되어 있다. 통상 용도별로 권상반, 주행반, 선회반 등으로 부르고 있고 다음에 설명할 간접 제어 또는 반간접 제어의 경우에 필요한 것이다.

대부분의 제어반이 수전 및 상기 각 반에의 배전을 주목적으로 하여 각 전동기 또는 그 회로의 보호장치를 총괄한 공용 보호반이 있다. 이것은 주나이프형 개폐기, 주전자 접촉기, 전원 표시 램프, 보호용 퓨즈, 온도 계전기 등으로 되어 있다.

반면에 계기는 주회로의 전압계, 전류계로 각기 전원 전압 및 전류치를 지시하며, 크레인의 운전 시에는 우선 이 보호반의 주나이프형 개폐기를 닫은 다음 푸시 버튼 스위치로 주전자 접촉기를 투입한다.

보통 크레인에서는 이러한 각 제어반 및 제어기는 통전되어 제어기의 핸들을 조작하여 언제든지 운전할 수 있는 상태가 된다. 주전자 접촉기의 투입 시에 만약 핸들이 정지 위치에 있지 않으면 그 전동기는 주전자 접촉기 투입과 동시에 회전하며, 극히 위험하다.

이것을 방지하기 위해 주전자 접촉기에는 각 제어기의 핸들이 정지 위치에 있지 않으면 투입되지 않는 것으로 결선되어져 있는 것이다. 이러한 것을 제로(zero) 인터록이라고 부르며, 운전을 하지 않을 때는 푸시 버튼 스위치에서 주전자 접촉기를 차단하고 그 다음 나이프형 개폐기를 열지 않으면 안 되도록 되어 있다.

온도 계전기는 바이메탈과 접점으로 되어 있는데, 과부하 전류가 흐르면 바이메탈의 온도가 상승하여 뒤로 젖혀진다. 접점이 열려서 주전자 접촉기를 열어 전동기를 보호하는 것이다. 일단 작동한 후에 자동적으로 복귀하는 것과 수동으로 복귀하는 것이 있다.

보호장치로는 일반적으로 회로 보호용으로서 퓨즈, 전동기 보호용으로서 온도 단전기가 사용되고 있다. 퓨즈는 과전류가 흘렀을 때 녹아 끊어져 전류를 끊고 회로를 보호하는 것이며, 항상 적정품을 사용하고 철사 등 기타의 대용품을 사용해서는 안 된다. 이러한 보호장치가 작동하였을 때는 즉시 그 원인을 확인하고 원인을 제거한 후 운전을 재개해야 된다.

4 급전 장치 및 전선

크레인에 전력을 공급하는 방법은 일반적으로 컬렉터(집전기) 휠 또는 슈를 사용해서 트롤리선의 가선 방식에 따라 가장 적합한 것으로 하고, 다소의 가선 처짐, 기체의 동요 등에도 탈선할 우려가 없이 적정도의 접촉압을 항상 유지하여 안전하게 전류를 보내야 한다. 이동되는 기중기에 케이블을 사용해서 급전할 때는 케이블 드럼식 권양장치를 장착하거나 행어를 사용해서 매다는 구조로 하며, 선회제로의 급전, 슬립 링에 의한 배전 등의 방법이 있다.

```
                        ┌── 트롤리선 급전
      주행체로의 급전 ──┤
                        └── 캡타이어 케이블 급전
```

(1) 트롤리선 급전

트롤리선 급전선에는 그 가선 방식에 의해 건져 올리는 식과 이어식이 있다. 건져 올리는 식은 그림과 같이 적당한 간격으로 애자 등에 의해 트롤리선을 받치고 집전자로 트롤리선을 건져 올려서 집전하는 방식이다. 이어식은 트롤리선을 이어로 적당한 간격으로 달아 내려서 고정하고 스프링의 힘 또는 중력으로 접전자를 트롤리선에 눌러 붙여서 집전하는 방법이다. 어느 쪽의 방법을 사용할 것인가는 크레인의 용량, 사용 빈도, 이동 거리, 옥내의 관계, 건물, 건축물 구조 등에 의해 정해지나 소용량의 옥내 천장 크레인에는 전자가 사용되는 일이 많다.

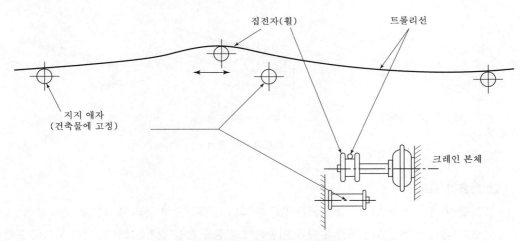

▲ 건져 올리는 식의 트롤리 급전선

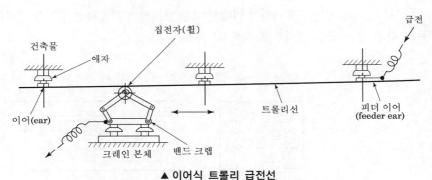

▲ 이어식 트롤리 급전선

① 트롤리선의 재질

트롤리선의 재료로는 그림과 같은 단면을 가진 홈이 있는 경동 트롤리선, 환경동 트롤리선, 평동바, 앵글동바, 레일 등이 사용되고 있다. 집전자로는 휠과 슈의 양쪽으로 사용되고 있고 재질은 포금, 카본, 철, 기타 특수 합금이 사용되고 있다.

트롤리선 및 집전자는 건축물 또는 크레인 본체에서 절연되기 때문에 애자 등의 절연물을 개입시켜 지지하여 고정한다. 이 절연물은 해안선 가까운 곳에서는 염분이, 먼지 등이 많은 곳에서는 먼지 등이 붙고, 이것은 수분을 함유하고 있기 때문에 방치하면 도전성이 증가하고 절연물 표면을 따라 누출되는 전류가 증가하여 크레인이 오동작을 일으킬 수가 있다. 이러한 장소와 부식성의 가스가 많은 장소에서는 트롤리선이라든지 집전자 표면의 도통이 나쁘게 되어 동작 불량을 일으키는 것이 있으므로, 충분히 청소하지 않으면 안 된다.

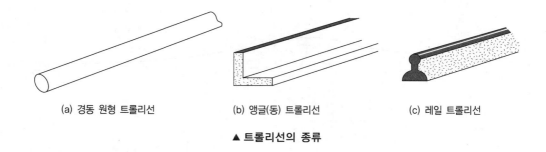

(a) 경동 원형 트롤리선   (b) 앵글(동) 트롤리선   (c) 레일 트롤리선

▲ 트롤리선의 종류

② **트롤리 덕트**

트롤리 덕트 방식으로는 그림과 같이 금속 덕트 내에 평동바 등의 절연물을 넣어 붙여 그 내부를 크레인과 연동하는 트롤리 슈가 이동하여 집전을 하는 것과, 그림과 같이 한본의 트롤리선이 아래쪽에 빈 비닐 등으로 피복되어 있고 집전자로는 그 사이를 이동하면서 집전하는 것이 있다.

양쪽 다 벗겨져 있는 트롤리선에 비해서 아주 안전하며 트롤리선의 시설 방법, 전선의 최소 두께, 취부 간격 등은 법령으로 정해져 있다.

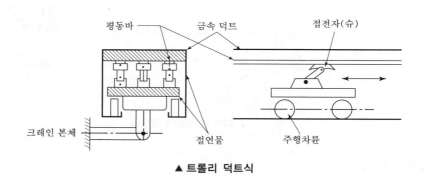

▲ 트롤리 덕트식

▲ 절연 트롤리선의 예

(2) 캡 타이어 케이블 급전

캡 타이어 케이블 급전에는 단순히 캡 타이어 케이블을 크레인의 이동에 따라 당겨지든가 그림과 같이 커튼 상태로 걸어 크레인의 이동에 따라 신축시키는 방법 등이 있다. 이러한 단순한 방법 이외에 추, 태엽 스프링을 이용하거나 전동기를 동력으로 하여 케이블에 감기나 되감기를 하는 것 같은 케이블 감는 방식, 특수 체인과 같이 케이블을 고정하여 주행체의 이동과 동시에 체인 및 케이블이 변형하여 목적을 완수하는 방식이 있다.

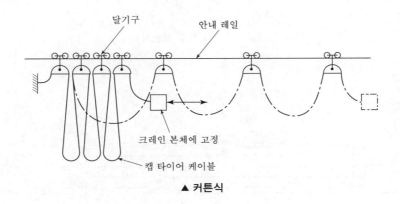

▲ 커튼식

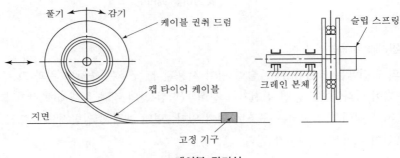

▲ 케이블 감기식

또한 케이블을 양단에 갖춘 특수 체인식과 같은 캐리어를 가이드 레일 위에 주행시켜 집전하는 방식 등이 있다. 캡 타이어 케이블 급전은 트롤리선 급전에 비해서 노출된 충전 부분이 전혀 없으므로 안전상 사용되는 일이 점점 많아졌다. 특히 폭발성의 가스와 분진(먼지)이 발생할 위험성이 있는 장소에서는 이 집전 방식이 사용되고 있다.

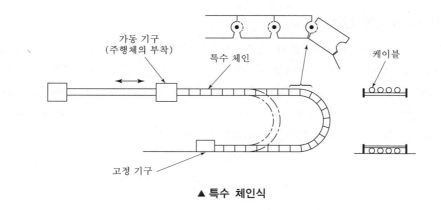

▲ 특수 체인식

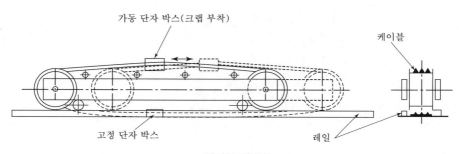

▲ 케이블 캐리어

(3) 슬립 링(slip ring)

선회체의 급전에는 그림과 같은 슬립 링이 사용된다. 구조는 중앙의 링과 그 주위에 배치된 집
전자로 되어 있다. 예를 들면 집전자가 선회체(회전측)의 링과 주행체에 각기 붙어 집전자가 링
에 맞물려 움직여서 집전되는 구조로 되어 있다. 링의 재질은 일반적으로 포금, 집전자는 금속
또는 흑연이 사용되는 경우가 많다.

▲ 슬립 링의 외관

▲ 슬립 링의 구성

(4) 전선 및 배선

앞에서 설명한 크레인 위에 배치된 각 전기기기는 전선에 의하여 상호 결선되어 각각 그 기능을 수행하고 있다. 현재 일반적으로 사용되고 있는 전선에는 아래 표와 같은 종류가 있고 각각의 용도, 주위 온도, 사용 장소, 기타 외적인 조건에 의해 더욱더 적당한 전선이 선정된다. 크레인 내부의 배선은 일반적으로 전선을 금속관 또는 금속 덕트 내에 넣어 외부로부터의 손상 및 직사광선을 방지하고 있다.

▣ 전선의 종류

종 류	번 호	규 격	최고 허용 온도	주된 용도
600V 고무 절연 전선	RB	KS C 3301 JIS C 3304	60℃	주위 온도 40℃ 이하의 일반 크레인
600V 비닐 절연 전선	IV	KS C 3302 JIS C 3307	60℃	〃
고무 절연 클로로 프렌시스 케이블	RN	KS C 3332 JIS C 3313	60℃	〃
부틸 고무 전력 케이블	BN	KS C 3329 JIS C 3603	80℃	주위 온도 60℃ 이하의 크레인
그라스 캔브릭크선	GCA	–	F종 155℃ H종 180℃	고온에 지지되는 크레인
캡타이어 케이블	CT	JIS C 3302	60℃	주위 온도 40℃ 이하의 일반 크레인
클로로프렌 캡타이어 케이블	RNCT	JIS C 3311	60℃	〃
부틸 고무 절연 클로로프렌 캡타이어 케이블	BNCT	–	80℃	주위 온도 60℃ 이하의 크레인

1 제어 방식 일반

전동기의 제어 방식을 조작상으로 크게 분류하면, 직접 제어 방식(다이렉트 컨트롤)과 간접 제어 방식(마스터 컨트롤)으로 분류된다.

(1) 직접 제어식

직접 제어란 전동기 회로를 제어기의 내부 접점에 의해서 직접 개폐하는 방식이다. 전류 용량이 큰 것은 개폐가 곤란하고 핸들 조작도 무거워지므로 사용하지 않는다. 직접 제어의 한도는 운전 빈도에 따라 달라지며, 보통 크레인에서는 권선형 전동기로 45kW 정도까지 가능하고 전기 부품의 구성이 간단하여 가격도 저렴하므로 널리 이용된다.

농형 모터의 경우는 원래 간단한 회로로서, 회로가 극히 소용량인 것 이외에는 직접 제어는 그다지 사용되지 않고 다음에 설명할 간접 제어 방식으로 이루어진다.

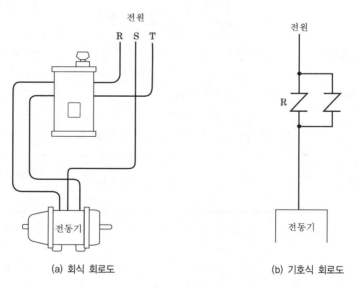

(a) 회식 회로도   (b) 기호식 회로도

▲ 직접 제어 회로

(2) 간접 제어식

간접 제어란 전동기 회로에 전자 접촉기를 삽입한 것으로, 모터 전류의 직접 개폐는 이 전자 접촉기에서 이루어지는 방식이다.

운전자가 조작하는 제어기 또는 푸시버튼 스위치는 그 전자 접촉기의 여자 코일을 조작하여 회로를 개폐만 하므로 전류도 작고 소형 경량에 사용된다. 조작 전원은 직류를 사용하는 경우와 교류를 사용하는 경우가 있고, 보통의 크레인에서는 교류 조작 방식이 많다. 이 경우 조작 회로의 전압은 전원 전압이 200V급일 때는 대부분 그대로 200V로 사용하나, 400V일 때에는 변압기로 200V나 100V로 전압을 낮추어 사용한다.

간접 제어의 특징은 일반적으로 다음과 같다.

① 제어기 핸들이 가벼워 경쾌한 운전이 되고 운전자의 피로가 적다.
② 여러 가지의 자동 운전과 속도 제어가 쉽다.
③ 푸시버튼 조작으로 운전할 수도 있다.
④ 급격한 핸들 조작을 하여도 자동적으로 회로를 보호할 수 있으므로 전동기에 대한 악영향이 적다.
⑤ 설비비가 많이 드는 결점이 있다.

3상 권상형 유도 전동기의 제어 방식에는 상기 이외에 전류가 많은 일차측에 전자 접촉기를 사용하는 것보다 전류의 개폐가 비교적 편한 이차측을 직접 제어기로 제어하는 것이 있다. 소위 반간접 제어라 부르는 방식이다. 크레인의 제어를 그 운전 위치에 따라 분류하면 다음과 같다.

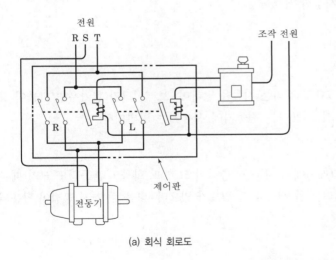

(a) 회식 회로도   (b) 기호식 회로도

▲ 간접 제어 회로

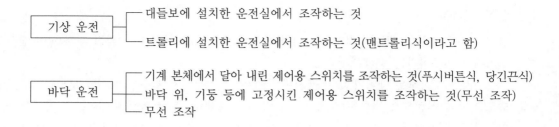

기상 운전 ─┬─ 대들보에 설치한 운전실에서 조작하는 것
　　　　　　└─ 트롤리에 설치한 운전실에서 조작하는 것(맨트롤리식이라고 함)

바닥 운전 ─┬─ 기계 본체에서 달아 내린 제어용 스위치를 조작하는 것(푸시버튼식, 당긴끈식)
　　　　　　├─ 바닥 위, 기둥 등에 고정시킨 제어용 스위치를 조작하는 것(무선 조작)
　　　　　　└─ 무선 조작

(3) 무선 조작식

무선 조작은 간접 제어를 발전시킨 것으로, 휴대형 제어기를 사용하여 임의의 위치에서 원격 조작할 수 있도록 한 것이다. 무선 조작은 통상 초단파를 FM 방식으로 사용하고 미약한 전원을 이용한 것으로, 운전 가능한 범위는 약 100m이다.

무선 관계의 장치는 제어기(송신기), 안테나, 수신장치, 릴레이반으로 구성되어 있고, 여기에 크레인의 간접 제어반이 접속되어 있다. 제어기에는 푸시버튼식과 핸들 조작식이 있고, 휴대 가능하도록 경량화되어 2~3kg 정도로 만들어져 있다. 오동작 방지를 위하여 하나의 조작을 복수의 신호로 구성하는 등 여러 가지 연구를 하고 있고, 무선 조작은 전환 개폐기에 의해 기상 운전으로 전환할 수 있도록 되어 있다.

2 3상 농형 전동기의 제어

농형 유도 전동기는 권선형 전동기와 같이 속도 제어는 할 수 없으나 구조가 간단하고 부속품도 적으므로 소용량의 크레인에 사용한다.

(1) 시동 방법

① 전전압 시동(line start)법

전원 전압이 전동기의 단자에 그대로 걸리는 시동을 말하며, 브레이크가 헐거우면 화물이 강하하게 되므로 권상 등의 용도에 사용하는 전동기에 사용되는 방법이다.

② 완 시동법

횡행, 주행 등의 속도가 빠른 크레인에는 시동 시 충격이 크고 또 화물의 흔들림도 크기 때문에 크레인을 완만하게 시동시키려는 완 시동을 할 필요가 있으며, 다음 두 가지 방법이 활용되고 있다.

㉮ 전동기 자체 외 시동 회전력을 제어하는 방법

전원 회로에 저항기, 리액터(reactor) 또는 사이리스터 등을 삽입하여 전동기의 시동 전류를 억제하여 시동 회전력을 약하게 한다.

㉯ 전달 기구로 충격을 완화하는 방법

유체 커플링, 분체 커플링 등의 커플링을 사용하여 시동 시에 충격을 흡수하고 완만한 시동을 거는 방법이다.

(2) 극 변환(폴 체인지 ; pole change)

유도 전동기의 회전수는 이미 설명한 바와 같이 극수로 정해지므로 극수를 바꾸면 회전수를 바꿀 수가 있다. 속도 제어가 어려운 농형 유도 전동기에서는 이러한 제어가 유효하므로 때때로 사용이 가능하다.

극수를 바꾸는 데는 한 대의 전동기에 극수가 다른 2권선 또는 3권선을 입히고 이것을 적절히 변환하면 2속도 또는 3속도가 얻어진다. 그러나 이 방법은 전환 극수가 많아질수록 전동기는 대형이 되고 가격도 높아짐으로 보통 속도비 2 : 1의 2속도를 얻을 수 있는 것이 많이 사용되고 있다. 이 제어법은 호이스트의 횡행, 부두에서의 잡화 하역용 크레인, 건축 크레인 등에 많이 사용되고 있다.

(3) 기타 제어 방식

속도의 차가 10 : 1 등과 같이 클 때에는 한 대의 전동기의 극수 변환으로는 비경제적이므로 2대의 전동기를 감속기와 클러치를 개입시켜 기계적으로 연결하여 사용하는 일도 있고, 특히 미세한 제어와 위치 결정이 필요한 경우에 사용된다.

이상과 같이 농형 전동기를 사용한 크레인은 보통은 거의 속도 제어가 되지 않으므로 인칭 조작을 이용하여 조절, 착상, 위치 결정, 화물 흔들림 방지 등을 한다. 인칭이란 푸시버튼과 제어기를 극히 단시간 내에 조작하여 약간 움직이는 것을 말한다.

3 3상 권선형 전동기의 제어

취급하는 하중이 크고 속도가 빠르게 되면 화물 흔들림의 방지와 충격을 적게 하기 위해서 시동장치를 더욱 느슨하게 하는 것이 필요하게 되고, 저속 운전과 때로는 중간 속도가 작업상 요구된다.

이와 같은 경우 농형 유도 전동기로는 불충분하므로 권선형 유도 전동기를 사용하고, 용도에 따라 여러 가지 제어방식을 사용하고 있다.

(1) 2차 저항 제어

이것은 권선형 유도 전동기의 제어방식으로 더욱더 단순하고, 횡행, 주행, 선회 등에 널리 사용된다. 또한 다른 제어 방법도 이 방법을 조합한 것이며, 이 방법은 전동기의 회전자 측의 권선(2차 권선이라고 함)에 외부 저항기를 접속하고 그 저항치를 변화시켜 제어하는 것이다.

시동은 전저항을 삽입한 상태로 행하며, 전저항의 값은 시동 전류를 억제함과 동시에 적당한 회전력으로 시동하게끔 정하여져 있다. 시동시킨 후에는 노치(제어의 단계를 말함)를 전진시킴으로 인해 점차로 저항치를 감소시켜서 가속하고, 최종 노치로는 외부 저항을 전부 단락하여 전속력이 된다.

속도는 부하가 전혀 없을 때는 1노치라도 대부분 전속에 가까우나 어느 정도의 부하가 걸리면 중간 노치로도 이에 상응하는 적당한 속도를 얻을 수가 있다.

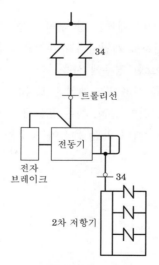

▲ 2차 저항 제어 접속도

(2) 전동 유압 압상기 브레이크 제어

본 방식은 전동 유압 압상기 브레이크의 조작용 전원을 주전동기의 2차측에서 얻을 수 있도록 결산하여 속도 제어를 하는 방법이며, 권상 노치 및 권하 고속 노치는 압상기의 조작용 전동기가 전원측에 접속되어 있기 때문에 보통의 브레이크와 같은 작용을 한다.

권하 저속 노치는 압상기의 조작용 전동기를 제어한다. 주전동기는 2차측에 접속시키고 조작용 전동기의 회전수(압상기의 압상력에 관계한다)는 주전동기 2차측의 주파수에 의해 제어된다.

주전동기의 2차측의 주파수는 주전동기의 속도가 빨라지면 낮아지고 느려지면 높아지는 성질이 있으므로 압상기의 압상력(브레이크를 열려고 하는 힘)은 주전동기의 속도가 빠르면 작아지고 느려지면 커지며, 이것을 반대로 말하면 주전동기의 속도가 빠르면 브레이크 힘이 크고 속도가 느려지면 브레이크 힘이 작아진다. 이와 같이 주전동기가 내는 힘과 화물과의 조화와 브레이크가 내는 힘이 균형된 곳에서 전속 운전할 수 있고 저속의 한도는 전속력의 30% 정도이다.

권상용 전동기의 권하 운전으로는 전동기의 회전하는 방향에 따라서 회전되어지므로 전동기는 동기 속도 이상으로 돌아가려고 한다. 이와 같이 화물을 당기는 방향으로 운전할 필요가 있을 경우에는 2차 저항 제어만으로는 동기 속도 이하의 안정된 속도를 얻을 수 없기 때문에, 저속으로 권하할 경우에는 다른 제어 방법으로 운전하지 않으면 안 된다.

그 제어 방법에는 여러 가지 있으나 그 중에서 전동 유압 압상기 브레이크 제어는 구조가 간단하고 가격도 저가이므로 일반 산업용 크레인의 75kW 이하의 것에 널리 사용된다.

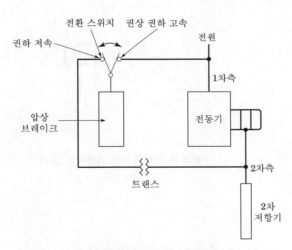

▲ 전동 유압 압상기 브레이크를 병용하는 법

(3) 와류 브레이크 제어

이 방식은 그림과 같이 자극면에 놓여진 금속제 원판이 회전하면 그 회전을 멈추려고 하는 방향에 제동력이 걸리는 성질을 응용한 것으로, 브레이크(전자 브레이크)에 전류가 소용돌이 치며 흐르므로 와류 브레이크라 한다.

이 브레이크는 그림과 같이 전동기에 연결하여 사용하는 경부하로는 전동기에 회전력을 주어 강제적으로 화물을 감아 내리고, 하중이 많이 걸리는 것은 자중으로 강하하려고 하는 것을 와류 브레이크가 제어하면서 어느 일정한 저속도로 감아 내릴 수가 있다. 전기적인 브레이크이므로 전동 유압 압상기 브레이크에 비해 소비 부분이 없고 제어성이 우수하나, 다소 고가이다.

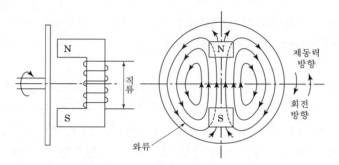

▲ 와류 브레이크의 원리

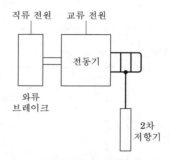

▲ 와류 브레이크를 병용하는 방법

(4) 기타 제어

앞에서 설명한 것 이외의 권선형 전동기의 제어에는 다음과 같은 것이 사용된다.

① 다이내믹 브레이크 제어
② 극수 변환 제어
③ 리액터 제어
④ 사이리스터

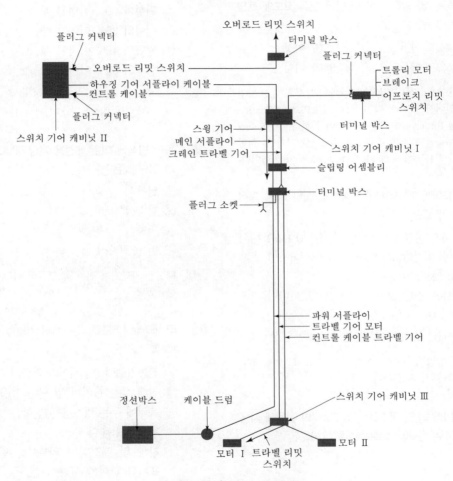

▲ 타워크레인 전기장치 배선도

제3장 예상문제

크레인 전기

01 타워크레인의 구조 중 전동기, 제어반, 리밋 스위치, 과부하 방지 등 외함 구조 배선 방법에 있어서 방수 및 방진 코드 IP 등급 분류 코드에 해당하는 것은?

① 44IP 이상 　　② 45IP 이상
③ 53IP 이상 　　④ 54IP 이상

해설 타워크레인 검사 기준상 외함 구조는 물론 배선 방법에 있어서 방수 및 방진 코드는 54IP(identification code for protection) 이상이어야 한다. 이는 방진 방수 등급에 관한 내용으로 주로 전기기기 및 외함 등에 적용되며, 사람과 제품을 보호하기 위함이다.

02 타워크레인에 사용되는 배선의 절연 저항 측정 기준이 틀린 것은?

① 대지 전압 150V 이하인 경우 0.1MΩ 이상
② 대지 전압 150V 초과 300V 이하인 경우 0.2MΩ 이상
③ 사용 전압 300V 초과 400V 미만인 경우 0.3MΩ 이상
④ 사용 전압 500V인 경우 3MΩ 이상

해설 사용 전압이 400V 이상인 경우 0.4MΩ 이상이다. 3300V에서 3MΩ이다.

03 저항 250Ω인 전구를 전압 250V의 전원에 사용할 경우 전구에 흐르는 전류값(A)은?

① 2.5 　　② 5
③ 10 　　④ 1

해설 $I = \dfrac{E}{R}$ 이므로 $\dfrac{250V}{250Ω} = 1A$ 가 된다.

04 타워크레인 선회 브레이크의 라이닝 마모량 교체 기준은?

① 원형의 20% 이내일 때
② 원형의 30% 이내일 때
③ 원형의 40% 이내일 때
④ 원형의 50% 이내일 때

해설 브레이크휠(wheel)・림(rim)의 마모는 40%까지이며, 라이닝의 마모는 50%까지이다.

05 동작 방식에 의한 배선용 차단기(MCCB)의 분류가 아닌 것은?

① 열동식
② 단자식
③ 전자식
④ 열동 전자식

해설 배선용 차단기는 전자식, 열동식, 열동 전자식으로 분류한다.

06 타워크레인 배전함의 구성과 기능을 설명한 것으로 틀린 것은?

① 전동기 보호 및 제어와 전원의 개폐를 한다.
② 철제 상자나 커버 및 난간 등을 설치한다.
③ 옥외에 두는 방수용 배전함은 양질의 절연재를 사용한다.
④ 지상 및 배전함의 외부에는 반드시 적색 표시를 하여야 한다.

해설 배전함은 철제 상자로서 절연과 방수가 잘 되어 전동기 보호 및 전원의 개폐를 하는 것이다.

정답 01 ④ 02 ④ 03 ④ 04 ④ 05 ② 06 ④

07 타워크레인 본체에 설치된 과전류 보호용 차단기는 해당 전동기의 정격 전류 몇 %의 용량이어야 하는가?

① 100% 이하
② 250% 이하
③ 300% 이하
④ 350% 이하

해설 타워크레인 자체 검사 기준상 과전류 차단기의 크기는 2.5×전동기 전류이므로 250% 이하이다.

08 다음 크레인의 구성품들 중에서 타워크레인에만 사용하는 것은?

① 새들　　　　② 크래브
③ 권상장치　　④ 캣 헤드

해설 캣 헤드는 메인 지브와 카운터 지브의 연결 바를 상호 지탱해 주는 것으로 타워크레인에만 사용된다.

09 타워크레인에서 사용 전압이 440V 이상일 경우 몇 종 접지를 하는가?

① 제1종　　　② 제2종
③ 제3종　　　④ 특별 제3종

해설 전압이 고압이나 특고압용은 제1종이고 400V 이상은 특별 제3종이며, 400V 이하는 제3종으로 분류된다.

10 전기 수전반에서 인입 전원을 받을 때의 내용이 아닌 것은?

① 기동 전력을 충분히 감안하여 수전 받아야 한다.
② 지브의 길이에 따라서 기동 전력이 달라져야 한다.
③ 변압기를 설치하는 경우 방호망을 설치하여 작업자를 보호할 수 있게 한다.
④ 타워크레인용으로 단독으로 가설하여 전압 강하가 발생되지 않도록 한다.

11 배선용 차단기는 퓨즈에 비하여 장점이 많은데, 그 장점이 아닌 것은?

① 개폐 기구를 겸하고, 개폐 속도가 일정하며 빠르다.
② 과전류가 1극에만 흘러도 각 극이 동시에 트립되므로 결상 등과 같은 이상이 생기지 않는다.
③ 전자 제어식 퓨즈이므로 복구 시에는 교환 시간이 많이 소요된다.
④ 과전류로 동작하였을 때 그 원인을 제거하면 즉시 사용할 수 있다.

해설 퓨즈는 복구 시간이 많이 걸리지만 배선용 차단기는 교환 시간이 짧게 걸린다.

12 과전류 계전기의 역할 및 특징이 아닌 것은?

① 순차적으로 일정한 전류를 보낸다.
② 온도 계전기이며 과전류 보호 기능이 있다.
③ 과전류에 의한 전동기 소손을 방지한다.
④ 외부 조합 CT(current trans)가 필요 없다.

해설 순차적으로 작동된다는 것은 시퀀스 작용을 뜻하는 것으로 과전류 계전기의 역할이 아니다.

13 다음 중 배선용 차단기에 대한 설명으로 옳은 것은?

① 부하 전류 차단이 불가능하다.
② 일반적으로 누전 보호 기능도 구비하고 있다.
③ 과전류가 1극에만 흘렀을 경우 결상과 같은 이상이 생긴다.
④ 과전류로 동작(차단)하였을 때 그 원인을 제거하면 즉시 재차 투입(ON으로 함)할 수 있으므로 반복 사용이 가능하다.

해설 배선에 과전류가 흐르면 손상과 위험을 초래할 수 있어 차단기를 두어 보호하고자 한 것으로 과전류 흐름의 원인이 제거되면 계속 사용해도 된다.

정답 **07** ②　**08** ④　**09** ④　**10** ②　**11** ③　**12** ①　**13** ④

14 타워크레인에서 사용 전압이 400V 이상일 경우 접지 저항(Ω)값은? (단, 특별 제3종 접지)

① 1Ω 이하
② 5Ω 이하
③ 10Ω 이하
④ 100Ω 이하

해설 400V 이하의 특별 제3종 접지 저항은 10Ω 이하이며, 제3종(일반) 접지 저항은 100Ω 이하이다.

15 타워크레인 선회 브레이크의 종류로 가장 적절한 것은?

① 내부확장식
② 외부확장식
③ 드럼 브레이크
④ 디스크 브레이크

해설 선회 브레이크는 외부수축식 디스크 브레이크를 사용한다.

16 전기 기계 기구의 외함 구조로서 적절하지 않은 것은?

① 충전부가 노출되어야 한다.
② 폐쇄형으로 잠금장치가 있어야 한다.
③ 사용 장소에 적합한 구조여야 한다.
④ 옥외 시 방수형이어야 한다.

해설 충전부는 노출되지 않도록 한다.

17 다음 전압의 종류 중 저압에 해당하는 것은?

① 직류 7,000V 초과, 교류 600V 이하
② 직류 750V 초과, 교류 600V 이하
③ 직류 750V 이하, 교류 600V 이하
④ 직류 7,000V 이하, 교류 600V 이하

해설 저압은 직류의 경우 750V 이하이고, 교류는 600V 이하이다.

18 대지 전압이 150V 이하인 경우 배선용 절연 저항으로 맞는 것은?

① 1.0Ω
② 0.5Ω
③ 0.3Ω
④ 0.1Ω

해설 대지 전압이 150V 이하인 경우 절연 저항은 0.1MΩ 이상이고, 150~300V 이하인 경우는 0.2MΩ 이상이어야 한다.

19 유압 펌프의 고장 현상이 아닌 것은?

① 전동 모터의 체결 볼트 일부가 이완되었다.
② 오일이 토출되지 않는다.
③ 이상 소음이 난다.
④ 유량과 압력이 부족하다.

해설 전동 모터는 유압 펌프 구성품이 아니다.

20 저항이 10Ω일 경우 100V의 전압을 가할 때 흐르는 전류는?

① 0.1A
② 10A
③ 100A
④ 1,000A

해설 $\frac{100V}{10\Omega} = 10A$이다.

21 타워크레인의 접지 설비에서 전압이 400V를 초과할 때 전동기 외함의 접지 저항은 얼마 이하여야 하는가?

① 10Ω
② 20Ω
③ 30Ω
④ 50Ω

해설 전압이 400V를 초과할 때 접지 저항은 10Ω 이하이며, 400V 이하일 때는 100Ω 이하이다.

22 타워크레인의 전동기, 제어반, 리밋 스위치, 과부하 방지장치 등의 외함 구조는 방수 및 방진에 대하여 IP 규격이 얼마 이상이어야 하는가?

① IP 10
② IP 11
③ IP 54
④ IP 67

해설 NEMA, IP, KS 외함 구조 비교표에 의하면 IP 54 이상 방습형이라야 한다.

23 과전류 차단기의 종류가 아닌 것은?

① 퓨즈(fuse)
② 배선용 차단기
③ 누전차단기(과전류 차단 겸용인 경우)
④ 저항기

_{해설} 저항기란 전류 차단기가 아니고 전류 흐름을 저항으로 가감하여 속도 등을 제어해 주는 것이다.

24 인터록 장치를 설치하는 목적으로 맞는 것은?

① 서로 상반되는 동작이 동시에 동작되지 않도록 하기 위하여
② 전기 스파크의 발생을 방지하기 위하여
③ 전자 접속 용량을 조절하기 위하여
④ 전원을 안정적으로 공급하기 위하여

_{해설} 인터록은 한 가지 동작이 다른 동작과 겹쳐지지 않게 고정 작용을 해 준다.

25 크레인 운전자의 의무 사항으로 볼 수 없는 것은?

① 재해 방지를 위해 크레인 사용 전 점검
② 장비에 특이 사항이 있을 시 교대자에게 설명
③ 기어 박스의 오일양 및 마모 기어의 정비
④ 안전운전에 영향을 미칠 결함 발견 시 작업 중지

_{해설} 기어 박스의 오일양 및 마모 기어의 정비는 운전자가 할 일이 아니고 정비사가 할 일이다.

26 타워크레인용 전기 기계 기구 외함 구조는 운전실 등 옥내에 설치되는 일부분을 제외하고는 사용·설치 장소의 조건인 옥외에 적합한 구조이어야 하는데 IEC code에 의한 IP 등급 분류에 적합한 것은?

① IP 54   ② IP 44
③ IP 34   ④ IP 24

_{해설} 타워크레인 용접기 기계·기구의 외함구조와 배선 방법은 방수 및 방진이 잘 되는 IP 54 이상이 되어야 한다.

27 다음 중 과전류 차단기에 요구되는 성능에 관한 설명 중 맞는 것은?

① 과부하 등 적은 과전류가 장시간 계속 흘렀을 때 동작하지 않을 것
② 과전류가 작아졌을 때 단시간에 동작할 것
③ 큰 단락 전류가 흘렀을 때는 순간적으로 동작할 것
④ 전동기의 시동 전류와 같이 단시간 동안 약간의 과전류가 흘렀을 때 동작할 것

28 배선용 차단기에 대한 설명이 틀린 것은?

① 개폐 기구를 겸해서 구비하고 있다.
② 접점의 개폐 속도가 일정하고 빠르다.
③ 과전류 시 작동(차단)한 차단기는 반복해서 사용할 수가 없다.
④ 과전류가 1극(3선 중 1선)에만 흘러도 작동(차단)한다.

_{해설} 배선용 차단기는 과전류로 차단 되었어도 원인 제거를 하면 재차 투입하여 사용할 수 있다.

29 발전기의 원리인 플레밍의 오른손 법칙에서 엄지손가락은 다음 중 어느 방향을 가리키는가?

① 도체의 운동 방향
② 자력선의 방향
③ 전류의 방향
④ 전압의 방향

_{해설} • 엄지손가락 : 도체의 운동 방향
• 인지손가락 : 자력선의 방향
• 중지손가락 : 전류의 흐르는 방향

정답 23 ④ 24 ① 25 ③ 26 ① 27 ③ 28 ③ 29 ①

30 타워크레인 접지에 대한 설명으로 맞는 것은?

① 주행용 레일에는 접지가 필요 없다.
② 전동기 및 제어반에는 접지가 필요 없다.
③ 타워크레인은 특별 3종 접지로 10Ω 이하이다.
④ 타워크레인 접지 저항은 녹색 연동선을 사용하여 10Ω 이상이다.

해설 특별 3종 접지는 10Ω 이하이고, 3종 접지(400V 이하)는 100Ω 이하이다.

31 전압의 종류에서 특고압은 최소 몇 V를 초과하는 것을 말하는가?

① 600V 초과   ② 750V 초과
③ 7,000V 초과   ④ 20,000V 초과

해설 한국 전력의 규정은 7,000V를 초과하면 특고압으로 정하고 있다.

32 다음 중 과전류 차단기에 요구되는 성능에 해당되지 않는 것은?

① 전동기의 시동 전류와 같이 단시간 동안, 약간의 과전류에서도 동작할 것
② 과전류가 장시간 계속 흘렀을 때 동작할 것
③ 과전류가 커졌을 때 단시간에 동작할 것
④ 큰 단락 전류가 흘렀을 때는 순간적으로 동작할 것

해설 과전류 차단기는 전류 흐름량이 커졌거나 장시간 통하는 등 단락 전류가 흐르면 단시간에 순간적으로 동작된다.

33 배선용 차단기의 기본 구조에 해당되지 않는 것은?

① 개폐 기구   ② 과전류 트립 장치
③ 단자   ④ 퓨즈

해설 배선용 차단기는 개폐 기구, 과전류 트립 장치, 단자, 신호장치 등으로 구성되며, 퓨즈와 함께 과전류 차단기의 일종이다.

34 타워크레인 접지에 관한 설명 중 잘못된 것은?

① 접지극의 크기는 동판의 경우 면적이 500cm² 이상이어야 한다.
② 접지선은 베이직 마스트 하단에 접속한다.
③ 접지선은 GV 38mm² 이상을 접속한다.
④ 접지극은 기초 공사 시 매립한다.

해설 접지극의 크기는 동판의 경우 면적이 900cm² 이상이어야 한다.

35 전압의 종류는 저압, 고압, 특고압의 3가지로 분류한다. 특고압은 교류, 직류 모두 몇 볼트(volt) 이상인가?

① 145,000   ② 15,400
③ 7,000   ④ 3,000

해설 한국 전력의 규정은 7,000V 이상을 특고압으로 정하고 있다.

36 KS에 의한 전기 외함 구조 분류 설명 중 틀린 것은?

① 방적형 : 옥외에서 바람의 영향이 거의 없는 장소
② 방우형 : 옥외에서 비바람을 맞는 장소
③ 방말형 : 타워크레인 위의 조명등, 항공 장애등(燈)
④ 내수형 : 수중 전용의 장소

해설 내수형은 선박의 갑판 위에 있는 조명등을 말한다.

37 과전류 차단기에 대한 설명 중 틀린 것은?

① 제어반에 설치되는 기기이다.
② 누전 발생 시 회로를 차단한다.
③ 차단기 용량은 정격 전류에 대하여 250% 이상으로 한다.
④ 구조는 배선용 차단기와 같다.

해설 차단기 용량은 정격 차단 용량의 범위 내에 있어야 한다.

정답 30 ③ 31 ③ 32 ① 33 ④ 34 ① 35 ③ 36 ④ 37 ③

38 1A(암페어)를 mA(밀리암페어)로 나타냈을 때 맞는 것은?

① 100mA   ② 1,000mA

③ 10,000mA   ④ 10mA

해설 1A(암페어)=10^3mA이다.

즉, 1A=1,000mA이다.

39 배선용 차단기의 특징이 아닌 것은?

① 과전류 동작(차단)하였을 때 그 원인을 제거하면 즉시 재차 투입할 수 있다.

② 접점의 개폐 속도가 일정하고 또한 빠르다.

③ 과전류가 2극 이상 흘러야 트립한다.

④ 동작 후 복구 시에 퓨즈와 같이 교환 시간이 걸리지 않는다.

해설 배선 차단기는 과전류가 1극에만 흘러도 트립한다.

40 타워크레인 배전함의 구성과 기능 및 설치 위치를 설명한 것으로 틀린 것은?

① 전동기 보호 및 제어를 위한 것으로 카운터지브에 설치한 것도 있다.

② 인입 주전원은 지상에 설치한다.

③ 옥외에 두는 방수용 배전함은 양질의 절연재를 사용한다.

④ 배전함은 텔레스코핑 케이지 옆에 설치한다.

해설 배전함 외부에 반드시 적색 표시를 할 의무는 없으며 방수용으로 네오프렌징 또는 개스킷을 이용하여 수분 또는 먼지가 침입하지 않도록 한다.

41 접지선 선정과 거리가 먼 것은?

① 전류 통전 용량   ② 내식성

③ 크레인 기종   ④ 기계적 강도

해설 접지선은 기계적 강도, 내식성, 전류 통전 용량에 따라 선정하며 전원 측의 과전류 차단기 용량에 따라 굵기를 정한다.

42 전기장치에 관한 설명 중 틀린 것은?

① 전기배선은 피복되어 있어야 한다.

② 시동용 모터에 연결되는 전선은 작은 용량으로 사용해야 한다.

③ 교류전압 600V 이상은 "고전압" 표시를 해야 한다.

④ 퓨즈박스에는 퓨즈의 규격 및 기능이 표시되어야 한다.

해설 시동용 모터에 연결되는 전선은 충분한 용량을 사용해야 한다.

43 접지설비에 관한 설명 중 틀린 것은?

① 접지극은 인하도선에 1개 이상 접촉한다.

② 접지극은 각 인하도선의 상단부에서 노출 접촉한다.

③ 1개 인하도선에 2개 이상의 접지극을 병렬로 연결한 경우 간격을 2m 이상으로 한다.

④ 접지극 매설지선은 가스관에서 1.5m 이상 떨어져야 한다.

해설 접지극은 각 인하도선의 하단부에서 상수면하 매설한다.

44 권상 하중이 45톤, 모터 출력이 73.5kW라면 권상기의 속도(m/min)는? (단 권상기 효율은 100%로 가정하고 1PS=735W이다.)

① 10   ② 50

③ 100   ④ 500

해설 $\dfrac{45000 \times s}{75 \times 60} \times 0.735\text{kW} = 73.5$

속도(m/min)$s = \dfrac{73.5 \times 4500}{0.735 \times 45000} = 10\text{m/min}$

정답   38 ②   39 ③   40 ④   41 ③   42 ②   43 ②   44 ①

━━━━━ 타워크레인운전기능사 ━━━━━

제**4**장

Craftsman Tower Crane Operating

줄걸이 작업, 현수 · 부속 기구

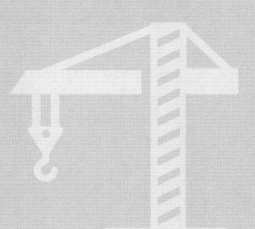

제 4 장 줄걸이 작업, 현수·부속 기구

1 줄걸이 방법 및 신호

1 작업의 기본

타워크레인의 안전하고 원활한 작업을 위해서 정확하고 확실한 신호와 올바른 줄걸이 방법은 빠뜨릴 수 없는 중요한 요소이다.

줄걸이 작업자가 줄걸이 작업을 실시할 때에는 작업 환경의 안전에 충분한 주의를 하면서 짐의 중량, 짐의 중심, 줄걸이 방법, 운반 경로와 신호의 유도, 짐을 쌓는 방법 등에 유의하지 않으면 안 된다.

(1) 화물 중량의 육안 측정

기중 작업 시에는 우선 걸어 올릴 짐의 중량을 가급적 정확하게 알아야 한다. 매달려고 하는 짐의 중량은 눈으로 짐작해야 할 경우가 많이 생기므로 평소부터 여러 가지 모양이나 재료로 만들어진 물품의 중량을 눈에 익숙하게 해둘 필요가 있다.

크레인 등에는 각각 정격하중이 정해져 있으므로 이 정격하중을 초과하는 중량의 짐을 매달아서는 안 된다. 따라서 짐의 모양과 크기, 재료 등을 고려하여 정확한 눈짐작을 함으로써, 과도한 하중으로 인해 크레인 등에 손상을 주거나 사고를 유발시키는 일이 없도록 주의하여야 한다. 특히, 상례적으로 정해진 짐에 대하여 크레인으로 작업을 하는 경우에는 가급적 전용의 줄걸이 기구를 만들어 두고 작업에 따라 확실히 정해진 줄걸이 기구를 사용하는 것이 좋다.

① 중량을 잘못 판단하는 일이 없도록 노력한다.
② 자신이 없을 때는 책임자나 상급자에게 문의한다.
③ 평소에 눈짐작에 익숙해진다.
④ 정격하중을 넘은 짐을 매달아서는 안 된다.

(2) 화물의 중심

줄걸이로 매달아 올리는 짐의 형태는 크게 평면형과 입체형으로 구분할 수 있다. 평면형에는 사변형, 삼각형, 원형이 있고 입체형에는 원추형, 삼각추형 등이 있다.

이와 같이 여러 가지 형태별로 짐의 중심 위치가 어디인지를 알아야 하며, 중심 위치 바로 위에 훅을 정확하게 유도하여 내려놓는 것이 절대적으로 필요하다. 만약 중심을 잘못 보거나 중심을 무시하고 짐을 매달았을 경우에는 짐이 생각지도 않은 방향으로 흔들리거나 넘어져서 매우 위험한 상태에 이르기 때문이다. 매단 짐의 중심이 있는 곳과 줄걸이용 와이어 로프를 거는 방법에 따라 매단 짐이 안정되기도 하고 중립이기도 하며 또는 불안정하기도 하다.

만약 한 줄로 매달 경우 중심의 위치를 잘못 보면 매단 짐이 빙글빙글 돌아 와이어 로프가 비틀리거나 넘어져서 작업자가 큰 피해를 입게 된다. 두 줄걸이로 매달 때에도 짐에 따라서는 위와 같은 경우가 있을 수 있지만, 네 줄로 매달 경우에는 중심의 설정이 약간 틀려도 괜찮다.

현장 작업 중 긴 판자를 두 줄로 매달아서 작업자가 손이나 발로 균형을 잡는 것을 흔히 볼 수 있는데 이것은 매우 위험한 동작이며, 실제로 이와 같이 작업하여 재해가 발생한 예는 많다.

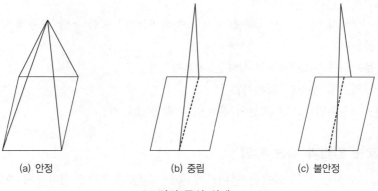

(a) 안정   (b) 중립   (c) 불안정

▲ 짐의 중심 상태

> **참고**
>
> • 짐의 중심 결정 시 주의사항
> ① 짐의 중심 판단은 정확히 할 것
> ② 중심은 가급적 낮추도록 할 것
> ③ 중심의 바로 위에 훅을 유도할 것
> ④ 중심이 짐의 위쪽에 있는 것이나 전후, 좌우로 치우친 것은 특히 줄걸이에 주의할 것

2 화물의 적재와 작업 요령

와이어 로프를 사용하여 화물을 달아 올릴 때는 화물이 회전하거나 이동하지 않도록 형태에 따라 줄걸이 작업을 할 필요가 있다. 줄걸이 기구로 와이어 로프나 체인을 설정할 경우에는 먼저 매다는 각도를 정하여 짐의 모양이나 중량에 적합한 강도와 길이를 결정한다. 매다는 각도는 60° 이내로 하고, 알맞은 길이의 와이어 로프 등을 선택해야 하며, 줄걸이로 걸어 올리려는 짐의 중량과 중심의 위치 파악이 끝나면 이들의 중량, 모양에 적합하고 안전한 줄걸이 기구를 선정한다.

(1) 화물을 달아 올리는 방법

줄걸이가 끝나 화물을 달아 올리려고 할 때는 지면으로부터 살짝 들어올린 후, 다음 사항을 확인하면서 들어올려야 한다.

① 로프는 훅 중심에 걸려 있는가?
  (훅 선단에 로프를 걸면 로프가 벗겨지거나 훅이 변형되는 원인이 된다.)
② 로프의 팽팽함은 균등한가?
③ 물체가 상하지 않도록 보조대를 정확하게 하였는가? 또한 운반 도중에 보조대가 떨어질 염려가 없는가?
④ 아이 볼트, 섀클 등의 조립 상태는 좋은가?
⑤ 로프가 엇갈릴 우려는 없는가?
⑥ 화물은 수평인가? 또한 화물이 흔들릴 위험은 없는가?

(2) 화물을 놓는 방법과 쌓는 방법

들어올려 운반하는 모든 물품을 올바르게 놓는 것은 훅걸이 작업자에게 중요한 일이다. 잘못 쌓는 것과 복잡하게 놓는 것은 재해의 원인이 될 뿐만 아니라 작업 능률을 저하시킨다. 그러므로 달아 올린 화물을 놓을 때는 다음과 같은 주의가 필요하다.

① 다음 작업을 하기 쉽게 받침목을 놓든가, 경우에 따라서는 줄걸이용 로프는 그대로 두는 등 물품을 빼내기 쉽게 하여야 한다. 그 후 작업할 때에는 두세 번씩 다시 달아 올리는 작업을 하지 않도록 하는 것이 재해를 줄일 수 있는 안전한 방법이다.
② 정리정돈을 항상 생각한다. 재료와 제품을 어지럽게 쌓아 놓거나 통로에까지 나오게 쌓으면 통행에 지장을 주며, 비능률을 증가시키게 된다.
③ 항상 안정하게 놓는다. 미끄러지거나 경사지지 않게 하여야 하며, 작은 물품을 쌓아 무겁게 하거나 중심을 생각하지 않고 물품을 높게 쌓아올리지 않도록 하고 안정된 상태로 둔다. 화물을 쌓을 때에는 움직임이나 진동으로 무너지지 않도록 바닥 받침대를 놓아야 한다. 물품에 따라서는 우물 정 자(井)형으로 쌓는 것도 좋다.
④ 아래쪽에 쌓아 놓은 것을 빼낼 때에는 반드시 위의 것을 먼저 이동한 후에 하여야 한다.
⑤ 예비품, 공구류 등의 물품은 사용 빈도가 높은 것과 낮은 것을 구분하여 둔다.

(3) 중심이 치우쳐진 화물의 작업

지금까지는 화물의 중심이 중앙에 있고 형태도 대칭적인 것을 달아 올릴 경우를 생각하였으나, 화물에는 여러 가지 형태가 있고 대칭이 아니면서 중심이 중앙에 있지 않는 것도 많이 있다. 이와 같은 화물을 좌우 길이가 같은 로프로 달아 올리면 그림과 같이 화물의 중심은 훅 바로 밑의 좌측으로 이동하고, 좌측 로프에 큰 장력이 걸리며, 미끄러져서 위험하다. 로프를 미끄러지지 않게 달아 올렸다 하더라도 화물은 그림과 같이 기운다.

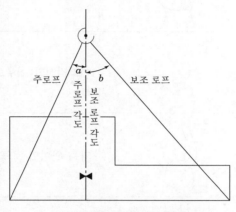

▲ 중심이 치우쳐진 화물의 작업

이와 같이 화물을 수평으로 달아 올리기 위해서는 중심 바로 위로 훅을 유도하고 그림에서와 같이 좌측과 우측의 길이 및 직경이 다른 로프를 이용하지 않으면 안 된다. 좌우의 로프에 걸리는 힘도 다르기 때문에 주의할 필요가 있다.

(4) 턴-오버 작업

반전 작업을 할 때는 다음 사항에 유의하고 신중해야 한다.

① 될 수 있는 대로 주위를 넓게 하여 안전을 확인하고 행한다.
② 반전 도중에는 화물의 중심이 이동하므로 로프 등의 헐거움과 미끄러짐에 주의한다.
③ 반전 때 화물이 미끄러지지 않도록 반전의 기전에 받침대를 끼운다.
④ 중심이 안전하게 이행된 것을 확인하고 로프를 천천히 풀어준다. 안전하게 이행되지 않으면 화물이 되돌아와서 위험하다.

3 줄걸이 방법

(1) 훅걸이의 여러 가지

명 칭	그 림	비 고
눈걸이		전부 눈걸이를 원칙으로 한다.
반걸이		미끄러지기 쉬우므로 엄금한다.
짝감기 걸이 (이중 걸이)		가는 와이어 로프일 때(14mm 이하)
짝감아 걸이 나머지 돌림		4가닥 걸이로서 와이어 로프의 꺾어 돌림을 할 때(와이어 로프가 가늘 때)
어깨걸이		굵은 와이어 로프일 때(16mm 이상)
어깨걸이 나머지 돌림		4가닥 걸이로서 꺾어 돌림을 할 때 (와이어 로프가 굵을 때)

(2) 화물(짐)의 줄걸이 방법

그 림	설 명
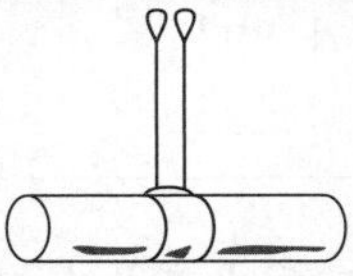	짐을 외줄로 매다는 것은 위험하다. 로프 한 줄을 둘로 접어서 매다는 방법이 안전하다.
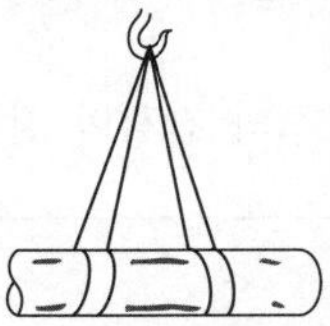	그림과 같이 길이가 긴 물건을 매달 때는 로프가 닿는 부분에 걸레 또는 가마니를 감고 그 위에 로프를 한 바퀴 감아서 매달면 미끄러 지는 것을 방지할 수 있다.
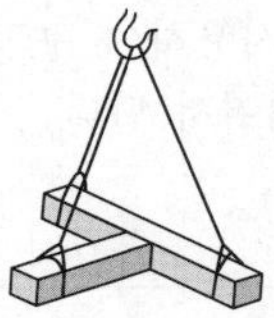	T형의 물건을 걸 때는 3줄 걸기로 하고 3점 위치 중심을 중심으로 한 원주상에 등간격이 되게 한다.
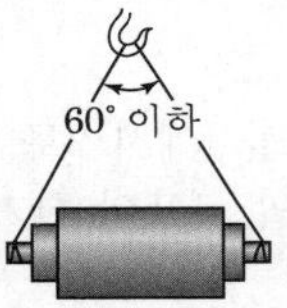	롤과 같은 완성품을 매달 때는 긴 로프를 사용한다. 거는 방법은 공작물에 보호대를 감고 60° 이내의 각도로 매단다. 짧은 로프를 사용하면 각도가 커지므로 위험하다.
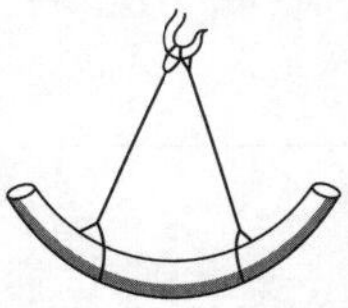	반원인 물품을 매달 때는 먼저 제품의 중심과 길이를 고려한 뒤 로 프를 죄어서 걸이한다.
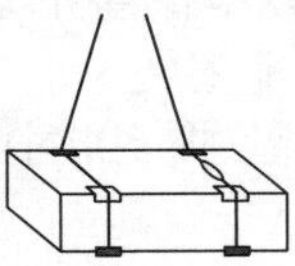	모가 난 물건을 매달 경우는 완충물을 사용하여야 한다.
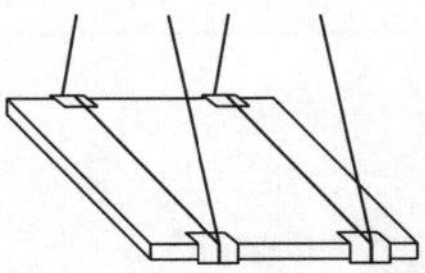	모가 나고 큰 물건일 때는 2줄의 로프로 4가닥 걸이를 하며, 운반 물에 로프를 한바퀴 감아서 매단다.
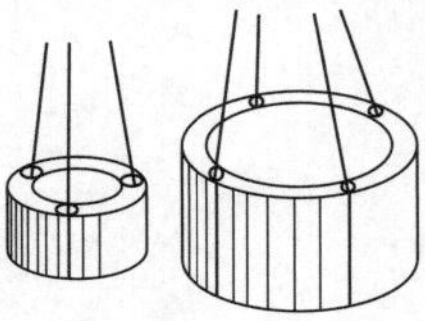	링을 매다는 경우에는 작은 물건일 때는 3줄로 매달아 1/3의 같은 간격으로 로프를 건다. 큰 물건은 4줄로 매단다.

그 림	설 명
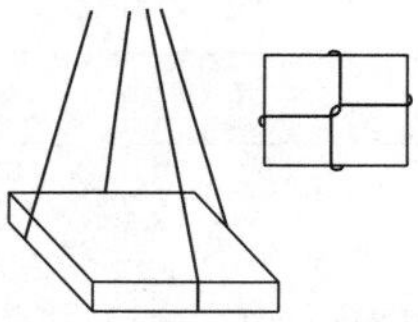	작은 사각 모양 물건을 매달 경우는 로프를 십자무늬 걸이를 한다. 운반물을 겹쳐 걸어도 미끄러질 염려가 없다.
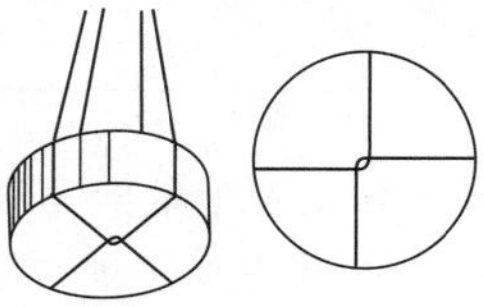	구멍이 없는 둥근 물건은 그림과 같이 2줄의 로프 무늬로 짜서 매단다. 매달 때 로프를 +자 무늬로 짜고, 로프의 간격이 같도록 한다.
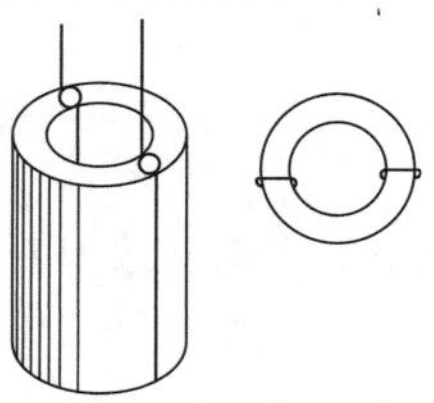	구멍이 있는 둥근 물건은 2줄 로프를 사용하여 구멍에 끼워 2개의 아이 스플라이스를 정반대측으로 내어서 단다.
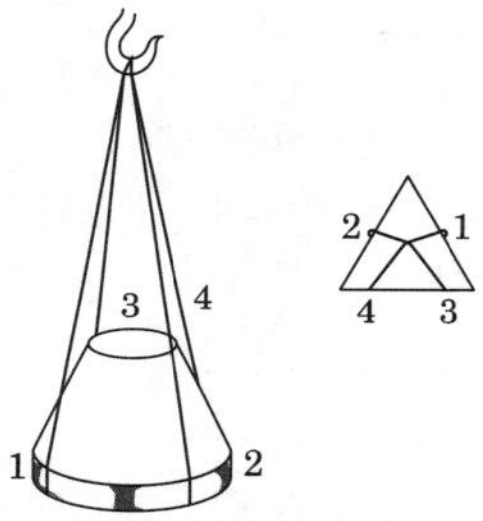	삼각형의 물건을 매달 때는 1줄의 로프를 1에서 2로, 다른 하나의 로프는 줄로 접어서 구부린 것을 1~2의 로프의 한가운데 3~4와 같이 걸어서 매어단다.
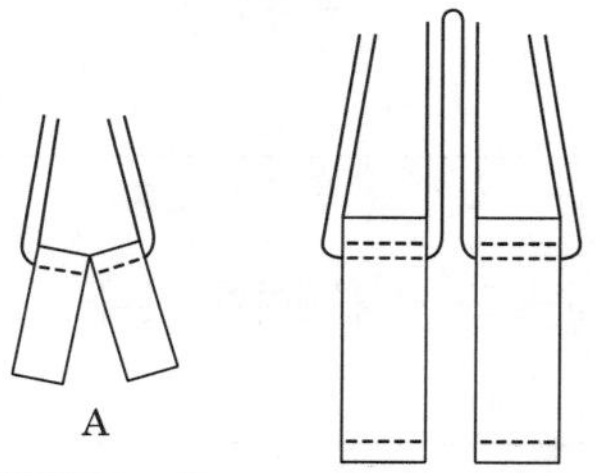	링 2개를 한꺼번에 매달 때는 로프의 중심을 훅에 한 바퀴 감은 뒤 링 안쪽에서 바깥쪽으로 내어서 훅에 건다. A와 같이 걸면 링 하단이 열려서 하역할 때 위험하다.

4 크레인의 신호

(1) 신호의 유도와 운반 경로

화물(짐)을 안전하고 확실하면서 능률적으로 목적한 장소에 운반하기 위해서는 다음과 같은 운반 및 신호 유도상의 주의사항을 생각해 둘 필요가 있다.

① 운반 경로 부근에 작업 중인 사람과 통행인 등은 없는지, 매단 높이에서 충돌할 장애물은 없는지, 만약 짐이 떨어졌을 경우 사람이 부상당할 만한 위험한 일은 없는지 등에 대해서 주의해야 한다. 매다는 짐의 높이는 원칙적으로 사람 키보다 높게 바닥에서 2m를 약간 넘는 것을 기준으로 한다.

② 작업장일 경우는 다른 작업자의 위치에 주의한다. 어떠한 경우에도 사람 머리 위로 중량물을 운반해서는 안 된다. 또한 매단 짐 밑에는 어떤 사람이라도 못 들어가게 한다.

③ 운반 경로는 부근의 기계나 시설 상황을 잘 보고 정해야 한다.

④ 유도방법은 정해진 신호로 크레인 조종자에게 방향을 지시한 다음, 가급적 선도하면서 유도한다.

⑤ 신호는 반드시 한 사람이 확실, 명료하게 정해진 방법으로 실시한다.

⑥ 신호자는 크레인 조종자가 가장 잘 볼 수 있는 위치를 선택한다.

⑦ 화물의 중심과 훅의 중심이 일직선이 되도록 크레인을 위치시킨다. 경사지게 매다는 것은 절대로 피한다.

⑧ 화물이 지면에서 떨어지기 직전 주행과 권상을 동시에 하여 화물이 흔들리지 않도록 한다.

(2) 신호 시의 중요 사항

신호의 수단으로는 무전기, 손, 깃발, 호루라기(보조적으로 손 또는 깃발의 신호도 병용한다) 등 여러 가지가 있다. 큰 동작으로 간단명료하고 절도 있게 행하는 것이 필요하다.

중요한 것은 신호자(훅걸이자), 운전자가 그 신호에 숙달하여 망설이지 않고 조작을 하고, 또 절박한 경우 적절히 안전동작을 취할 수 있도록 하는 것이다. 크레인의 신호 방법은 뒤의 그림과 같으며, 크레인의 신호 시 중요한 사항들은 다음과 같다.

① 운전자에 대한 신호는 정해진 한 사람의 신호자에 의할 것

② 신호자는 신호만이 아닌 훅걸이 작업에 능숙하고, 크레인의 정격하중, 행동 범위, 운전 성능을 알아두어야 할 것

③ 운전자보다 보기 쉽고 작업 상태를 잘 아는 동시에 안전한 장소에 위치할 것

④ 항상 소정의 신호 방법에 의해 확실하게 운전자에게 신호할 것

⑤ 크레인 및 달기 기구의 하중을 기억해 두고, 동시에 달아 올리는 화물의 중량을 눈으로 체크하는 것에 틀리지 않도록 노력할 것

⑥ 물품은 항상 수직으로 달아 올리고, 기울게 달아 올리지 말 것(따라서 훅은 물품 중심의 바로 위로 유도할 것)

(3) 크레인의 신호 방법

운전 구분	1. 운전자 호출	2. 운전 방향 지시	3. 주권 사용
몸 짓			
방 법	호각 등을 사용하여 운전자와 신호자의 주의를 집중시킨다.	집게손가락으로 운전 방향을 가리킨다.	주먹을 머리에 대고 떼었다 붙였다 한다.
호 각	아주 길게　　　아주 길게	짧게　　　　　길게	짧게　　　　　길게

운전 구분	4. 보권 사용	5. 위로 올리기	6. 천천히 조금씩 위로 올리기
몸 짓			
방 법	팔꿈치에 손가락을 떼었다 붙였다 한다.	집게손가락을 위로 해서 수평원을 크게 그린다.	한손은 지면과 수평하게 들고 손바닥을 위쪽으로 하여 2~3회 작게 흔든다.
호 각	짧게　　　　　길게	길게　　　　　길게	짧게　　　　　짧게

운전 구분	7. 아래로 내리기	8. 천천히 조금씩 아래로 내리기	9. 수평 이동
몸 짓			
방 법	팔을 아래로 뻗고 집게손가락을 아래로 향해서 수평원을 그린다.	한손을 지면과 수평하게 들고 손바닥을 지면 쪽으로 하여 2~3회 작게 흔든다.	손바닥을 움직이고자 하는 방향의 정면으로 움직인다.
호 각	길게　　　길게　　　길게	짧게　　　짧게　　　짧게	강하고　　　　　짧게

운전 구분	10. 물건 걸기		11. 정지	12. 비상 정지	
몸 짓					
방 법	양쪽 손을 몸 앞에다 대고 두 손을 깍지 낀다.		한손을 들어올려 주먹을 쥔다.	양손을 들어올려 크게 2~3회 좌우로 흔든다.	
호 각	길게	짧게	아주 길게	아주 길게	아주 길게

운전 구분	13. 작업 완료		14. 뒤집기		15. 천천히 이동
몸 짓					
방 법	거수경례 또는 양손을 머리 위에 교차시킨다.		양손을 마주보게 들어서 뒤 집으려는 방향으로 2~3회 절도 있게 역전시킨다.		방향을 가리키는 손바닥 밑 에 집게손가락을 위로 해서 원을 그린다.
호 각	아주 길게		길게	짧게	짧게	길게

운전 구분	16. 기다려라	17. 신호 불명		18. 기중기의 이상 발생	
몸 짓					
방 법	오른손으로 왼손을 감싸 2~3회 작게 흔든다.	운전자는 사이렌을 울리거나 안으로 하여 얼굴 앞에서 2~3 회 흔든다.		운전자는 사이렌을 울리거나 한쪽 손의 주먹을 다른 손의 손바닥으로 2~3회 두드린다.	
호 각	길게	짧게	짧게	강하고	짧게

1 훅(hook)

훅은 하중을 매단 채로 임의의 방향으로 회전할 수 있는 구조로 되어 있으며, 추력(推力) 볼 베어링을 사용하여 하중의 방향에 대하여 중심을 조정할 수 있는 원형이 많다. 보통 매다는 하중이 50t 이하인 것은 한쪽을 매다는 훅을 사용하고, 50t 이상인 것은 양쪽을 매다는 훅을 많이 사용한다.

▲ 훅

(1) 훅의 강도

크레인 등의 안전규칙에서는 줄걸이용 훅의 절단하중을 해당 훅에 걸리는 하중의 최대치로 제한한 치수를 안전계수라고 하는데, 이 치수를 5 이상으로 규정하고 있다. 이것은 훅에 정격하중의 5배의 하중을 걸어서 파괴 여부를 시험하는 것으로 해석된다.

훅은 크레인에서 가장 많이 사용되는 매다는 기구로, 훅에 짐을 걸면 구부러진 부분이 반듯하게 늘어나며, 이 부분에 굽힘 응력이 생긴다. 그리고 훅은 그 부분에 의해서 받는 힘이 달라져 굽힘 응력뿐만 아니라 인장 응력 및 전단 응력까지도 받게 된다.

훅의 위험 단면 응력 분포상태는 구부린 내면 쪽은 인장력이 걸리고 외측은 압축력이 걸리며, 훅의 정격하중의 2배에 상당하는 정하중(靜荷重)을 작용시켜 시험했을 때 하중을 건 후에 입이 벌어지는 영구 변형량이 0.25% 이하가 아니면 안 된다.

(2) 훅의 재질

훅은 하중이 매달려서 작용되는 가장 중요한 부분으로, 훅에 사용되는 재료는 강도와 함께 연성(延性)이 커야 한다.

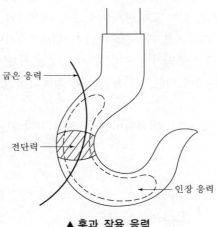

▲ 훅과 작용 응력

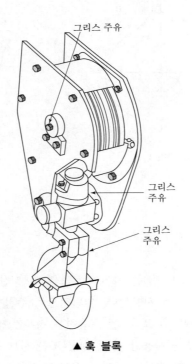

▲ 훅 블록

이것은 훅을 사용할 때 파괴되는 것보다도 변형되어 늘어나는 편이 안전상 바람직하기 때문이며, 재료는 탄소강 단강품(KS D 3710) 또는 기계 구조용 탄소강(KS D 3517)을 사용하는 것을 원칙으로 한다.

(3) 훅의 유지 점검

훅의 균열은 몸통의 너트 부분과 최대 응력 단면의 두 곳에서 발생하므로 정기적으로 점검해야 한다. 훅의 마모는 와이어 로프가 걸리는 곳에 홈이 생기는 것으로, 마모 자국의 깊이가 2mm가 되면 그라인더로 평편하게 다듬질하여 절삭의 영향을 경감시킨다. 마모가 원치수의 20%가 되면 폐기하고, 훅 입구의 벌어짐도 원치수의 20% 이상되면 폐기한다.

훅은 사용 중 응력의 반복으로 가공경화(加工硬化)되므로 1년에 한 번 정도 설담금질하는 편이 좋다고는 하지만 별로 실행되지 않으며, 훅의 균열 검사도 연 1회는 실시해야 한다. 다른 기계 요소의 점검, 검사 주기에 비해 안전율이 높게 설계되어 있다 하더라도 그 중요성을 생각해 보면 결코 높지 않다.

훅의 유지 항목은 마모, 균열, 변형이며 짐을 직접 지지하는 것이므로 최고 중요품으로 취급해야 한다.

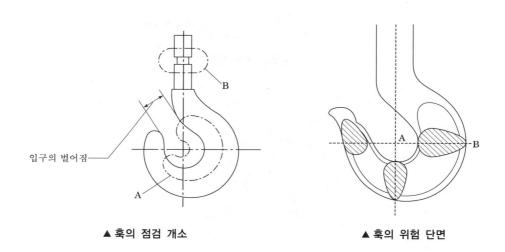

▲ 훅의 점검 개소   ▲ 훅의 위험 단면

2 시브 및 드럼

(1) 시브(sheave)

시브(홈 바퀴 또는 활차라고도 함)는 와이어 로프의 방향 전환 및 역률(力率)을 증대시키는 기능을 하며, 풀리(pully) 장치에 사용된다. 일반적으로 주철제이며 강판을 용접해서 만든 것도 있다. 베어링은 부시를 끼운 후 그리스를 급유하는 경우가 많고, 정비상의 수고를 덜고 효율을 높이기 위하여 구름 베어링을 사용한 것도 있다. 또한 시브 직경 D는 로프의 직경 d에 대하여 $D \geqq 20d$, 일반 크레인 평형 시브나 풀리는 $D \geqq 10d$를 사용하며, 다음의 조건을 갖춘다.

- 홈의 중심선은 베어링의 중심선과 일치시킨다.
- 홈은 기계 다듬질로 하고, 형상은 강선을 변형시키지 않으며, 강선이 쉽게 벗어지지 않도록 한다.

- 축방향으로 유동하는 시브에서 축에서 급유할 수 없는 것은 시브 본체의 회전에 의해서 탈락하지 않는 급유장치를 붙인다.
- 평형 시브에 대해서도 전 회전은 하지 않으나 약간 움직이므로 시브와 같이 주의해서 제작한다.

참고

시브의 V홈 각도는 30~60°이다.

① **정활차(定滑車 ; 고정 시브)**

정활차는 시브(도르래)의 축이 고정되어 있는 것이며 이것으로 짐을 올리기 위해서는 로프를 아래쪽으로 당기면 되는데, 이때 힘의 방향이 변할 뿐 힘은 절약되지 않는다. 그러나 짐을 1m 올리려면 로프를 1m만 당기면 되고 우물, 두레박 등에 많이 사용된다.

② **동활차(動滑車 ; 이동 시브)**

시브에 건 로프의 한 끝을 고정하고 다른 끝을 상하 이동시킴으로써 도르래가 상승, 하강하는 장치로, 짐은 시브에 매단다.

이것으로 짐을 올리려면 짐 무게의 반의 힘이 들어(시브의 마찰이 없는 것으로 가정한다) 힘을 절약할 수 있지만, 로프를 1m 당겨도 짐은 0.5m밖에 올릴 수가 없다. 또한 로프를 당기는 방향은 상향이며 힘의 방향은 변하지 않는다.

이 동활차의 원리는 드럼관이나 통나무를 트럭에 끌어올리는 데 흔히 응용된다.

③ **조합(組合) 활차**

몇 개의 동활차와 정활차를 조합한 조합 활차로, 작은 힘으로 매우 무거운 것을 상승, 하강시킬 수 있다.

그림에서 보는 바와 같이 동활차 3개와 정활차 3개를 조합했을 경우에는 시브의 마찰이 없다고 가정하면 짐 무게의 1/6의 힘으로 짐을 올릴 수 있다. 그러나 로프를 1m 당겨도 짐은 1/6m밖에 올릴 수 없다(실제로는 시브의 마찰이 있으므로 짐의 무게의 1/6보다 큰 힘이 든다).

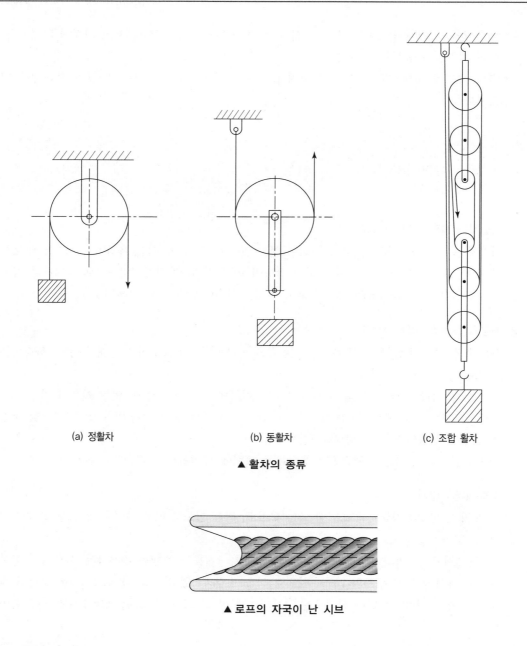

|(a) 정활차|(b) 동활차|(c) 조합 활차|

▲ 활차의 종류

▲ 로프의 자국이 난 시브

(2) 드럼(drum)

주철 또는 강판 용접제로 제작하며, 수동 윈치는 홈이 없는 드럼으로 양측에 플랜지를 붙인 것을 사용하나, 크레인에 사용되는 것은 와이어 로프 홈이 나사형으로 된 드럼을 사용한다.

홈의 지름은 와이어 로프의 굵기에 맞아야 하며, 보통 와이어 로프의 공칭 지름보다 약 10% 크게 하는 것이 적당하다.

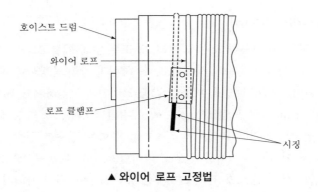

▲ 와이어 로프 고정법

드럼 직경 D(드럼에 감긴 와이어 로프의 중심)와 와이어 로프 직경 d의 비(D/d)는 20 이상으로 하는 것이 좋다. 와이어 로프를 드럼에 부착하는 방법으로는 와이어가 벗겨지지 않도록 고정용 키(key)로 와이어 로프를 누르고 볼트로 키를 조이는 방법이 많이 사용되는데, 이 부분에 직접 장력이 걸리지 않도록 와이어 로프를 극단으로 감아 내린 위치에서 최소한 2바퀴, 보통 3바퀴 이상을 남겨 놓아야 된다.

또한, 드럼에 와이어 로프가 감길 때의 와이어 로프 방향과 홈 방향과의 각도는 4° 이내, 드럼에 와이어 로프가 감길 때의 플리트 각(fleet angle)은 2° 이하로 한다.

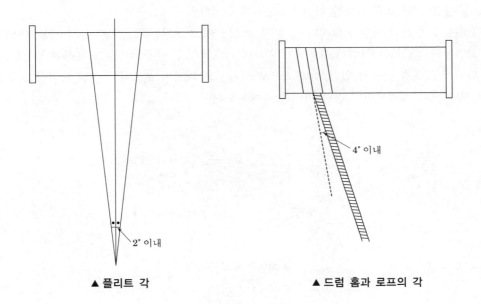

▲ 플리트 각   ▲ 드럼 홈과 로프의 각

플리트 각이란, 와이어 로프가 드럼의 가장자리에 왔을 때 로프가 헤드 시브의 중심선 또는 가이드 시브의 홈을 통하여 드럼축에 수직으로 그은 선과 이루는 각을 말한다.

3 와이어 로프(wire rope)

와이어 로프는 여러 번 가공한 소선을 여러 개 또는 수십 개를 꼬아 만든 것이다. 원거리에 있는 축의 전동 또는 화물의 운송에 사용되고, 또 체인과 같이 중량물을 매달아 감아 올리거나 지지용으로 사용되며, 타워크레인을 비롯한 각종 크레인의 권상용이나 광산에서의 광석 및 그 밖의 윈치(권상기 ; winch)의 드럼(drum)용 및 유전의 착정용, 교량 등에 널리 사용된다.

와이어의 가연성으로 인해 와이어에 작용하는 응력은 단순한 인장 응력뿐만 아니라 당김과 굽힘 응력이며, 와이어를 구성하는 선은 스파이럴(spiral ; 나선형) 모양으로 구성되어 있기 때문에 2차 응력으로서 소선 상호 간의 2차 굽힘 응력 및 전단력이 가해져서 매우 복잡한 응력 조건 하에 있다.

(1) 와이어 로프의 구조와 성질

와이어 로프는 양질의 탄소강을 드로잉 가공한 항장력 135~180kg/mm² 의 소선을 여러 개 내지 수십 개 연합해서 가는 줄을 만든 뒤, 이것에 기름을 삽입시킨 마심(麻芯) 또는 소선(素線)으로 된 가는 줄 둘레에 여러 개를 연합해서 만든 것이다.

와이어 로프 꼬임 방법은 보통 스트랜드(strand)를 6개 꼬아 합쳐 구성한 것이 많지만, 최근에는 특수하게 꼰 것도 사용하고 있으며, 스트랜드를 꼬아 합치는 데는 기름이 충분히 밴 마(麻)를 심강(芯綱)으로 사용한 마심을 꼬은 후 합친다.

이것은 소선 간의 마찰을 방지하고, 부식 및 모양이 변형되는 것을 방지하기 위한 것이다. 또한 고열물에 접근하는 작업에 사용하기 위하여 스트랜드 한 줄을 심(芯)으로 하여 꼬임한 후 합친 와이어 로프를 만들고 있다. 일반적으로 크레인용 와이어 로프에는 아연 도금한 소선은 사용하지 않으나 선박용이나 공중 다리용 등에는 사용될 때가 있다.

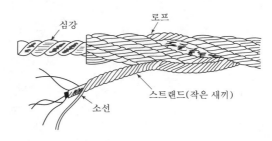

▲ 와이어 로프의 구성

① 스트랜드(strand)

소선을 꼬아 합친 것을 스트랜드라 하며, 이 스트랜드를 꼬아 합친 것을 와이어 로프라 한다. 와이어를 구성하는 스트랜드의 수는 3줄에서 18줄까지 있지만 보통 사용하는 것은 6줄이다.

② 심강(芯鋼 ; 중심선)

심강은 크게 섬유심, 공심, 와이어심 등 3종류로 구분된다. 심강을 사용하는 목적은 스트랜드의 위치를 올바르게 유지하고, 충격 하중의 흡수 및 와이어 로프 소선끼리의 마찰에 의한 마모와 녹을 방지하는 것이다.

㉮ 섬유심

와이어 로프의 중심선으로 가장 많이 사용되며, 종류로는 마류(麻類), 마닐라, 사이잘, 주트류에 오일을 흡수시킨 것이 있다. 크레인용은 대부분 섬유심의 와이어 로프를 사용한다.

㉯ 공심(共芯)

섬유심 대신에 스트랜드 한 줄을 심강으로 사용한 것이다. 그 효과는 절단하중이 크고 변형되지 않는다는 것이다. 연성이 부족하여 반복적으로 굽힘을 받는 와이어에는 부적당하므로 동적인 작업에는 사용하지 않고 정적인 작업에 주로 쓴다.

㉰ 와이어심

어떤 구조로 된 와이어심을 심강으로 한 것이며, 와이어심은 IWRC와 CFRC의 두 종류가 있다. IWRC는 섬유심보다 절단하중과 찌그러지는 것에 대한 저항력이 크고, 섬유심이 고열에 타버릴 경우에 사용한다. CFRC는 심강인 와이어를 외측 와이어 스트랜드의 움푹한 데까지 들어가도록 꼬아 합친 것이다.

③ 소선(素線)

와이어의 소선은 경강선재(硬鋼線材)에 특수 열처리를 하여 선(線) 압연한 것을 사용하며, 소선의 표준 인장강도는 $135 \sim 180 \mathrm{kg/mm^2}$이다.

일반적으로 사용되는 철판이나 앵글 같은 강재(鋼材) 등은 $40 \sim 50 \mathrm{kg/mm^2}$이므로 와이어의 소선이 얼마나 강한지 알 수 있으며, 스트랜드를 만들고 있는 소선의 결합은 점접촉, 선접촉, 면접촉 구조의 3종류로 구분된다.

(2) 와이어 로프와 매다는(호이스트) 공구의 강도 및 안전율

① 강도와 수명

와이어 로프의 소요 강도는 다음 식에 의해 계산된다.

$$P = \frac{Q \times S}{n}$$

여기서, P : 로프 1줄에 걸리는 힘(t), Q : 전하중(t)
n : 로프를 거는 줄 수, S : 안전율

이때 P는 로프의 파단하중 이하로 선정한다(KS D 3514 부표).

로프에 거는 줄 수가 많아지면 홈 바퀴의 효율에서 로프 1줄에 걸리는 하중이 커지므로 홈 바퀴 효율을 고려해서 계산하는 편이 좋다.

로프의 수명은 로프가 홈 바퀴 및 권양 드럼에 의해 구부러지는 횟수에 크게 영향을 받는다. 그러므로 굽힘 횟수의 셈법은 바른 상태에서 구부러졌다가 다시 곧바로 되는 경우를 1회로 하고, 구부러지는 방향이 변할 때는 2회로 센다. 그림과 같이 한번 홈 바퀴를 통해 로프로 접근해서 다시 반대로 굽히는 것은 로프의 피로를 가속시켜 수명을 상당히 단축시키므로 되도록 피해야 하며, 구조상 부득이한 경우에는 안전율을 높여야 한다.

다음 그림에서 n은 로프 굽힘 횟수, D는 시브 직경, d는 와이어 로프의 소선 직경, S는 안전율이다. 그림에서 알 수 있는 바와 같이 소선경에 비하여 홈 바퀴 직경이 작을 때에는 수명을 상당히 단축시키므로 피해야 한다. 보통 D/d는 500~600 정도를 사용한다.

$D/d < 200$: 영구적으로 늘어나 빨리 손상된다.

$D/d = 300$: 필요한 최소 한도

$D/d = 600$: 최적치

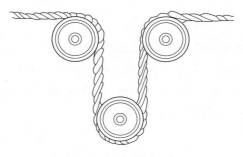

▲ 와이어 로프의 반대 굽힘 예

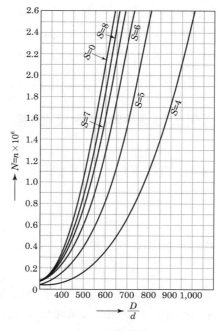

▲ 로프의 수명

② 안전율

훅, 와이어 로프, 줄걸이 용구 등에는 짐의 중량이 정적으로 걸리지 않고 동적으로 작용하므로 이들에 하중이 걸리는 순간에는 짐의 중량보다 월등하게 큰 힘이 작용한다.

또한 줄걸이 용구 등의 사용 방법과 줄걸이 용구 등의 모양 등에 따라 굽힘 응력이 더해지기도 하고 응력 집중이 일어나기도 하여 줄걸이 용구 등에 매우 큰 응력이 부분적으로 생긴다는 것을 고려할 수 있다.

그러므로 이러한 사정을 미리 염두에 두고 훅, 와이어 로프, 줄걸이 용구 등이 파괴될 때의 하중, 즉 절단하중과 안전하중과의 비를 안전계수라고 한다.

$$안전계수 = \frac{절단하중}{안전하중} \ , \quad 안전하중 = \frac{절단하중}{안전계수}$$

안전계수의 값은 줄걸이 용구 등의 종류, 모양, 재질, 사용 방법 등을 종합적으로 고려하여 결정하지만 크레인 등의 안전규칙에 의하면 줄걸이용 와이어 로프의 안전계수와 줄걸이용 체인, 훅, 섀클 및 링은 5로 정해져 있다.

이 경우 줄걸이용 와이어 로프와 호이스트 체인을 사용할 때 문제가 되는 각의 영향은 안전계수 안에는 포함되지 않는다.

③ 크레인 안전 및 검사 기준

제22조(와이어 로프의 안전율)

㉮ 와이어 로프의 안전율은 다음 별표 6에서 정하는 바와 같다.

■ [별표 6] 와이어 로프의 안전율

와이어 로프의 종류	안전율
• 권상용 와이어 로프 • 지브의 기복용 와이어 로프 • 횡행용 와이어 로프 및 케이블 크레인의 주행용 와이어 로프	5.0
• 지브의 지지용 와이어 로프 • 보조 로프 및 고정용 와이어 로프	4.0
• 케이블 크레인의 주로프 및 레일 로프	2.7
• 제50조의 운전실 등 권상용 와이어 로프	9.0

㉯ 권상용 및 기복용 와이어 로프에 있어서 달기 기구 및 지브의 위치가 가장 아래쪽에 위치할 때 드럼에 2회 이상 감기는 여유가 있어야 한다.

㉰ 현저한 고열 장소에 사용하는 크레인의 와이어 로프는 철심이 들어 있는 와이어 로프를 사용하여야 한다. (다만, 차열관을 설치하는 등 150℃ 이하에서 사용되는 로프는 제외한다.)

㉰ 제1항의 안전율은 와이어 로프의 절단하중의 값을 당해 와이어 로프에 걸리는 하중의 최대값으로 나눈 값으로 한다. 이 경우 권상용 및 지브의 기복용 와이어 로프에 있어서는 이를 와이어 로프의 중량 및 시브의 효율을 포함하여 계산하는 것으로 한다.

(3) 와이어 로프의 종류와 꼬임

① 와이어 로프(wire rope)의 종류 및 호칭법

와이어 로프를 호칭할 때는 명칭, 구성 기호, 연법, 종별 및 로프 직경 순으로 한다. 종류의 일반적인 형상은 KS D 3514에 규정되어 있으며, 그림과 같이 1~17호의 17종이 있다. 크레인 및 권양기에는 주로 3호 1종, 6호 1종을 사용하고 있다.

또한 소선이 가는 것은 굽힘 응력이 작고 부드러우므로 취급하기 좋으나 소선이 너무 가늘면 외주가 마모 절단하여 수명에 영향을 미치므로, 크레인의 운동 부분에 사용할 때는 직경 12mm 이하는 3호, 14mm 이상은 6호를 사용한다.

와이어 로프에는 부식 방지를 위해 소선에 아연 도금한 것도 있는데, 이것은 주로 스테이 로프에 사용된다. 와이어 로프의 주유는 방청 및 소선 간의 마찰 감소를 위해 유효하며 가끔 급유해야 한다. 또 해안과 같이 산화하기 쉬운 곳에 설치하는 크레인에는 아연 도금한 것을 사용할 때가 있다.

■ 와이어 로프의 단면 및 구성

호 별	1호	2호	3호
단면	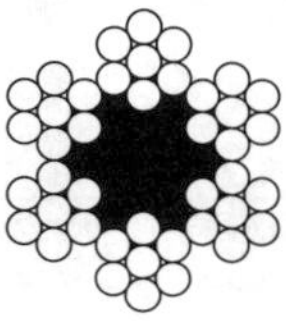	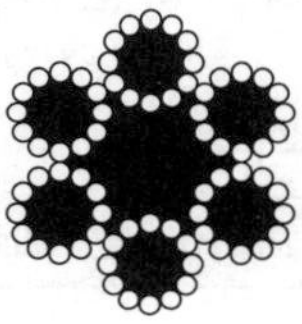	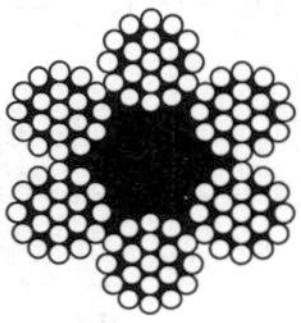
구성	7조선 6연 중심 섬유	12조선 6연 중심 및 각 날 조선 중심 섬유	19조선 6연 중심 섬유
구성 기호	6×7	6×12	6×19

호 별	4호	5호	6호
단면		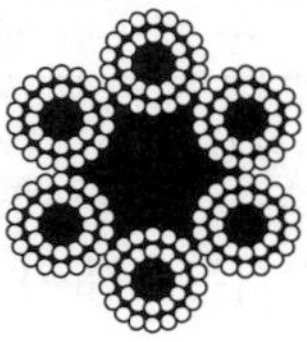	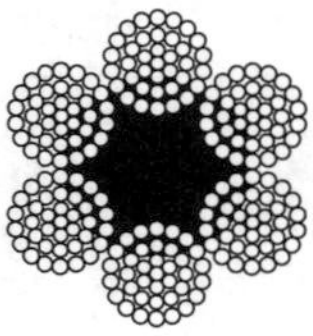
구성	24조선 6연 중심 및 각 날 조선 중심 섬유	30조선 6연 중심 및 각 날 조선 중심 섬유	37조선 6연 중심 섬유
구성 기호	6×24	6×30	6×37

호 별	7호	8호	9호
단면			
구성	61조선 6연 중심 섬유	플랫형 삼각 7조선 6연 중심 섬유	플랫형 삼각심 24조선 6연 중심 섬유
구성 기호	6×61	6×F(△＋7)	6×F(△＋12+12)

호 별	10호	11호	12호	13호
단면				
구성	실형 19조선 6연 중심 섬유	워링톤형 19조선 6연 중심 섬유	필러형 25조선 6연 중심 섬유	필러형 29조선 6연 중심 섬유
구성 기호	6×S(19)	6×W(19)	6×Fi(19+6)	6×Fi(22+7)

호 별	14호	15호	16호	17호
단면				
구성	필러형 25조선 6연 중심 7조선 6연 공심	실형 19조선 8연 중심 섬유	워링톤형 19조선 8연 중심 섬유	필러형 25조선 8연 중심 섬유
구성 기호	7×7+6×Fi(19+6)	8×S(19)	8×W(19+6)	8×Fi(19＋6)

② 와이어 로프의 꼬임법과 용도

로프를 꼬는 방법에는 보통 꼬임(ordinary lay)과 랭 꼬임(lang's lay)의 2종류가 있다. 로프를 구성하는 소선의 꼬임과 스트랜드 꼬임의 방향이 반대인 것을 보통 꼬임이라고 하며, 같은 방향으로 꼬인 것을 랭 꼬임이라고 한다. 꼬는 방향에 따라서 오른편 꼬임과 왼편 꼬임이 있지만, 일반적으로 S 꼬임 또는 Z 꼬임이라고 부른다.

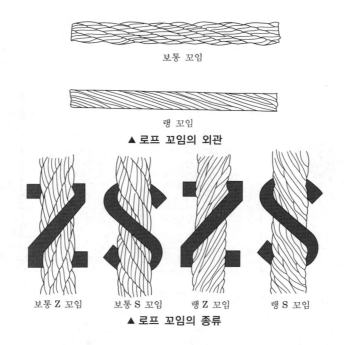

보통 꼬임

랭 꼬임

▲ 로프 꼬임의 외관

보통 Z 꼬임　　　보통 S 꼬임　　　랭 Z 꼬임　　　랭 S 꼬임

▲ 로프 꼬임의 종류

▣ 와이어 로프의 꼬임 방법과 비교

특 징＼꼬 임	보통 꼬임	랭 꼬임
외관	소선의 로프 축은 평행하다.	소선과 로프 축은 각도를 가진다.
장점	1. 킹크(kink)를 잘 일으키지 않으므로 취급이 쉽다. 2. 꼬임이 견고하기 때문에 모양이 잘 흐트러지지 않는다.	1. 소선은 긴 거리에 걸쳐서 외부와 접촉을 하므로 로프 내마모성이 크다. 2. 유연하다.
단점	소선이 짧은 거리에 걸쳐 외부와 접촉하므로 집중적으로 단선을 일으키기 쉽다.	킹크를 일으키기 쉬우므로 취급에 주의가 필요하다.
용도	일반용	광산 삭도용

참고

킹크라는 것은 꼬임이 되돌아가거나 서로 걸려서 꺾임(kink)이 생기는 상태를 말한다.

(4) 와이어 로프의 고정법 및 가공

① 합금 고정법(합금 및 아연 고정법)

와이어의 끝을 소켓에 넣어 납땜 또는 아연으로 용착하여 장치하는 방법이며, 일반적으로 납땜이라 하지만 소켓가공이라고도 부른다. 납땜을 양호하게 하면 잔류 강도는 100%이며, 와이어 로프의 한끝을 풀어서 소켓에 끼워 소켓 안에서 합금을 하여 굳히는 방법이다. 줄걸이용으로는 거의 사용하지 않는다.

② 클립(clip) 고정법

와이어 로프의 클립 멈추기는 공작이 간단하므로 가장 널리 사용되는 방법이다. 와이어 로프의 한끝을 구부려 그곳에 딤블(thimble)을 넣어 원줄에 죄어 붙이는 방법이지만, 줄걸이용의 와이어 로프에는 거의 사용하지 않는다.

로프의 지름(mm)	클립의 최소 수
10 이하	3
11.2~20	4
22~26	5
28~36	6

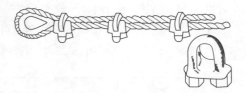

▲ 클립 고정법

③ 쐐기 고정법

끝을 시징한 로프를 단조품으로 된 소켓 안에서 구부려 뒤집은 것 안에 쐐기를 넣어서 고정시키는 방법이다. 시공이 간단하여 화기의 필요도 없지만, 잔류 강도는 65~70% 정도로 저하되며, 주철제 소켓은 파괴되기 쉬우므로 반드시 단조품을 사용한다.

④ 딤블 장착 스플라이스 고정법[엮어넣기(eye splice)]

와이어 로프의 끝부분에 틈을 만드는 방법에는 여러 가지가 있지만, 아이 스플라이스는 매우 편리하므로 널리 사용된다.

방법으로는 벌려 끼우기와 감아 끼우기 두 가지가 있으며, 한 줄로 매달 경우에 꼬임이 되풀리는 점에 주의해야 한다. 틈에 딤블을 사용하면 혹 등에 의한 와이어 로프의 손상은 적어진다. 그리고 와이어 로프의 지름이 커짐에 따라서 아이 스플라이스의 가공이 어렵게 되어 그 부분의 강도도 떨어지므로 용도에 따라서 충분히 주의해야 한다.

⑤ 압축 고정법[파워 로크법(power lock)]

엮어넣기 한 부분을 합금고리로 감싼 것을 말하며 강도는 100%이다.

이 방법은 비교적 확실한 방법이므로 줄걸이용 와이어 로프로서 여러 종류가 시판되고 있지만, 해머로 두들기거나 간단한 기구를 사용해서 현장에서 가공할 수는 없다.

(a) 합금 고정법   (b) 쐐기 고정법   (c) 스플라이스법   (d) 파워 로크법

▲ 와이어 로프의 고정법

⑥ 시징(seizing)

와이어 로프를 절단 또는 단말 가공 시에는 시징을 하여 스트랜드나 소선의 이완과 절단을 하였을 때 꼬임이 되돌아오도록 한다. 이 경우 시징용 공구를 사용해서 단단하게 감는 것이 중요하다. 시징용 와이어로는 뜨임 열처리한 저탄소 강선을 사용하는데, 가능한 아연 도금한 것이 좋고, 굵기는 와이어 로프의 지름에 따라 선택한다.

와이어 로프 지름 (mm)	시징의 수		시징용 와이어의 지름
	보통 꼬임 섬유질	기타 로프	
6mm 이상	2	3	0.61mm
7~12	3	4	0.81mm
13~22	3	4	1.02mm
23~38	3	4	2.03mm
40~50	4	5	2.64mm
51mm 이상	4	5	3.25mm

또한 시징 폭은 대체로 로프 지름의 2~3배가 적당하며, 와이어 로프 1피치의 전체가 포함되도록 하는 것이 좋다.

시징

▲ 로프의 시징

4 줄걸이 및 보조 용구

(1) 줄걸이 용구

줄걸이 용구란 줄걸이용으로 사용되는 와이어 로프, 체인, 섬유 로프 및 벨트, 훅, 섀클, 링, 다는 상자, 천칭, 삼태기 등의 용구를 총칭해서 말하며, 보통 사용되고 있는 줄걸이 용구들은 다음과 같다.

① 일반 줄걸이 용구

명 칭	그 림
훅붙이 와이어 로프	
양단 아이 와이어 로프 (eye splice)	
양단 아이 와이어 로프 (압축붙이)	
엔드리스 와이어 로프 (endless wire rope)	
링(ring)붙이 와이어 로프	
섀클(shackle)붙이 와이어 로프	
링(ring)붙이 체인	
섬유 벨트	
훅붙이 체인	

② 특수 줄걸이 용구

들보	바구니
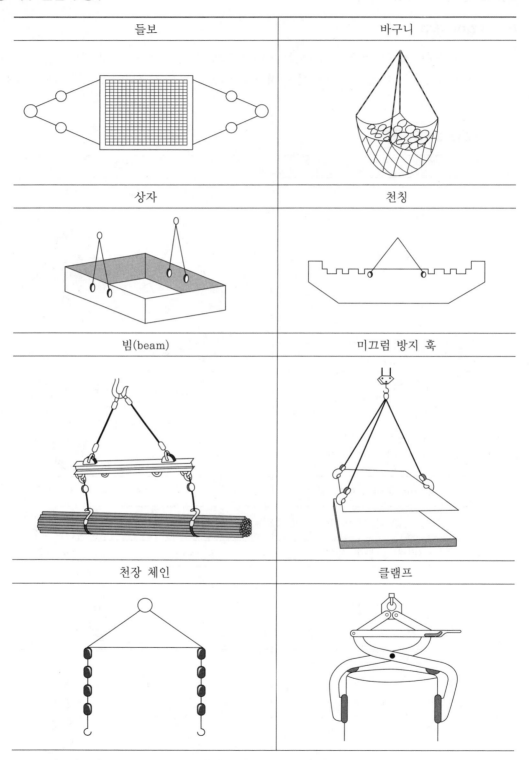	
상자	천칭
빔(beam)	미끄럼 방지 훅
천장 체인	클램프

리프팅 마그넷(lifting magnet)	C 훅(hook)

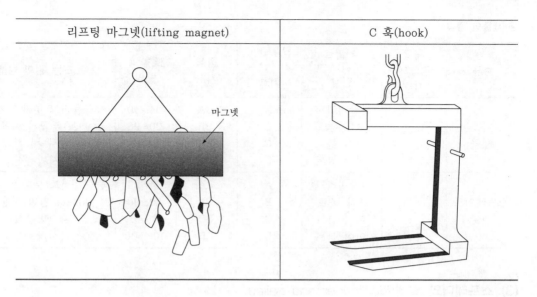

(2) 섀클(shackle)

줄걸이용에 사용되는 섀클은 체인 또는 로프와 훅, 고리 등과 접속용으로 널리 이용되고 있다. D형과 만곡형이 있고, 줄걸이 및 체인에는 핀의 발이 짧은 것이 좋으며 다수의 로프를 모으는 형에는 만곡형이 편리하다. 섀클의 규격은 고리를 만드는 봉강의 지름으로 표시된다.

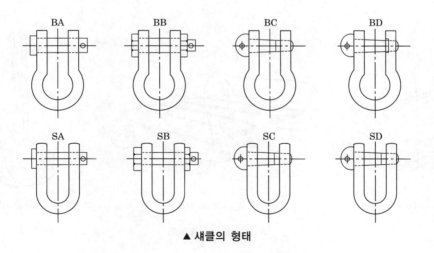

▲ 섀클의 형태

종류	섀클 본체의 기호	볼트 또는 PW		형식 기호	호칭의 범위	볼트 또는 핀의 멈춤법
		형상	기호			
바우 섀클	B	납작머리 핀	A	BA	34~90	둥근플러그(분활핀 사용)
		6각 볼트	B	BB	20~90	너트(분활핀 사용)
		아이 볼트	C	BC	6~40	나사박음식
		아이 볼트	D	BD	6~20	나사박음식
스트레이트 섀클	S	납작머리 핀	A	SA	34~90	둥근플러그(분활핀 사용)
		6각 볼트	B	SB	20~90	너트(분활핀 사용)
		아이 볼트	C	SC	8~40	나사박음식
		아이 볼트	D	SD	10~500	나사박음식

(3) 스프레더와 팔레트(spreader and pallet)

슬링으로 하중을 올릴 때 스프레더 바(spreader bar)를 사용하여 하중의 파괴를 막는다. 스프레더 바는 각 끝에 아이(eye)를 가진 짧은 바와 파이프이다. 하중의 상부에 있는 슬링 레그(sling leg)에 스프레더 바를 설치하면 슬링 레그의 각도가 변하여 하중의 상부가 찌그러지는 것을 방지한다. 하중을 보호하기 위해서는 그림과 같이 슬링과 조합된 카고 팔레트(cargo pallet)를 사용하는 것이 좋다.

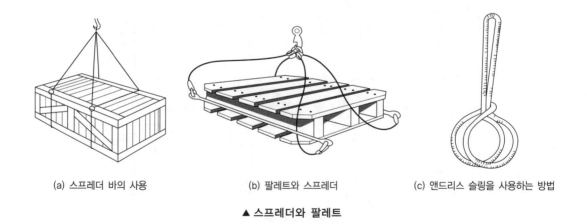

| (a) 스프레더 바의 사용 | (b) 팔레트와 스프레더 | (c) 앤드리스 슬링을 사용하는 방법 |

▲ 스프레더와 팔레트

(4) 보조구와 받침대

크레인으로 날카로운 각이 있는 것이나 중량물을 매달았을 때 와이어 로프가 손상될 우려가 있을 경우에는 와이어 로프나 물품을 보호하기 위하여 적당한 보조구를 사용하는 것이 중요하다.

① 안전물림

모가 난 짐을 매달 때, 마무리 부분에 와이어 로프를 걸 때, 미끄러지기 쉬운 짐을 매달 때 등의 경우 와이어 로프나 짐을 보호하기 위하여 타이어 조각이나 헝겊 등을 대는 것을 안전물림이라고 한다.

그 방법으로는 다음과 같은 것이 있다.

㉮ 걸레, 천, 가마니, 동판, 납 타이어 조각 등을 사용하여 물건의 모서리에 완충물을 댄다.

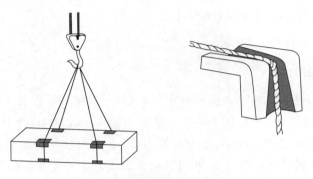

▲ 안전물림의 방법

㉯ 미끄러지기 쉬운 물건이나 완성 부품 등의 제품에 상처를 내지 않고 또 와이어 로프의 손상을 줄이기 위하여 와이어 로프 자체에 고무 또는 비닐 등을 감싸는 방법이 있으나, 와이어 로프의 손상을 검사하기가 불편하다.

▲ 로프의 감싸기

② 받침대

받침대는 줄걸이 작업을 능률적이고 안전하게 함과 동시에, 와이어 로프나 짐을 보호하기 위해서 실시한다. 받침대에는 나무각재가 가장 좋지만 경우에 따라서는 강재나 석재, 콘크리트 블록 등을 사용할 때도 있다. 중요한 것은 튼튼하고 안전도가 좋아야 한다는 것이다.

(5) 줄걸이 용구의 점검

줄걸이 용구는 항상 사용이 가능하고 양호한 상태로 보관하여야 하며, 점검을 게을리하지 않아야 한다. 점검을 태만히 하면 용구의 사용 기간이 단축될 뿐만 아니라 중대 재해를 일으키는 원인이 되기도 한다. 훅걸이 용구의 수명은 1일의 사용 횟수, 1회의 운반 중량 등에 영향이 있으므로 정기적으로 점검을 하는 것이 필요하다.

장기간 보관한 후 재사용할 경우도 점검을 필히 실시하여야 하며, 손상, 변형 등 이상이 발견되면 즉시 보수하거나 또는 사용을 금지하도록 해야 한다. 또한 사용이 금지된 것은 재차 사용할 수 없게 처리하는 것이 바람직하다.

5 베어링(bearing)

회전 또는 왕복운동을 하는 축을 지지하여 축에 작용하는 하중을 보존하는 기계 부품을 베어링이라 하며, 베어링에 싸여 있는 축의 부분을 저널(journal)이라 한다.

베어링은 어느 것이나 지지하는 부분의 상대운동에 의한 마찰을 피할 수 없으며, 이 마찰을 잘 처리하지 못하면 동력의 손실 및 발열 등으로 인하여 기계 효율의 저하, 마모, 진동 등의 현상이 생기고 그것이 심하면 소손되는 경우도 있다. 따라서 베어링에는 윤활(lubrication)을 하여 운동을 원활하게 함으로써 기계의 수명을 유지한다.

(1) 하중 방향에 의한 분류

① 레이디얼 베어링(radial bearing)

작용하는 하중의 방향이 축선과 직각인 것을 말한다. 베어링으로 감싼 축 부분을 저널이라 하므로 이 베어링을 저널 베어링(journal bearing)이라고도 한다.

② 스러스트 베어링(thrust bearing)

하중이 작용하는 방향이 축방향인 것을 말하며, 축방향 베어링(axial bearing)이라고도 한다. 이에 속하는 것으로 축의 끝을 베어링으로 지지하는 피벗 베어링과, 축에 칼라를 끼워 그 면으로 힘을 받는 칼라 베어링이 있다.

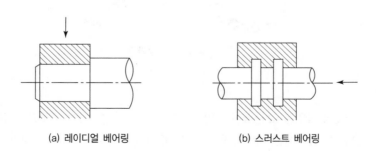

(a) 레이디얼 베어링   (b) 스러스트 베어링

▲ 하중 방향에 의한 베어링의 분류

(2) 마찰의 종류에 의한 분류

① 평면 베어링 또는 미끄럼 베어링(plain & sliding bearing)

윤활유막을 매개로 미끄럼 접촉을 하는 베어링으로서, 주로 유막 압력에 의하여 하중을 받쳐 주는 베어링이며, 베어링의 내면이 직접 축을 지지하여 미끄럼운동을 한다.

또한 베어링 메탈에 널리 쓰이는 재료는 화이트 메탈(white metal ; 주석, 납, 안티몬 등의 합금), 청동, 인청동, 납청동, 주철, 알루미늄 등이다.

㉮ 분할식 베어링

이 형식의 베어링 메탈은 조립 및 교환이 간단하도록 둘로 갈라지게 만들어져 있어 분할 베어링이라 하며, 베어링 이음새는 상하 모두 깎아서 홈을 만들고 있다. 이 홈을 분배 홈이라 하고, 오일이나 그리스를 축 부분에 칠하는 기능을 한다. 그러나 이 부분은 각이 져 있어 발열의 원인이 되므로 둥글게 끝손질을 하고 있다. 또 오일의 유출 및 발열을 방지하기 위한 이음새에 라이너를 끼워서 빈틈을 없애고 단단하게 조인다.

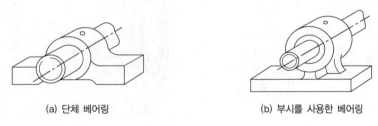

(a) 단체 베어링   (b) 부시를 사용한 베어링

▲ 평베어링

㉯ 일체식 베어링

이 베어링은 부시를 사용한 것으로, 베어링을 장치해 놓더라도 축을 장치할 수 있는 부분에 사용한다. 베어링의 급유에는 그리스, 기계유, 모터유 등이 있다. 사용 장소로는 기계유는 먼지가 적은 회전부에 적합하며, 모터유는 모터축에, 그리스는 먼지가 많고 기동이 심한 부분에 사용한다.

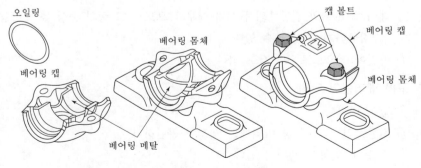

오일링   베어링 몸체   캡 볼트   베어링 캡

베어링 캡   베어링 메탈   베어링 몸체

▲ 오일링식 고정 베어링

② 구름 베어링(rolling bearing)

회전 베어링 또는 전동 베어링이라고도 하며, 이 형식의 베어링은 그림에서 보는 바와 같이 안 레이스(inner race)와 바깥 레이스(outer race)의 사이에 몇 개의 볼(ball)이나 롤러(roller) 등의 전동체를 넣어 구름 접촉의 접촉 압력에 의하여 하중을 받치는 베어링이다. 근래에 크레인의 성능 향상과 보수의 용이화를 도모하기 위하여 회전 베어링의 채택이 활발해지고 있다. 그러나 이 베어링은 구름운동에 의해 회전운동을 전달시키는 베어링으로서, 구름 베어링의 성능을 잘 알지 못하거나 장치 방법을 잘못하여 오히려 빈발한 고장을 초래하고 있는 경우도 적지 않다. 베어링을 볼과 롤러의 배열에 따라 구분하면 단열(single row)과 복렬(double row)이 있고, 하중의 크기에 따라 구분하면 경부하용(light type), 중간 부하용(medium type) 및 중부하용(heavy type)이 있다.

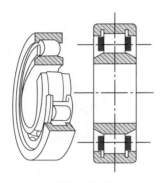
(a) 원통 롤러 베어링

(b) 테이퍼 롤러 베어링

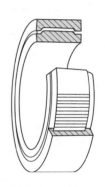
(c) 니들 롤러 베어링

▲ 각종 롤러 베어링

㉮ 구름 베어링의 장점
　　ⓐ 과열의 위험이 적다.
　　ⓑ 규격이 정해진 품목이 많고 교환성도 풍부하므로 베어링의 교환과 선택이 용이하다.
　　ⓒ 베어링의 길이가 짧아도 좋으므로 기계의 소형화가 가능하다.
　　ⓓ 윤활유가 적게 들고 급유에 드는 수고가 적다.
　　ⓔ 레이스(race)와 전동체의 틈새가 매우 작으므로 그 축의 중심(볼 베어링의 여러 형식)을 정확하게 유지할 수 있다.
　　ⓕ 마멸이 적으므로 빗나감도 적다.

㉯ 구름 베어링의 단점
　　ⓐ 값이 비싸다.
　　ⓑ 전문적인 제작 공정 이외에는 제작이 곤란하다.
　　ⓒ 소음 및 진동이 생기기 쉽다.
　　ⓓ 충격 하중에 약하다.

ⓔ 하우징(housing)이 크고 설치와 조립이 어렵다.

ⓕ 부분적 수리가 불가능하므로 베어링 전체를 바꾸어야 한다.

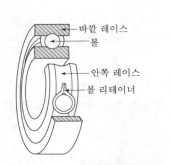
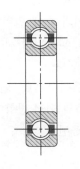

▲ 단열 레이디얼 볼 베어링　　　　　▲ 복렬 앵귤러 볼 베어링

(3) 평면 베어링 메탈 재료의 성질

연한 바탕에 단단한 결정이 미세하게 혼합된 조직이 이상적이다.

① 축과의 마찰 계수가 작은 재료일 것

② 열전도가 좋을 것

③ 내식성이 클 것

④ 마모에 견딜 정도로 단단한 반면, 축이 상하지 않도록 축재료보다 연할 것

　위의 조건을 구비한 베어링 재료로는 주철, 청동, 화이트 메탈 등이 있다. 주철과 청동은 그 자체만으로 베어링 메탈로 사용되는 경우가 있으나 화이트 메탈과 같은 연질의 것은 강철, 청동, 주철 등과 합금하는 경우도 있다.

6 기어(gear)

마찰차에 의한 동력의 전달은 큰 힘이나 충격적인 힘이 작용하면 미끄러져 일정한 속도비를 얻을 수 없다. 그러므로 확실하게 운동을 전달하기 위해서는 이 접촉면에 동일한 간격으로 이(tooth)와 홈을 내고 이것을 서로 맞물리게 하여 회전운동을 시키면 미끄럼이 아주 적어져 확실하게 운동을 전달할 수 있다.

　이 돌기를 '이(tooth)'라고 하고, 이 마찰차를 '기어(toothed gear 또는 toothed wheel)'라고 하며, 축의 회전을 원활히 전달하고 고속 회전 및 큰 회전력을 전달하는 크레인에 많이 사용된다.

(1) 스퍼 기어(spur gear)

스퍼 기어는 원판 마찰차의 원둘레면 위에 이를 깎은 것으로, 평행한 두 축 사이에 일정한 속도비로 회전운동을 전달할 경우에 사용한다.

회전비는 맞물리는 두 기어의 이의 수에 반비례한다. 따라서 기어의 회전비를 알고자 할 때는 양 기어의 이의 수를 세면 되고, 피치원의 지름과 이의 수는 비례하므로 맞물리는 두 기어의 회전비는 피치원의 지름에 반비례한다.

크레인의 기어에는 일반적으로 이형 20° 인벌루트(involute)의 높은 이와 모듈(module) $M=4\sim25$를 많이 사용하며, 두 축의 회전 방향이 같으면서 높은 감속비를 필요로 할 경우에는 인터널 기어(internal gear)가 사용된다.

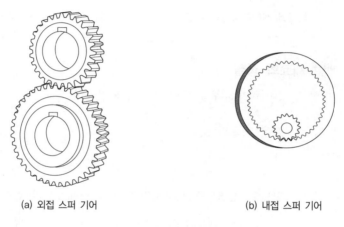

(a) 외접 스퍼 기어   (b) 내접 스퍼 기어

▲ 스퍼 기어

(2) 랙과 피니언(rack and pinion)

랙(rack)은 기다란 막대 모양이거나 원통 기어의 반지름이 무한대로 클 경우의 일부분이라고 볼 수 있으며, 이 랙에 맞물리는 작은 기어를 피니언(pinion)이라고 한다. 랙과 피니언의 작동에서 피니언의 회전운동은 랙에 직선운동을 전달하고, 그 반대로 랙의 직선운동은 피니언에 회전운동을 전달한다.

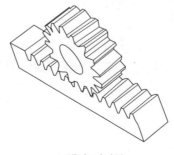

▲ 랙과 피니언

(3) 헬리컬 기어(helical gear)

이의 물림을 순조롭게 하기 위하여 이를 축에 경사지게 가공한 것으로서, 스퍼 기어에 비하여 이의 물림이 원활하고 진동과 소음이 적으며, 큰 하중과 고속의 전동에 주로 쓰인다.

또한, 이의 물림선에 대하여 이가 직각 방향으로 눌리기 때문에 두 기어에는 축방향으로 누르는 힘, 즉 스러스트가 걸린다. 이 스러스트를 없애기 위해서는 정확히 방향이 반대인 헬리컬 기어를 양쪽으로 겹쳐 사용하면 좋다. 이 기어를 이중 헬리컬 기어(double helical gear)라고 한다.

(a) 단열 헬리컬 기어

(b) 이중 헬리컬 기어

▲ 헬리컬 기어

▲ 헬리컬 기어 감속기

(4) 베벨 기어(bevel gear)

두 축이 일정한 각도를 이루며 교차하고 있을 때 회전운동을 전달하는 마찰차는 그 모양이 원뿔이 된다. 이 원뿔을 피치면으로 하여 이를 낸 기어를 베벨 기어라고 한다. 원추 바닥과 정점을 이은 모선에 맞추어 이를 가공한 것을 직선 베벨 기어(straight bevel gear)라 하고, 베벨 기어에서 이의 방향이 원추의 모선과 경사지게 가공한 것을 헬리컬 베벨 기어(helical bevel gear)라 한다.

(a) 직선 베벨 기어

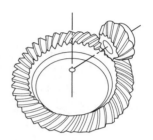
(b) 스파이럴 베벨 기어

▲ 베벨 기어

(5) 스큐 기어(skew gear)

구름 접촉에 있어서 두 축이 평행하지도 않고 교차하지도 않을 때, 쌍곡선 회전체에 의해 회전운동이 이루어진다.

기어 전동에서도 이와 같이 쌍곡선 회전체의 외면에 회전체의 모선과 평행하게 톱니를 만들어 사용하며, 이와 같이 엇갈린 축 사이에 운동을 전달하는 기어를 스큐 기어(skew gear) 또는 하이퍼벌로이드 기어(hyperboloidal gear)라 한다.

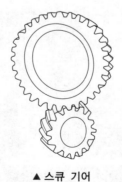
▲ 스큐 기어

(6) 스크루 기어(screw gear)

나사 기어(crossed helical gear)라고도 하며, 스크루 기어는 스큐 기어의 일종으로 두 축이 교차되지도 않고 평행하지도 않을 때 전동에 사용되는 기어이다. 이 기어는 주로 양쪽 축이 직각으로 비켜서 교차할 때 전동에 사용된다.

기어의 피치면은 한 점에서 접촉하므로 그 점에서는 정확히 맞물리나 기타 부분에서는 피치면과 멀어져 맞물림이 부정확해지므로 원활한 운동이 되지 않는다. 그래서 이의 접촉이 좋도록 이형을 장구형으로 하고, 중앙은 우묵하게 들어간 형으로 만든 것이 많이 사용된다.

▲ 스크루 기어

(7) 웜 기어(worm gear)

웜 기어는 스크루 기어의 일종으로 한쪽 기어의 반지름을 작게 한 나사 모양으로 된 웜(worm)과 여기에 맞물리는 웜 기어로 되어 있다. 이의 접촉을 좋게 하기 위하여 웜 휠의 이 단면은 가운데가 오목하게 파여져 있다.

> **참고**
>
> 트롤리 감속기는 모터에서 감속기를 연결하는 부분이 주로 웜 기어로 되어 있다.

▲ 트롤리 드럼 내부에 설치된 감속기

웜의 형태가 장구형인 것도 있으며, 이것을 힌들리 웜(hindley worm)이라 한다. 웜과 웜 기어는 보통 직각으로 교차하는 두 축의 회전을 전달할 때에 큰 변속비로 감속하거나 큰 힘을 전달하기 위해 사용되며, 이때 충격이나 진동 없이 큰 회전력을 전달시킬 수 있다.

▲ 슬루잉 감속기 내부

제4장 예상문제

줄걸이 작업, 현수·부속 기구

01 타워크레인으로 중량물을 권상하여 이동한 후, 중량물의 착지 요령으로 잘못된 것은?

① 중량물의 착지 시 줄걸이 로프가 인장력을 받고 있는 상태에서 일단 정지하고, 안전을 확인한 후 권하한다.

② 중량물은 지상 바닥에 직접 놓지 말고 받침목 등을 사용한다.

③ 내려놓을 위치를 수정하기 위하여 중량물을 손으로 직접 밀거나 잡아당겨 수정한다.

④ 둥근 물건은 구름 방지를 위하여 쐐기 등을 사용한다.

> **해설** 내려놓을 중량물을 손으로 밀거나 잡아당기지 말아야 한다.

02 제조 시 와이어 로프 직경의 허용 오차는 얼마인가?

① ±7%　　　　② 0~+7%

③ ±3%　　　　④ -3~+5%

> **해설** 와이어 로프의 마모율은 원치수 지름의 -7%까지이며 제조 시 허용 오차는 0~+7%이므로 혼동하지 말아야 한다.

03 와이어 로프 끝의 단말 고정법 중 효율을 100% 유지할 수 있으며, 줄걸이용에는 거의 사용하지 않는 방법은?

① 쐐기 고정

② 클립 고정

③ 합금 고정

④ 아이 스프라이스

> **해설** 합금 고정은 상태가 양호하면 잔류 강도가 100%이지만 줄걸이용으로 사용되지 않는다.

04 와이어 로프의 절단하중을 100%로 하였을 때 비틀려 꺾임(kink) 와이어 로프는 절단 최대 하중의 몇 % 감소하는가?

① 20　　　　② 30

③ 40　　　　④ 50

> **해설** 와이어 로프에 킹크가 생기면 완전한 로프에 비교하였을 때 (-)킹크는 20~40% 저하되고 (+)킹크는 60% 저하된다.

05 와이어 로프 랭 꼬임에 대한 설명으로 틀린 것은?

① 보통 꼬임보다 손상도가 적다.

② 보통 꼬임에 비하여 킹크를 잘 일으키지 않는다.

③ 로프의 꼬임 방향과 스트랜드의 꼬임 방향이 같다.

④ 보통 꼬임보다 사용 수명이 길다.

> **해설** 로프의 킹크는 보통 꼬임보다 랭 꼬임이 잘 일으킨다.

06 크레인용 와이어 로프로 사용 가능한 것은?

① 이음매가 있는 것

② 와이어 로프의 한 가닥에서 소선 수의 10%이상 절단된 것

③ 지름의 감소가 공칭 지름의 5% 이하인 것

④ 심하게 변형 또는 부식된 것

> **해설** 와이어 로프는 심하게 변형 또는 부식되었거나 이음매가 있거나 소선 수의 10% 이상 절단된 것은 사용할 수 없다.

정답 01 ③　02 ②　03 ③　04 ③　05 ②　06 ③

07 와이어 로프를 선정할 때 주의해야 할 사항이 아닌 것은?

① 용도에 따라 손상이 적게 생기는 것을 선정한다.

② 하중의 중량이 고려된 강도를 갖는 로프를 선정한다.

③ 심강(core)은 사용 용도에 따라 결정한다.

④ 높은 온도에서 사용할 경우 반드시 도금한 로프를 선정한다.

해설 높은 온도에서 사용하는 경우 도금한 것을 피하도록 한다.

08 와이어 로프에 관한 설명으로 틀린 것은?

① 부식은 표면 침식이 적은 것 같아도 내부 깊숙이 진행될 수 있다.

② 아연 도금한 것은 절대 사용하지 않는다.

③ 꼬임은 S형, Z형이 있다.

④ 와이어 로프에 철심은 고온에서 사용된다.

09 타워크레인에서 수신호 시 반드시 지켜야 할 행동 규율이 아닌 것은?

① 신호수는 크레인 동작에 필요한 신호에만 전념하면서, 인접한 지역의 작업자들 안전에 최대한 신경을 써야 한다.

② 신호수는 위험에 노출되지 않도록 하면서, 크레인의 동작을 항시 주목하여야 한다.

③ 신호수는 크레인을 운전하는 운전자에게 수신호만으로 작업 지시를 하여야 한다.

④ 크레인 운전자가 신호수가 요구한 동작 지시를 안전문제로 이행할 수 없을 때는 운전자가 판단하여 운전해야 한다.

해설 신호수는 위험에 노출되지 않은 상태로 인접 지역 작업자들의 안전에도 신경을 쓰면서 크레인 동작을 주목하여 신호하지만 안전문제의 긴급 사항은 운전자의 준수 사항에 해당된다.

10 타워크레인 신호 장비의 구비 조건이 아닌 것은?

① 신호수는 자신이 신호수로 구별될 수 있도록 자켓 등 신호수 용품을 활용하여야 한다.

② 신호 장비는 밝은 색상으로 쉽게 구별되어야 한다.

③ 신호 장비는 신호수에게만 적용되는 특수 색상이어야 한다.

④ 신호 장비로 신호할 때는 현장 여건에 따라 신호 방법을 변경 사용하여야 한다.

해설 타워크레인의 수신호 방법은 현장 여건에 따라 변하는 것이 아니고 고용노동부 고시로 표준 신호 방법이 정해져 있다.

11 조종 신호 장비에 대한 설명으로 맞는 것은?

① 신호수가 구별될 수 있도록 자켓, 안전모 등을 착용하여야 한다.

② 타워크레인 운전 중 신호 장비는 신호수의 의도에 따라 변경될 수 있다.

③ 1대의 타워크레인에는 2인 이상의 신호수로 하며 각기 다른 식별 방법을 제시하여야 한다.

④ 신호 장비는 우천 시 변경되어도 무방하다.

해설 1대의 크레인에서는 신호수가 1명으로 신호 장비나 방법이 변동될 수 없으며 다른 작업자와 구별할 수 있도록 자켓, 안전모 등을 착용하여야 한다.

12 타워크레인의 양중 작업 방법에서 중심이 한쪽으로 치우친 화물의 줄걸이 작업 시 고려할 사항이 아닌 것은?

① 화물의 수평 유지를 위하여 주로프와 보조 로프의 길이를 다르게 한다.

② 무게중심 바로 위에 훅이 오도록 유도한다.

③ 좌우 로프의 장력차를 고려한다.

④ 와이어 로프 줄걸이 용구는 안전율이 2 이상인 것을 선택하여 사용한다.

해설 와이어 로프 줄걸이 용구는 안전율이 5 이상이어야 한다.

13 와이어 로프의 단말 가공 중 가장 효율적인 것은?

① 딤블(thimble)

② 소켓(socket)

③ 웨지(wedge)

④ 클립(clip)

해설 소켓 가공법은 로프의 스트랜드와 소선을 모두 풀어 소켓에 넣어 용융 금속을 주입시켜 가공한 합금 고정법으로 정확히 하면 100% 효과를 볼 수 있다.

14 원목처럼 길이가 긴 화물을 외줄 달기 슬링 용구를 사용하여 크레인으로 물건을 안전하게 달아 올릴 때 방법으로 알맞지 않은 것은?

① 슬링을 거는 위치를 한쪽으로 약간 치우치게 묶고 화물의 중량이 많이 걸리는 방향을 아래쪽으로 향하게 들어올린다.

② 제한 용량 이상을 달지 않는다.

③ 수평으로 달아 올린다.

④ 신호에 따라 움직인다.

해설 물건을 들어올리는 것은 수직으로 달아 올린다.

15 안전작업은 복장의 착용 상태에 따라 달라진다. 다음에서 권장 사항이 아닌 것은?

① 땀을 닦기 위한 수건이나 손수건을 허리나 목에 걸고 작업해서는 안 된다.

② 옷소매 폭이 너무 넓지 않은 것이 좋고, 단추가 달린 것은 되도록 피한다.

③ 물체 추락의 우려가 있는 작업장에서는 안전모를 착용해야 한다.

④ 복장을 단정하게 하기 위해 넥타이를 꼭 매야 한다.

해설 작업을 하기 위한 복장은 간편하여야 하고 넥타이를 매는 것은 안전작업에 방해가 될 수 있다.

16 유압 펌프 종류가 아닌 것은?

① 기어식 펌프 ② 베인식 펌프

③ 피스톤 펌프 ④ 헬리컬식 펌프

해설 헬리컬식이란 기어의 모양에 따른 분류 방법이다.

17 다음 중 동력의 값이 가장 큰 것은?

① 1PS ② 1HP

③ 1kW ④ 1.2HP

해설 ① 1PS=735W

② 1HP=746W

③ 1kW=1,000W

④ 1.2HP=895W

18 타워크레인의 권상장치에서 달기 기구가 가장 아래쪽에 위치할 때 드럼에는 와이어 로프가 최소한 몇 회 이상의 여유 감김이 있어야 하는가?

① 1회 ② 2회

③ 3회 ④ 4회

해설 모든 크레인의 권상장치 드럼에는 달기 기구가 가장 아래쪽에 위치할 때 와이어 로프가 최소한 2회 이상 감겨 있어야 한다.

19 타워크레인으로 철근 다발을 지상으로 내려놓을 때 가장 적합한 운전방법은?

① 철근 다발이 지면에 가까워지면 권하 속도를 서서히 증가시킨다.

② 권하 시의 속도는 권상 속도와 같은 속도로 운전한다.

③ 철근 다발의 흔들림이 없다면 속도에 관계없이 작업해도 좋다.

④ 지면에 닿기 전 20cm 정도까지 내린 다음 일단 정지 후 서서히 내린다.

해설 타워크레인으로 물건을 권상·권하 시에는 20~30cm 정도 들고 안전확인을 하거나 줄걸이 확인 등을 한 후 작업하도록 한다.

정답 13 ② 14 ③ 15 ④ 16 ④ 17 ③ 18 ② 19 ④

20 다음 중 양정 작업에 필요한 보조 용구가 아닌 것은?

① 턴버클　　　② 섬유 벨트
③ 수직 클램프　④ 섀클

해설 턴버클은 중앙의 틀을 회전시키면 길이가 조절되는 조임 기구이다.

21 다음 중 신호에 관련된 사항으로 틀린 것은?

① 신호수는 한 사람이어야 한다.
② 신호가 불분명할 때는 즉시 중지한다.
③ 비상시에는 신호에 관계없이 중지한다.
④ 복수 이상이 신호를 동시에 한다.

해설 크레인 작업 시 신호수는 복수가 아닌 한 사람이 하도록 한다.

22 타워크레인의 육성 신호 방법에 대한 설명이다. 잘못된 것은?

① 육성 신호는 간결, 단순하여야 한다.
② 명확성보다는 소리의 크기가 중요하다.
③ 신호가 불분명할 때는 즉시 중지한다.
④ 운전자와 통신자는 이해 여부를 상호 확인한다.

23 다음 그림은 축의 무게중심 G를 나타내고 있다. A의 거리는?

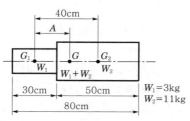

① 약 20cm　　② 약 38cm
③ 약 31cm　　④ 약 25cm

해설 $A = \dfrac{W_2 l}{W_1 + W_2}$ 이므로

$$\frac{11}{3+11} \times 40 = 31.4\text{cm}$$

24 떨어진 2축 사이의 전동에 주로 사용하는 체인은?

① 롱 링크 체인(long link chain)
② 쇼트 링크 체인(short link chain)
③ 롤러 체인(roller chain)
④ 스터드 체인(stud chain)

해설 링크 체인은 운반용이며 롤러 체인은 전동용이다.

25 크레인에 사용되는 와이어 로프의 사용 중 점검 항목으로 적합하지 않은 것은?

① 마모 상태 검사
② 엉킴 및 꼬임 킹크 상태 검사
③ 부식 상태 검사
④ 소선의 인장강도 검사

해설 소선의 인장강도 검사는 사용 중 점검 항목이 아니고 제작 과정 사항이다.

26 다음 중 수신호에 대한 설명으로 맞는 것은?

① 운전자가 신호수의 육성 신호를 정확히 들을 수 없을 때는 반드시 수신호가 사용되어야 한다.
② 신호수는 위험을 감수하고서라도 그 임무를 수행하여야 한다.
③ 신호수는 전적으로 크레인 동작에 필요한 신호에만 전념하고, 인접 지역의 작업자는 무시하여도 좋다.
④ 운전자가 안전문제로 작업을 이행할 수 없을지라도 신호수의 지시에 의해 운전하여야 한다.

해설 모든 크레인의 작업은 안전제일이라야 하며 인접 지역의 작업자와 운전자, 신호수 모두가 안전상태로 작업이 실시되도록 명확한 신호를 하도록 한다.

정답 20 ① 21 ④ 22 ② 23 ③ 24 ③ 25 ④ 26 ①

27 와이어 로프의 안전계수가 5이고, 절단하중이 20,000kgf일 때 안전하중은?

① 6,000kgf　　　② 5,000kgf
③ 4,000kgf　　　④ 2,000kgf

해설 안전계수 = $\dfrac{절단하중}{안전하중}$

$= \dfrac{20,000}{4,000} = 5$

28 와이어 로프는 KS 규격 어디에 있는가?

① KS D　　　② KS H
③ KS B　　　④ KS A

해설 와이어 로프는 KS D 3514이다.

29 신호법 중에서 팔을 아래로 뻗고 집게손가락을 아래로 향해서 수평원을 그리는 신호는 무슨 신호인가?

① 천천히 조금씩 올리기
② 아래로 내리기
③ 천천히 이동
④ 운전 방향 지시

해설 • 천천히 조금씩 올리기 : 손바닥을 위로 하여 2~3회 흔든다.
• 아래로 내리기 : 집게손가락을 아래로 해서 수평원을 그린다.
• 운전 방향 지시 : 집게손가락으로 방향을 가리킨다.

30 와이어 로프의 내·외부 마모 방지 방법이 아닌 것은?

① 도유를 충분히 할 것
② 두드리거나 비비지 않도록 할 것
③ S 꼬임을 선택할 것
④ 드럼에 와이어 로프를 감는 방법을 바르게 할 것

31 줄걸이 방법의 설명으로 틀린 것은?

① 눈걸이 : 모든 줄걸이 작업은 눈걸이를 원칙으로 한다.
② 반걸이 : 미끄러지기 쉬우므로 엄금한다.
③ 짝감기 걸이 : 가는 와이어 로프일 때 사용하는 줄걸이 방법이다.
④ 어깨 걸이 나머지 돌림 : 2가닥 걸이로서 꺾어 돌림을 할 수 없을 때 사용하는 줄걸이 방법이다.

해설 어깨 걸이 나머지 돌림은 4가닥 걸이로서 꺾어 돌림을 할 수 있을 때 사용한다.

32 와이어 로프를 절단했을 때 꼬임이 풀리는 것을 방지하기 위한 시징은 직경의 몇 배가 적당한가?

① 1배　　　② 3배
③ 5배　　　④ 7배

해설 시징은 로프 직경의 2~3배가 적당하다.

33 붐이 있는 크레인 작업에서 다음과 같은 수신호 방법은 어떤 작업을 신호하고 있는가?

① 붐 위로 올리기
② 운전자 호출
③ 운전 방향 지시
④ 붐을 내리고 짐은 올리기

해설 엄지손가락을 위로 올라가게 하면 '붐 위로 올리기'이고, 손가락을 아래로 하면 '붐 아래로 내리기'가 된다. 집게손가락으로 운전 방향을 가리킨다.

34 지브(러핑) 크레인의 휴지 시 지켜야 할 사항으로 옳은 것은?

① 바람의 반대 방향으로 정지시킨 후 선회 브레이크를 작동한다.
② 매뉴얼에 제시된 지브의 각도를 유지하고 선회 브레이크를 개방한다.
③ 카운터 지브가 무거우므로 지브를 최대한 눕혀 놓는다.
④ 건물의 튼튼한 곳에 줄걸이 와이어로 단단히 고정한다.

해설 크레인을 쉬게 할 경우 지브의 각도를 유지하고, 브레이크는 반드시 해지시켜 놓아야 한다.

35 타워크레인으로 권상 작업 시 무전 신호수와 운전원의 작업 방법으로 틀린 것은?

① 운전원은 신호수의 신호가 불명확한 경우에는 운전을 하지 않는다.
② 신호수는 안전거리를 확보한 상태에서 권상 화물이 가장 잘 보이는 곳에서 신호한다.
③ 신호수는 화물의 흔들림을 방지하기 위하여 혹 바로 위의 줄걸이 와이어를 잡고 신호한다.
④ 무전 신호 메시지는 단순·간결·명확하여야 한다.

해설 권상 작업 시 신호수가 줄걸이 와이어를 잡는 것은 절대 금지 사항이다.

36 크레인의 양중 작업 중 짐의 중심 결정 시 주의사항으로 맞는 것은?

① 중심 판단은 개략적으로 한다.
② 중심은 가급적 높도록 한다.
③ 중심이 전후, 좌우로 치우친 것은 줄걸이에 주의하지 않아도 된다.
④ 중심의 바로 위에 혹을 유도한다.

해설 중심 판단은 정확하게, 중심은 낮게, 치우친 중심은 줄걸이를 주의한다.

37 통신을 이용하여 신호를 할 때 옳지 않은 것은?

① 혼선 상태 시는 크게 일방적으로 말한다.
② 작업 시작 전 신호수와 운전자 간에 작업의 형태를 사전 협의 숙지한다.
③ 공유 주파수를 사용하므로 짧고 명확한 의사 전달이 되어야 한다.
④ 운전자와 신호수 간에 완전한 이해가 이루어진 것을 상호 확인해야 한다.

해설 혼선 상태 시에는 통신 기기를 재조정 또는 수리하여 사용하도록 한다.

38 타워크레인의 양중 작업에서 권상 작업을 할 때 지켜야 할 사항이 아닌 것은?

① 지상에서 약간 떨어지면 매단 화물과 줄걸이 상태를 확인한다.
② 권상 작업은 가능한 평탄한 위치에서 실시한다.
③ 타워크레인의 권상용 와이어 로프의 안전율이 4 이상이 되는지 계산해 본다.
④ 화물이 흔들릴 때는 권상 후 이동 전에 반드시 흔들림을 정지시킨다.

해설 권상용 와이어 로프 안전율은 5 이상이다.

39 그림과 같은 와이어 로프 꼬임 형식은?

① 보통 S 꼬임
② 랭 Z 꼬임
③ 보통 Z 꼬임
④ 랭 S 꼬임

해설 소선 꼬임 방향과 스트랜드 꼬임 방향이 반대인 경우 보통 꼬임, 같은 방향은 랭 꼬임이라 하고, 오른편 꼬임은 S 꼬임, 왼편 꼬임은 Z 꼬임이라 한다.

정답 34 ② 35 ③ 36 ④ 37 ① 38 ③ 39 ③

40 체인의 종류에서 매다는 체인의 종류에 속하지 않는 것은?

① 쇼트 링크 체인(short link chain)

② 롱 링크 체인(long link chain)

③ 스터드 링크 체인(stud link chain)

④ 사일런트 체인(silent chain)

〔해설〕 링크 체인은 운반용이고 사일런트 체인은 전동용이다.

41 와이어 로프의 열 영향에 의한 재질 변형의 한계는?

① 50℃   ② 100℃

③ 200~300℃   ④ 500~600℃

〔해설〕 와이어 로프의 열에 의한 적정 온도는 200~300℃이며, 그 이상이 되면 외관상으로는 이상이 없어 보여도 강도의 저하가 생긴다.

42 운전자가 손바닥을 안으로 하여 얼굴 앞에서 2~3회 흔드는 신호는?

① 작업 완료

② 신호 불명

③ 줄걸이 작업 마비

④ 기중기 이상 발생

〔해설〕 • 작업 완료 : 거수 경례
• 신호 불명 : 손바닥을 얼굴 앞에서 2~3회 흔든다.

43 줄걸이 작업에서 새클(shackle)을 사용하기 전 확인하여야 할 조건으로 가장 거리가 먼 것은?

① 새클의 허용 인양 하중을 확인하여야 한다.

② 새클의 재질을 확인하여야 한다.

③ 나사부 및 핀(pin)의 상태를 확인하여야 한다.

④ 앵커(anchor) 형식에서 안전 작업 하중(SWL)을 확인하여야 한다.

〔해설〕 새클의 재질 확인은 제작상의 문제이며, 줄걸이 작업의 조건이 아니다.

44 줄걸이 작업자가 양중물의 중심을 잘못 잡아 훅에 로프를 걸었을 때 발생할 수 있는 것과 관계가 없는 것은?

① 양중물이 생각지도 않은 방향으로 간다.

② 매단 양중물이 회전하여 로프가 비틀어진다.

③ 크레인에 전혀 영향이 없다.

④ 양중물이 한쪽 방향으로 쏠려 넘어진다.

〔해설〕 양중물의 중심을 잘못 잡아주면 양중물이 엉뚱한 방향이나 한쪽으로 쏠린다.

45 그림과 같이 호각과 동시에 양손의 손바닥을 앞으로 하여 머리 위에 올려 급히 좌우로 2~3회 흔들며 호각은 아주 길게 신호하는 방법은?

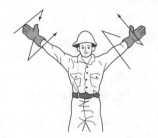

① 호출   ② 신호 불명

③ 비상 정지   ④ 작업 완료

46 신호수의 준수 사항으로 부적합한 것은?

① 신호수는 지정된 신호 방법으로 신호한다.

② 두 대의 타워크레인으로 동시 작업 시 두 사람의 신호수가 동시에 신호한다.

③ 신호수는 그 자신이 신호수로 구별될 수 있도록 눈에 잘 띄는 표시를 한다.

④ 신호 장비는 밝은 색상이며 신호수에게만 적용되는 특수 색상으로 한다.

〔해설〕 두 대의 크레인이 작업을 하여도 신호수는 한 사람이 하도록 한다.

47 타워크레인의 정상 운전 작업으로 맞는 것은?

① 하중의 끌어당김 작업
② 박힌 하중 인양 작업
③ 최대 하강 속도로 내림 작업
④ 작업 반경 밖으로 내려놓기 위한 흔들기 작업

^{해설} 타워크레인으로 흔들기를 하여 짐을 내리던가 끌어 당김 작업을 하면 매우 위험하다.

48 타워크레인의 양장 작업 보조 용구로 사용하는 클립(clip) 체결 방법이 틀린 것은?

① 클립의 새들은 로프에 힘이 걸리는 쪽에 있을 것
② 클립의 간격은 로프 직경의 6배 이상으로 할 것
③ 클립 수는 로프 직경에 따라 다르지만, 최소 2개 이상으로 할 것
④ 가능한 딤블(thimble)을 부착할 것

^{해설} 클립의 수는 로프 직경에 따라 다르지만 최소 4개 이상으로 한다.

49 와이어 로프 줄걸이 작업자가 작업을 실시할 때 고려해야 할 사항과 가장 거리가 먼 것은?

① 짐의 중량　　② 짐의 중심
③ 짐의 부피　　④ 짐을 매는 방법

50 동일 조건에서 2줄 걸기 작업의 줄걸이 각도 α 중 로프에 장력이 가장 크게 걸리는 각도는?

① $\alpha = 30°$일 때
② $\alpha = 60°$일 때
③ $\alpha = 90°$일 때
④ $\alpha = 120°$일 때

^{해설} 줄걸이 각도의 조각도는 각이 커질수록 한 줄에 걸리는 장력이 커진다.

51 와이어 로프의 심강 3가지 종류를 알맞게 구분한 것은?

① 섬유심, 공심, 와이어심
② 철심, 동심, 아연심
③ 섬유심, 랜심, 동심
④ 와이어심, 아연심, 랜심

^{해설} 와이어 로프는 소선, 스트랜드, 심강으로 구성되어 있으며 심강에는 섬유심, 공심, 와이어심 등이 사용 된다.

52 클립(clip) 고정이 가장 적합하게 된 것은?

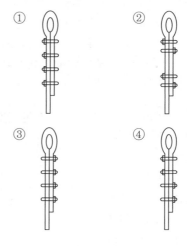

53 와이어 로프의 마모 한도에 따른 교환 기준을 설명한 것으로 맞는 것은?

① 킹크(kink)가 발생한 경우
② 로프에 그리스가 많이 발라진 경우
③ 마모로 직경의 감소가 공칭 직경의 3% 이상인 경우
④ 로프의 한 꼬임(스트랜드를 의미) 사이에서 소선 수의 7% 이상 소선이 절단된 경우

^{해설} 와이어 로프 교체 기준은 10%의 소선 절단과 공칭 직경 감소가 -7%이거나 킹크된 것 등이다.

54 권상장치 등의 드럼에 홈이 있는 경우와 홈이 없는 경우의 플리트(fleet) 각도(와이어 로프가 감기는 방향과 로프가 감겨지는 방향과의 각도)를 옳게 설명한 것은?

① 홈이 있는 경우 10° 이내, 홈이 없는 경우 5° 이내이다.

② 홈이 있는 경우 5° 이내, 홈이 없는 경우 10° 이내이다.

③ 홈이 있는 경우 4° 이내, 홈이 없는 경우 2° 이내이다.

④ 홈이 있는 경우 2° 이내, 홈이 없는 경우 4° 이내이다.

> **해설** 와이어 로프 드럼에 홈이 있는 경우 플리트 각은 4° 이내이고, 홈이 없는 경우 2° 이내이다.

55 크레인 신호 중 한 손을 들어 올려 주먹을 쥐는 신호는?

① 정지

② 비상 정지

③ 작업 완료

④ 위로 올리기

> **해설** ① 정지 : 주먹을 쥔다.
> ② 작업 완료 : 거수 경례를 한다.
> ③ 비상 정지 : 양손을 들어 2~3회 흔든다.
> ④ 위로 올리기 : 집게손가락을 위로 해서 원을 그린다.

56 타워크레인에서 트롤리 이동용(횡행용) 와이어 로프의 안전율은?

① 2 ② 3

③ 4 ④ 5

> **해설** 크레인 제작·안전·검사 기준 제22조에 의하여 권상, 주행, 횡행, 지브 기복용 와이어 로프의 안전율은 5이다.

57 인양물이 자유로이 흔들리는 현상을 프리(free)라 한다. 다음 설명 중 바르지 못한 것은?

① 슬루잉 프리 : 인양물과 지브의 최초 위치가 운전석에서 볼 때 같은 상하 일직선상에 놓이지 않았을 경우 발생

② 트롤리 프리 : 트롤리 대차가 이동하는 과정에서 발생

③ 회전 프리(원 프리) : 지브가 선회하는 과정에서 주로 발생

④ 이중 프리(복합 프리) : 통제하기 가장 어려운 프리로 최초 인양물 권상 시 많이 발생

> **해설** 회전 프리는 선회와 트롤의 동작이 동시에 이루어질 경우 생긴다.

58 타워크레인 트롤리 전후 작업 중 이동 불량 상태가 생기는 원인이 아닌 것은?

① 트롤리 모터의 소손

② 전압의 강하가 클 때

③ 트롤리 정지장치 불량

④ 트롤리 감속기 웜 기어의 불량

> **해설** 전후 작업 중 이동 불량은 트롤리의 정지 작용이 되지 않을 때 생긴다. 정지장치는 지브의 양 끝에 있으므로 이동 불량의 원인은 아니다.

59 타워크레인 작업 시의 신호 방법으로 바람직하지 않은 것은?

① 신호 수단으로 손, 깃발, 호각 등을 이용한다.

② 신호는 절도 있는 동작으로 간단 명료하게 한다.

③ 신호자는 운전자가 보기 쉽고 안전한 장소에 위치하여야 한다.

④ 운전자에 대한 신호는 신호의 정확한 전달을 위하여 최소한 2인 이상이 한다.

> **해설** 크레인 작업 시 신호를 2인이 하면 혼동이 생기므로 1인이 하도록 한다.

정답 54 ③ 55 ① 56 ④ 57 ③ 58 ③ 59 ④

60 타워크레인의 안전운전 작업으로 부적합한 것은?

① 고장 중인 기기에는 반드시 표시를 할 것
② 정전 시는 전원을 OFF의 위치로 할 것
③ 대형 화물을 권상할 때는 신호자의 신호에 의하여 운전할 것
④ 잠깐 운전석을 비울 경우에는 컨트롤러를 ON한 상태에서 비울 것

> **해설** 타워크레인의 운전석을 떠날 때에 컨트롤러는 OFF 상태로 하고, 선회 브레이크는 해제하여야 한다.

61 다음 육성 신호 메시지 중 틀린 것은?

① 간결   ② 단순
③ 명확   ④ 중복

> **해설** 육성 신호는 간결·단순하고 명확하여야 하며, 중복하면 혼동이 생길 수 있다.

62 양중 용구를 사용할 때의 주의사항과 관련 없는 것은?

① 용구의 접촉 개소
② 하중 분포
③ 하중물의 내구성
④ 인양물의 반전 방향

> **해설** 양중 용구의 내구성과 하중물의 내구성을 혼동하지 말아야 한다.

63 타워크레인의 양중 작업 방법에서 철판을 옮기거나 철부스러기를 옮기는 데 가장 좋은 줄걸이 용구는?

① 빔   ② 훅
③ 리프팅 마그넷   ④ 클램프

> **해설** 줄걸이 용구 중 마그넷(magnet)은 철금속을 붙여 옮기는 기구이다. 일반 줄걸이 용구로 옮기기 힘든 철부스러기, 철판을 드는 데 유용하다.

64 수신호에 대한 설명으로 올바른 것은?

① 타워 기종마다 매뉴얼에 있는 수신호 방법을 따른다.
② 현장의 공동 작업자와 신호 방법을 사전에 정한다.
③ 고시된 표준 신호 방법을 준수하여 작업한다.
④ 경험과 지식이 있으면 신호를 무시해도 상관없다.

> **해설** 수신호 방법은 고용노동부 고시에 의한 크레인 공통 표준 신호법을 사용한다.

65 크레인으로 화물을 들어 올릴 경우 옳지 않은 것은?

① 화물 중심선에 훅(hook)이 위치하도록 한다.
② 바닥에서 로프가 장력을 받을 때부터 주행을 출발시킨다.
③ 로프가 충분한 장력을 가질 때까지 서서히 권상한다.
④ 화물은 권상 이동 경로를 생각하여 지상 2m 이상의 높이에서 운반하도록 한다.

> **해설** 화물을 들어 올릴 때는 약 30cm 정도 들어서 로프가 장력을 받은 후 권상 또는 주행하도록 한다.

66 주행(travelling) 타워의 상시 점검 사항이 아닌 것은?

① 레일 지반의 평탄성
② 레일 클램프의 이상 유무
③ 주행 레일의 규격
④ 주행로의 장애물

> **해설** 상시 점검 사항은 지반의 평탄성, 클램프의 물림, 주행로의 장애물 등이며 레일의 규격은 제작상의 문제이다.

정답 60 ④ 61 ④ 62 ③ 63 ③ 64 ③ 65 ② 66 ③

67 체인에 대한 설명으로 틀린 것은?

① 고열물이나 수중, 해중 작업에서 사용한다.
② 매다는 체인의 종류에는 스터드 체인, 롱 링크 체인, 쇼트 링크 체인 등이 있다.
③ 롤러 체인을 고리 모양으로 연결할 때 링크의 총수가 짝수라야 편리하며, 링크의 수가 짝수일 때 오프셋 링크를 사용하여 연결한다.
④ 체인의 신장은 신품 구입 시보다 5%가 늘어나면 사용이 불가능하다.

해설 롤러 체인의 링크의 수가 홀수일 때 오프셋 링크로 연결하여 사용한다.

68 와이어 로프 교체 시기가 아닌 것은?

① 녹이 생겨 심하게 부식된 것
② 소선의 수가 10% 이상 단선된 것
③ 공칭 지름이 3% 초과된 것
④ 킹크가 생긴 것

해설 와이어 로프의 공칭 지름의 마모나 감소는 7% 이상일 때 교환하도록 한다.

69 시징(seizing)은 와이어 로프 지름의 몇 배를 기준으로 하는가?

① 1   ② 3
③ 5   ④ 7

해설 와이어 로프 시징은 와이어 로프 지름의 2~3배가 적당하며 1피치 전체가 포함되도록 한다.

70 크레인용 일반 와이어 로프 소선의 인장강도 (kgf/mm^2)는 보통 어느 정도인가?

① 135~180   ② 40~50
③ 10~20   ④ 85~150

해설 와이어 로프의 재질은 탄소강을 드로잉 가공한 것으로 135~180kgf/mm^{2}의 강도를 가진 것이 사용된다.

71 안전계수를 구하는 공식은?

① 안전하중/절단하중
② 시험 하중/정격하중
③ 시험 하중/안전하중
④ 절단하중/안전하중

해설 와이어 로프의 안전율

$$= \frac{절단하중(F) \times 로프의\ 줄\ 수 \times 시브\ 효율(N)}{권상\ 하중(Q)}$$

이지만 $\frac{절단하중}{안전하중}$ 으로 간략하게 구한다.

72 신호 방법 중 왼손을 오른손으로 감싸 2~3회 작게 흔들면서 호각을 길게 부는 신호 방법은?

① 물건 걸기
② 정지
③ 마그넷 붙이기
④ 기다려라

해설 ① 물건 걸기 : 양손을 몸 앞에서 깍지를 낀다.
② 정지 : 한 손을 들어 주먹을 쥔다.
③ 마그넷 붙이기 : 양손을 몸 앞에서 꽉 낀다.
④ 기다려라 : 왼손을 오른손으로 감싸고 2~3회 흔든다.

73 크레인으로 중량물을 인양하기 위해 줄걸이 작업을 할 때의 주의사항으로 틀린 것은?

① 중량물의 중심 위치를 고려한다.
② 줄걸이 각도를 최대한 크게 해 준다.
③ 줄걸이 와이어 로프가 미끄러지지 않도록 한다.
④ 날카로운 모서리가 있는 중량물은 보호대를 사용한다.

해설 줄걸이 각도는 크게 할수록 한줄에 걸리는 장력이 커지므로 60° 이내로 하는 것이 좋다.

정답   67 ③   68 ③   69 ②   70 ①   71 ④   72 ④   73 ②

74 줄걸이 작업에 사용하는 hooking용 핀 또는 봉의 지름은 줄걸이용 와이어 로프 직경의 얼마 이상을 사용하는 것이 바람직한가?

① 1배 이상　　　② 2배 이상
③ 4배 이상　　　④ 6배 이상

해설 후킹용 핀이나 봉의 지름은 와이어 로프 지름의 6배 이상이어야 한다.

75 훅(hook)의 점검은 작업 개시 전에 실시하여야 한다. 안전에 잘못된 사항은?

① 단면 지름 감소가 원래 지름의 5% 이내일 것
② 균열이 없는 것을 사용할 것
③ 두부 및 만곡의 내측에 홈이 있는 것을 사용할 것
④ 개구부가 원래 간격의 5% 이내일 것

해설 훅(hook)의 단면 지름 감소나 개구부 간격은 원래 규격의 5% 이내라야 하며, 두부 및 만곡의 내측에 홈이 없어야 한다.

76 타워크레인 신호수가 팔을 아래로 뻗고 집게손가락을 아래로 향해서 원을 그린 것은 어떤 신호를 의미하는가?

① 훅(hook)을 위로 올린다.
② 훅(hook)을 아래로 내린다.
③ 훅(hook)을 그 자리에 유지시킨다.
④ 훅(hook)을 천천히 올리고 내린다.

해설 팔을 위로 하면서 원을 그리면 위로 올리기이며, 아래로 하여 원을 그리면 아래로 내리기이다.

77 타워크레인의 작업 신호 중 무선 통신에 관한 설명으로 틀린 것은?

① 조용한 지역에서 활용된다.
② 무선 통신으로 만족하지 못하면 수신호로 한다.
③ 통신 및 육성은 간결, 단순, 명확해야 한다.
④ 꼭 수신호와 함께 무선 통신을 하도록 한다.

해설 수신호와 함께 무선 통신을 하면 오히려 혼동을 초래할 수 있다.

78 타워크레인 운전 중 위험 상황이 발생한 상태에서 생소한 사람이 정지 신호를 보내왔다면 운전자는 어떻게 하는 것이 가장 좋은가?

① 운전자가 주위를 확인하고 정지한다.
② 무조건 정지시키고 난 후 확인한다.
③ 신호수가 아니므로 무시하고 운전한다.
④ 정해진 신호수가 정지 신호를 보낼 때까지 그대로 작업한다.

79 타워크레인으로 양중 작업을 할 수 있는 것은?

① 어떤 물체를 파괴할 목적으로 하는 작업
② 벽체에서 완전히 분리된 갱폼을 인양하는 작업
③ 하중을 땅에서 끌어당기는 작업
④ 땅 속에 박힌 하중을 인양하는 작업

해설 타워크레인은 땅 속에 박힌 하중을 인양하거나 끌어당김, 파괴를 목적으로 하는 것이 아니고 완전 분리된 상태의 적화물 등을 인양한다.

80 줄걸이용 와이어 로프를 엮어 넣기로 고리를 만들려고 한다. 이때 엮어 넣는 적정 길이(splice)는?

① 와이어 로프 지름의 5~10배
② 와이어 로프 지름의 10~20배
③ 와이어 로프 지름의 20~30배
④ 와이어 로프 지름의 30~40배

해설 엮어 넣기는 와이어 로프 지름의 30~40배로 하는 것이 적절하다.

81 와이어 로프의 구조 중 소선을 꼬아 합친 것을 무엇이라고 하는가?

① 심강　　　　　② 스트랜드
③ 소선　　　　　④ 공심

해설 와이어 로프는 소선, 심강, 스트랜드로 구성되며 소선을 꼬아 합친 것을 스트랜드라고 한다.

정답 74 ④　75 ③　76 ②　77 ④　78 ②　79 ②　80 ④　81 ②

82 와이어 로프의 단말 가공 중 용융 금속을 부어 만든 것은?

① 딤블(thimble)
② 소켓(socket)
③ 웨지(wedge)
④ 클립(clip)

83 권상용 체인으로 적합한 것은 링크 단면의 지름 감소가 당해 체인의 제조 시보다 몇 % 이하여야 하는가?)

① 5
② 10
③ 15
④ 20

해설 크레인 제작·안전·검사기준 제23조 규정에 의하여 체인 지름 감소는 제조 시보다 10% 이하이어야 한다.

84 같은 굵기의 와이어 로프일지라도 소선이 가늘고 수가 많은 것에 대한 설명 중 맞는 것은?

① 유연성이 좋으나 더 약하다.
② 유연성이 좋고 더 강하다.
③ 유연성이 나쁘고 더 약하다.
④ 유연성은 나빠도 더 강하다.

해설 와이어 로프 소선은 가늘고 수가 많을수록 유연성이 좋고 더 강하다.

85 타워크레인으로 목재품의 자재를 운반하고자 할 때에 줄걸이 작업이 완료되었다면 운전자가 가장 안전하게 권상 작업을 한 것은?

① 훅(hook)을 화물의 중심 위치에 맞추고 권상을 계속하여 5m 높이에서 일단 정지한다.
② 권상 작동은 화물이 흔들리지 않으므로 항상 최고 속도로 운전한다.
③ 줄걸이 와이어 로프가 장력을 받아 팽팽해지면 일단 정지한 후 운전한다.
④ 훅(hook)을 화물의 중심 위치에 정확히 맞추고 권상과 선회를 동시에 작동한다.

해설 줄걸이 로프가 팽팽해지면 일단 정지하여 장력을 골고루 받는지 점검한다.

86 신호수의 무전기 사용 시 주의점이 아닌 것은?

① 반복 신호를 금지한다.
② 신호수의 입장에서 신호한다.
③ 무전기 상태를 확인 후 교신한다.
④ 은어, 속어, 비어를 사용하지 않는다.

해설 무전기 사용 시 신호는 운전자와 줄걸이 작업자, 작업 현장의 조건 등을 확인하면서 교신하도록 한다.

87 방향을 가리키는 손바닥 밑에서 집게손가락을 위로 해서 원을 그리는 신호는??

① 작업 완료
② 신호 불명
③ 줄걸이 작업 미비
④ 천천히 이동

해설 방향을 가리키는 손바닥 밑에서 집게손가락을 위로 해서 원을 그리는 신호는 '천천히 이동'이다.

88 양중 작업에 필요한 보조 용구가 아닌 것은?

① 턴버클
② 섬유 벨트
③ 수직 클램프
④ 새클

해설 턴버클이란 지지봉과 지지용 강삭 등의 길이를 조정하기 위한 기구이다.

89 운전자는 사이렌을 울리거나 한 손의 주먹을 다른 손의 손바닥으로 2~3회 두드리는 신호 방법은?

① 천천히 이동
② 기다려라
③ 신호 불명
④ 기중기 이상 발생

해설 신호 불명은 얼굴 앞에서 2~3회 흔드는 것이며, 기중기 이상 발생은 한 손의 주먹을 손바닥으로 2~3회 두드린다.

정답 82 ② 83 ② 84 ② 85 ③ 86 ② 87 ④ 88 ① 89 ④

90 신호수에 대한 설명으로 틀린 것은?

① 특별히 구분될 수 있는 복장 및 식별장치를 갖춰야 한다.

② 소정의 신호수 교육을 받아 신호 내용을 숙지해야 한다.

③ 현장의 각 공정별로 한 사람씩 차출하여 신호수로 시킨다.

④ 신호수는 항상 크레인의 동작을 볼 수 있어야 한다.

[해설] 신호수는 소정의 교육을 받은 자로, 구분될 수 있는 복장 및 식별장치를 갖추면 매우 바람직하고, 공정별로가 아닌 작업 현장당 1명으로 한다.

91 로프 한 개로 두줄걸이를 하여 1,000kgf의 짐을 90°로 걸어 올렸을 때 한 줄에 걸리는 무게(kgf)는?

① 250

② 500

③ 707

④ 6,930

[해설]
$$\frac{\dfrac{W}{줄수}}{\cos\dfrac{조각도\theta}{2}} = \frac{\dfrac{1,000}{2}}{\cos\dfrac{90°}{2}}$$
$$=500 \div 0.707$$
$$=707.2kgf$$

92 줄걸이 와이어 로프에 짐을 매달았을 때 한 줄에 걸리는 장력을 구하는 계산 공식으로 적합한 것은?

① (짐의 무게/와이어의 수)÷(sin 와이어의 각도)

② (짐의 무게/와이어의 수)×(sin 와이어의 각도)

③ (짐의 무게/와이어의 수)÷(cos 와이어의 각도)

④ (짐의 무게/와이어의 수)÷(tan 와이어의 각도)

93 줄걸이 체인의 사용 한도에 대한 설명 중 틀린 것은?

① 안전계수가 5 이상인 것

② 지름의 감소가 공칭 직경의 10%를 넘지 않은 것

③ 변형 및 균열이 없는 것

④ 연신이 제조 당시 길이의 10%를 넘지 않은 것

[해설] 체인의 연신율은 제조 당시 길이의 5%를 넘지 말아야 한다.

94 무게가 1,000kgf인 물건을 로프 1개로 들어올린다고 가정할 때 안전계수는? (단, 로프의 파단하중은 2,000kgf이다.)

① 0.5

② 2.0

③ 1.0

④ 4.0

[해설] 안전계수 = $\dfrac{파단하중}{정격하중} = \dfrac{2,000}{1,000} = 2$

95 로프의 지름이 36mm일 때 클립(clip)의 최소 수는 몇 개인가?

① 3개

② 4개

③ 5개

④ 6개

[해설]

로프의 지름(mm)	클립 최소 수
10이하	3
11.2~20	4
22~26	5
28~36	6

96 훅의 폐기 기준에 맞는 것은?

① 입구 벌어짐 5% 이상, 마모율 7% 이상
② 입구 벌어짐 7% 이상, 마모율 18% 이상
③ 입구 벌어짐 10% 이상, 마모율 10% 이상
④ 입구 벌어짐 20% 이상, 마모율 20% 이상

97 줄걸이용 와이어 로프에 장력이 걸리면 일단 정지하고 줄걸이 상태를 점검·확인할 때 살펴볼 사항이 아닌 것은?

① 줄걸이용 와이어 로프에 걸리는 장력이 균등하게 작용하는가
② 줄걸이용 와이어 로프의 안전율은 5 이상 되는가
③ 화물이 붕괴 또는 추락할 우려는 없는가
④ 줄걸이용 와이어 로프가 이탈 또는 보호대가 벗겨질 우려는 없는가

해설 와이어 로프 안전율은 로프가 작업장치에 사용되기 전에 판단되어야 한다.

98 3줄걸기로 하고 3점 위치중심으로 한 원주상에 등간격으로 매다는 화물은?

① 반원인 물품   ② 롤과 같은 완성품
③ T형의 물건   ④ 3각원뿔

해설 T형의 물건에는 3줄걸기로 하고 3점 위치중심을 중심으로 한 원주상의 등간격이 되게 한다.
3각원뿔의 경우에는 1줄 로프를 겹치고 다른 줄 로프를 엇걸어 접어서 구부린 것을 걸어서 매단다.

99 와이어 로프를 절단 또는 단말 가공 시 스트랜드나 소선의 꼬임을 방지하는 작업은?

① 합금 고정법   ② 시징(seizing)
③ 쐐기 고정법   ④ 압축 고정법

해설 시징이란 스트랜드나 소선이 흐트러지거나 꼬임을 방지할 수 있도록 감아주는 것을 말한다.

100 굵은 와이어 로프일 때 줄걸이 방법으로 적당한 것은?

① 삼중걸이   ② 짝감아걸기
③ 이중걸이   ④ 어깨걸이

해설 굵은 와이어일 때는(16mm 이상) 어깨걸이를 건다. 삼중걸이, 이중걸이는 가는 와이어일 때 사용하고, 짝감아걸기는 2중걸기의 다른 이름이다.

101 크레인의 양중 작업용 보조 용구의 구성과 역할에 대한 설명으로 틀린 것은?

① 보조대는 덩치가 큰 물건에만 사용한다.
② 로프에는 고무나 비닐 등을 씌워서 사용한다.
③ 물품 모서리에 대는 것은 가죽류와 동판 등이 쓰인다.
④ 보조대나 받침대는 줄걸이 용구 및 물품을 보호해 준다.

해설 보조대는 상자형 물건이나 각이 진 물건 등을 줄걸이할 때 사용한다.

102 그림은 타워크레인의 어떤 작업을 신호하고 있는가?

① 주권 사용   ② 보권 사용
③ 운전자 호출   ④ 크레인 작업 개시

해설 주권 사용은 머리 위에 주먹을 대는 신호이고, 보권 사용은 팔꿈치에 손바닥을 떼었다 붙였다 하는 신호이다.

103 무전기 사용 전 점검사항으로 알맞지 않은 것은?

① 사용주파수를 확인한다.
② 배터리가 충분히 충전되어 있는지 확인한다.
③ 무전기가 본인의 것인지 확인한다.
④ 볼륨 노브는 OFF 상태에서 음량을 조절한다.

해설 볼륨 노브는 ON 상태에서 음량을 조절한다.

104 와이어 로프 내부 소선의 마모 원인에 해당하지 않는 것은?

① 과하중에 의한 경우
② 무리한 굽힘인 경우
③ 주유 불량인 경우
④ 주권과 보권을 동시에 사용할 경우

해설 와이어 로프 내부 소선의 마모는 과부하로 장시간 운전, 무리한 굽힘과 주유 불량 등이 원인이다.

105 와이어 로프의 교체 한계 기준으로 적합한 것은?

① 지름의 감소가 공칭 지름의 12%를 초과한 것
② 지름의 감소가 공칭 지름의 10%를 초과한 것
③ 지름의 감소가 공칭 지름의 7%를 초과한 것
④ 지름의 감소가 공칭 지름의 3%를 초과한 것

해설 와이어 로프는 공칭 지름의 7% 이상 감소되면 교환하도록 한다.

106 체인에 대한 설명 중 틀린 것은?

① 고온이나 수중 작업 시 와이어 로프 대용으로 체인을 사용한다.
② 떨어진 두 축의 전동장치에는 주로 링크 체인을 사용한다.
③ 롤러 체인의 내구성은 핀과 부시의 마모에 따라 결정된다.
④ 체인에는 크게 링크 체인과 롤러 체인이 있다.

해설 떨어진 두 축 간의 동력 전달은 주로 롤러 체인을 사용한다.

107 마그네틱 크레인 신호에서 양손을 몸 앞에다 대고 꽉 끼는 신호는?

① 마그네틱 붙이기   ② 정지
③ 기다려라   ④ 신호 불명

해설 크레인의 표준 신호 방법 규정에 의하면 마그네틱 붙이기이다.

108 크레인으로 중량물을 인양할 때 6,600V 고압선의 최소 이격 거리는?

① 2m 이격   ② 3m 이격
③ 4m 이격   ④ 5m 이격

해설 6600V일 때 최소 2m 이격시켜야 한다.

109 와이어 로프 구성의 표기 방법이 틀린 것은?

6×Fi(24)+IWRC B종 20mm

① 6 : 스트랜드 수
② 24 : 와이어 로프 수
③ B종 : 소선의 인장강도
④ 20mm : 와이어 로프의 직경

해설 와이어 로프 규격이 6×24일 때 6은 스트랜드 수이고, 24는 소선의 수를 말한다.

110 와이어 로프의 직경이 20cm일 때 hooking용 핀 또는 봉의 지름은 얼마 이상으로 하는 것이 적당한가?

① 20cm   ② 40cm
③ 60cm   ④ 80cm

111 크레인에 사용하는 권상용 와이어 로프의 안전율은 얼마 이상인가?

① 3   ② 5
③ 7   ④ 10

해설 권상용 와이어 로프의 안전율은 5이고, 지브의 지지용 와이어 로프는 4이다.

정답 103 ④   104 ④   105 ③   106 ②   107 ①   108 ①   109 ②   110 ④   111 ②

112 수평 클램프로 안전하게 수평 상태로 운반하기 곤란한 것은?

① H형 철강
② L형 철강
③ T형 철강
④ 철근

해설 H형, T형, L형 등의 철강은 수평 클램프를 사용할 수 있으나, 철근은 훅(hook)의 와이어 로프로 줄걸이 작업을 한다.

113 와이어 로프의 구조 IWRC의 중심에는 무엇이 있는가?

① 강심
② 면심
③ 마심
④ 공심

해설 IWRC는 중심에 강선을 넣어 마심을 넣은 와이어 로프보다 더 인장강도가 크다.

114 크레인 줄걸이 작업용 보조 용구의 기능에 해당되는 것은?

① 한 줄에 걸리는 장력을 높인다.
② 줄걸이 용구와 인양물을 보호한다.
③ 줄걸이 각도를 낮추어 준다.
④ 로프의 늘어짐 현상을 줄인다.

해설 줄걸이 작업용 보조 용구는 줄걸이 용구와 인양물을 보호한다.

115 와이어 손상의 분류에 대한 설명으로 틀린 것은?

① 와이어는 사용 중 시브 및 드럼 등의 접촉에 의해 마모가 생기는데, 이때 직경 감소가 7% 마모 시 교환한다.
② 사용 중 전체 소선 수의 50%가 단선이 되면 교환한다.
③ 과하중을 들어올릴 경우 내·외층의 소선이 맞부딪치게 되어 피로 현상을 일으키게 된다.
④ 열의 영향으로 강도가 저하되는데 이때 심강이 철심일 경우 300℃까지 사용이 가능하다.

116 타워크레인 양중 작업 시 트롤리를 운전석에서 가장 먼 곳에 두었을 때 작업방법으로 맞는 것은?

① 가장 멀어서 무거운 짐을 들어올릴 수 있다.
② 거리에 맞는 초과중량을 들어올릴 수 있다.
③ 가장 멀어서 양중작업이 가장 쉽다.
④ 각 길이마다 중량표가 설치되어 있어 중량에 맞는 양중작업을 한다.

해설 트롤리가 가장 먼 곳은 양중 작업도 어렵고 초과하는 무거운 짐은 위험하다.

117 깃발 신호 중 기를 높이 올리고 필요 시 호각을 병행하여 부는 신호는?

① 위치 지시
② 권상
③ 권하
④ 호출

118 깃발 신호 중 기를 수평으로 하고 좌우로 기를 흔드는 신호는?

① 위치 지시
② 권상
③ 권하
④ 호출

119 타워크레인의 훅이 상승할 때 줄걸이용 와이어 로프에 장력이 걸리면 일단 정지하고 확인할 사항이 아닌 것은?

① 줄걸이용 와이어 로프에 걸리는 장력이 균등한가를 확인
② 화물이 붕괴될 우려는 없는가 확인
③ 보호대가 벗겨질 우려는 없는가 확인
④ 권과 방지장치는 정상 작동하는지 확인

120 IWRC B종 20mm를 엮어 넣는 적정 길이(Splice)는?

① 100mm
② 200mm
③ 400mm
④ 600mm

해설 IWRC B종 20mm의 30~40배 크기

정답 112 ④ 113 ① 114 ② 115 ② 116 ② 117 ④ 118 ④ 119 ④ 120 ④

121 권상용 체인으로 최초 제조 시 링크 단면이 20mm였다. 사용이 불가한 링크 단면의 크기는?

① 22mm   ② 21mm

③ 19mm   ④ 17mm

해설 지름 감소가 10% 이상일 경우 교체하여야 한다.

122 같은 굵기의 마심 와이어 로프와 IWRC 와이어 로프에 대한 설명 중 맞는 것은?

① 마심 와이어 로프는 윤활성이 좋으나 IWRC 보다 약하다.

② IWRC 로프는 윤활성이 좋으나 마심보다 약하다.

③ 마심 와이어 로프와 IWRC 로프는 같다.

④ IWRC는 마심보다 강하고 윤활성도 좋다.

해설 IWRC 로프는 철강심이 들어 있어 마심보다 강하다. 마심은 윤활성이 좋다.

123 줄걸이 작업 시 짐을 매달아 올릴 때 주의사항으로 맞지 않는 것은?

① 매다는 각도는 60° 이내로 한다.

② 짐을 전도시킬 때는 가급적 주위를 넓게 하여 실시한다.

③ 큰 짐 위에 작은 짐을 얹어서 짐이 떨어지지 않도록 한다.

④ 전도 작업 도중 중심이 달라질 때는 와이어 로프 등이 미끄러지지 않도록 한다.

124 훅 해지장치의 설명으로 맞는 것은?

① 와이어 로프의 꼬임 방지 기능

② 와이어 로프의 윤활 기능

③ 와이어 로프의 이탈 방지 기능

④ 와이어 로프의 감김 방지 기능

125 시브에서 로프의 이탈을 방지하기 위해 플레이트 혹은 환봉으로 시브의 외주에 덧댄 장치는 무엇이라 하는가?

① 선회장치

② 브레이크 장치

③ 충돌 방지장치

④ 와이어 로프 이탈 방지장치

126 신호수가 깃발로 신호할 때 기를 위로 올려 원을 그리는 신호의 뜻은?

① 작업 끝

② 권상(감아올림)

③ 비상정지

④ 위치지시

제**5**장

Craftsman Tower Crane Operating

타워크레인의 구성 · 설치 · 해체

제1절 | 타워크레인의 주요 구성
제2절 | 타워크레인의 설치 · 해체

제5장 타워크레인의 구성 · 설치 · 해체

1 타워크레인의 주요 구성

1 타워크레인의 종류

타워크레인은 초고층용 양중 건설기계로서 최첨단 기능을 갖추고 안전 작업의 편리성을 인정받고 있다. 기종에 따라 도심지의 협소한 공간 작업 및 적층 공법에 사용이 용이하고 지상권 침해로 인한 민원 발생의 해소가 가능한 장비로서 최근 고층 건축공사, PC(precast concrete) 제작공장, 조선업 및 플랜트 공사 등에 많이 사용되고 있다.

(1) T형 타워크레인

타워크레인의 주종을 이루는 형식으로, 가장 많이 사용되고 있으며, 주로 작업 반경 내에 장애물이 없을 때 사용한다.

(2) 러핑 지브형 타워크레인

T형 타워크레인은 지브가 고정되어 있는 데 비하여, 러핑 지브형은 고공권 침해 또는 타 건물에 간섭이 있을 경우 선택되는 장비이다. 지브를 상하로 움직여 작업물을 인양할 수 있는 형식으로, 대형 장비는 국내 생산품이 없고 주로 수입품에 의존하고 있다.

2 타워크레인의 주요부

일반적으로 타워크레인은 높이 들어올리는 것이 가능하고 작업 범위가 넓다. 이때문에 건축물에 근접한 작업이 가능하여 대단위 아파트 또는 대도시의 밀집된 고층 건축공사 등의 건축물 또는 구조물 주위의 고소에 설치되어 권상, 선회 및 트롤리 이동 동작을 할 수 있는 건설기계이다. 최근에는 플랜트 건설, 댐 건설, 철탑 건설 또는 항만 하역용 용도 등의 타워크레인이 다양하게 제작되고 있다.

(1) 마스트(mast)

마스트는 대부분 고장력강의 재질을 사용한 앵글 또는 박스 타입 용접 구조이거나, 또는 개방형 앵글과 H-beam을 사용하여 타워크레인을 지지해 주는 기둥 역할을 하는 구조물이다. 한 부재의 단위 길이가 약 3~5m인 마스트를 핀 또는 연결 볼트로 연결시켜 나가면서 설치 높이를 높일 수 있다.

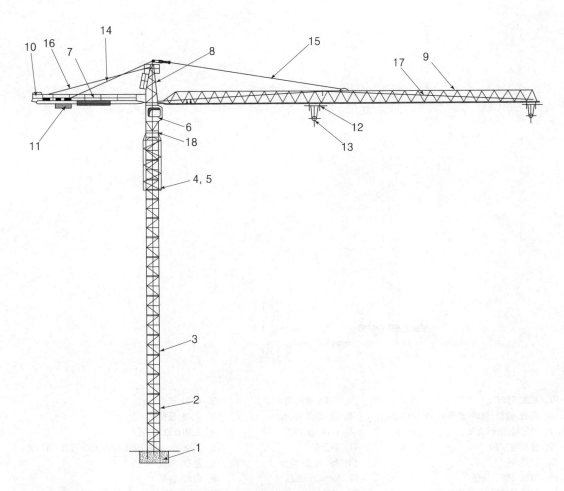

1. 기초 앵커부	2. 베이직 마스트	3. 마스트	4. 텔레스코핑 케이지
5. 유압 상승장치	6. 운전실	7. 카운터 지브	8. 캣(타워) 헤드
9. 메인 지브	10. 권상장치	11. 카운터 웨이트	12. 트롤리
13. 훅 블록	14. 카운터 지브 타이 바	15. 메인지브 타이 바	16. 권상 로프
17. 트롤리 로프	18. 선회장치		

▲ T형 크레인의 주요부

(2) 메인 지브(main jib)

선회축을 중심으로 한 외팔보 형태의 구조물로서 지브의 길이, 즉 선회 반경에 따라 권상 용량이 결정된다. 풍하중 및 중량의 감소를 위해 트러스 구조로 되어 있으며, 트러스 내부에 트롤리 로프 안내를 위한 보조 풀리와 트롤리 윈치 점검을 위한 보도판이 설치된다.

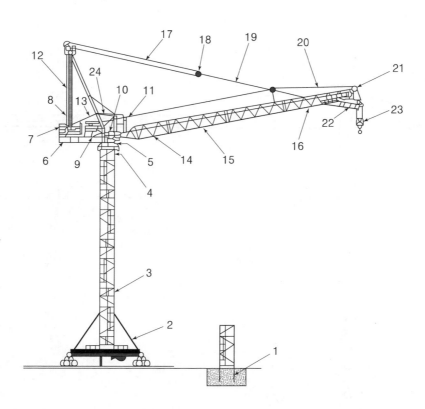

1. 기초 앵커	2. 언더 캐리지	3. 타워 섹션
4. 조립 슬립 링과 슬루잉 링 서포트	5. 볼 슬루잉 링	6. 기계 플랫폼
7. 카운터 밸러스트	8. luffing 기어	9. 호이스트 기어
10. 슬루잉 기어	11. 운전실	12. 지브(Boom) 리테이닝 프레임과 지지봉
13. 압력 봉	14. 붐 피벗 섹션	15. 중간 지브 섹션
16. 지브 헤드 섹션	17. luffing 로프	18. 활차 블록
19. 지브 가이(guy) 로프	20. 호이스트 로프	21. 오버 로드 방지를 위한 측정 축
22. 트위스트 보완기	23. 블록 훅	24. Fall-Back 가드 스트럿

▲ L형 타워크레인의 주요부

(3) 카운터 지브(counter jib)

메인 지브의 반대편에 설치되는 지브이다. 균형추와 윈치를 사용한 권상장치가 설치되어 있어 크레인의 전·후방 균형을 유지하여 준다.

(a) 호이스트 기어

(b) 어셈블리

▲ 카운터 지브의 설치

(4) 카운터 웨이트(counter weight)

여러 개의 철근 콘크리트 블록이 카운터 지브 끝단에 설치되어 메인 지브의 길이에 따라 균형 유지에 적합하고, 이탈하거나 흔들리지 않도록 수직으로 견고히 고정되어 선정된 것이다.

(5) 연결 바(tie bar)

메인 지브와 카운터 지브를 지지하면서 각기 캣 헤드에 연결해 주는 바(bar)로서, 구조 기능상 매우 중요할 뿐만 아니라 인장력이 크게 작용하는 부재이다.

(6) 캣(타워) 헤드(cat head)

메인 지브와 카운터 지브의 연결 바(tie bar)를 상호 지탱해 주기 위한 목적으로 설치되며, 트러스 또는 A-frame 구조로 되어 있다.

▲ 캣(타워) 헤드와 운전실

(7) 선회장치(slewing mechanism)와 슬루잉 기어

마스트의 최상부에 위치하며, 상하 두 부분으로 구성되어 있고, 그 사이에 회전 테이블이 있다. 선회장치와 지브의 연결 지점을 위한 점검용 난간대와 함께 메인 지브와 카운터 지브가 이 장치 위에 부착되고, 또한 캣 헤드가 고정 상태로 설치된다. 또한 운전석 하부 슬루잉 모터 감속기 내부에 피니언 슬루잉 기어가 설치되며, 슬루잉을 하기 위한 슬루잉 기어(링 기어 : 외치링)가 부착되어 있으며, 이곳 내부에 볼 베어링(구름 베어링)이 들어가 있다. 피니언 기어가 링 기어를 타고 회전하는 기어 간의 공간 비율인 백래시가 0.5~0.8mm 이내여야 하며, 회전 시 모터와 링 기어에서 발생하는 소음은 5데시벨 안에 들어가야 합격할 수 있다. 백래시 비율이 맞지 않거나 심한 마모 시 회전할 때 소음과 굉음이 발생하거나, 안전상 치명적인 영향을 끼칠 수 있다.

　링 기어는 장시간 설치되어 회전하므로 치열이나 치산에 변형이 없어야 하며, 무리한 작업이나 충격을 주는 행위는 링 기어의 파손으로 이어질 수 있으니 주의하여야 한다.

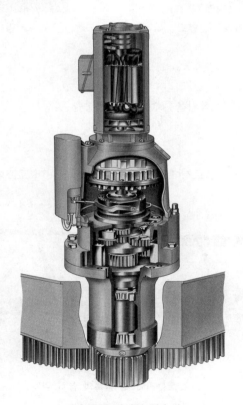

▲ 슬루잉 기어와 감속기

▲ 링 기어의 단면도

▲ 링 기어의 크기와 종류

(8) 트롤리(trolley)

메인 지브를 오가며 권상 작업을 위한 선회 반경을 결정하는 횡행장치이다.

(9) 훅 블록(hook block)

권상 작업을 하는 달기 기구로서 트롤리에서 내려진 와이어 로프에 매달려 상하로 운동을 한다.

▲ 트롤리와 훅 블록의 설치 위치

▲ 트롤리와 훅 블록

(10) 유압 상승장치(hydraulic telescoping assembly)

유압 실린더를 몇 차례 작동하여 실린더 행정(stroke)에 의해 확보되는 공간에 새로운 마스트를 끼우기 위해 유압 실린더와 유압 모터를 이용한 유압 구동 상승장치로서, 마스트의 높이를 높일 때 사용된다.

▲ 텔레스코핑 작업

▲ 유압 실린더

(11) 운전실(cabin)

운전실은 선회장치의 상부, 메인 지브의 바로 하부에, 작업 위치 및 선회 반경 표시판이 잘 보이는 위치에 설치된다. 운전실 및 출입문은 견고한 구조로 되어 있고, 최근에는 실내에 indicator 및 냉난방 장치가 구비되어 있다.

3 안전(방호)장치

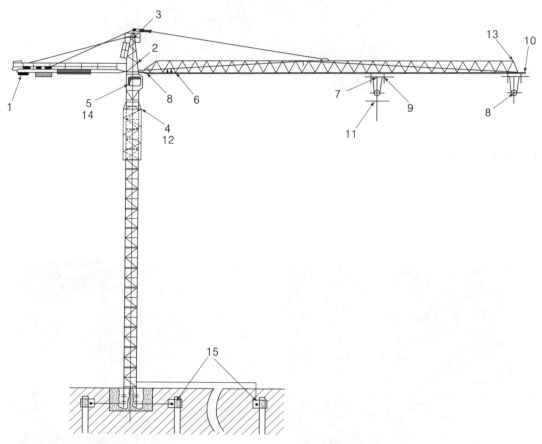

1. 권상 및 권하 방지장치	2. 과부하 방지장치
3. 속도 제한장치	4. 바람에 대한 안전장치
5. 비상 정지장치	6. 트롤리 내·외측 제어장치
7. 트롤리 로프 파단 안전장치	8. 트롤리 정지장치(stopper)
9. 트롤리 로프 긴장장치	10. 와이어 로프 꼬임 방지장치
11. 훅 해지장치	12. 선회 제한 리밋 스위치
13. 충돌 방지장치	14. 선회 브레이크 풀림장치
15. 접지	

▲ 타워크레인의 주요 방호장치

안전장치는 운전자의 실수로 규정을 초과하여 운전 시 운전자에게 미리 경고를 주고 동작을 멈추게 하여 사고를 미연에 방지할 수 있는 장치이다. 타워크레인은 고소 작업을 하는 건설기계로서 구조 설계 및 안전장치의 역할은 매우 중요하다.

(1) 권상 및 권하 방지장치(hoist up/down device)

권상 드럼의 축에 리밋 스위치를 연결하여 권상 및 권하 시 전회로를 제어하여 자동으로 동력을 차단하는 구조로 되어 있다. 타워크레인으로 화물을 운반하는 도중 훅이 지면에 닿는 것이나, 권상 작업 시 트롤리 및 지브와의 충돌을 방지하는 장치이다.

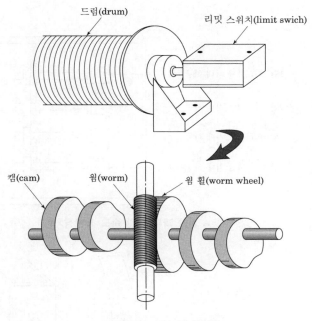

▲ 권상 및 권하 방지장치

(2) 과부하 방지장치(over load safety device)

타워크레인의 각 지브 길이에 따라 정격하중의 1.05배 이상 권상 시 과부하 방지 및 모멘트 리미터 장치가 작동하여 권상 동작을 정지시키는 장치이다. 전원 회로를 제어하여 작동 시 경보가 울리며, 임의로 조정할 수 없도록 봉인되어 있고, 성능 검사 합격품을 구입하여 설치하도록 한다.

(3) 속도 제한장치(speed control device)

권상 속도 단계별로 정하여진 정격하중을 초과하여 타워크레인을 운전할 때 안전사고 방지 및 hoist system을 보호하는 장치로서, 전원 회로를 제어한다.

▲ 전기식 과부하 방지장치

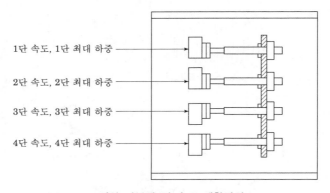

1단 속도, 1단 최대 하중

2단 속도, 2단 최대 하중

3단 속도, 3단 최대 하중

4단 속도, 4단 최대 하중

▲ 권상 과부하 및 속도 제한장치

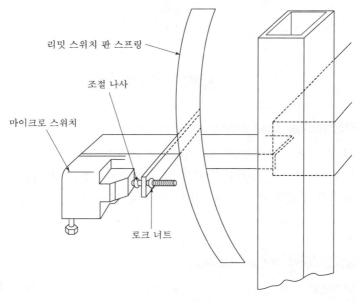

리밋 스위치 판 스프링

조절 나사

마이크로 스위치

로크 너트

▲ 모멘트 리미터

(4) 바람에 대한 안전장치(wind load safety device)

회전 모터가 작동할 때와 모터에 회전력이 생길 때까지는 약간의 시간이 경과하므로 바람이 불 경우 역방향으로 작동되는 것을 방지하는 장치로서, 회전 기어 브레이크 주변에 부착된 리밋 스위치에 의해 전원 회로를 제어한다.

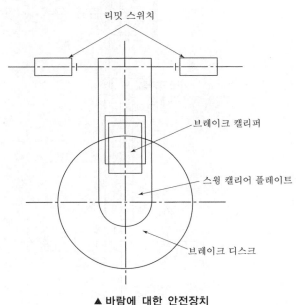

▲ 바람에 대한 안전장치

(5) 비상 정지장치(emergence stop device)

동작 시 예기치 못한 상황이나 동작을 멈추어야 할 상황이 발생되었을 때 정지시키는 장치이다. 모든 제어 회로를 차단시키는 구조로 되어 있으며, 비상 정지용 누름 버튼은 적색이고, 머리 부분이 돌출되고 수동 복귀되는 형식을 사용하여야 한다.

(6) 트롤리 내·외측 제어장치(trolley left/right control device)

각 section의 시작(끝) 지점에서 전원 회로를 제어하여 트롤리 동작 시 훅과 jib pivoting section 및 jib section과의 충돌을 방지하기 위한 장치이다.

(7) 트롤리 로프 안전장치(trolley rope break safety device)

트롤리 주행에 사용되는 steel 와이어 로프의 파손 시 트롤리를 멈추게 하는 장치로서, reaction bearing이 아래로 처지면서 safety lever가 90°로 이동되어 지브의 하단부 구조물에 걸리게 한다.

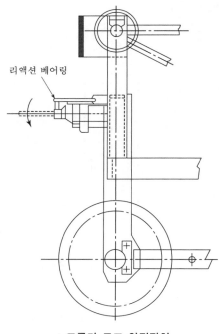

리액션 베어링

▲ 트롤리 로프 안전장치

(8) 트롤리 정지장치(stopper device of trolley)

트롤리가 최소 반경 또는 최대 반경으로 동작 시 트롤리의 충격을 흡수하는 고무 완충제로서, 스톱퍼 역할을 한다.

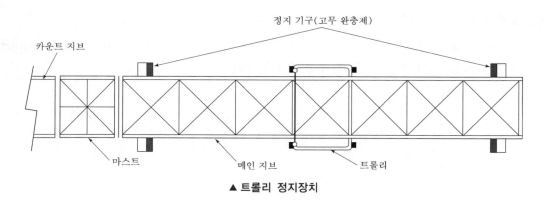

정지 기구(고무 완충제)

카운트 지브

마스트   메인 지브   트롤리

▲ 트롤리 정지장치

(9) 트롤리 로프 긴장장치(trolley rope tensioning device)

트롤리 로프를 사용할 때 로프의 처짐이 크면 트롤리 위치 제어가 정확하지 않으므로 트롤리 로프의 한쪽 끝을 드럼으로 감아서 장력을 주는 장치이다.

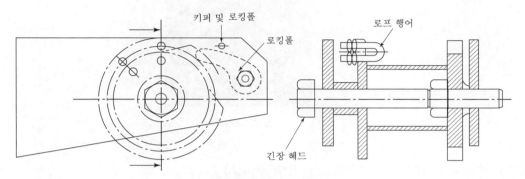

▲ 트롤리 로프 긴장장치

(10) 와이어 로프 꼬임 방지장치(hoist swivel of wire rope device)

내부에 스러스트 베어링(thrust bearing)이 들어 있는 축방향 회전장치이다. 권상 또는 권하 시 호이스트 로프에 하중이 걸릴 때 호이스트 와이어 로프의 꼬임에 의한 로프의 변형과 훅 블 록의 회전을 방지하는 장치이다.

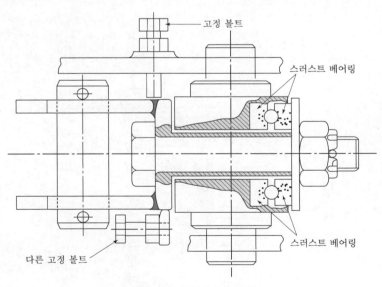

▲ 와이어 로프 꼬임 방지장치

(11) 훅 해지장치(safety latch of hook)

와이어 로프가 훅으로부터 이탈되는 것을 방지하기 위한 장치이다.

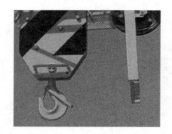

▲ 훅 해지장치

(12) 선회 제한 리밋 스위치(slewing limit switch)

이 리밋 스위치는 선회장치 내에 부착하여 회전 수를 검출, 주어진 범위 내에서만 선회 동작이 가능하도록 구성되어 있다. 회전판에 의해 작동되고, 제한 리밋 스위치가 연결되어 있는 한 개의 피니언으로 이루어진다.

세팅(setting)은 선회 양 방향으로 각각 1.5바퀴(360°×1.5)까지 지브의 회전을 제한하며, 이는 주요 전기 공급 케이블 등이 크레인 마스트를 따라 올라갈 때 과도하게 비틀리는 것을 방지하기 위함이다. 이때 작업 공간을 제한하여 사용할 경우, 즉 작업 시 선회 각도를 제한하여 작업 구역 이외의 지역을 보호할 필요가 있을 시에는 캠을 조절하여 사용한다.

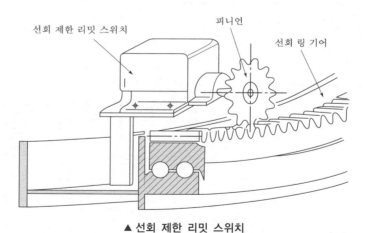

▲ 선회 제한 리밋 스위치

(13) 충돌 방지장치(interface system)

동일 궤도상을 주행하는 타워크레인이 2대 이상 설치되어 있을 때 크레인 상호 간 근접으로 인한 충돌이나, 타워크레인의 작업 반경이 다른 크레인과 겹치는 구역 안에서 작업할 때 크레인 간의 충돌을 자동으로 방지하도록 하는 안전장치이다.

(14) 선회 브레이크 풀림장치(brake releasing device of slewing gear)

타워크레인의 모든 동작을 멈추고 비가동 시에 선회 기어 브레이크 풀림장치를 작동시켜 타워크레인의 지브가 바람에 따라 자유롭게 움직여 타워크레인이 바람의 영향을 받는 면적을 최소로 하여 타워크레인 본체를 보호하고자 설치된 장치이다.

이 동작은 컨트롤 볼티지(control voltage)를 차단한 상태에서 동작되며, 이때 전원이 차단되어도 시간 지연 커넥터(time delay connector)의 동작에 의해 브레이크의 마그넷에 전류가 공급되어 브레이크를 해제시켜 준다. 지상에서 브레이크 해제 레버(brake release lever)를 당기면 선회 브레이크를 해제시킬 수 있다.

(15) 와이어 로프 이탈 방지장치

시브(sheave) 외경과 이탈 방지용 플레이트와의 간격을 3mm 정도로 띄어 와이어 로프의 이탈을 방지한다.

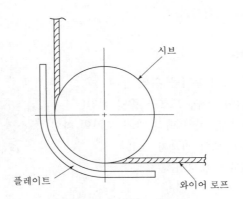

▲ 와이어 로프 이탈 방지장치

2 / 타워크레인의 설치·해체

1 설치·해체 시의 유의사항

크레인의 설치·해체 작업은 중량물의 줄걸이, 고소 작업, 보조 크레인에 의한 양중 작업 등의 조립에 의해 이루어지기 때문에 제작사에서 요구하는 작업 순서에 의해 작업을 진행하지 않으면 예기치 못한 사고 및 재해가 발생할 가능성이 크다.

따라서 이러한 재해를 예방하기 위해서는 조립 작업 시 건물에 맞추어 충분한 이유를 갖고 조립 작업 계획에 따라 조립해야 한다. 해체 작업에 있어서는 본체 공사의 종료가 가까워짐에 따라 사고, 재해가 발생하게 되므로 설치 작업과 동일한 안전관리가 필요하다. 구체적인 사항은 다음과 같다.

(1) 설치·해체 시의 사전 준비

① 작업 현장에서의 부재의 반·출입 방법
② 설치·해체를 위한 유압 이동식 크레인 선정
③ 설치·해체에 필요한 적절한 공구 선정
④ 설치·해체 작업 순서 작성
⑤ 설치·해체 작업자의 사전 회의
⑥ 크레인 설치·해체 계획서의 작성

(2) 작업 개시 전의 준비

① 작업 순서에 따라 작업 분담을 확인
② 보조 크레인, 줄걸이 용구, 보호구 등의 점검
③ 출입 금지, 추락 방지, 비래 낙하 방지 조치의 확인
④ 신호를 정하고 이에 대한 관계자 교육
⑤ 신규 작업자에 대한 안전작업 교육

2 설치·해체 시 공동 안전대책

(1) 지휘 명령 계통의 명확화

타워크레인의 설치·해체 작업은 서로 다른 직종의 작업자가 같이 일하고 있기 때문에 지휘 명령 계통이 명확하지 않으면 안 된다. 각 직종 책임자의 명시, 신호 방법 준수, 특히 크레인 운전자는 무엇보다도 훅걸이 작업자 등 본 업무에 관계가 있는 자가 작업에 적임자인가를 확인할 필요가 있으며, 작업 지휘자를 명확히 정해 지휘자의 직접적인 지휘 아래 작업을 행한다.

(2) 추락 재해의 방지

타워크레인의 설치·해체는 고소 작업이 많기 때문에 고소 작업 부분에는 작업대, 안전 난간 등을 설치하며, 이들은 작업 계획 단계에 미리 설치함으로써 안전을 확보하고 일의 효율을 높일 수 있다.

(3) 비래·낙하 방지

① 사용 중인 공구는 낙하 방지를 위해 연결 끈 등을 부착해 두고, 볼트나 너트 등의 작은 물건의 운반에는 주머니를 이용하는 등 세세한 부분의 관리에도 신중을 기한다.

② 볼트, 핀 등을 체결하거나 풀 때 또는 보조 크레인 운전 작업 시 달아 올린 물건의 적하 운반 때에는 위험 범위 내의 인원 및 차량 출입을 금지해야 한다.

(4) 보조 로프의 사용

타워크레인의 부재는 긴 것이 많아 이것을 들어올릴 때에는 선회나 바람에 의해 물건이 흔들려 매우 위험하므로, 이와 같은 물건의 작업에는 안전한 착지를 위해 보조 로프를 사용해야 한다.

(5) 중량 및 중심의 명시 등

타워크레인의 주요 부재는 일반적으로 목측으로는 중심 위치 및 줄의 양을 판단하기가 곤란한 경우가 많으며, 이는 사고 유발의 원인이 된다. 따라서 제작 공장에서 출고 전에 중심을 명기함과 동시에 중량을 기입하여 두는 것이 요망된다.

(6) 훅걸이의 부착

타워크레인 부재는 중심을 알기가 어려운 동시에 걸이용 와이어 로프를 거는 위치도 알기 어렵다. 안전하게 작업하기 위해서 이 걸이용 와이어 로프를 걸기 위한 권상용 훅걸이를 부착하는 등 제작사 측의 안전에 대한 배려도 요망된다.

(7) 슬링 용구의 선택

부재의 중량에 대한 적정한 슬링(sling) 용구를 선택하고, 작업 개시 전 점검에서 슬링 용구에 이상이 없는 것이 확인되었어도, 부재의 중량에 대하여 슬링 용구의 선택이 적합하지 않은 경우가 있으므로 주의하여야 한다.

(8) 권상 부재의 각이 진 부분에 슬링 와이어 손상 방지 각목 등을 댈 것

타워크레인 부재는 중량물이 많아 슬링용 와이어 로프가 절단되면 큰 사고가 되므로, 와이어 손상 방지는 슬링 작업의 원칙적인 것이지만 다시 한 번 주의를 요한다.

(9) 볼트, 너트, 고정 핀 등의 개수 확인

타워크레인 조립용 볼트, 너트, 고정 핀 등은 종류 및 수량이 많기 때문에 작업 개시 전에 사용 개소에 맞춰 종류별로 필요한 수량만큼 준비되어 있는가를 확인한다.

3 설치 작업 시 준수 사항

(1) 견고한 가대 설치

① 베이스에 걸린 축력 및 모멘트가 크기 때문에 크레인 형식에 따라, 또는 텔레스코핑에 따른 축력, 모멘트의 증가를 고려한 견고한 가대를 설치한다.
② 기초의 시공에 있어서는 부등침하 등이 없도록 신중히 행하여 불충분한 시공이 되지 않도록 한다.
③ 기초 상단은 정확한 레벨을 잡는다.
④ 앵커 볼트는 기초의 철근 등에 용접을 하거나 L형강의 이음을 넣어서 인발력에 충분히 견디도록 한다.
⑤ 기둥형 기초 앵커는 앵커 주변에 인장, 압축 철근을 배치하여 기초 콘크리트와의 결합력을 증대시켜서 충분한 인장력과 압축력을 얻도록 한다.
⑥ 크레인을 조립하고 약 1주일 정도 후 볼트를 재조임하고 너트의 느슨함이 없도록 한다.

(2) 수평 정도의 점검

주행식 타워크레인에 있어서는 기초면 또는 주행 레일의 수평 정도를 점검하고 볼트, 레일, 못, 기타 이음 부분이 느슨하지 않도록 점검한다.

(3) 최소 안전거리 유지

현장에 2대 이상의 타워크레인이 설치되어 지브의 상호 겹침이 예상되는 경우에는 근접 설치된 크레인과의 최소 안전거리를 지켜야 한다.

① 마스트를 일으킬 때 전원 케이블, 스윙 케이블에 주의한다.
② 마스트 설치, 지브의 부착은 지휘자의 신호 아래 실시한다.
③ 마스트의 지지에 사용된 지지 로프는 앵커를 확실하고 견고하게 해야 한다.

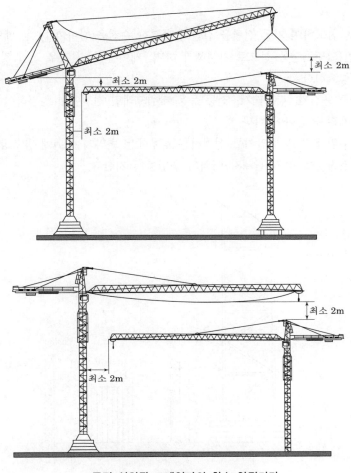

▲ 근접 설치된 크레인과의 최소 안전거리

(4) 앵커 근처의 작업 통제

크레인 작업, 굴착기 등의 굴착 작업, 덤프 등의 장비 운행 등으로 인하여 지지 로프 또는 지지 로프 앵커가 붕괴되는 일이 없도록 앵커 근처에는 장비 통과 및 작업의 통제를 해야 한다.

(5) 각종 안전장치 부착 확인

① 권과 방지장치
② 훅 해지장치
③ 과부하 방지장치(load limiter 및 moment limiter) 및 과부하 경보장치
④ 회전 부위의 안전 커버
⑤ 유압식인 경우 안전 밸브

(6) 인입 전원

① 제원표를 참고하여 기동 전력을 감안한 충분한 수전을 받아야 하며, 메인 케이블은 필히 타워크레인용으로 단독 선으로 가설해야 하며, 케이블이 길 경우 전압 강하를 감안한 케이블 선정도 중요하다.

② 공사 도중 용접기, 컴프레서, 전등 등을 타워크레인 전원에서 연결하여 사용하지 않도록 처음부터 계획을 잡아야 한다.

③ 크레인 주위에 자체 변압기를 설치하는 경우에는 변압기 주위에 방호망을 설치하고 출입구에는 시건장치를 하여 관계자 이외의 출입을 금지한다.

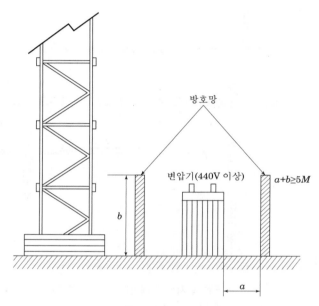

▲ 크레인 전원용 변압기의 방호망 설치

(7) 지브 설치의 적정 장소 선정

크레인의 기초 공사 시 가설물과 마스트 중심선과의 간격은 제작처에서 지정하는 값 이상을 유지하여야 한다.

4 이동형 타워크레인의 선정

(1) 선정 조건

설치하여야 할 타워크레인의 크기 및 종류에 따라 이동식 크레인의 적정 사양을 파악하여 선정한다. 선정 시에는 다음의 조건을 고려하도록 한다.

① 최대 권상 높이
② 가장 무거운 부재의 중량
③ 이동식 크레인 선회 반경

(2) 이동식 크레인의 최대 권상 높이(H_1)의 결정

① 아래의 그림과 같이 설치할 크레인의 양정 H_2에 권상해야 할 부분의 높이 X를 더한 값이다.
② 이때 이동식 크레인의 작업 위치가 설치될 타워크레인의 위치와 동일 레벨이 아니거나 어떤 특별한 조건이라면, 이동식 크레인을 변경된 작업 조건에 맞춰 권상 높이와 작업 반경 등을 선정해야 한다.

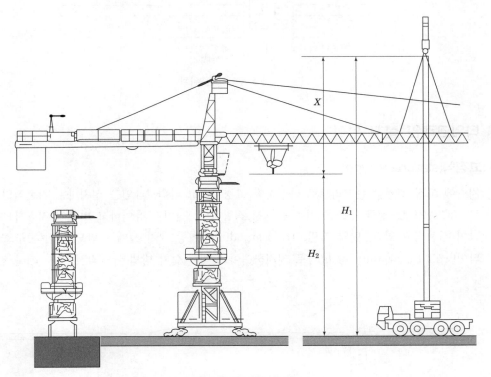

▲ 이동식 크레인의 권상 높이

③ 이동식 크레인의 위치

현장 조건에 맞는 이동식 크레인의 선회 반경과 권상해야 할 부재를 예를 들어 설명하면, 다음 그림에서 나타낸 것과 같이 메인 지브 등의 긴 부재 및 카운터 지브 등의 무게중심을 고려하여 위치를 선정하여야 한다.

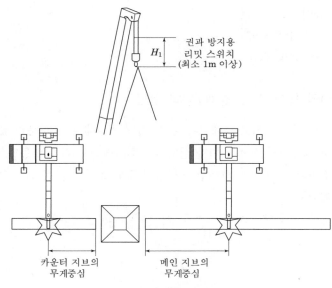

권과 방지용
리밋 스위치
(최소 1m 이상)

H_1

카운터 지브의
무게중심

메인 지브의
무게중심

▲ 무게중심 위치

5 타워크레인 설치 형식

(1) 고정식(stationary type)

지반에 고정 앵커를 콘크리트로 타설하여 고정시키고 타워크레인을 설치하는 기본적인 방법으로, RC APT 및 철골 구조물 건축공사 시 적합하다. 설치가 용이하고 비용이 저렴하므로 가장 많이 사용되고 있다. 만약 자립고(free standing) 이상 설치 시에는 반드시 건축 구조물에 월타이(wall tie or wall anchor)로 지지하여야 한다. (설치 방법은 제작사 제시 기준 참조)

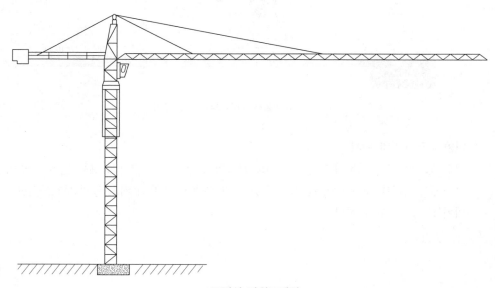

▲ 고정식 타워크레인

(2) 상승식(climbing type)

건축공사장이 넓어 건물 외곽에서는 타워크레인 1대로 곤란한 경우나, 주로 철골 구조물 건축공사 중 건물 외곽에 타워크레인을 설치할 장소가 없을 때 건물 자체의 구조물을 지지하여 사용하는 방법이다. 일정한 높이의 크레인으로 마스트의 추가 없이 고층 구조물 공사가 가능하다.

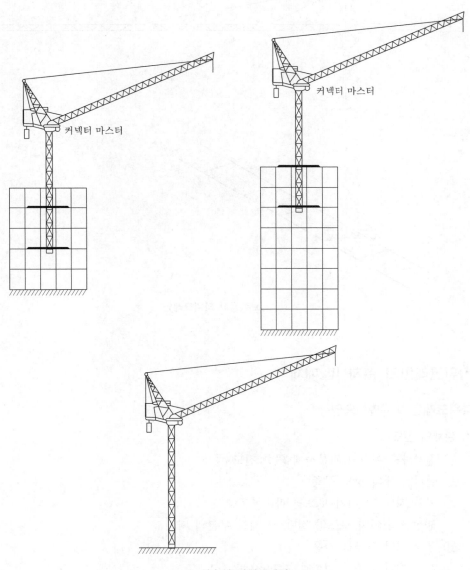

커넥터 마스터

커넥터 마스터

▲ 상승식 타워크레인

(3) 주행식(travelling type)

프리캐스트 콘크리트(precast concrete) 공장, 아파트 건설공사, 조선소 등에서 사용하는 방법이다. 작업장과 나란히 레일을 설치하여 타워크레인 자체가 레일을 타고 이동하면서 작업할 수 있는 방법으로, 작업 반경을 최소화할 수 있는 장점이 있다.

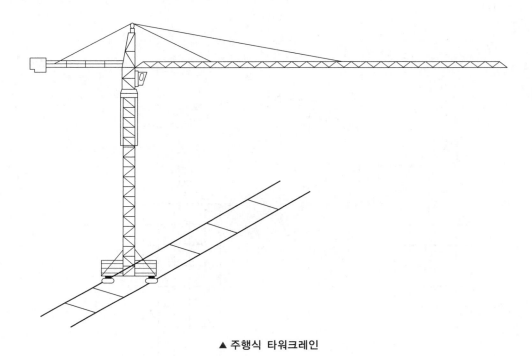

▲ 주행식 타워크레인

6 타워크레인의 설치 및 해체

(1) 타워크레인의 위험 요인

① 본체의 전도

㉮ 정격하중 이상의 과부하에 의한 전도

㉯ 설치기 내의 강도 부족

㉰ 벽지 지대 및 지지 로프의 파손·불량

권상용 와이어 로프의 절단 및 체결 부분의 빠짐

㉱ 규격 미달 구조물 사용

㉲ 기초 앵커 시공상 결함과 지반 침하

㉳ 주행형 크레인의 경우 폭풍 시 앵커 또는 스토퍼 불량으로 인한 궤도 이탈로 인한 전도

㉴ 텔레스코핑 작업 시 추가 마스트를 텔레스코핑 케이지의 대차 레일 위에 얹어 놓기 위한 운전 시 최상부 마스트와 슬루잉(선회) 서포트 체결 불량 및 크레인 선회 동작으로 인한 전도

② 지브의 결손

　　㉮ 인접 시설물 및 근접 타워크레인의 지브와의 접촉

　　㉯ 지브와 달기 기구와의 충돌

　　㉰ 정격하중 이상의 과부하

　　㉱ 수평 인양 작업

③ 화물의 낙하

　　㉮ 권상용 와이어 로프의 절단

　　㉯ 줄걸이 잘못으로 인한 화물의 낙하

　　㉰ 지브와 달기 기구와의 충돌

④ 기타

　　㉮ 낙뢰　　㉯ 감전　　㉰ 선회장치 고장

(2) 타워크레인의 설치 순서

설치 순서	비 고
설치 작업 순서를 정함	
설치 작업 중의 위험 요인 파악 및 작업자 교육	– 고소 작업 시의 주의사항 숙지 – 이동식 유압 크레인 작업 안전 숙지 – 고장력 볼트 체결 방법 숙지
기초 앵커 설치	– 기초 하중표 참조 – 필요시 기초 보강 실시
베이직 마스트 설치	– 베이직 마스트와 기초 앵커를 정확히 일렬로 맞춘 후 고정 실시
텔레스코핑 케이지 설치	– 텔레스코핑 사이드 쪽에 설치
운전실 설치	– 운전실 설치 후 메인 전원을 메인 전기 패널 안의 터미널 박스에 접속 – 텔레스코핑 장치의 유압 시스템에 전원 공급 – 과부하 방지장치가 제대로 동작되는지 확인 필요
캣 헤드 설치	– 필요시 항공등, 풍속계 등을 조립하여 설치
카운터 지브 설치	– 타이 바의 연결 상태를 반드시 확인
권상장치 설치	– 슬링 위치 확인 후 유압 크레인으로 권상장치 설치
메인 지브 설치	– 트롤리 장치 및 타이 바 등을 조립 설치 – 슬링 위치 확인(무게중심 고려)
카운터 웨이트 설치	– 카운터 웨이트 중량 확인 – 카운터 웨이트 웨이트 블록을 뒤쪽에서 앞쪽(타워 쪽)을 향해서 배치
트롤리 주행용 와이어 로프 설치	– 로프 설치 후에는 로프 이탈 방지장치 설치
텔레스코핑 작업	– 타워크레인 재해 중 약 50%가 텔레스코핑 작업 중 사고임

(3) 타워크레인의 안정을 위한 조건 및 기초 하중표

① 크레인의 안정을 위한 조건

크레인의 비가동 시에는 지브 회전이 자유로워야 한다.

$$\text{편심 } e = \frac{M + (H \times h)}{V + G} \leq \frac{L}{3}$$

최대 허용 지내력(ground pressure)을 초과해서는 안 된다.

$$\sigma_B = \frac{2 \times (V + G)}{3 \times L \times C} \leq \sigma_B \text{Pem} \qquad c = \frac{L}{2} - e$$

여기서, $G =$ 기초의 자체 중량

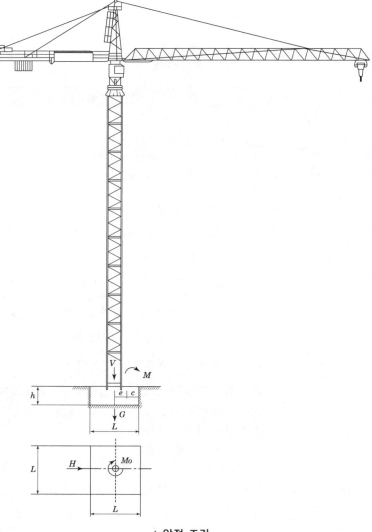

▲ 안전 조건

② 크레인 비가동 시

트롤리는 최소 반경으로 이동시킨다.

아래의 기초 하중표는 정하중 계수나 권상 하중 계수가 포함되지 않은 것이다.

■ 기초 하중표

작업 반경 [m]	회전 모멘트 [kNm]	크레인 가동 시			크레인 비가동 시			크레인 설치 시		
		M[kNm]	H[kN]	V[kN]	M[kNm]	H[kN]	V[kN]	M[kNm]	H[kN]	V[kN]
70.0	460.0	3755	67	1010	5179	97	977	3218	32	647
65.0	396.0	3713	66	985	5306	97	948	3218	32	647
60.0	355.0	3768	65	985	5305	97	939	3218	32	647
55.0	303.0	3749	64	961	5364	97	908	3218	32	647
50.0	287.0	3811	43	1000	5410	97	938	2574	32	630
45.0	250.0	3876	43	971	5418	97	899	2574	32	630
40.0	222.0	3864	43	964	5488	97	880	2574	32	630
35.0	222.0	3908	43	938	5417	97	840	2574	32	630
30.0	222.0	3931	43	918	5454	97	800	2574	32	630
25.0	222.0	3772	43	896	5415	97	869	2574	32	630

(4) 타워크레인의 고장력 볼트 체결

① 고장력 볼트 또는 핀 체결 부분

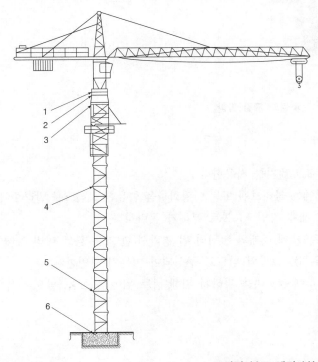

㉮ 슬루잉 플랫폼 – 볼 슬루잉 링 ①
㉯ 볼 슬루잉 링 – 슬루잉 링 서포트 ②
㉰ 볼 슬루잉 링 서포트 – 타워 섹션 ③
㉱ 타워 섹션 – 타워 섹션 ④
㉲ 타워 섹션 – 베이스 타워 섹션 ⑤
㉳ 베이스 타워 섹션 – 기초 앵커 ⑥

▲ 고장력 볼트 체결 부분

② 타워크레인의 연결부 확정

㉮ 타워크레인은 여러 개의 부분품이 조합(조립)되어 설치된다.

㉯ 부분품의 조립으로 설치되기 때문에 설치 시 부분품의 조립이 중요하다.

㉰ 각 부품의 운반을 고려, 차량의 적재 공간을 감안하여 설계되었다.

㉱ 위의 그림 ①~⑥번은 고장력 볼트 또는 핀을 사용하여 체결된다.

㉲ 상부 회전체 부분은 핀으로 연결한다.

③ 고장력 볼트의 구성 부품 및 체결 방법

㉮ 구성 부품 : 고장력 볼트, 너트, 평와셔(2개), 디스턴스 링(필요시 사용), 보호 캡

㉯ 체결 방법 : 작업의 용이함을 위하여 볼트를 아래에서 위로 체결, 볼트 규격별 조임 토크 값에 준하여 체결

㉰ 볼트 접촉면과 볼트 구멍에는 오물, 페인트나 다른 불필요한 이물질이 없도록 하여야 한다.

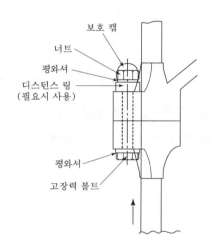

▲ 볼트 체결 방향

④ 고장력 볼트 조임 방법

㉮ 고장력 볼트의 조임 시에는 토크렌치를 사용한다.

㉯ 나사의 나사선과 너트 접촉면에는 몰리브텐 또는 아황화물을 함유한 그리스를 발라주어야 하며, 그렇지 않으면 나중에 해체 작업 시 볼트 분해가 곤란하다.

㉰ 각각의 조임부는 고장력 볼트 1개에, 2개의 열처리 된 평와셔(한 개는 볼트 머리 아래에, 다른 한 개는 너트 아래에 위치), 고장력 너트로 구성되어 있는지 확인한다.

㉱ 고장력 볼트 연결부를 조인 후에 눈, 비를 피하기 위해 너트 위에 보호 캡(필요시)을 씌운다.

㉮ 볼트 조임의 느슨함을 방지하기 위하여 정기적인 점검이 필요하다.

㉯ 타워크레인을 계속해서 사용하는 경우 또는 태풍 후에는 휨, 국부 좌굴 등의 영향으로 마스트 연결용 고장력 볼트 등에 이완 현상이 생길 수도 있다. 그러므로 타워크레인을 안전하게 사용하기 위해서 토크렌치로 고장력 볼트를 다시 조여 주기 위한 조임 토크 값을 표에 나타내었다.

㉰ 와셔는 와셔의 구멍 부분이 둥그렇게 모떼내기가 된 부분이 볼트의 머리 부분에 닿도록 한다. 그렇지 않고 반대 방향으로 조립할 경우 하중의 권상 작업 시 순간적인 응력을 받아 와셔의 구멍 모서리부 각진 부분에 의해 볼트가 파손될 위험이 있다.

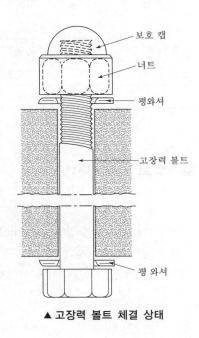

▲ 고장력 볼트 체결 상태

■ 고장력 볼트의 조임 토크 값

나사 규격	고장력 등급 8.8(8G)	고장력 등급 10.9(10K)	고장력 등급 12.9(12K)
	DIN 931/DIN 912	DIN 931/DIN 912	DIN 931/DIN 912
	kgf-m	kgf-m	kgf-m
M12	5.2	7.4	
M14	8.4	13.0	
M16	14.0	19.1	
M18	18.0	26.0	
M20	25.9	37.0	
M22	35.8	51.1	
M24	44.8	64.0	

| 나사 규격 | 고장력 등급 8.8(8G) | 고장력 등급 10.9(10K) | 고장력 등급 12.9(12K) |
| | DIN 931/DIN 912 | DIN 931/DIN 912 | DIN 931/DIN 912 |
	kgf-m	kgf-m	kgf-m
M27	70.0	100.0	
M30	95.8	136.8	
M33	130.9	187.0	230.8
M36	167.3	239.0	296.1
M39	217.3	310.4	383.6
M42	268.4	383.4	476.3
M45	330.4	479.1	594.8
M48	403.6	576.6	717.8
M56		900.0	

7 타워크레인의 기초 · 텔레스코핑 케이지

(1) 앵커 링 위치의 선정

고정형(stationary type)의 타워크레인은 앵커 링(anchoring)의 위치가 대단히 중요하다. 이는 타워크레인의 작업 반경 및 인양 능력에도 관계가 있지만, 작업 완료 후 원만한 해체를 위하여 장애물 및 해체 장비 위치 선정, 운반 장비 등의 이동 등에도 관련이 있다.

(2) 기초 앵커 설치 방법

① 고정식 크레인을 설치하기 위해서는 기초 응력(지내력) 분석과 보강재의 배근 도면에 따라 기초 작업을 준비한다.

② 크레인이 설치될 지면은 견고하여 충분한 하중 지지력(ground pressure)을 가져야 한다. 보통 지내력은 2kg/cm^2 이상이 되어야 하며, 그렇지 않을 경우 콘크리트 파일(concrete pile) 등을 항타한 후 재하시험을 한 후 그 위에 콘크리트 블록을 설치하여야 한다.

③ 기초 부하(foundation reaction force)에 대한 기초 하중은 작업 높이 및 반경에 따라 크레인 가동 시, 비가동 시 및 설치 시로 구분하여 크레인 제작처에서 제공한다.

④ 기초 앵커 설치

㉮ 철근 및 고정 앵커(fixing anchor) 하단부에 설치할 받침 앵글(steel angle) 등은 사전에 준비해 두고, 철근과의 결속도 완벽하게 되어야 한다.

㉯ 기초 앵커는 기초 앵커 전용으로 만든 템플리트(foundation anchoring template)를 사용, 정확하게 위치를 잡도록 한다.

㉰ 레벨 게이지로 수평을 본 후 앵커 주위에 보조재를 놓고 다짐 작업을 한다.

ⓐ 콘크리트 양생은 최소 10일 이상이 소요되며, 완전하게 양생된 후 다음 작업에 임한다.

ⓑ 고정 앵커용 콘크리트 블록(concrete block)의 강도는 2400kg/m² 이상으로 하는 것이 일 반적이므로 여기에 맞춰 레미콘을 선정·타설한다.

⑤ 유의사항

타워 섹션의 텔레스코핑 부분은 건물의 벽에 90°가 되어야 한다. (해체 시 지브가 건물의 벽에 평행하게 되어야 하기 때문이다.)

기초 중심에서 건물 벽까지는 제작처에서 제시하는 거리만큼 띄어서 설치하여야 한다. (해체 시 크레인 측면 부분이 벽에 걸리는 것을 방지하기 위해서이다.)

⑥ 기초 설치

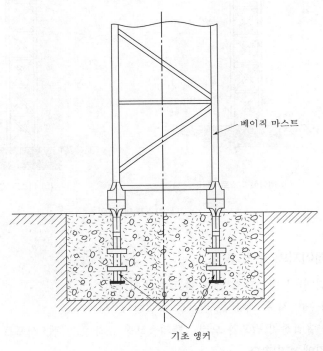

베이직 마스트

기초 앵커

▲ 기초 개략도

⑦ 베이직 마스트 및 마스트 설치

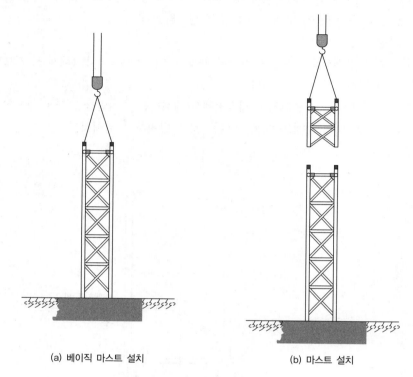

(a) 베이직 마스트 설치   (b) 마스트 설치

▲ 마스트의 설치

(3) 텔레스코핑 케이지의 조립 방법

① 플랫폼(작업대)이 떨어지지 않게 볼트로 조인다.
② 텔레스코핑 케이지 두 부분을 핀으로 체결한다.
③ 텔레스코핑 유압장치(펌프와 모터), 텔레스코핑 슈가 있는 램, 서포트 슈와 플랫폼을 텔레스코핑 케이지에 설치한다.
④ 텔레스코핑 케이지 쪽으로 흔들리지 않게 텔레스코핑 슈와 서포트 슈를 단단히 고정시킨다.
⑤ 구동 레일을 부착시킨다.
⑥ 텔레스코핑 케이지의 롤러가 자유롭게 구동하는지 점검하고 장애물이 있으면 제거한다.

(4) 텔레스코핑 케이지의 설치 방법

① 지상에서 조립을 완전히 끝낸 후 유압 크레인을 사용, 한꺼번에 들어올려 베이직 마스트에
위에서 아래로 설치한다.

② 텔레스코핑 케이지를 지상에서 조립하여 한꺼번에 설치하는 방법과 베이직 마스트에 직접
조립하는 방법이 있는데, 두 가지 방법 중 설치 현장의 여건을 감안하여 선택하도록 한다.

③ 플랫폼이 떨어지지 않도록 단단히 조인다.

④ 텔레스코핑 유압장치가 마스트의 텔레스코핑 사이드로 설치되도록 한다.

⑤ 슈가 흔들리는 것을 방지하는 고정장치를 제거한다.

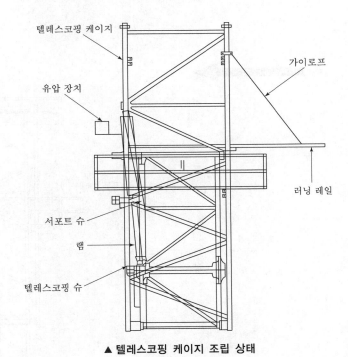

▲ 텔레스코핑 케이지 조립 상태

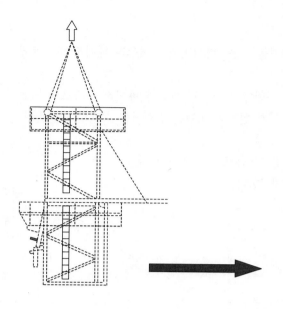

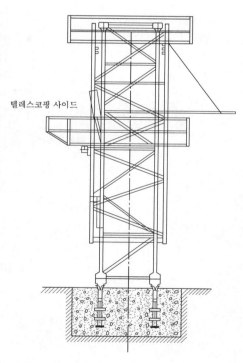

텔레스코핑 사이드

▲ 텔레스코핑 케이지 설치 방법

(5) 이동식 크레인에 의한 텔레스코핑 케이지 설치

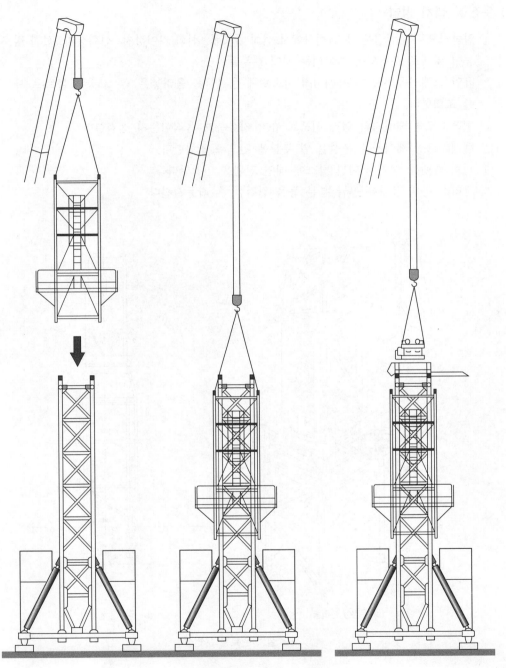

▲ 텔레스코핑 케이지의 설치

❽ 운전실 및 타워 헤드 설치

(1) 운전실 설치 방법

① 일반적으로 운전실은 제작 회사에서 선회 플랫폼, 선회 기어장치, 선회장치, 선회 링 서포트 등이 일체로 조립되어 출고되는 것이 대부분이다.

② 유압 크레인을 사용하여 베이직 마스트에 운전실을 올려놓은 후, 고장력 볼트로 사각 코너를 조립한다.

③ 텔레스코핑 케이지의 램과 서포트 슈가 자유롭게 움직이는지 점검한다.

④ 텔레스코핑 케이지를 운전실 밑 부분에 핀으로 조립한다.

⑤ 선회 플랫폼 전원 터미널 박스에 메인 전원을 연결한다.

⑥ 그리스 등의 윤활유 공급 부분 등을 점검한 후 작동시킨다.

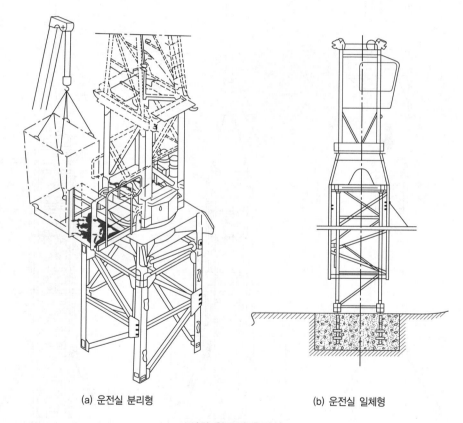

(a) 운전실 분리형　　　　　　　　(b) 운전실 일체형

▲ 설치 완료된 운전실

(2) 타워 헤드 설치 순서

① 유지 보수용 플랫폼과 수직 사다리를 부착한다. (수직 사다리에는 반드시 방호 울을 설치하여야 한다.)

② 헤드 부분의 카운터 지브 쪽에 카운터 가이로드를 설치한다.

③ 헤드 부분의 지브 쪽에 연결 바(tie-bar) 연결판을 설치한다.

④ 과부하 방지용 리밋 스위치가 자유롭게 움직이는지 점검하고 장애물이 있는 경우에는 장애물을 제거한다.

⑤ 유압 크레인을 사용하여 캣 헤드를 들어 운전실 프레임 상부에 핀으로 연결시킨다.

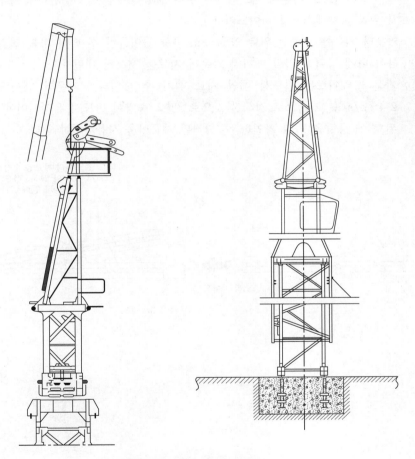

▲ 설치 완료된 캣(타워) 헤드

⑨ 카운터 및 메인 지브 설치

(1) 카운터 지브의 설치 방법

① 지브 길이에 따라 카운터 지브의 길이를 맞춰 조립한다.

② 플랫폼에 헤드 레일을 부착시킨다.

③ 필요에 따라 설치용 프레임을 부착한다.

④ 카운터 지브 타이 바를 조립한다.

⑤ 설치용 와이어 로프를 권상장치 위에 고정시킨다.

⑥ 유압 크레인으로 카운터 지브를 들어올려 선회 플랫폼에 연결한다. (이때 카운터 지브의 설치 위치는 텔레스코핑 사이드이다.)

⑦ 카운터 지브를 수평선 위로 약 2~3m 가량 들어올린 후 타이 바를 연결한다.

⑧ 타이 바에 장력이 걸릴 때까지 카운터 지브를 서서히 내린다.

⑨ 카운터 웨이트는 반드시 메인 지브 설치 후 매단다. (카운터 웨이트는 콘크리트 비중 2.4ton/m³를 기준으로 정해진 것으로, 필요 중량이 반드시 유지되어야 하며, 양생이 완료된 후에 중량을 필히 확인한 후 합격된 제품만을 사용하여야 한다.)

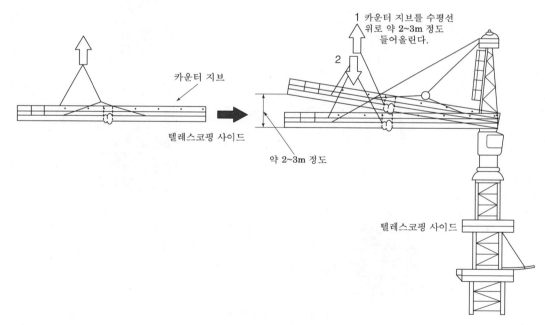

▲ 카운터 지브 설치

(2) 메인 지브의 설치 방법

① 사용할 지브 길이에 맞춰 구성요소들은 핀으로 연결한다.

② 첫 번째 지브 부분에 트롤리를 끼워 넣는다.

③ 트롤리가 구르지 않도록 지브를 와이어 로프로 묶는다. (트롤리 중앙선=트롤리 드럼 중앙)

④ 트롤리 와이어 로프를 설치한다.

⑤ 지브 타이 바를 연결하여 지브 연결 부위에 핀으로 고정한다. (지브 타이 바가 떨어지지 않게 임시적으로 묶는다.)

⑥ 중량 표지판을 설치한다. (지브 거리별 정격하중표 참조)

⑦ 연결된 지브의 중심을 맞춰 인양 로프를 고정한다.

⑧ 유압 크레인으로 지브를 들어올려 선회 플랫폼에 연결 설치한다.

⑨ 권상 기어 드럼으로 지브 타이 바를 들어올려 캣 헤드의 연결부에 핀으로 고정하며, 이때 지브 타이 바와 캣 헤드의 연결 작업을 위해 지브를 약 2m 정도 위로 올려 작업한다. 권상 드럼 대신에 레버 호이스트로 지브 타이 바를 들어올려 작업을 하는 경우가 있다.

⑩ 지브 타이 바에 장력이 걸릴 때까지 지브를 서서히 내린다.

⑪ 설치 후 지브 앞부분은 약 20cm 정도 올라가야 한다. 만약 올라가지 않았다면 지브 타이 바를 연결판의 다른 구멍으로 고정 위치를 바꾸면서 재조정해야 한다.

⑫ 트롤리 장치에 전원 공급 케이블을 연결한다.

⑬ 트롤리가 구르지 않도록 지브와 묶었던 와이어 로프를 제거한다.

⑭ 지브 길이에 맞추어 카운터 지브 웨이트를 설치한다.

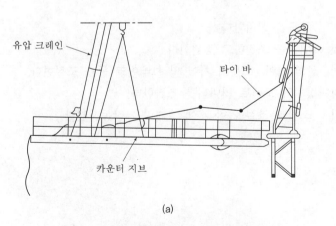

유압 크레인

타이 바

카운터 지브

(a)

▲ 카운터 지브의 설치 순서 (계속)

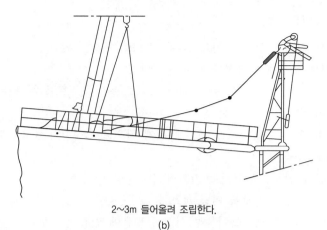

2~3m 들어올려 조립한다.

(b)

(c)

▲ 카운터 지브의 설치 순서

⑮ 권상 와이어 로프를 설치한다.

⑯ 모든 리밋 스위치를 조절하고 점검한다.

⑰ 권상 기어, 선회 기어, 트롤리 기어 및 브레이크 등을 조절한다.

⑱ 과부하 방지장치와 모멘트 리미터를 조절한다.

⑲ 이상과 같은 조립과 조절을 한 후에 크레인을 작동시킨다.

(3) 슬링 위치 결정

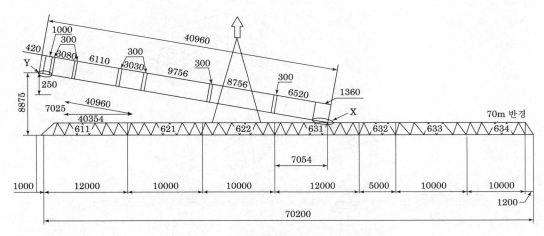

▲ 슬링 위치

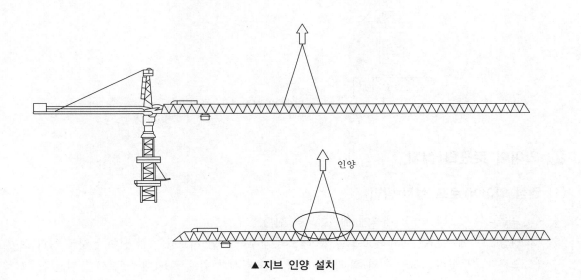

▲ 지브 인양 설치

(4) 타이 바 연결부

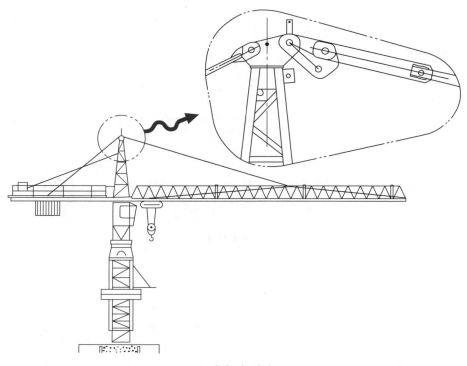

▲ 타이 바 설치

🔟 와이어 로프의 설치

(1) 권상 와이어 로프 설치 방법

① 트롤리는 지브의 가장 내측에 위치하도록 한다.

② 권상 드럼에서 나온 이렉션 로프를 캣 헤드의 과부하 차단 시브를 거쳐 선회 플랫폼 위의 로 프 시브, 트롤리, 혹(땅 위의 혹)과 두 번째 트롤리 시브 위로 로프(대마 로프)를 넘긴다. 그 리고 땅 위의 권상 와이어 로프가 감겨 있는 드럼으로 이렉션 로프를 다시 보낸다. 만일 이 렉션 로프가 아직 권상 드럼에 연결되어 있지 않다면 이렉션 로프를 권상 기어 뒤쪽에 연결 한다(보조재로 대마 로프를 이용한다.).

③ 이렉션 로프와 권상 로프를 연결한다(예를 들면 sleeve 같은 것으로).

④ 이렉션 로프를 천천히 감는다. 그러면 권상 기어 쪽으로 권상 로프가 당겨질 것이다.

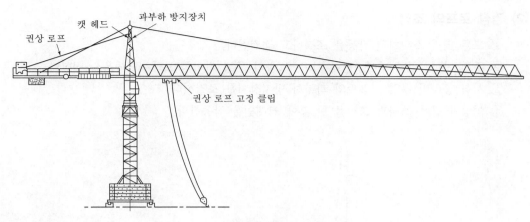

▲ 와이어 로프 설치

⑤ 권상 로프를 3~4번 드럼 위에 감는다.

⑥ 과부하 차단 시브 앞에 견제용 클립을 권상 로프에 부착한다.

⑦ 권상 드럼에서 권상 로프를 풀어 카운터 지브 위에 놓는다.

⑧ 견제용 클립은 권상 로프가 과부하 차단장치에서 풀어지지 않도록 해 줄 것이다.

⑨ 이렉션 로프를 권상 드럼에서 풀어낸다.

⑩ 권상 로프를 클립으로 권상 드럼에 부착시키고 견제용 클립이 당겨질 때까지 천천히 계속 감는다.

⑪ 권상 로프 견제용 클립을 제거한다.

⑫ 권상 로프 릴에 4m가 남을 때까지 권상 드럼 위에 로프를 감는다.

⑬ 권상 로프 끝에서 약 4~5m 정도 남겨 놓은 지점을 권상 로프 견제용 클립에 고착한다. 그리고 남아 있는 로프는 적당한 속도를 감는다(약 4~5m).

⑭ 견제용 클립이 트롤리 위의 시브에 걸려 더 이상 미끄러질 수 없을 때까지 권상 로프를 계속 감고 대마 로프를 제거한다.

⑮ 훅을 땅에서 올리기 위해서 권상 로프를 계속 감는다.

⑯ 지브 헤드 쪽으로 트롤리를 이동시켜 최대 반경 위치에 있도록 하고, 훅을 끌어올려 트롤리와 부딪치지 않도록 분명히 한다.

⑰ 권상 로프의 매듭을 짓지 않은 끝을 꼬임 방지장치의 연결부에 연결한다.

⑱ 타워 쪽으로 트롤리를 이동시키면 권상 로프 클립은 풀기 쉽게 될 것이며, 이때 권상 로프 클립은 권상 로프에서 떼어낸다.

(2) 권상 로프의 조정

① 모든 리밋 스위치의 작동을 조절하고 점검한다.

② 주행 기어, 권상 기어, 선회 기어, 트롤리 주행 기어의 브레이크들을 조절한다.

③ 시험 중량별 부하 모멘트와 과부하 방지장치를 조절한다.

④ 이상과 같은 조립과 조절을 한 후에 크레인을 작동한다.

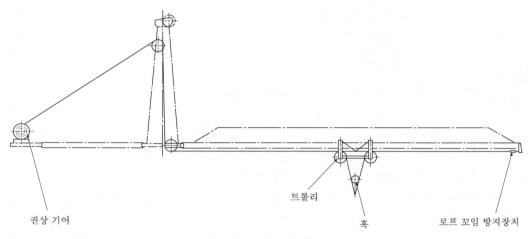

권상 기어　　　　　　　　　　　　　　　　　트롤리　　　　　훅　　　　　로프 꼬임 방지장치

▲ 권상 로프의 배열

(3) 트롤리 주행 와이어 로프 설치 방법

① 트롤리 주행용 와이어 로프는 메인 지브의 설치 전 지상에서 완전히 조립한 후에 메인 지브를 설치하도록 하는 것이 좋다.

② 트롤리는 최소 반경으로 이동시킨다.

③ 스토리지 드럼 위에 있는 트롤리 주행 로프Ⅱ를 위한 풀림 안전 방지장치(winding off safety device)를 분리한다.

④ 트롤리 주행 로프Ⅱ를 다음 경로대로 설치한다.

스토리지 드럼 → 처짐 풀리(지브 헤드 섹션 위치) → 긴장장치(Tensioner) → 약 10m

⑤ 트롤리 주행 로프Ⅱ의 약 7m 정도가 스토리지 드럼 위에 감겨질 때까지 트롤리 주행 로프Ⅰ을 푼다.

⑥ 트롤리 주행 로프Ⅱ를 트롤리 로프 드럼의 플랜지에 있는 슬로트에 통과시킨 다음, 그것을 볼트로 고정하고 약 3m 정도 또 감는다.

⑦ 트롤리 주행 로프Ⅰ을 다음 경로대로 설치한다.

트롤리 주행 로프 드럼 → 처짐 풀리(지브 피벗 섹션) → 로프 캐칭 장치와 함께 고정시킨다.

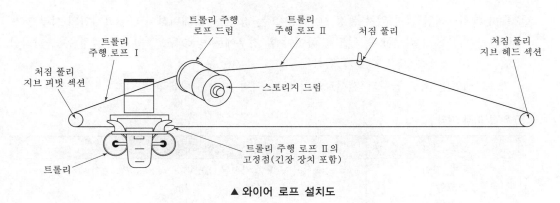

▲ 와이어 로프 설치도

🔟 설치 · 해체 시의 감전 방지

(1) 감전 방지의 준비

사업주는 가공 전선 또는 전기 기계 · 기구의 충전로에 접근하는 장소에서 타워크레인 등을 설치 · 해체 · 점검 · 수리 및 도장하는 작업, 또는 이에 부수되는 작업 및 이동식 크레인 등을 사용하는 작업을 함에 있어서 타워크레인 또는 작업에 종사하는 근로자가 당해 충전 전로에 근로자의 신체 등이 접촉하거나 접근함으로 인하여 감전의 위험이 발생할 우려가 있는 때에는 다음의 조치를 취하며, 조치를 취하기가 어려울 때는 감시인을 두고 작업하도록 한다.

① 당해 충전 전로를 이설할 것
② 감전의 위험을 방지하기 위한 방책을 설치할 것
   (방호울, 구획망, 구획 로프)
③ 당해 충전 전로에 절연용 방호구를 설치할 것
   (덮개, 전기용 절연관)

(2) 감전 방지 작업 시의 유의점

① 타워크레인의 선회 작업 시에도 메인 지브 및 카운터 지브가 가공 전선 또는 충전 전로에 접근할 우려가 있는 경우에는 우선 제2호 및 제3호 조치를 하고, 타워크레인 등의 선회가 전선로 등에 가까이 갈 수 없도록 선회 제한(리밋) 스위치 등을 설치하여 위험 구역으로 지브가 접근하지 못하도록 하여야 한다.
② 일정 각도 이상 선회 시 자동적으로 경보를 발하고 자동적 비상 정지가 되도록 하며, 운전자가 특별히 주의를 기울여서 운전하도록 조치하여야 한다.
③ 위험한 곳에 설치된 타워크레인의 경우에는 운전자 외에 감시인을 특별히 배치하여 운전자의 실수에 의하여 불의의 사고가 일어나지 않도록 조치하여야 한다.

④ 특히 타워크레인 설치 위치 설정 시, 태풍 또는 강풍 등에 대비하여 타워크레인의 상부 지브 부분을 자유롭게 회전할 수 있도록 하여야 할 경우에는 방호 구조, 방호벽 설치 등 물리적인 접근 방지 대책을 세울 필요가 있다.

⑤ 타워크레인의 지브 끝단과 전선로와의 안전 이격 거리는 다음과 같다.

■ 안전 이격 거리

전로 전압	안전 이격 거리
특별 고압	2m(단, 60kV 이상은 10kV마다 20cm씩 증가시킨다.)
고압	1.2m
저압	1m

(3) 전선로 방호 시 유의사항

충전 전로의 방호는 전선로 근접 작업에 대비한 안전조치 작업이므로 사용 중에 방호구가 이동하거나 이탈하여 충전 전로가 노출되지 않도록 확실히 방호하여야 하고, 당해 전선로를 정전시킨 후 작업에 착수하여야 하며, 다음 각 호의 사항에 유의하여야 한다.

① 작업 지휘자는 작업자에게 방호 방법과 순서를 지시한 후 방호 작업을 지휘한다.

② 절연용 방호구는 잘 손질되고 정비된 것을 준비하고, 손상 유무를 점검한다.

③ 방호를 하는 작업자는 먼저 절연용 보호구를 착용하여 신체를 보호한 후, 작업 지휘자가 보호구의 착용 상태를 점검하고 미비점이 있으면 바로잡은 후 작업에 착수한다.

④ 주상에서의 방호 작업은 원칙적으로 2명이 하고, 단독 작업은 가급적 피한다.

⑤ 방호 작업 시는 발판 등을 사용하고, 안정된 자세로 절연용 방호구를 장착한다.

⑥ 작업 중 바인드 선이나 전선의 끝에 절연 장갑이 손상되지 않도록 주의한다.

⑦ 절연용 방호구는 작업 중이나 이동 시에 탈락하지 않도록 고무판 등으로 확실하게 고정한다.

12 접지 설비(KS C 9609 기준)

(1) 목적 및 용어

타워크레인의 구조물 및 기계, 전기장치 등을 낙뢰로부터 보호하기 위한 것이며, 다음 용어들이 사용된다.

① 인하 도선

피보호물에서 접지극 사이의 연속적인 부분으로서, 절연 전선 및 동등 이상의 재질을 말한다.

② 접지극

인하 도선과 대지가 전기적으로 접촉하기 위해 지중에 매설한 도체를 말한다.

③ 돌침부

돌침, 돌침지지 부품 및 이의 부착대를 총칭한다.

(2) 부품의 사양

① 인하 도선

㉮ 절연 전선으로 단면적 30mm² 이상의 동선 또는 동등의 재질 이상으로 하여야 한다.

㉯ 인하 도선은 길이가 가장 짧도록 설치되어야 한다.

② 접지극

㉮ 접지극은 인하 도선에 1개 이상 접촉한다.

㉯ 접지극은 두께 1.4mm 이상으로 면적 0.35m²(평면) 이상의 강판 또는 3mm 이상으로 면적 0.35m²(평면) 이상의 용융 아연 도금 철판 또는 이와 동등 이상의 접지 효과가 있는 금속 재를 사용한다.

㉰ 접지극은 각 인하 도선의 하단부에서 상수면하에 매설한다.

㉱ 각 인하 도선의 단독 접지 저항은 20Ω 이하로 하고, 총 접지 저항은 10Ω 이하이어야 한다.

㉲ 1개의 인하 도선에 2개 이상의 접지극을 병렬로 접속한 경우 간격을 2m 이상으로 하고, 저하 50cm 이상의 깊이인 곳에서는 단면적 30mm² 이상의 나동선(裸銅線)을 접속한다.

㉳ 대지의 고유 저항

높은 산, 모래 땅에서의 총 접지 저항이 10Ω 및 단독 저항이 20Ω 이하의 값을 유지할 수 없는 경우에는 인하 도선 1조마다 길이 5m 이상에서의 피뢰 도선과 동등 이상의 단면적인 동선을 4조 이상 피보호물에서 방사상으로 지하 50cm 이상의 깊이로 매설한 매설 지선을 설치한다. 그리고 다시 피보호물의 바깥 둘레를 따라서 같은 깊이로 매설한 환상 매설 지선에 따라서 이를 병렬로 접속하여 접지극에 가한다.

㉴ 접지극 매설 지선은 가스관에서 1.5m 이상 떨어져야 한다.

③ 주요 구조 부분이 철골조이고, 구조물(마스트)의 단면적이 30mm² 이상이며, 전기적으로 연속적인 경우에는 철골로 돌침부를 대신하여도 좋다.

이때 철골은 단면적 30mm² 이상의 동선을 두 곳 이상의 접지극에 접속한다. 피보호물의 기초 접지 저항이 5Ω 이하이면 접지극을 생략할 수 있다.

(3) 주행 레일의 접지 방법

주행식 크레인일 경우 주행 레일의 접지 방법은 레일 양 끝단 두 곳을 다음 그림과 같이 접지하는 것이다. 레일의 길이가 20m 이상일 경우는 20m 지점마다 접지하여야 한다.

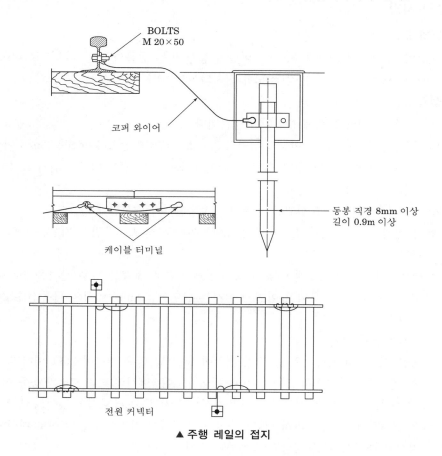

▲ 주행 레일의 접지

🔞 텔레스코핑 작업

(1) 텔레스코핑 작업 준비

① 텔레스코핑 케이지의 유압장치가 있는 방향에 카운터 지브가 위치하도록 카운터 지브의 방향을 맞춘다.

② 텔레스코핑 작업 전 올려질 마스트를 지브 방향으로 운반한다.

③ 전원 공급 케이블을 텔레스코핑 장치에 연결한다.

④ 유압 펌프의 오일량을 점검한다.

⑤ 모터의 회전 방향을 점검한다.

⑥ 유압장치의 압력을 점검한다.

⑦ 유압 실린더의 작동 상태를 점검한다.

⑧ 텔레스코핑 작동 중 air vent는 열어 두어야 한다.

⑨ 올리고자 하는 목적의 마스트에 롤러를 끼워 가이드 레일 위에 올려놓는다.

설치된 타워크레인의 지브 길이에 따라 제조 메이커에서 권장(추천)하는 하중을 들어올린 다음, 트롤리를 지브의 안쪽 또는 바깥쪽으로 이동시키면서 타워크레인 상부의 무게 균형을 잡는다. (균형을 잡을 때 트롤리를 천천히 움직여야 하며, 선회 링 서포트 볼트 구멍과 마스트 구멍의 일치 상태 또는 가이드 롤러가 마스트에 접촉되지 않는 상태로서 균형 상태를 확인할 수 있으며, 텔레스코핑 작업 전에는 크레인의 균형을 일치시키는 것이 중요하다.)

(2) 텔레스코핑 작업 시 유의사항

① 텔레스코핑 작업은 풍속 10m/sec 이내에서만 실시하여야 한다.

② 유압 실린더와 카운터 지브가 동일한 방향에 놓이도록 하여야 한다.

③ 선회 링 서포트와 마스트 사이에 체결 볼트를 푼다. (이때 텔레스코핑 케이지와 선회링 서포트는 반드시 핀으로 조립되어 있어야 한다.)

> **참고**
>
> 텔레스코핑 케이지가 선회 링 서포트와 정상으로 조립되어 있지 않은 상태에서 선회하여서는 안 된다.

(3) 텔레스코핑 작업 순서

① 텔레스코핑 케이지에 설치된 유압 실린더 길이가 최대한 작아질 수 있도록 작동시킨 다음, 클라이밍 크로스 멤버가 마스트의 텔레스코핑 웨이브에 완전히 안착되도록 하고, 실린더를 약간 '상승' 위치로 약 15mm 동작시킨 후 안착된 상태를 확인한다.

② 서포트 슈가 크로스 멤버의 현 위치보다 1단 위의 텔레스코핑 웨이브에 올라왔을 때 서포트 슈를 정확히 텔레스코핑 웨이브에 안착되게 한다.

③ 서포트 슈가 텔레스코핑 웨이브에 정확히 안착되어 있다면 유압 유닛상의 조절 레버를 중립에서 '하강'으로 하여 서포트 슈가 안착되어 있는 텔레스코핑 웨이브를 크로스 멤버(실린더 슈)에 안착될 수 있도록 한다.

④ 크로스 멤버가 텔레스코핑 웨이브에 정확히 안착되어 있는지 확인 후, 유압 실린더를 상승 작동시켜 크로스 멤버와 서포트 슈가 2개의 텔레스코핑 웨이브에 각각 안착되도록 한다. (즉, 마스트를 넣을 수 있는 공간 확보 시까지 연속 작업)

⑤ 가이드 레일 위의 마스트를 서서히 마련된 공간으로 밀어넣는다.

⑥ 추가 마스트에 조립되어 있는 롤러 홀더를 제거한다.

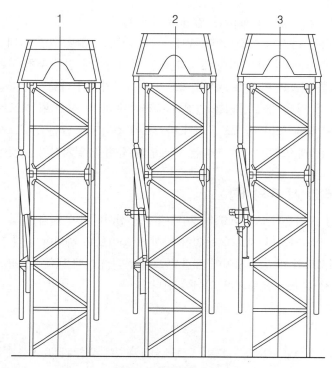

▲ 텔레스코핑 실린더 수축

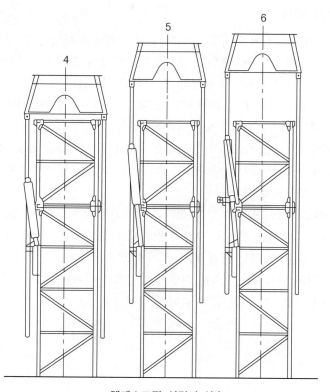

▲ 텔레스코핑 실린더 상승

⑦ 기설치된 마스트와 추가하고자 하는 마스트의 볼트를 체결하기 전에 반드시 서포트 슈가 텔
레스코핑 웨이브를 벗어나도록 하고(단, 크로스 멤버는 텔레스코핑 웨이브에 안착된 상태를
유지할 것), 가이드 섹션을 낮춰서 마스트와 기 설치된 마스트 사이의 간격이 없도록 한 다
음 롤러 홀더를 빼내고, 추가 마스트를 타워에 볼트로 체결해야 한다.

⑧ 요구하는 작업 높이가 될 때까지 ①~⑦의 작업을 반복, 수행한다.

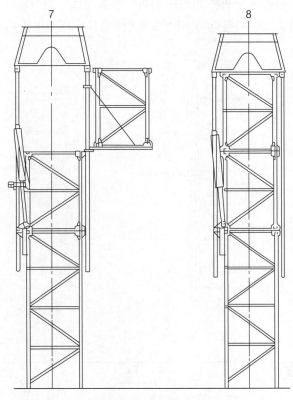

▲ 추가 마스트 설치 및 체결

⑨ 요구 높이에 도달되었을 때 반드시 마스트와 슬루잉 링 서포트 사이에 볼트를 체결한 상태
에서 운전되어야 한다.

⑩ 텔레스코핑 작업은 정하여진 상부 구조물 방향(지브와 카운터 지브 방향)과 전후 평행 상태
를 그대로 유지하면서 진행되어야 하고, 이때 크레인의 선회 동작은 절대로 금지한다.
만약 현장 여건상 추가 마스트들을 지브의 바로 아래 지면에 놓을 수 없는 특수 상황이라면
텔레스코핑 작업 시 선회 동작이 불가피하다. 따라서 선회 동작 시에는 반드시 슬루잉 서포트
와 최상부 마스트 사이에 볼트를 체결한 상태에서 추가 마스트를 옮기고, 평형추(하중)를 달아
전후 평형 상태를 유지하면서 슬루잉 서포트와 최상부 마스트 사이의 볼트를 풀고 다시 클라
이밍 작업을 반복한다.

(4) 텔레스코핑 작업 시 올바른 방법

① 위의 ⑧번과 같이 마스트를 끼워 넣은 후 마스트의 볼트 체결 방법을 반드시 숙지한 후 작업을 실시할 것

② 연결 볼트는 체결 시 유압 토크렌치 또는 수동 토크렌치를 사용하여 토크 값에 준해 작업하여 상부 회전체 부분을 안전하게 고정시킬 것

③ 볼트 체결 시 올바른 방법은 마스트 클라이밍 웨이브가 안착되어 있는 서포트 슈를 제거하여 선회 링 서포트가 끼워 넣은 마스트에 안착되도록 실린더를 하강시킨 후 작업을 하는 것

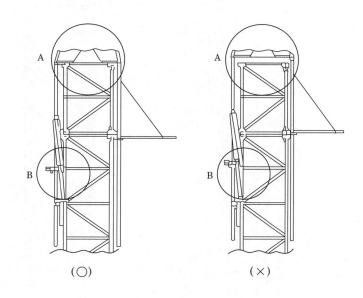

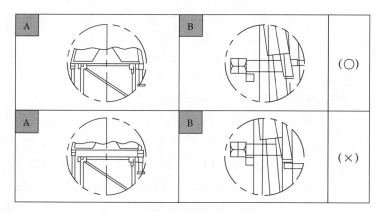

▲ 작업 시 올바른 방법(상세도)

(5) 텔레스코핑 작업

① 권상, 선회장치를 이용하여 지상으로부터 새로운 마스트를 들어올린다.

② 새로운 마스트를 텔레스코핑 케이지 높이만큼 올린 후 타워크레인에 설치된 이동 레일 (running rail)에 올려놓는다.

③ 타워크레인의 균형을 유지한다. (유지 방법 : 아래의 그림 참조)

▲ 균형 유지

④ 유압 실린더가 텔레스코핑 케이지를 밀어 올리면 타워크레인 상부 전체가 올라가고 새로운 마스트를 설치할 공간이 생긴다.

▲ 공간 확보

⑤ 텔레스코핑 작업 전에는 반드시 균형이 맞아야 한다. (각 제작 메이커에서 정하는 사항을 반드시 지킬 것.)

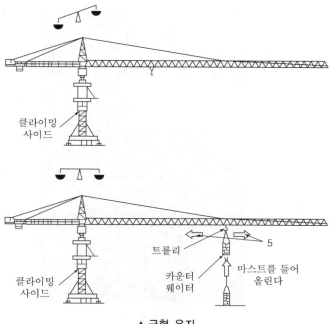

▲ 균형 유지

⑥ 이동 레일(running rail) 롤러를 이용하여 새로운 마스트를 텔레스코핑 케이지 내부로 밀어넣는다.

⑦ 새로운 마스트에 조립용 볼트 또는 핀(pin)을 연결한다.

▲ 내부로 밀어넣기

▲ 조립용 볼트 연결

⑧ **텔레스코핑 시 안전 핀 사용**

㉮ 텔레스코핑 케이지는 4개의 핀으로 연결되는데, 이는 설치가 용이하도록 크기가 2mm 작다.

㉯ 케이지와 연결된 이 핀들은 텔레스코핑 시에만 사용하여야 한다.

㉰ 텔레스코핑 작업 후에는 케이지가 내려져야 하고, 정상 핀으로 교체되어야 한다.

㉱ 정상 핀으로 교체되기 전에는 어떠한 권상 작업도 금지하여야 한다.

(6) 텔레스코핑의 균형

① 각 제작 메이커에서 정하는 무게를 주어진 반경에 이동시키는 방법이 있다.

② 트롤리의 위치를 조정하는 방법이 있다.

③ 텔레스코핑 작업 시에는 절대로 선회, 트롤리의 이동 및 권상 작업을 해서는 안 된다.

④ 텔레스코핑은 작업 순서를 반드시 지켜야 하며, 추가하는 마스트는 상부 균형이 이루어지기 전에 이동 레일상에 놓여져야 한다. 그 후 트롤리를 이동시켜 제작 메이커에서 요구하는 위치로 옮긴다.

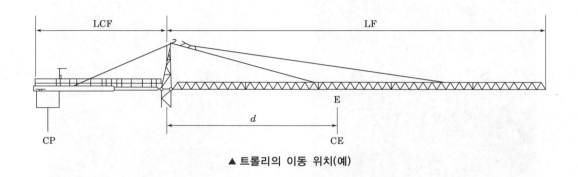

▲ 트롤리의 이동 위치(예)

▣ 트롤리 이동 위치

LF	LCF	CP	E	CE	*d*
65m	18m	20200 daN	2C 2C	0 1000 daN	51m 27.2m
60m	16m	19100 daN	2C 2C	0 1000 daN	52.4m 28m
55m	18m	16000 daN	2C 2C	0 1000 daN	– 31m
50m	18m	13300 daN	2C 2C	0 1000 daN	– 30m
40m	12m	23300 daN	2C 2C	0 1000 daN	– 28.2m

14 타워크레인의 해체

(1) 준비 작업

① 텔레스코핑 장치용 유압 실린더 방향과 카운터 지브가 동일한 방향이 되도록 지브의 방향을 맞춘다.

② 유압 펌프 및 유압 실린더를 점검한다.

③ 풍속이 10m/sec 이내인지 확인한다.

(2) 하강 작업

① 마스트와 볼 선회 링 서포트 연결 볼트를 푼다.

② 마스트와 마스트 연결 볼트를 푼다.

③ 마스트에 롤러를 끼워 넣는다.

④ 실린더를 약간 올려 실린더 슈와 서포트 슈를 각각 마스트상의 텔레스코핑 웨이브에 안착시킨다. [마스트와 선회 링 서포트에 갭(gap)이 생기고 가이드 레일에 안착된다.]

⑤ 마스트를 가이드 레일 밖으로 밀어낸다.

⑥ 훅으로 마스트를 든다. 트롤리를 움직여 지브와 카운터 지브의 평형을 잡는다.

⑦ 실린더를 상승 위치로 약 15mm 동작시킨 후, 실린더 슈가 안착되어 있는 상태를 맞춘다.

⑧ 실린더를 1단 내린 후 실린더 슈와 서포트 슈가 하나의 마스트 텔레스코핑 웨이브에 정확히 안착되게 한다.

⑨ 실린더를 더 이상 내릴 공간이 없을 때까지 ②~⑧번 작업을 반복하여 하강 후, 선회링 서포트를 베이직 마스트까지 내린다.

⑩ 슬루잉 링 서포트와 베이직 마스트를 볼트로 조인다.

　타워크레인 선회 링 서포트와 볼트로 연결될 때까지는 절대로 회전시키면 안 된다.

(3) 해체 작업

① 카운터 지브에 설치된 카운터 웨이트를 완전히 분해한다.

② 지브를 분리한다.

③ 카운터 지브에서 권상 기어를 분리한다.

④ 카운터 지브를 분리한다.

⑤ 타워 헤드를 분리한다.

⑥ 운전실을 분리한다.

⑦ 베이직 마스트에서 텔레스코핑 장치를 분리한다.

⑧ 베이직 마스트를 분리한다.

제5장 예상문제

타워크레인의 구성·설치·해체

01 텔레스코핑 작업에 관한 내용으로 틀린 것은?

① 텔레스코핑 작업 중 선회 동작 금지
② 연결 볼트 또는 연결핀을 체결하기 전에는 크레인의 동작을 금지
③ 연결 볼트 체결 시는 토크렌치 사용
④ 유압 실린더가 상승 중에 트롤리를 전·후로 이동

해설 유압 실린더가 상승 중에 트롤리를 전·후로 이동시키면 위험하다.

02 규정상 ( ) 안에 적합한 것은?

> 옥외에 설치되는 타워크레인 마스트 철 구조물의 단면적이 ( ) 이내일 때에는 피뢰침 및 도선 등을 설치하여야 한다.

① $100mm^2$
② $200mm^2$
③ $300mm^2$
④ $400mm^2$

해설 타워크레인 검사 기준상 마스트 철 구조물의 단면적이 $300mm^2$ 이내면 피뢰침 및 도선을 설치하고 $300mm^2$ 이상이면 접지 공사를 한다.

03 타워크레인 유압장치에 관한 일반 사항으로 틀린 것은?

① 클라이밍 종료 후에는 램을 수축하여 둔다.
② 오일양의 상태 점검은 클라이밍 시작 전보다 종료 후에 하는 것이 더 좋다.
③ 유압 탱크 열화 방지를 위한 보호조치를 한다.
④ 유압장치는 유압 탱크, 실린더, 펌프, 램 등으로 되어 있다.

해설 오일양의 상태 점검은 클라이밍 시작 전, 또는 작업 전에 하여야 한다.

04 메인 지브 길이에 따라 크레인의 균형 유지에 적합하도록 선정된 여러 개의 철근 콘크리트 등으로 만들어진 블록을 카운터 지브에 설치하는 것은?

① 메인 지브
② 균형추
③ 타이 바
④ 타워 헤드

해설 균형추는 콘크리트 블록으로 만들어졌으며 카운터 지브에 설치되어 타워크레인의 균형을 유지하여 준다.

05 타워크레인의 방호장치가 아닌 것은?

① 과부하 방지장치
② 베이직 마스트
③ 비상 정지장치
④ 권상 및 권하 방지장치

해설 베이직 마스트는 기초 구조물로 본다.

06 타워크레인의 트롤리를 메인 지브 바깥쪽으로 이동하고자 할 때 고려할 사항이 아닌 것은?

① 화물의 중량
② 권상 속도
③ 지브 길이별 제한 모멘트
④ 지브 길이별 제한 하중

07 유압 펌프에서 공급되는 오일의 양이 단위 시간당 증가하면 실린더의 속도는 어떻게 변화하는가?

① 빨라진다.
② 느려진다.
③ 일정하다.
④ 수시로 변한다.

해설 유압 제어방법에서 압력은 일의 크기를 결정하고 유량은 일의 속도를 결정한다.

정답 01 ④ 02 ③ 03 ② 04 ② 05 ② 06 ② 07 ①

08 타워크레인 과부하 방지장치의 구비 및 설치 조건으로 틀린 것은?

① 과부하 방지장치는 대단히 중요하므로 아무나 볼 수 없도록 전기 판넬 내부에 설치한다.

② 과부하 방지장치는 정격하중의 1.05배 이내에서 동작하도록 조정한다.

③ 동작 시 경보가 울려 운전자 및 인근 작업자에게 경고를 주고 임의로 조정할 수 없도록 봉인한다.

④ 과부하 방지장치는 성능 검정 대상품이므로 성능 검정 합격품을 설치한다.

해설 과부하 방지장치는 잘 보이고 쉽게 점검할 수 있는 위치인 통로 또는 제어반 외부에 설치하거나 운전실 내에 설치한다.

09 타워크레인의 콘크리트 기초 앵커 설치 시 고려해야 할 사항이 아닌 것은?

① 콘크리트 기초 앵커 설치 시의 지내력
② 콘크리트 블록의 크기
③ 콘크리트 블록의 형상
④ 콘크리트 블록의 강도

해설 콘크리트 기초 앵커를 설치할 때는 지내력, 콘크리트 블록의 크기, 강도 등을 고려하여야 한다.

10 타워크레인 트롤리에 대한 설명으로 옳은 것은?

① 선회할 수 있는 모든 장치를 말한다.
② 권상 윈치와 조립되어 이동할 수 있는 장치이다.
③ 메인 지브를 따라 이동되며, 권상 작업을 위한 선회 반경을 결정하는 횡행장치이다.
④ 지브를 원하는 각도로 들어올릴 수 있는 장치를 말한다.

해설 횡행장치가 없이 트롤리의 이동에 따라 선회 반경이 달라지는 것은 타워크레인이고, 천장 크레인은 별도의 횡행장치가 설치되어 있다.

11 다음 ( ) 안에 들어갈 말로 알맞은 것은?

타워크레인 운전실에는 지브 길이별 (㉠) 표지판을 부착하고, 지브에는 운전자와 작업자가 잘 보이는 곳에 구간별 (㉠) 및 (㉡)을 부착하여야 한다.

① ㉠ : 정격하중, ㉡ : 거리 표지판
② ㉠ : 형식 번호, ㉡ : 정격하중
③ ㉠ : 권상 속도, ㉡ : 거리 표지판
④ ㉠ : 거리 표지판, ㉡ : 정격하중

12 다음 중 타워크레인 조립·해체 작업에 관한 규칙으로 맞는 것을 모두 고른 것은?

㉠ 작업 순서는 시계 방향으로 작업을 실시할 것
㉡ 작업을 할 구역에는 관계 근로자의 출입을 금지시키고 크레인 상단에 표시할 것
㉢ 폭풍·폭우 및 폭설 등의 악천후 작업에 있어서 위험을 미칠 우려가 있을 때에는 당해 작업을 중지시킬 것
㉣ 작업 장소는 안전한 작업이 이루어질 수 있도록 충분한 공간을 확보하고 장애물이 없도록 할 것
㉤ 크레인의 능력, 사용 조건에 따라 충분한 응력을 갖는 구조로 기초를 설치하고 침하 등이 일어나지 않도록 할 것

① ㉠, ㉡, ㉢, ㉣, ㉤
② ㉢, ㉣, ㉤
③ ㉠, ㉡, ㉢
④ ㉡, ㉢, ㉣

해설 작업 순서를 시계 방향으로 하는 것과 금지 구역 설정 및 크레인 상단 표시 사항 등은 조립·해체에 관한 규칙이 아니다.

정답 08 ① 09 ③ 10 ③ 11 ① 12 ②

13 텔레스코핑 작업 순서 및 작업 방법에 대한 설명으로 틀린 것은?

① 첫 번째로 조립할 마스트를 권상한다.
② 케이지에 밀어넣은 후 마스트는 용접 체결한다.
③ 밸런스 웨이트는 규격 용량을 사용한다.
④ 제2의 순서는 마스트를 텔레스코핑 모노레일에 안착하는 것이다.

> **해설** 케이지에 밀어넣은 후 마스트는 용접이 아니고 고장력 볼트로 체결한다.

14 타워크레인 구조물 간의 인접한 연결 부위 중 고장력 볼트 또는 핀의 체결 부위가 아닌 것은?

① 슬루잉 플랫폼 – 볼 슬루잉 링
② 베이직 마스트 – 기초앵커
③ 마스트 – 마스트
④ 운전석 – 카운터 웨이트

> **해설** 카운터 웨이트는 카운터 지브 끝부분에 부착되고 운전실은 카운터 지브와 메인 지브 사이에 위치하고 있다.

15 타워크레인의 마스트 설치(텔레스코핑) 작업 중 운전 준수 사항으로 올바른 것은?

① 타워크레인의 선회 작동만 할 수 있다.
② 타워크레인의 트롤리 이동 동작만 할 수 있다.
③ 타워크레인의 권상 동작만 할 수 있다.
④ 선회, 트롤리 이동, 권상 동작을 할 수 없다.

> **해설** 마스트 설치를 하기 위한 텔레스코핑 작업 중 선회, 트롤리 이동, 권상 동작 등을 하면 매우 위험하다.

16 타워크레인 설치 시 인양물 권상 작업 중 화물 낙하의 요인이 아닌 것은?

① 인양물의 재질과 성능
② 줄걸이(인양줄) 작업 잘못
③ 지브와 달기 기구와의 충돌
④ 권상용 로프의 절단

> **해설** 인양물 권상 작업 중 낙하 원인은 로프의 절단, 줄걸이의 잘못, 달기 기구가 지브에 충돌하는 것 등이다.

17 타워크레인의 해체 작업 시 준비 작업이 아닌 것은?

① 유압 실린더 방향과 카운터 지브가 동일한 방향이 되도록 고정한다.
② 유압 펌프와 실린더를 점검한다.
③ 풍속이 10m/sec 이하인지 확인한다.
④ 균형을 잡기 위해 카운터 웨이트 수량을 조절한다.

> **해설** 균형을 잡기 위해 카운터 웨이트의 수량을 조절하는 것은 타워크레인 설치 시에 해당되는 사항이다.

18 주행용 타워크레인 레일 설치에 관한 내용 중에 틀린 것은?

① 주행 레일에도 반드시 접지를 설치한다.
② 레일 양끝에는 정지장치(buffer stop)를 설치한다.
③ 콘크리트 슬리퍼를 사용한 레일 설치는 지내력에 상관없다.
④ 정지장치 앞에는 전원 차단용 리밋 스위치를 설치한다.

> **해설** 콘크리트 슬리퍼뿐만 아니라 타워크레인 설치 시에는 지내력이 약하면 매우 위험한 상태가 된다.

19 타워크레인의 과부하 방지장치 장착에 대한 설명으로 틀린 것은?

① 타워크레인 제작 및 안전기준에 의한 성능 점검 합격품일 것
② 접근이 용이한 장소에 설치될 것
③ 정격하중의 2.05배 권상 시 경보와 함께 권상 동작이 정지할 것
④ 과부하 시 운전자가 용이하게 경보를 들을 수 있을 것

> **해설** 과부하 방지장치는 정격하중의 1.1배 권상 시 동작이 정지하여야 한다.

정답 13 ②　14 ④　15 ④　16 ①　17 ④　18 ③　19 ③

20 타워크레인 운동에서 기복에 관한 설명으로 알맞은 것은?

① 타워크레인의 수직면에서 지브 각의 변화를 말한다.

② 타워크레인은 기복운동을 할 수 없다.

③ 타워크레인이 달아 올린 화물을 상하로 이동하는 것을 기복운동이라 한다.

④ 타워크레인에서 지브의 각이 변화해도 작업 반경은 일정하다.

해설 크레인에서 기복이란 지브를 중심으로 상하로 운동하는 것으로, 타워크레인에서의 기복이란 수직면에서의 지브 각의 변화이다.

21 크레인 기준에서 정하고 있는 타워크레인의 방호장치 종류가 아닌 것은?

① 충전장치   ② 과부하 방지장치

③ 권과 방지장치   ④ 훅 해지장치

해설 충전장치는 축전지를 사용할 경우에 소모된 전류를 보충하는 것이다.

22 타워크레인 비가동 시 지브가 바람에 따라 자유롭게 움직여 풍압으로부터 타워크레인 본체를 보호하고자 설치된 장치는?

① 선회 브레이크 풀림장치

② 충돌 방지장치

③ 선회 제한 리밋 스위치

④ 와이어 로프 꼬임 방지장치

해설 선회 브레이크 풀림장치는 바람에 따라 자유롭게 움직이도록 해 준다.

23 전자식 과부하 방지장치의 주요 점검 방법이 아닌 것은?

① 과부하 작동 상태를 조사

② 하중 검출기의 변형 유무 상태를 조사

③ 구조와 장치 사이의 작동 거리를 조사

④ 계기판, 경보음 작동 유무 상태를 조사

해설 구조와 장치 사이의 작동 거리 조사에 관한 항목 등은 기계식 과부하 방지장치의 점검 방법으로 본다.

24 다음 중 유압장치의 구성품에서 제어 밸브의 3대 요소에 해당되지 않는 것은?

① 유압류 제어 밸브–오일의 종류 확인(일의 선택)

② 방향 제어 밸브–오일의 흐름 바꿈(일의 방향)

③ 압력 제어 밸브–오일의 압력 제어(일의 크기)

④ 유량 제어 밸브–오일의 유량 조절(일의 속도)

해설 유압 제어 밸브는 압력 제어, 유량 제어, 방향 제어 등 크게 3종류로 분류한다.

25 텔레스코핑 장치 조작 시 사전 점검 사항으로 적합하지 않은 것은?

① 유압장치의 오일 레벨을 점검한다.

② 전동기의 회전 방향을 점검한다.

③ 텔레스코핑 압력을 점검한다.

④ 텔레스코핑 작업 시 통풍 밸브(air vent)는 닫혀 있는지 점검한다.

해설 텔레스코핑 작업 시에는 통풍 밸브(에어벤트 ; air vent)를 열어 두어야 한다.

26 타워크레인 체결용 고장력 볼트 '12.9'에 대한 설명으로 틀린 것은?

① '12.9'라는 명기 중 앞의 숫자는 인장강도를 말한다.

② 고장력 볼트와 너트는 동급 동재질을 사용하여야 한다.

③ 고장력 볼트는 해당 규격에 따른 토크렌치로 체결해야 한다.

④ '12.9' 숫자 중 뒷자리는 전단강도를 의미한다.

해설 뒷자리 숫자는 보증 신뢰도의 %를 말한다.

정답 20 ① 21 ① 22 ① 23 ③ 24 ① 25 ④ 26 ④

27 기초 앵커의 설치 순서가 올바르게 나열된 것은?

① 현장 내 타워크레인 설치 위치 선정→지내력 확인→터 파기→버림 콘크리트 타설→기초 앵커 셋팅 및 접지→철근 배근 및 거푸집 조립→콘크리트 타설→양생

② 현장 내 타워크레인 설치 위치 선정→터 파기→지내력 확인→버림 콘크리트 타설→기초 앵커 셋팅 및 접지→철근 배근 및 거푸집 조립→콘크리트 타설→양생

③ 현장 내 타워크레인 설치 위치 선정→버림 콘크리트 타설→터 파기→지내력 확인→기초 앵커 셋팅 및 접지→철근 배근 및 거푸집 조립→콘크리트 타설→양생

④ 현장 내 타워크레인 설치 위치 선정→지내력 확인→터 파기→철근 배근 및 거푸집 조립→기초 앵커 셋팅 및 접지→콘크리트 타설→양생

28 타워크레인의 작업이 종료되었을 때 정리정돈 내용으로 잘못된 것은?

① 운전자에게는 반드시 종료 신호를 보낸다.
② 트롤리 위치는 지브 끝단, 훅은 최상단까지 권상시켜 둔다.
③ 원칙적으로 줄걸이 용구는 분리해 둔다.
④ 줄걸이 와이어 로프 등의 굽힘 등 변형은 교정하여 소정의 장소에 잘 보관한다.

〔해설〕 트롤리는 메인 지브 안쪽(운전석 쪽)에 위치시킨다.

29 무한 선회 구조의 타워크레인이 필수적으로 갖춰야 할 장치로 맞는 것은?

① 선회 제한 리밋 스위치
② 유체 커플 링
③ 볼 선회 링 기어
④ 집전 슬립 링

〔해설〕 무한 선회 구조의 타워크레인은 집전 슬립 링을 갖추어야 전원의 입출입 작용이 원활해진다.

30 타워크레인의 텔레스코핑 작업 시 참여한 운전자의 권리와 의무 사항이 아닌 것은?

① 작업자에게 반드시 작업 과정 중 텔레스코핑용 실린더의 지지 상태를 점검할 것을 요구한다.
② 실린더 작동 전 타워크레인의 균형 상태를 확인한다.
③ 기상 악화 시 작업 중단을 요청한다.(우천 시, 순간 최대 풍속 10m/s 이상, 번개 등)
④ 텔레스코핑 작업자의 심리적인 상태를 확인한다.

〔해설〕 텔레스코핑 작업자의 심리적인 상태의 확인은 안전 관리자 및 경영자의 의무 사항으로 본다.

31 타워크레인 인양 작업 시 금기 작업에 해당되지 않는 것은?

① 신호수가 없는 상태에서 하중이 보이지 않는 인양 작업
② 고층으로 하중을 인양하는 작업
③ 땅 속에 박힌 하중을 인양하는 작업
④ 중심이 벗어나 불균형하게 매달린 하중 인양 작업

〔해설〕 타워크레인의 작업 특성상 고층으로 하중을 인양하는 것이 목적이다.

32 타워크레인의 마스트를 해체하고자 할 때 실시하는 작업이 아닌 것은?

① 마스트와 턴 테이블 하단의 연결 볼트 또는 핀을 푼다.
② 해체할 마스트와 하단 마스트의 연결 볼트 또는 핀을 푼다.
③ 마스트에 가이드 레일의 롤러를 끼워 넣는다.
④ 마스트를 가이드 레일의 안쪽으로 밀어넣는다.

〔해설〕 마스트를 가이드 레일에 밀어넣는 것은 설치에 해당되고 빼내는 것이 해체에 해당된다.

정답 27 ① 28 ② 29 ④ 30 ④ 31 ② 32 ④

33 타워크레인 설치 시 비래 및 낙하 방지를 위한 안전조치가 아닌 것은?

① 작업 범위 내 통행 금지
② 운반 주머니 이용
③ 보조 로프 사용
④ 공구통 사용

34 텔레스코핑 케이지는 무슨 역할을 하는 장치인가?

① 권상장치
② 선회장치
③ 타워크레인의 마스트를 설치·해체하기 위한 장치
④ 횡행장치

해설 마스트의 설치 및 해체 시 사용되는 유압장치들을 텔레스코핑 케이지라고 한다.

35 최근 타워크레인 작업자가 상승 작업(마스트 연장 작업) 중 타워크레인이 붕괴되는 재해가 발생하였다. 이 재해에 대한 예방 대책이 아닌 것은?

① 핀이나 볼트 체결 상태 확인
② 주요 구조부의 용접 설계 검토
③ 제작사의 작업 지시서에 의한 작업 순서를 준수
④ 상승 작업 중 권상, 트롤리 이동 및 선회 동작 등 일체의 작동 금지

해설 주요 구조부의 용접 설계 검토는 제작 과정에 해당되는 사항이다.

36 와이어 가잉 작업 시 소요되는 부재 및 부품이 아닌 것은?

① 전용 프레임   ② 와이어 클립
③ 장력 조절장치   ④ 브레싱 타이 바

해설 와이어 가잉이란 높은 타워의 흔들림을 방지하는 것이고, 브레싱 타이 바는 벽체 지지 보강을 위한 것이다.

37 타워크레인의 마스트 연장(텔레스코핑) 작업 시 준수 사항이 아닌 것은?

① 작업 과정 중 실린더 받침대의 지지 상태를 확인한다.
② 실린더 작동 전에는 타워크레인 상부의 균형 상태를 확인한다.
③ 유압 실린더의 동작 상태를 확인하면서 진행한다.
④ 비상 정지장치의 작동 상태를 점검한다.

해설 비상 정지장치는 텔레스코핑 작업을 위한 것이 아니고 방호장치에 해당된다.

38 타워크레인의 설치 작업 중 추락 및 낙하 위험 대책으로 올바른 것이 아닌 것은?

① 설치 작업 시, 상·하 이동 중 추락 방지를 위해 전용 안전벨트를 사용한다.
② 텔레스코핑 케이지의 상·하부 발판을 이용하여 발판에서 작업을 한다.
③ 기초 앵커 볼트 조립 시는 반드시 규정 토크로 체결한다.
④ 텔레스코핑 케이지를 마스트의 각 부재 등에 심하게 부딪치지 않도록 주의한다.

해설 기초 앵커 볼트의 조립은 타워크레인을 설치할 때 해당되는 사항이다.

39 해체할 타워크레인의 용량 및 종류에 따라 이동식 크레인의 적정 사양을 선정하는데, 이때 고려할 사항이 아닌 것은?

① 최대 권상 높이
② 가장 무거운 부재의 중량
③ 이동식 크레인의 감속기의 특성
④ 이동식 크레인 지브의 작업 반경

해설 이동식 크레인의 감속기 특성은 제작 과정에서 고려할 사항이다.

정답 33 ④ 34 ③ 35 ② 36 ④ 37 ④ 38 ③ 39 ③

40 작업장에서 지켜야 할 준수 사항이 아닌 것은?

① 작업장에서 급히 뛰지 말 것
② 불필요한 행동을 삼가할 것
③ 공구를 전달할 경우 시간 절약을 위해 가볍게 던질 것
④ 대기 중인 차량엔 고임목을 고여둘 것

41 타워크레인 트롤리에 구성된 안전장치가 아닌 것은?

① 트롤리 내·외측 위치 제어장치
② 트롤리 로프 파손 안전장치
③ 트롤리 정지장치
④ 트롤리 각도 제한장치

해설 트롤리 각도 제한장치는 안전장치가 아니며 실제로 사용되는 경우가 드물다.

42 일반적인 타워크레인의 선회장치에 대한 설명으로 틀린 것은?

① 타워의 최상부, 지브 아래에 부착된다.
② 운전 중 순간 정지 시는 선회 브레이크를 해제한다.
③ 상·하로 구성되고 턴 테이블이 설치된다.
④ 운전을 마칠 때는 선회 브레이크를 해제한다.

해설 선회 브레이크는 선회 작동 중 순간 정지 시 제동 작용을 한다.

43 타워크레인의 권상장치가 아닌 것은?

① 전동기   ② 훅 블록
③ 권상드럼   ④ 슬루잉유니트

해설 슬루잉유니트는 선회장치이다.

44 타워크레인 권상장치의 속도 제어 방법으로 틀린 것은?

① 역제동   ② 와전류 제동
③ 발전 제동   ④ 극변환 제동

해설 권상장치의 속도 제어는 와전류, 발전, 극수 변환 제동의 방법으로 한다.

45 타워크레인에서 트롤리가 메인 지브를 따라 이동하는 동작은?

① 횡행 동작   ② 주행 동작
③ 선회 동작   ④ 기복 동작

해설 ① 횡행 : 메인 지브 위를 이동
② 주행 : 크레인 일체가 이동함
③ 선회 : 마스트의 상부에서 회전 작용
④ 기복 : 수직면으로부터 각을 가지고 작동

46 유압 펌프에서 공급되는 오일의 양이 단위 시간당 증가하면 실린더의 속도는 어떻게 변화하는가?

① 빨라진다.   ② 수시로 변한다.
③ 일정하다.   ④ 느려진다.

47 카운터 웨이트의 역할에 대한 설명으로 적합한 것은?

① 메인 지브의 폭에 따라 크레인의 균형을 유지한다.
② 메인 지브의 길이에 따라 크레인의 균형을 유지한다.
③ 메인 지브의 높이에 따라 크레인의 균형을 유지한다.
④ 메인 지브의 속도에 따라 크레인의 균형을 유지한다.

해설 카운터 웨이트는 평형추로서 메인 지브의 길이에 따라 카운터 지브 끝에서 균형을 유지시켜 준다.

48 텔레스코핑 작업에 관한 내용으로 틀린 것은?

① 텔레스코핑 작업 중 선회 동작 금지
② 연결 볼트 또는 연결핀을 체결하기 전에는 크레인의 동작을 금지
③ 연결 볼트 체결 시는 토크렌치 사용
④ 유압 실린더가 상승 중에 트롤리를 전·후로 이동

해설 텔레스코핑 작업 중에는 트롤리를 전·후로 이동시키는 등의 행동은 하지 못한다.

정답 **40** ③ **41** ④ **42** ② **43** ④ **44** ① **45** ① **46** ① **47** ② **48** ④

49 타워크레인 각 지브의 길이에 따라 정격하중의 1.05배 이상 권상 시 작동하여 권상 동작을 정지시키는 장치는?

① 권상 및 권하 방지장치
② 비상 정지장치
③ 과부하 방지장치
④ 트롤리 정지장치

50 동절기에 타워크레인의 기초 앵커를 설치 시 보온 조치를 하여 콘크리트가 완전히 양생될 때까지의 기간으로 가장 적합한 것은?

① 1~2일   ② 2~3일
③ 3~5일   ④ 7~10일

해설 콘크리트의 양생은 7~10일 정도 소요되며, 콘크리트 블록의 강도는 255kg/cm² 이상으로 하는 것이 일반적이다.

51 유압의 특징에 대한 설명으로 틀린 것은?

① 액체는 압축률이 커서 쉽게 압축할 수 있다.
② 액체는 운동을 전달할 수 있다.
③ 액체는 힘을 전달할 수 있다.
④ 액체는 작용력을 증대시키거나 감소시킬 수 있다.

해설 기체는 압축될 수 있지만 액체는 압축되지 않는다.

52 타워크레인 안전작업을 위한 신호 시의 주의사항이 아닌 것은?

① 신호수는 절도 있는 동작으로 간단 명료하게 한다.
② 운전자가 보기 쉽고 안전한 장소에서 실시한다.
③ 운전자에 대한 신호는 반드시 정해진 한 사람의 신호수가 한다.
④ 신호수는 항상 운전자만 주시하고 줄걸이 작업자의 행동은 별로 중요시하지 않아도 된다.

53 기복(luffing)형 타워크레인에서 양중물의 무게가 무거운 경우 선회 반경은?

① 선회 반경이 짧아진다.
② 선회 반경이 길어진다.
③ 선회 반경이 커진다.
④ 선회 반경이 변함없다.

해설 양중물의 무게와 선회 반경은 반비례한다.

54 타워크레인 트롤리에 대한 설명으로 옳은 것은?

① 선회할 수 있는 모든 장치를 말한다.
② 권상 윈치와 조립되어 이동할 수 있는 장치이다.
③ 메인 지브를 따라 이동되며, 권상 작업을 위한 선회 반경을 결정하는 횡행장치이다.
④ 지브를 원하는 각도로 들어올릴 수 있는 장치를 말한다.

55 마스트 연장 작업 시 준수 사항이 아닌 것은?

① 선회 및 트롤리 이동 등 작동 금지
② 현장 여건에 따라 5°까지는 선회 가능
③ 양쪽 지브 균형 유지
④ 작업 방법 및 절차서의 확인

해설 마스트 연장 작업 시에 선회 작동은 절대 금지 사항이다.

56 고장력 볼트와 너트 나사부의 접촉면 처리 중 가장 적합한 것은?

① 기어 오일 도포
② 몰리브덴을 함유한 그리스 도포
③ 유압유 도포
④ 변속기 오일 도포

해설 고장력 볼트와 너트에는 오일이 아닌 그리스를 도포한다.

정답 49 ③ 50 ④ 51 ① 52 ④ 53 ① 54 ③ 55 ② 56 ②

57 타워크레인의 설치·해체 작업 시 추락 및 낙하에 대한 예방 대책으로 반드시 준수해야 할 사항 중 틀린 것은?

① 해당 매뉴얼에서 인양 무게중심과 슬링 포인트를 확인한다.
② 설치·해체 시 각 부재의 유도용 로프는 반드시 와이어 로프만을 사용한다.
③ 볼트나 핀의 낙하 방지를 위해서 반드시 철선 등으로 고정한다.
④ 이동식 크레인의 용량 선정 시는 반드시 인양 여유를 감안해서 선정한다.

58 타워크레인 마스트 해체 작업 중 틀린 것은?

① 처음에는 최상부 마스트와 선회 링 서포트 볼트 또는 핀을 푼다.
② 해체 마스트에 롤러를 끼워 넣는다.
③ 해체 마스트는 가이드 레일 밖으로 밀어낸다.
④ 선회 링 서포트와 기초 볼트를 푼다.

해설 선회 링 서포트의 작업이 처음이고, 기초 볼트를 푸는 것은 제일 마지막 작업이 된다.

59 마스트 연장 작업(텔레스코핑) 시 안전핀 사용에 대한 설명으로 틀린 것은?

① 케이지에 연결된 안전핀은 텔레스코핑 시에만 사용하여야 한다.
② 텔레스코핑 작업이 완료되면 즉시 정상핀으로 교체되어야 한다.
③ 텔레스코핑 시 현장이 급한 상황이면 안전핀을 생략하고 권상 작업을 하여도 된다.
④ 정상핀으로 교체되기 전에는 타워크레인의 정상 작업을 금지하여야 한다.

해설 아무리 현장이 급한 상황이라도 안전핀은 꼭 끼워져 있어야 한다.

60 다음 보기에서 타워크레인 설치·해체 작업에 관한 설명으로 옳은 것을 모두 고른 것은?

> ㉠ 설치·해체 풍속기준은 12m/sec이다.
> ㉡ 설치·해체 시 크레인 작업은 반드시 크롤러형 크레인을 사용한다.
> ㉢ 폭풍·폭우 및 폭설 등의 악천후 작업에 있어서 위험을 미칠 우려가 있을 때에는 당해 작업을 중지시킬 것
> ㉣ 작업 장소는 안전한 작업이 이루어질 수 있도록 충분한 공간을 확보하고 장애물이 없도록 할 것
> ㉤ 크레인의 능력, 사용 조건에 따라 충분한 내력을 갖는 구조의 기초를 설치하고 지반 침하 등이 일어나지 않도록 할 것

① ㉠, ㉡, ㉢, ㉣, ㉤
② ㉢, ㉣, ㉤
③ ㉠, ㉡, ㉢
④ ㉡, ㉢, ㉣

해설 작업 구역에서 관계 근로자 출입을 제한할 필요는 없으며, 설치·해체 풍속기준은 10m/sec이다.
또한, 크롤러형 크레인보다는 현장에 맞는 휠형 유압식 크레인이 사용된다.

61 권과 방지장치에 대한 다음 설명 중 (   ) 안에 알맞은 것은?

> 권과 방지장치는 훅의 달기 기구 상부와 접촉 우려가 있는 도르래와의 간격이 최소 (   ) 이상일 것

① 10cm
② 15cm
③ 25cm
④ 30cm

해설 타워크레인 검사 기술 지침 제28조에 의하면 달기 기구 상부와 도르래와의 간격은 0.25m(25cm)이상이어야 한다.

62 타워크레인의 해체 작업 시 안전운전 준수 사항으로 가장 중요한 것은?

① 타워크레인의 상부 마스트가 선회 링 서포트와 볼트 및 핀으로 연결될 때까지는 절대로 회전을 시키면 안 된다.

② 타워크레인의 해체 작업 시 운전은 팀의 선임자가 운전 자격이 없어도 할 수 있다.

③ 해체 작업 시 운전석의 전원은 항상 'ON' 상태로 하며 필요시 즉시 조작할 수 있도록 되어야 한다.

④ 해체 작업 시에는 풍속의 영향을 받지 않기 때문에 풍속은 고려할 필요가 없다.

해설 상부 마스트는 서포트와 볼트 및 핀으로 연결시킨 후에 회전시키도록 한다.

63 기초 앵커를 설치할 경우 콘크리트 블록 강도는 얼마 이상인가?

① 25kg/cm^2

② 100kg/cm^2

③ 125kg/cm^2

④ 255kg/cm^2

해설 콘크리트의 양생은 7~10일 정도 소요되며 콘크리트 블록의 강도는 255kg/cm^2 이상으로 하는 것이 일반적이다.

64 타워크레인의 방호장치가 아닌 것은?

① 권상 및 권하 방지장치

② 풍압 방지장치

③ 과부하 방지장치

④ 훅 해지장치

해설 풍압을 방지해 주는 장치는 없다.

65 유압장치의 기본적인 제어 밸브 3요소가 아닌 것은?

① 압력 제어 밸브

② 방향 제어 밸브

③ 유량 제어 밸브

④ 가속도 제어 밸브

66 타워크레인의 텔레스코핑 작업 전 유압장치 점검 사항이 아닌 것은?

① 유압 탱크의 오일 레벨을 점검한다.

② 유압 모터의 회전 방향을 점검한다.

③ 유압 펌프의 작동 압력을 점검한다.

④ 유압장치의 자중을 점검한다.

해설 텔레스코핑 작업을 위한 유압 계통의 압력, 회전 방향 등은 점검할 수 있으나, 자체 중량을 측정할 필요는 없다.

67 타워크레인 구조에서 기초 앵커 위쪽으로부터 운전실 아래까지의 구간에 위치하고 있지 않는 구조는?

① 베이직 마스트

② 카운터 지브

③ 타워 마스트

④ 텔레스코핑 케이지

해설 카운터 지브는 캣 헤드를 중심으로 뒤에 설치된 구조 부분이다.

68 타워크레인의 횡행장치에 관련된 안전장치인 것은?

① 와이어 로프 꼬임 방지장치

② 과부하 방지장치

③ 훅 해지장치

④ 트롤리 내·외측 제한장치

해설 횡행장치는 트롤리 장치 부분이며 트롤리 내·외측 제한장치 및 트롤리 정지장치 등이 안전장치이다.

정답 62 ① 63 ④ 64 ② 65 ④ 66 ④ 67 ② 68 ④

69 고장력 볼트 머리의 문자, 숫자는 무엇을 나타내는가?

① 볼트의 기계적 성질에 따른 강도를 표시한 것이다.
② 볼트의 길이를 표시한 것이다.
③ 볼트의 재질을 표시한 것이다.
④ 볼트의 모양을 표시한 것이다.

해설 고장력 볼트 머리의 숫자 중 앞자리는 기계적 성질에 따른 강도를 뜻하며, 뒷자리 숫자는 보증 신뢰도의 %를 말한다.

70 권상장치의 와이어 드럼에 와이어 로프가 감길 때 홈이 없는 경우 플리트(fleet) 허용 각도는?

① 4도 이내
② 3도 이내
③ 2도 이내
④ 1도 이내

해설 와이어 드럼의 플리트 각은 홈이 없는 경우는 2도 이내이고, 홈이 있는 경우는 4도 이내이어야 한다.

71 타워크레인 훅으로 상승 작업 중 화물의 낙하가 발생하였다. 그 원인과 거리가 가장 먼 것은?

① 줄걸이 상태 불량
② 권상용 와이어 로프의 절단
③ 지브와 달기 기구의 충돌
④ 텔레스코핑 시 상부의 불균형

해설 텔레스코핑 시 상부의 불균형은 마스트 연장 작업과 관련된 사항이다.

72 트롤리의 기능을 옳게 설명한 것은?

① 와이어 로프에 매달려 권상 작업을 한다.
② 카운터 지브에 설치되어 균형 유지를 하여 준다.
③ 메인 지브에서 전후 이동하며 작업 반경을 결정하는 횡행장치이다.
④ 마스트의 높이를 높이는 유압 구동장치이다.

73 크레인에서 리밋 스위치의 전동에 쓰이는 일반적인 체인은?

① 롤러 체인
② 롱 링크 체인
③ 쇼트 링크 체인
④ 스타트 체인

해설 링크 체인은 운반용이며, 롤러 체인은 전동용이다.

74 건설 현장에서 타워크레인의 설치·해체 작업 시 안전대책이 아닌 것은?

① 지휘 계통의 명확화
② 추락 재해 방지
③ 풍속의 확인
④ 크레인 성능과 디자인

해설 크레인 성능과 디자인은 설치·해체의 문제가 아니고 제작상의 문제이다.

75 타워크레인 메인 지브(앞 지브)의 절손 원인으로 가장 적합한 것은?

① 호이스트 모터의 소손
② 트롤리 로프의 파단
③ 정격하중의 과부하
④ 슬로잉 모터 소손

76 타워크레인 설치 시 서로 조립되는 것 중 틀린 것은?

① 베이직 마스트 – 기초 앵커
② 카운터 지브 – 권상장치
③ 균형추 – 타워 헤드
④ 메인 지브 – 트롤리 장치 및 타이 바

해설 균형추는 카운터 지브에 설치되어 있다.

77 고장력 볼트 또는 핀 체결 부분이 아닌 것은?

① 슬루잉 플랫폼 – 볼 슬루잉 링
② 볼 슬루잉 링 – 슬루잉 링 서포트
③ 볼 슬루잉 서포트 – 타워 마스트
④ 기초 앵커 고정 – 기초 앵커

해설 기초 앵커 고정은 콘크리트로 한다.

정답 69 ① 70 ③ 71 ④ 72 ③ 73 ① 74 ④ 75 ③ 76 ③ 77 ④

78 고장력 볼트의 조임 토크값의 단위는?

① kg/m^3 ② kgf

③ kN   ④ kgf · m

해설 볼트 너트의 조임 토크는 kgf · m 또는 m · kgf로 나타낸다.

79 마스트를 분리한 후 가장 올바른 하강 운전방법은?

① 지상 바닥에 고속으로 내린다.

② 지상 바닥에 중속으로 스윙하면서 내린다.

③ 바닥에 긴급히 내린다.

④ 바닥에 놓기 전 일단 정지 후, 저속으로 내린다.

80 텔레스코핑(상승 작업) 시 관련 설명으로 틀린 것은?

① 마스트 기둥과 가이드 롤러 사이에는 적정 간격이 필요하다.

② 텔레스코핑 전 지브와 카운터 지브가 45도 각도를 유지한 상태에서 트롤리를 움직여야 한다.

③ 가이드 슈를 고정했다면 크레인을 움직이지 않는다.

④ 텔레스코핑 전 반드시 좌 · 우 평형 상태를 이루어야 한다.

해설 텔레스코핑 작업 시에는 지브와 카운터 지브가 좌 · 우 · 상 · 하로 수평과 평형 상태를 유지하여야 한다.

81 타워크레인 설치 시 상호 체결 부분에 해당하는 것으로 옳은 것은?

① 슬루잉 플랫폼 – 기초 앵커

② 타워 마스트 – 균형추

③ 타워 베이직 마스트 – 기초 앵커

④ 기초 앵커 – 카운터 지브

82 마스트 연장 작업에서 메인 지브와 카운터 지브의 균형 유지 방법으로 옳은 것은?

① 작업 전 주행 레일을 조정하여 균형을 유지한다.

② 작업 시 권상 작업을 통하여 균형을 유지한다.

③ 작업 시 선회 작업을 통하여 균형을 유지한다.

④ 작업 전 하중을 인양하여 트롤리의 위치를 조정하면서 균형을 유지한다.

해설 메인 지브와 카운터 지브의 균형은 트롤리 위치를 조정하면서 유지하도록 한다.

83 다음 유압장치 중 타워크레인 상승 작업에 필요한 동력(power)과 관계가 먼 것은?

① 유압 피스톤 헤드 지름

② 펌프 유량

③ 실린더 내경

④ 체크 밸브

해설 실린더와 피스톤의 지름에 따라 cm^{2}당 유압이 달라지며, 릴리프 밸브는 압력의 조절, 펌프 유량은 속도의 제어를 한다.

84 다음 중 타워크레인의 주요 구조부가 아닌 것은?

① 설치 기초   ② 지브(jib)

③ 수직 사다리   ④ 윈치, 균형추

해설 타워크레인은 기초 앵커 설비 위에 마스트와 지브 및 균형추 등으로 구성된다.

85 다음 중 유압 펌프의 분류에서 회전 펌프가 아닌 것은?

① 피스톤 펌프   ② 기어 펌프

③ 스크루 펌프   ④ 베인 펌프

해설 피스톤 펌프는 일종의 플런저형으로 상하 왕복운동으로 펌프 작용을 한다.

정답 78 ④ 79 ④ 80 ② 81 ③ 82 ④ 83 ④ 84 ③ 85 ①

86 타워크레인에서 권상 시 트롤리와 훅(hook)이 충돌하는 것을 방지하는 장치는?

① 권과 방지장치
② 속도 제한장치
③ 충돌 방지장치
④ 비상 정지장치

> **해설** ① 권과 방지 : 권상 권하 시 과권을 방지하여 트롤리와 혹의 충돌 방지
> ② 속도 제한 : 권상 속도의 단계별 제한
> ③ 충돌 방지 : 동일 궤도 및 작업 반경 내에서 충돌 방지
> ④ 비상 정지 : 예기치 못한 상황 시 동작 방지

87 타워크레인의 선회장치를 설명한 것으로 잘못된 것은?

① 트러스 또는 A−프레임 구조로 되어 있다.
② 메인 지브와 카운터 지브가 상부에 부착되어 있다.
③ 회전 테이블과 지브 연결 지점에 점검용 난간대가 있다.
④ 마스트의 최상부에 위치하며 상·하 부분으로 되어 있다.

> **해설** 선회장치는 마스트 상부에 상·하 두 부분과 회전 테이블로 구성되어 있다.

88 타워크레인 방호장치 점검 사항이 아닌 것은?

① 과부하 방지장치의 점검
② 슬루잉 기어 손상 및 균열 점검
③ 모멘트 과부하 차단 스위치 작동 점검
④ 훅(hook) 상부와 시브와의 간격 점검

> **해설** 슬루잉 기어는 선회를 돕는 기계로 방호장치에는 해당되지 않는다.

89 타워크레인의 방호장치에 해당되는 것은?

① 카운터 지브   ② 훅(hook) 블록
③ 선회장치   ④ 비상 정지장치

> **해설** 카운터 지브나 선회장치, 훅(hook) 블록은 주요 구조부이고, 비상 정지장치는 방호장치의 하나이다.

90 타워크레인의 기초 앵커 설치에 대한 설명으로 맞는 것은?

① 지내력은 $20kg/cm^2$ 이상이어야 한다.
② 고정 앵커용 콘크리트 블록의 강도는 $2400kg/m^2$ 이상이어야 한다.
③ 철근 배근 도면은 참조하지 말고 콘크리트 블록을 먼저 설치한다.
④ 고정 앵커의 설치 각도는 80~90° 사이이다.

> **해설** ① 지내력 $2kg/cm^2$ 이상
> ② 콘크리트 블록 강도 $2400kg/m^2 (=240kg/cm^2)$
> ③ 철근 배근 도면을 반드시 참조
> ④ 앵커의 설치 각 90°

91 다음 유압 기호 중 체크 밸브를 나타낸 것은?

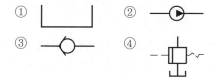

> **해설** ① 유압유 탱크
> ② 유압 펌프
> ③ 체크 밸브
> ④ 무부하 밸브

92 타워크레인의 운전에 영향을 주는 안정도 설계 조건을 설명한 것 중 틀린 것은?

① 하중은 가장 불리한 조건으로 설계한다.
② 안정도는 가장 불리한 값으로 설계한다.
③ 안정 모멘트 값은 전도 모멘트의 값 이하로 한다.
④ 비가동 시는 지브의 회전이 자유로워야 한다.

> **해설** 안정 모멘트는 전도 모멘트의 값 이상으로 되어야 위험을 방지할 수 있다.

93 타워크레인을 건물 내부에서 클라이밍 작업으로 설치하고자 할 때, 클라이밍 프레임으로 건물에 고정하는 데 반드시 몇 개를 사용하여야 하는가?

① 1개   ② 2개

③ 3개   ④ 4개

94 타워크레인 구조물 해체 작업 시 올바른 운전방법이 아닌 것은?

① 해체 작업 시 주전원을 차단한다.

② 해체 작업 중 양쪽 지브의 균형 유지 여부를 확인한다.

③ 슬루잉 링 서포트와 베이직 마스트 연결 시 약간 선회를 한다.

④ 마스트 핀이 체결되지 않은 상태에서 선회 동작은 금한다.

[해설] 슬루잉 링 서포트와 베이직 마스트 연결 시에는 선회 동작은 금물이다.

95 타워크레인에서 사용하는 조립용 볼트는 대부분 12.9의 고장력 볼트를 사용한다. 이 숫자가 의미하는 것은?

① 12 : 120kgf/mm^2의 인장강도

② 9 : 90kgf/mm^2의 인장강도

③ 12 : 볼트의 등급이 12

④ 9 : 너트의 등급이 9

[해설] 고장력 볼트의 12.9의 앞자리 숫자 12는 120kgf/mm^2의 인장강도를 뜻하며, 뒷자리 숫자 9는 보증 신뢰도가 90%임을 뜻한다.

96 기초 앵커를 설치하는 방법 중 옳지 않은 것은?

① 지내력은 접지압 이상 확보한다.

② 버림 콘크리트 타설 또는 지반을 다짐한다.

③ 구조 계산 후 충분한 수의 파일을 항타한다.

④ 앵커 셋팅 수평도는 ±5mm로 한다.

97 마스트 연장 작업(텔레스코핑) 시 양쪽 지브의 균형을 유지하는 방법이 아닌 것은?

① 카운터 지브에 있는 밸러스트(균형추)를 내려놓는 방법

② 제작 메이커에서 지정하는 무게를 권상하여 지브 위치로 트롤리를 이동하면서 균형을 유지하는 방법

③ 자체 마스트를 권상하여 지브 위치로 트롤리를 이동하면서 균형을 유지하는 방법

④ 지브 위치로 트롤리를 이동하면서 균형을 유지하는 방법

[해설] 지브의 양쪽 균형은 균형추나 자체 마스트 등을 권상하여 트롤리를 이동하여 유지하며, 균형추를 내려놓으면 균형 유지가 되지 못한다.

98 마스트의 단면적이 300mm^2 이상인 접지공사에 대한 설명으로 틀린 것은?

① 지상 높이 20m 이상은 피뢰 접지를 하도록 한다.

② 접지 저항은 10Ω 이하를 유지하도록 한다.

③ 접지판 연결 알루미늄선 굵기는 30mm^2 이상으로 한다.

④ 피뢰 도선과 접지극은 용접 방법으로 고정하도록 한다.

[해설] 접지판 연결은 알루미늄선 50mm^2 이상, 연동선은 30mm^2 이상이다.

99 T형(수평 지브형) 타워크레인의 방호장치에 해당되지 않는 것은?

① 권과 방지장치

② 과부하 방지장치

③ 비상 정지장치

④ 붐 전도 방지장치

[해설] 크레인 안전기준에 관한 규칙 제106조에 의해 크레인의 방호장치는 권과 방지, 과부하 방지, 비상 정지, 브레이크 장치 등을 말한다.

정답 93 ②   94 ③   95 ①   96 ④   97 ①   98 ③   99 ④

100 유압 탱크에서 오일을 유압 밸브로 이송하는 기기는?

① 액추에이터　　② 유압 펌프
③ 유압 밸브　　　④ 오일 쿨러

해설 액추에이터는 유압을 받아 일을 하는 작동기이며, 오일 쿨러는 냉각기이고, 펌프는 오일을 이송시킨다.

101 기복(jib-luffing) 장치를 설명한 것으로 알맞지 않은 것은?

① 최고·최저 각을 제한하는 구조로 되어 있다.
② 타워크레인의 높이를 조절하는 기계장치이다.
③ 지브의 기복 각으로 작업 반경을 조절한다.
④ 최고 경계 각을 차단하는 기계적 제한장치가 있다.

해설 타워크레인의 높이는 마스트를 삽입시켜서 조절한다.

102 모멘트 $M = P \times L$일 때 P와 L의 설명으로 맞는 것은?

① P : 힘, L : 길이
② P : 길이, L : 면적
③ P : 무게, L : 체적
④ P : 부피, L : 넓이

103 타워크레인의 트롤리에 관련된 안전장치가 아닌 것은?

① 트롤리 로프 파단 시 트롤리를 멈추게 하는 안전장치
② 트롤리 내 외측 제한장치(리밋 스위치)
③ 트롤리가 최소 또는 최대 반경 위치로 주행 시 충격 흡수 및 정지장치
④ 트롤리 로프 꼬임 방지장치

해설 트롤리 로프 꼬임 방지장치는 없으며, 와이어 로프 취급 시 주의할 사항이다.

104 타워크레인이 각 지브 길이에 따라 정격하중의 1.05배 이상 권상 시 작동하는 방호장치는?

① 권상·권하 방지장치
② 과부하 방지장치
③ 트롤리 로프 안전장치
④ 훅(hook) 해지장치

해설 크레인 제작·안전·검사기준 제53조에 의하면 과부하 방지 하중 시험은 정격하중의 1.05배가 되도록 한다.

105 크레인, 줄걸이 작업용 보조 용구의 기능에 해당하는 것은?

① 한 줄에 걸리는 장력을 높인다.
② 줄걸이 용구와 인양물을 보호한다.
③ 줄걸이 각도를 낮추어 준다.
④ 로프의 늘어짐 현상을 줄인다.

106 트롤리 이동 내·외측 제어장치의 제어 위치로 맞는 것은?

① 지브 섹션의 중간
② 지브 섹션의 시작과 끝 지점
③ 카운터 지브 끝 지점
④ 트롤리 정지장치

해설 제어장치의 제어 위치는 섹션의 시작과 끝 지점이 되며 중간이 될 수 없다.

107 타워크레인의 고장력 볼트 조임 방법과 관리 요령이 아닌 것은?

① 마스트 조임 시 토크렌치를 사용한다.
② 나사선과 너트에 그리스를 적당량 발라준다.
③ 볼트 너트의 느슨함을 방지하기 위해 정기 점검을 한다.
④ 너트가 회전하지 않을 때까지 토크렌치로 토크값 이상으로 조인다.

해설 토크렌치는 각종 볼트의 조임을 규정 토크로 조이기 위한 공구이다.

108 현장에 설치된 타워크레인이 두 대 이상으로 중첩되는 경우의 최소 안전 이격 거리는 얼마인가?

① 1m　　　　② 2m

③ 3m　　　　④ 4m

109 타워크레인 해체 시 이동식 크레인 선정 조건이 아닌 것은?

① 이동식 크레인 운전자 확인

② 최대 권상 높이

③ 가장 무거운 부재 중량

④ 이동식 크레인의 선회 반경

> **해설** 타워크레인 해체 시 이동식 크레인을 선정할 때는 권상 높이, 부재 중량, 선회 반경을 고려하여 선정한다.

110 타워크레인 해체 작업 시 가장 선행되어야 할 사항은?

① 마스트와 볼 선회 링 서포트 연결 볼트를 푼다.

② 마스트와 마스트 체결 볼트를 푼다.

③ 카운터 지브를 해체 및 정리한다.

④ 메인 지브와 카운터 지브의 평행을 유지한다.

> **해설** 타워크레인을 해체 시 제일 먼저 메인 지브와 카운터 지브가 평행을 유지한 상태에서 선회 링 서포트와 마스트 체결을 풀어 하강 작업 후 카운터 지브를 해체·정리한다.

111 마스트 상승 및 해체 작업을 할 때 특히 주의해야 할 사항에 해당되는 것은?

① 크레인의 균형을 유지한다.

② 컨트롤러 성능을 확보한다.

③ 볼트의 상태를 점검한다.

④ 관련 작업자와 자주 통신한다.

112 다음 중 마스트 연장 작업(텔레스코핑) 시 반드시 준수해야 할 사항이 아닌 것은?

① 반드시 제조자 및 설치 업체에서 작성한 표준 작업 설치에 의해 작업해야 한다.

② 텔레스코핑 작업 시 타워크레인 양쪽 지브의 균형 유지는 반드시 준수해야 한다.

③ 텔레스코핑 작업 시 유압 실린더 위치는 카운터 지브의 반대 방향이어야 한다.

④ 텔레스코핑 작업은 반드시 제한 풍속(순간 최대 풍속 : 10m/s)을 준수해야 한다.

> **해설** 텔레스코핑 작업 시 유압 실린더 위치와 카운터 지브는 동일 방향을 향하도록 한다.

113 타워크레인의 클라이밍 작업 시 사전 검토를 실시할 때 반드시 포함하여야 할 사항이 아닌 것은?

① 클라이밍 타워크레인의 설계 개요 검토

② 클라이밍 타워크레인 가설 지지 프레임의 구성 검토

③ 카운터 지브의 밸러스트 중량 가감 여부

④ 클라이밍 부재 및 접합부의 검토

> **해설** 클라이밍 작업 시에는 가설 지지 프레임의 구성 상태와 부재 및 접합부 검토 및 설계 개요 등을 검토한 후 작업에 임하도록 한다.

114 타워크레인의 해체에 필요한 필수적인 요소로 설치 시부터 숙지해야 할 내용으로 틀린 것은?

① 지지·고정 시의 균형

② 상승 시의 균형

③ 주위 장애물의 간섭

④ 전원의 공급 위치

> **해설** 타워크레인을 설치·해체 시에는 항상 지지 및 고정 상태와 상승 시의 균형 유지와 주위 장애물 등의 간섭 등을 숙지하여 안전작업을 하도록 한다.

정답 108 ②　109 ①　110 ④　111 ①　112 ③　113 ③　114 ④

115 타워크레인 최초 설치 시 반드시 검토해야 할 사항이 아닌 것은?

① 타워의 설치 방향
② 기초 앵커의 레벨
③ 양중 크레인의 위치
④ 갱 폼의 인양 거리

116 트롤리 스토퍼 역할을 하는 트롤리 정지장치의 재질은?

① 와이어 로프   ② 주철강
③ 고무   ④ 석재

> **해설** 충격흡수를 위해 고무재질로 제작한다.

117 메인 지브를 이용하며 권상 작업을 위한 작업 반경을 결정하는 장치는?

① 트롤리
② 운전실
③ 방호장치
④ 과부하 방지장치

> **해설** 메인 지브에서는 트롤리가 이동하여 작업 반경이 달라진다.

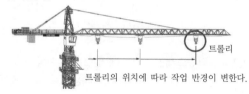
트롤리의 위치에 따라 작업 반경이 변한다.

118 타워크레인 방호장치에 해당하지 않는 것은?

① 권과 방지장치
② 과부하 방지장치
③ 훅(hook) 해지장치
④ 조향장치

> **해설** 조향장치는 차량 계통의 장비의 방향 전환장치이다.

119 타워크레인의 기초 앵커 설치 방법에 대한 설명으로 틀린 것은?

① 모든 기종에서 기초 지내력은 15ton/m²이면 적합하다.
② 기종별 기초 규격은 매뉴얼 표준에 따라 시공한다.
③ 앵커(fixing anchor) 시공 시 기울기가 발생하지 않게 시공한다.
④ 콘크리트 타설 시 앵커(anchor)가 흔들리지 않게 타설한다.

> **해설** 점토층의 허용 지지력은 $1.5kg/cm^2$이고, 모래 섞인 점토층은 $3.5kg/cm^2$이다.

120 과부하 방지장치 위치와 작동하는 하중으로 알맞은 것은?

① 위치 : 캣 헤드, 작동 하중 : 정격하중의 1.05배
② 위치 : 카운터 지브, 작동 하중 : 정격하중의 1.5배
③ 위치 : 지브의 트롤리, 작동 하중 : 정격 총 하중의 2배
④ 위치 : 텔레스코핑 케이지, 작동 하중 : 정격 총 하중의 2.5배

> **해설** 과부하 방지장치는 캣 헤드(타워 헤드)에 설치하고, 작동 하중은 정격하중의 1.05배이다.

121 다음 중 타워크레인 설치·해체 시 비래·낙하의 재해 방지를 위한 방법으로 잘못된 것은?

① 위험작업 범위 내 인원 및 차량 출입 금지
② 사용 중인 공구는 사용 후 지상에 보관
③ 볼트 및 너트 등 작은 물건은 준비된 주머니를 이용
④ 작업 전 낙하·비래 방지 조치에 관한 사항을 숙지

> **해설** 사용 중인 공구를 지상에 보관하게 되면 작업자가 매번 상·하차하는 번거로움이 있다.

정답 115 ④ 116 ③ 117 ① 118 ④ 119 ① 120 ① 121 ②

122 타워크레인의 지지·고정 방식 중에서 건물과의 이격 거리가 크지 않으며 연결 지점수를 줄이기 위해 사용하는 방식은?

① A-프레임과 지지대 1개 방식
② A-프레임과 로프 2개 방식
③ 지지대 3개 방식
④ 지지대 2개와 로프 2개 방식

해설 지지·고정 방식 중 건물과의 이격 거리가 크지 않으며 연결 지점수를 줄이려면 A-프레임과 지지대 방식을 사용하고, 지점수에 관계없으면 로프 2개 방식을 사용한다. 이격 거리에 관계없이 가장 일반적 방법은 지지대 3개 방식이다.

123 타워크레인의 마스트를 해체하고자 할 때 실시하는 작업이 아닌 것은?

① 마스트와 턴 테이블 하단의 연결 볼트 또는 핀을 푼다.
② 해체할 마스트와 하단 마스트의 연결 볼트 또는 핀을 푼다.
③ 해체할 마스트에 가이드 레일의 롤러를 끼워 넣는다.
④ 마스트를 가이드 레일의 안쪽으로 밀어넣는다.

해설 ④는 마스트를 늘리기 위한 (telescoping) 작업 중 하나이다.

124 타워크레인의 설치 작업 중 텔레스코핑 케이지를 올리고 있을 때 할 수 있는 작업은?

① 지브를 회전시키는 것
② 지브의 트롤리를 움직이는 것
③ 훅(hook)을 권상·권하시키는 것
④ 유압 펌프의 동작을 계속 유지하는 것

해설 텔레스코핑 케이지를 올리고 있을 때는 지브 회전, 트롤리 이동, 훅(hook)의 권상·권하를 할 수 없고, 유압은 계속 발생되어야 한다.

125 타워크레인 해체 작업 시 운전자가 숙지해야 할 사항이 아닌 것은?

① 해체 작업 순서
② 해체되는 장비의 구조 및 기능
③ 해체를 돕는 크레인의 구조와 기능
④ 해체 작업 안전 지침

해설 해체를 돕는 크레인 구조와 기능을 숙지할 필요는 없고, 해체되고 있는 크레인의 구조와 기능을 알고 있어야 한다.

126 텔레스코픽 요크의 핀 또는 홀(hole)의 변형을 목격하였을 때 조치 사항으로 틀린 것은?

① 핀이 다소 휘었으면 분해 및 교정 후 재사용한다.
② 홀(hole)이 변형된 마스트는 해체·재사용하지 않는다.
③ 휘거나 변형된 핀은 파기하여 재사용하지 않는다.
④ 핀은 반드시 제작사에서 공급된 것으로 사용한다.

해설 핀이 휘었으면 재사용하지 말고 교환하도록 한다.

127 클라이밍 시 안전핀 사용에 대한 설명으로 잘못된 것은?

① 케이지와 연결된 안전핀은 클라이밍 시에만 사용한다.
② 클라이밍 작업 후에는 정상핀으로 교체한다.
③ 정상핀으로 교체하기 전에는 작업을 금지한다.
④ 안전핀은 2개소만 핀으로 고정한다.

해설 안전핀은 4개소가 있다.

정답 122 ① 123 ④ 124 ④ 125 ③ 126 ① 127 ④

128 마스트 연장 작업 준비 사항으로 맞지 않는 것은?

① 유압장치와 카운터 지브의 위치는 동일 방향으로 맞춘다.
② 유압 실린더는 연장 작업 전 절대 작동을 금한다.
③ 추가할 마스트는 메인 지브 방향으로 운반한다.
④ 유압장치의 오일양, 모터 회전 방향을 확인한다.

> 해설 유압 실린더의 작동 상태를 점검해야 한다.

129 타워크레인의 트롤리에 관련된 안전장치가 아닌 것은?

① 와이어 로프 꼬임 방지장치
② 트롤리 정지장치
③ 트롤리 로프 안전장치
④ 트롤리 내·외측 제한장치

> 해설 타워크레인 트롤리 관련 장치는 트롤리 정지장치, 로프 안전장치, 내·외측 제한장치, 로프 긴장장치 등이 있다.

130 텔레스코핑 작업에서 유압 전동기가 역방향으로 회전 시 적절한 조치 방법은?

① 유압 실린더를 수리한다.
② 유압 펌프를 수리한다.
③ 10분간 휴지 후 작동한다.
④ 전동기의 상을 변경한다.

> 해설 전동기의 상을 변경하여 역상할 수 있도록 한다.

131 텔레스코핑 작업 시 새로운 마스트를 올려놓는 곳은?

① 트롤리　　　② 이동 레일
③ 타워 헤드　　④ 카운터 지브

> 해설 텔레스코핑 작업 시 새로운 마스트를 이동 레일(running rail) 롤러에 올려놓고 텔레스코핑 케이지 내부로 밀어넣는다.

132 크레인의 구성품 중 타워크레인에만 사용하는 것은?

① 새들
② 크래브
③ 권상장치
④ 캣(cat) 헤드

> 해설 새들과 크래브 및 권상장치는 천장 크레인용이며, 캣 헤드는 타워크레인의 메인 지브와 카운터의 타이 바를 상호 지탱해주는 것이다.

133 타워크레인의 방호장치가 아닌 것은?

① 선회 제한 스위치
② 비상 정지장치
③ 반경 표시장치
④ 회전 방향 제어장치

> 해설 방호장치에는 권상 및 권하 방지, 과부하 방지, 비상 정지, 회전 방향 제어장치 등이 있다.

134 과부하 방지장치에 대한 설명으로 틀린 것은?

① 지브 길이에 따라 정격하중의 1.05배 이상 권상 시 작동한다.
② 운전 중 임의로 조정하여 사용하여서는 안 된다.
③ 과권상 시 작동하여 동력을 차단하는 장치다.
④ 성능 검정 합격품을 설치하여 사용하여야 한다.

135 권상·권하 방지장치 리밋 스위치의 구성요소가 아닌 것은?

① 캠
② 웜
③ 웜 휠
④ 권상 드럼

> 해설 권상 드럼에는 리밋 스위치가 없으며, 캠과 웜 및 웜 휠로 구성된다.

정답 128 ②　129 ①　130 ④　131 ②　132 ④　133 ③　134 ③　135 ④

136 트롤리 로프 긴장장치에 관련된 기능 설명 중 틀린 것은?

① 와이어의 긴장을 유지하여 정확한 위치를 제어한다.

② 신율에 의해 느슨해진 와이어를 수시로 긴장할 수 있는 장치이다.

③ 와이어 긴장을 이용하여 화물이 흔들리는 것을 조절하는 기능을 한다.

④ 정·역 방향으로 와이어의 드럼 감김 능력을 원활하게 한다.

해설 트롤리 로프의 처짐이 있을 때 로프의 한쪽 끝을 드럼에 감아서 장력을 주는 것이 로프 긴장장치이다.

137 타워크레인의 해체 작업 시 일반적인 유의사항이 아닌 것은?

① 해체 작업 시 반드시 숙련된 적정 인원을 배치하고 작업 책임자를 지정, 상주해야 한다.

② 해체 작업자는 반드시 안전모를 착용하고, 안전벨트는 볼트 및 핀 제거 시만 착용해야 한다.

③ 해체 작업은 해체 작업 지침과 안전 작업 지침에 의해 실시해야 한다.

④ 해체 작업 후 주변 정리 정돈을 깨끗이 해야 한다.

해설 해체 작업에서도 안전모와 안전벨트는 착용하고 작업을 하도록 한다.

138 타워크레인의 클라이밍 작업 시 준비 사항에 해당하지 않는 것은?

① 유압장치가 있는 방향에 카운터 지브가 위치하도록 한다.

② 메인 지브 방향으로 마스트를 올려놓는다.

③ 전원 공급 케이블을 클라이밍 장치에서 탈거한다.

④ 유압 펌프의 오일양을 점검한다.

139 타워크레인의 마스트 상승 작업 시 지브의 균형을 유지하기 위하여 트롤리에 매다는 하중이 아닌 것은?

① 밸런스 웨이트용 마스트

② 작업용 철근

③ 텔레스코핑 케이지

④ 카운터 웨이트

해설 텔레스코핑 케이지는 마스트 상승 작업을 위한 유압 기기 기구들이며, 지브의 균형 유지는 밸런스를 맞추기 위한 웨이트나 철근, 마스트가 할 수 있다.

140 타워크레인을 와이어 로프로 지지 및 고정하였을 경우의 효과가 아닌 것은?

① 설치·해체 공정이 빠르다.

② 재사용이 가능하다.

③ 비틀림에도 효과적이다.

④ 인장력에만 저항한다.

해설 와이어 로프에 꼬임이나 비틀림이 작용되면 손상의 원인이 될 수 있다.

141 크레인 조립·해체 시의 작업 준수 사항이 아닌 것은?

① 작업 순서를 정하고 그 순서에 의하여 작업을 실시

② 작업 장소는 안전한 작업이 이루어질 수 있도록 충분한 공간을 확보

③ 들어올리거나 내리는 기자재는 균형을 유지하면서 작업

④ 조립용 볼트는 나란히 한 차례대로 결합하고 분해

해설 조립용 볼트는 나란히 조립하는 것이 아니고 대각선 대칭 순서로 조립한다.

142 타워크레인의 메인 지브의 형상은?

① 원형   ② 박스형

③ 사각형   ④ 삼각형

해설 삼각형 트러스트 골재형

정답 136 ③ 137 ② 138 ③ 139 ③ 140 ③ 141 ④ 142 ④

143 타워크레인의 마스트 연장 작업 시 유압장치의 점검 및 준비에 관한 사항 중 잘못된 것은? (단, 유압 실린더가 한 개인 경우)

① 유압장치의 압력을 점검 및 확인한다.
② 유압 유니트 및 유압 실린더의 작동 상태를 점검한다.
③ 텔레스코핑 케이지의 유압 실린더와 메인 지브가 같은 방향인지 확인한다.
④ 유압 공기 구멍(vent plug)은 열어 놓는다.

144 타워크레인 지브가 절손되는 원인과 가장 관계가 먼 것은?

① 인접 시설물과의 충돌
② 트롤리의 이동
③ 정격하중 이상의 과부하
④ 지브와 달기 기구와의 충돌

145 건설 현장에서 사용하고 있는 타워크레인의 주요 구조부가 아닌 것은?

① 브레이크　　② 훅 등의 달기 기구
③ 전선류　　　④ 윈치, 균형추

146 텔레스코핑 유압 작업에 관한 설명으로 맞는 것은?

① 마스트를 상승시키기 위해 유압 모터를 회전해야 한다.
② 마스트를 상승시키기 위해 유압 실린더를 확장해야 한다.
③ 텔레스코핑 작동을 위해 유압 펌프를 쓰지 않는다.
④ 텔레스코핑 작동 중 air vent는 닫아 두어야 한다.

해설 마스트를 상승시키기 위해 유압 실린더를 확장시켜야 한다.

147 텔레스코핑과 관련한 부품이 아닌 것은?

① 유압 실린더
② 유압 모터
③ 메인 스위치
④ 텔레스코핑 케이지

148 타워크레인의 권상 작동 시 와이어 로프가 계속 감겨 트롤리 등에 충돌을 방지하는 장치는?

① 충돌 방지장치
② 트롤리 정지장치
③ 권상 및 권하 방지장치
④ 비상 정지장치

해설
· 충돌 방지장치 : 동일 궤도상을 주행하는 타워크레인이 2대 이상 설치되어 있을 때 상호 근접으로 인한 충돌을 방지하는 장치
· 권상 및 권하 방지장치 : 훅이 땅에 닿거나 권상 작업 시 트롤리 및 지브와의 충돌을 방지하는 장치
· 비상 정지장치 : 모든 제어 회로를 차단시키는 구조로 동작 시 예기치 못한 상황에서 정지시키는 장치

149 다음 그림에서 카운터 지브에 가까운 것은?

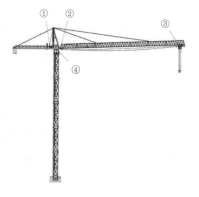

① ①　　　　　　② ②
③ ③　　　　　　④ ④

150 유압 탱크에서 오일을 흡입하여 유압 밸브로 이송하는 기기는?

① 액추에이터 ② 유압 펌프
③ 유압 밸브 ④ 오일 쿨러

151 타워크레인 권상 시 주의할 사항으로 맞는 것은?

① 인양 중인 화물은 작업자 머리 위로 통과하게 할 것
② 고정된 물체를 직접 분리·제거하는 작업을 할 것
③ 인양할 화물이 멀리 떨어져 있을 때 바닥에서 끌어당겨서 작업할 것
④ 폭발 누출 가능한 용기는 보관함에 담아 운반할 것

> **해설** 산업안전에 관한 규칙
> 제120조의2 (크레인 작업 시의 조치) 사업주는 크레인을 사용하여 작업을 하는 때에는 다음 각 호의 조치를 준수하여야 하고, 그 작업에 종사하는 관계 근로자에게 이를 교육하여야 한다.
> 1. 인양할 화물(荷物)을 바닥에서 끌어당기거나 밀어 작업하지 아니할 것
> 2. 유류드럼이나 가스통 등 운반 도중에 떨어져 폭발하거나 누출될 가능성이 있는 위험물용기는 보관함(또는 보관고)에 담아 안전하게 매달아 운반할 것
> 3. 고정된 물체를 직접 분리·제거하는 작업을 하지 아니할 것
> 4. 미리 근로자의 출입을 통제하여 인양 중인 화물이 작업자의 머리 위로 통과하게 하지 아니할 것
> 5. 인양할 화물이 보이지 아니 하는 경우에는 어떠한 동작도 하지 아니할 것(신호하는 자에 의하여 작업을 하는 경우를 제외한다.)

152 메인 지브를 오가며 권상 작업을 위한 선회반경을 결정하는 횡행장치는?

① 훅 블록 ② 트롤리
③ 타이 바 ④ 캣 헤드

153 주행에 사용되는 와이어 로프의 파손 시 트롤리를 멈추게 하는 장치는?

① 트롤리 로프 안전장치
② 트롤리 로프 긴장장치
③ 트롤리 내·외측 제어장치
④ 트롤리 정지장치

154 트롤리가 최소 회전 반경 또는 최대 반경으로 동작 시 트롤리 충격을 흡수하는 완충장치는?

① 트롤리 정지장치
② 트롤리 판스프링 장치
③ 트롤리 속도 제한장치
④ 트롤리 비상 정지장치

> **해설** 트롤리 정지장치는 최소 회전 반경 또는 최대 반경으로 동작 시 트롤리 충격을 흡수하는 완충장치이다.

155 선회장치에 사용되는 기어는?

① 베벨 기어와 피니언
② 스큐 기어와 피니언
③ 워엄과 워엄 기어
④ 링 기어와 피니언

156 선회 브레이크 풀림장치에 대한 설명 중 틀린 것은?

① 바람에 따라 자유롭게 움직이도록 하는 장치이다.
② 전원이 차단되면 작동하지 않는다.
③ 비가동시 선회가 자유롭도록 하는 장치이다.
④ 지상에서 브레이크 해제 레버를 당겨서 해제시킬 수 있다.

> **해설** 선회 브레이크 해제장치(풀림장치)는 컨트롤 볼테이지를 차단한 상태에서 동작되며, 전원이 차단되어도 시간 지연 커넥터 동작에 의해 마그넷에 전류가 공급되어 브레이크가 해제된다.

정답 150 ② 151 ④ 152 ② 153 ① 154 ① 155 ④ 156 ②

157 주어진 범위 내에서만 선회가 가능하도록 되어 있고 주요한 전기 공급 케이블 등이 과도하게 비틀리는 것을 방지하는 부품은?

① 와이어 로프 꼬임 방지장치
② 와이어 로프 이탈 방지장치
③ 선회 브레이크 풀림장치
④ 선회 제한 리밋 스위치

해설 선회 제한 리밋 스위치(slewing limit switch)는 주어진 범위 내에서만 선회가 가능하도록 되어 있고, 주요한 전기 공급 케이블 등이 과도하게 비틀리는 것을 방지하는 부품이다.

158 L형 타워크레인에 없는 부품이나 장치는?

① 카운터 웨이트　　② 트롤리
③ 훅 블록　　　　　④ 텔레스코핑 케이지

해설 메인 지브가 경사져 있어 트롤리를 운용하지 않고 그 경사각으로 작업 반경을 결정한다.

159 텔레스코핑 작업 시 유의사항으로 맞는 것은?

① 텔레스코핑 작업은 풍속 10m/s 이내에서만 실시하여야 한다.
② 텔레스코핑 작업은 풍속과는 관계없고 우천 시에만 작업을 금지한다.
③ 텔레스코핑 작업 중 에어벤트는 반드시 잠가 두어야 한다.
④ 유압 실린더와 카운터 지브는 반대 방향으로 놓이도록 유의해야 한다.

해설 텔레스코핑 작업은 풍속 10m/s 이내에서만 실시하여야 하고, 텔레스코핑 작업 시 에어벤트는 열어 두어야 한다. 유압 실린더와 카운터 지브는 동일한 방향에 놓이도록 하여야 한다.

160 메인 지브와 카운터 지브의 연결 바를 상호 지탱해 주기 위한 목적으로 설치된 것은?

① 트롤리　　　　　② 훅 블록
③ 캣 헤드　　　　　④ 카운터 웨이트

해설 캣 헤드는 메인 지브와 카운터 지브의 연결 바를 상호 지탱해 주기 위한 목적으로 설치된 것이다.

161 타워크레인에서 현재 트롤리 장치가 있는 곳은?

① ①　　　　　　　　② ②
③ ③　　　　　　　　④ ④

162 균형추와 윈치를 사용한 권상장치가 설치되어 있어 크레인의 전후방 균형을 유지하는 것은?

① 메인 지브
② 카운터 지브
③ 타워 헤드
④ 베이직 마스트

163 선회장치의 슬루잉 기어로 가장 적당한 것은?

① 베벨 기어와 피니언
② 워엄과 워엄 기어
③ 스큐 기어와 피니언
④ 링 기어와 피니언

164 크레인 설치 및 해체 시 안전대책이 아닌 것은?

① 추락 및 재해 방지
② 지휘 계통의 복수화
③ 보조 로프 사용
④ 비래 및 낙하 방지

165 권상 권하 방지장치(limit switch)가 설치된 곳은?

① 권상 모터 ② 캣 헤드
③ 슬루잉 모터 ④ 운전반

166 권상 속도 단계별로 정해진 정격하중을 초과할 때 작동하는 장치는?

① 과부하 방지장치
② 권상 권하 방지장치
③ 속도 제한장치
④ 트롤리 정지장치

167 속도 제한장치가 설치된 곳은?

① 권상 모터 ② 캣 헤드
③ 메인 지브 ④ 배전반

168 타워크레인의 설치 및 해체 시 작업 개시 전 준비 사항으로 옳지 않은 것은?

① 작업 순서와 관계없이 작업 분담을 확인해야 한다.
② 줄걸이 용구 보호 장비 등의 점검을 실시해야 한다.
③ 출입 금지 및 안전조치를 한다.
④ 신규 작업자 안전교육을 실시한다.

해설 작업 순서에 따라 작업 분담을 확인해야 한다.

169 트롤리 정지장치가 설치된 곳은?

① 카운터 지브
② 메인 지브
③ 텔레스코핑 케이지
④ 베이직 타워 마스트

170 텔레스코핑 케이지(telescoping cage) 가이드 섹션과 관련 없는 것은?

① 유압 실린더
② 카운터 웨이트 설치
③ 유압 모터
④ 플랫폼 및 가이드 레일

171 고무 완충재를 사용하는 곳으로 맞는 것은?

① 트롤리 정지장치
② 권상·권하 방지장치
③ 훅 블록
④ 카운터 웨이트

172 텔레스코핑 작업 시 마스트를 인양하는 이유로 알맞은 것은?

① 카운터 웨이트를 옮기기 위해
② 균형을 맞추기 위해
③ 선회하기 위해
④ 시간을 맞추기 위해

정답 165 ① 166 ① 167 ① 168 ① 169 ② 170 ② 171 ① 172 ①

타워크레인운전기능사

제**6**장

Craftsman Tower Crane Operating

타워크레인의 보수 · 운전

제1절 | 점검 · 정비
제2절 | 타워크레인의 운전

제6장 타워크레인의 보수 · 운전

1 점검 · 정비

1 크레인 정비 일반

크레인의 정비(유지)는 검사와 보수라는 2가지 목적을 추구하는 과정이다. 크레인은 사용할 때 동적 부하와 마모에 노출되어서 성능 저하와 고장을 일으킬 수 있는 전자 기계 및 구조 부분으로 구성되어 있다. 이러한 요인은 심각한 기계 고장으로 이어질 수 있으므로 즉시 조처하지 않는다면 크레인의 안전운전을 위태롭게 한다.

이러한 요인을 관리하고 악영향을 최소화하기 위한 최선의 방법은 크레인의 수명 내내 정비 계획을 세워서 크레인의 고장 위험과 파손을 근본적으로 차단하는 것이다. 검사는 크레인의 안전과 기능을 약화시킬 수 있는 문제점을 발견하고, 확인하고, 평가하기 위해서 요청되는 모든 적절한 일련의 작업이다. 그리고 보수는 시행되는 검사와 관련하여 발견된 결함을 분석하고, 크레인 본래의 형태와 운전 상태로 수선하는 작업이다.

(1) 일반 정비

크레인 정비 책임자에 의해서 실행되는 작업으로, 현장 정비 요원의 작업능력 범위 내에서 오일 · 유체 윤활유의 보충 및 교환 작업과 일간 · 주간 · 월간 · 연간의 검사 업무, 크레인의 결함과 고장 발생 원인의 분석과 조치, 크레인의 기능 및 운전 점검 등을 말한다. 또한 전문 기술자의 작업이 아닌 크레인 구성품의 수리와 현장 정비 요원의 정비 능력으로 부품의 교체 작업을 의미한다.

(2) 특수 정비

특수 정비란 크레인 운전자나 중기 관리자에게 통상적으로 기대할 수 없는 정비 작업으로서 전문 기술자가 실시하는 정비이다. 특수 정비는 크레인의 조립, 구성품의 조정, 특수한 운전 점검과 조정 작업, 케이블 교체 작업, 전기 시스템 수리, 구조물 부재 및 주요 부품의 비파괴 검사를 의미한다.

(3) 일상 정비

정비 절차는 검사 단계와 조치 단계의 두 단계로 구분되며, 이러한 시스템은 모든 잠재적인 크레인의 결함을 확인하고 수리가 되도록 보증한다. 이러한 단계에서 해결할 수 없는 결함은 특수 정비로 넘긴다.

① 검사 단계

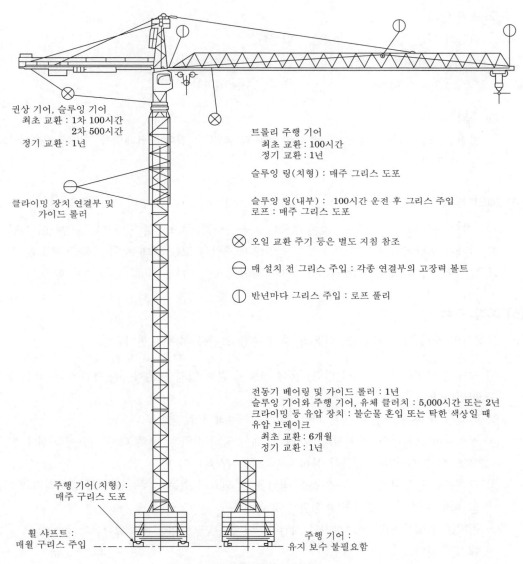

권상 기어, 슬루잉 기어
  최초 교환 : 1차 100시간
           2차 500시간
  정기 교환 : 1년

클라이밍 장치 연결부 및
  가이드 롤러

트롤리 주행 기어
  최초 교환 : 100시간
  정기 교환 : 1년

슬루잉 링(치형) : 매주 그리스 도포

슬루잉 링(내부) : 100시간 운전 후 그리스 주입
로프 : 매주 그리스 도포

⊗ 오일 교환 주기 등은 별도 지침 참조

⊖ 매 설치 전 그리스 주입 : 각종 연결부의 고장력 볼트

ⓘ 반년마다 그리스 주입 : 로프 풀리

전동기 베어링 및 가이드 롤러 : 1년
슬루잉 기어와 주행 기어, 유체 클러치 : 5,000시간 또는 2년
크라이밍 등 유압 장치 : 불순물 혼입 또는 탁한 색상일 때
유압 브레이크
  최초 교환 : 6개월
  정기 교환 : 1년

주행 기어(치형) :
  매주 구리스 도포

휠 샤프트 :
매월 구리스 주입

주행 기어 :
유지 보수 불필요함

▲ 주요 정비 포인트

이 단계는 또한 크레인의 'test record book(시험 기록 책자)'이 최신의 기록으로 유지될 수 있도록 하기 위한 단계이다.

검사 단계는 점검, 고장 발견 수리와 크레인 결함, 성능 저하 및 예상되는 고장의 체계적인 기록 유지로서, 수리 작업은 이 단계에서 시행되지 않는다. 사실상 크레인의 모든 문제와 발견된 결함의 완전한 목록이 작성되고 난 다음, 책임자가 크레인의 일반 작업과 일상 정비·특수 정비에 대한 적절한 계획을 수립할 수 있다.

② 조치 단계

다음과 같은 일상 정비 작업을 포함한다.

㉮ 수리(repairs) ㉯ 교체(replacement)
㉰ 윤활(lubrication) ㉱ 도장(painting)

③ 주의

발견된 모든 결함이 정상적으로 수리 완료되기까지는 절대로 크레인을 작업 조건으로 놓아서는 안 된다.

(4) 예비 부품

제조사의 사양을 만족시킬 수 없는 부품의 사용은 위험을 초래할 수 있다. 순정품이 아닌 부품은 갑자기 절단되거나 기능을 상실하여 인명과 재산을 잃는 중대 재해 사고를 유발할 수 있으므로 제조 회사의 순정품만을 사용하여야 한다.

(5) 예방 조치

크레인의 정비 작업 착수 전 다음과 같이 예방 조치를 하여야 한다.

① 크레인이 멈추었는지 확인한다. 훅에 하중이 걸려 있지 않은지, 주 전원은 차단되었는지를 확인한다.
② 과열된 부품은 완전히 식은 다음 정비에 착수하여야 한다.
③ 정비원이 크레인의 전기 전자 시스템에 대한 정비 작업을 할 때 다른 사람에 의한 전원 투입으로 전기 제어반에 전류가 통하지 않도록 감시하여야 한다.
④ 크레인을 동작시켜서 기능과 운전 점검을 할 필요가 있는 경우는 반드시 유자격자의 기술지도 하에 점검이 이루어져야 한다.
⑤ 정비를 위해서 어떤 안전장치를 제거하여야 한다면, 위험을 최소화하도록 적절한 조치가 취해져야 한다.
⑥ 유압 관련 부품들이 압력을 받고 있는 상태라면 절대로 분리하거나 제거하지 말아야 한다.
⑦ 항상 정비에 적합한 공구를 사용하여야 한다. 정비 부품을 인양할 때 슬링이나 서비스윈치의 용량이 초과되지 않도록 한다.
⑧ 정비원은 항상 안전장구를 착용하여야 한다.

(6) 크레인 정비사의 자격

일반 정비를 추진하는 요원은 업무를 수행할 수 있도록 철저히 교육을 받아야 한다. 크레인은 작업과 정비에 관련된 근원적 위험 요소가 많이 있으므로 경험 있고 숙련된 정비 요원만이 담당하여야 하며, 크레인 소유자는 크레인의 일반 정비를 책임지고 추천할 수 있는 담당 요원을 지정해야 한다.

통상적으로 이와 같은 업무는 책임 있는 사람인 크레인 운전자나 혹은 현장 관리 책임자(중기 관리자)가 맡는다.

2 크레인의 정비 항목과 점검

일상 정비를 보다 용이하게 하기 위하여 타워크레인의 시스템과 구성품을 5개의 주요 그룹으로 분류하였다. 주요 그룹들은 체크 리스트로서 사용하기에 편리하도록 여러 개의 구성요소와 부분 그룹으로 분류하고, 기술자들은 이들 그룹에 대하여 일일·주간·월간 그리고 연간 검사 업무를 실행하여야 한다. 또한 정비나 검사 업무를 정확히 이해하기 위해서는 매뉴얼에 포함된 부품의 분해·조립도, 윤활 차트, 그림, 토크 테이블 등을 참고로 하거나, 제조사의 기술부로 문의하여야 한다.

(1) 구조 부분(structures)

① 기초 베이스, 플레이트, 앵커 볼트
② 레일 트랙
③ 타워 섹션 사다리, 플랫폼과 슬루잉 링 홀더
④ 지브, 카운터 지브, 밸러스트, 타워 헤드, 운전실, 핸드 레일 및 케이블

(2) 구동부(drive assemblies)

① 러핑 유닛

㉮ 윈치　　　　㉯ 풀리　　　　㉰ 와이어 로프
㉱ 브레이크　　㉲ 리미터

② 슬루잉 유닛

㉮ 슬루잉 링　　㉯ 모터　　　　㉰ 감속기

③ 주행 유닛

㉮ 주행보기　　㉯ 기어드 모터　　㉰ 주행 차륜

(3) 권상장치(hoisting assemblies)

① 윈치　　　　　　② 와이어 로프　　　③ 리미터
④ 지브 타이 바, 타워 헤드 및 모빌 태클　　⑤ 훅 블록

(4) 유압 시스템(hydraulic systems)

① 오일 탱크   ② 펌프   ③ 필터

④ 브레이크 실린더   ⑤ 감압 밸브   ⑥ 오일 쿨링 시스템

(5) 전기/전자 시스템(electrical/electronic systems)

① 커넥터 및 전선

② 운전실

③ 리밋 스위치

     ㉮ 호이스팅   ㉯ 러핑   ㉰ 슬루잉   ㉱ 트래블링

④ 리밋 센서

⑤ 콘트롤 유닛

⑥ 파워 유닛

⑦ 쿨링 팬

(6) 고장력 볼트의 정기 점검

① 연결 부분들이 자리를 잡는 데는 시간이 걸리기 때문에 초기 점검은 크레인 최초 조립 후 3 주 정도 지나서 실시한다.

② 점검 시 반드시 토크렌치를 사용해야 한다.

③ 추가적인 정기 점검은 최소 3개월마다 주기적으로 육안 검사를 실시해야 하며, 최소한 1년 에 2번 이상 나사선의 변형, 부식과 볼트 조립 상태를 점검해야 한다.

④ 메인 지브는 무부하 상태이면서 카운터 지브는 볼트가 조여진 모서리 위에 있어야 한다.

⑤ 볼 선회 링의 조임은 지브에 일정량의 무게를 들어 평행 상태를 이루게 한 후(moment zero) 조립한다(만일 작업 도중 선회 링 볼트 파손 시는 허용 부하량의 1/2 정도를 권상하여 트롤리를 움직여 평행 상태로 균형을 맞춘 후 조립 실시).

(7) 베어링의 윤활 및 보수

① 구름 베어링

구름 베어링의 윤활유에는 오일 및 그리스가 있다. 오일 윤활유는 감속기의 베어링을 기어의 윤활과 동시에 보급하는 경우도 있으므로 오일의 오손과 열화(劣化)에 주의해야 한다. 그리스 윤활은 베어링 크기와도 관계가 있지만 베어링 전체 공간을 전부 채우고 하우징(housing ; 베어링 박스) 공간의 1/3 정도 채운다고 하면 약 2,000시간은 보급하지 않아도 된다.

크레인의 사용 환경은 먼지가 있는 곳이 많으므로 방전장치, 밀폐장치를 완전히 하여 먼지 의 침투를 방지해야 한다.

베어링을 정확하게 장치하여 적절한 윤활과 올바른 운전이 이루어지면 다음 표와 같이 수명 을 유지할 수 있다.

■ 사용 개소별 수명계수와 수명시간

사용 개소	수명계수	수명시간
권상장치 드럼	3~4	14,000~30,000
권상장치 기타	2~3	4,000~13,000
주행장치 차륜	3 이상	4,000~13,000

■ 기계별 수명계수와 수명시간

기계	수명계수	수명시간
기계 공장의 권상장치	2~2.5	4,000~8,000
철강 공장 기중기	2~2.5	4,000~8,000
일반 하역 기중기	2.5~3	8,000~14,000
상시 운전 기중기	3.5~4	20,000~30,000
중작업 기중기	5~10	20,000~30,000

② 평면 베어링

베어링 끝에서 스며 나오는 오일에 이물질의 포함 여부와 운전 중의 이상음 발생, 과도한 발열과 진동은 없는지, 또 부시의 한쪽 면만 접촉하는지와 접촉하는 축과의 간격 등을 점검한다. 또, 사용 빈도가 높은 크레인에서는 베어링을 유지하는 철 구조 부분의 휨, 부식에 의한 변형 등 장치 부위의 변동을 점검한다.

■ 축과 베어링·부시와의 간격

종 별 \ 축 경	25~40	41~60	61~100	101~160	161~250
구동축(기어축)	0.6	0.8	1.0	1.2	1.6
기타 축	1.2	1.6	2.0	2.5	3.1

(8) 기어의 접촉·마모와 윤활

기어의 조립이 끝나면 오일을 넣기 전에 가볍게 운전해 본다. 이때 광명단을 오일에 풀어서 기어면에 발라 놓으면 접촉 상태를 알 수 있다. 이상적인 기어의 접촉은 기어의 폭이 꽉 차고 길지 않으며, 양 단은 닿지 않고 중앙 전반에 닿아 있는 것이다. 이 형태에 따른 접촉도는 기어의 끝부분과 이뿌리 부분은 닿지 않고 역시 중앙 부근에 닿는 것이 좋다.

상대편 기어의 잇면을 손상시키지 않게 하기 위하여 이의 모서리를 모두 모떼기하며, 잇면에 흠이 있는가 잘 살펴서 반드시 흠을 제거한다. 아무리 작은 흠이라도 소음이 생기며, 상대편 기어의 잇면에 손상을 입히게 되므로 주의해야 한다.

기어의 맞물림 상태는 음향으로 대략 알 수 있어 설치 당초부터 맞물린 음의 변화에 충분히 주의해야 하며, 기어의 손상은 잇면의 손상과 잇면 이외의 손상으로 구분된다.

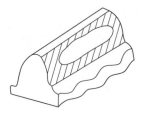

▲ 스퍼 기어의 이상적인 접촉

① 피칭(pitching)

일반적으로 잇면의 미끄럼이 적은 피치선 부근에 다수의 작은 홈이 생기는 것이다. 이것은 새 단면은 얼핏 보아 매끈하게 보이나 실제로는 비교적 거칠게 제작되어 경도가 고르지 않으므로 큰 하중으로 운전될 때는 큰 집중 하중이 발생하여 반복 운전함으로써 표피 금속이 피로 탈락해서 생기는 것이다.

보통 적정한 급유를 하면 정상 마모가 이 작은 홈을 연마한다. 또 하중을 감소시키고 고점도 윤활유를 사용함으로써 진행을 억제할 수 있다[그림 (a)].

② 어브레이전(abrasion)

오일 속에 침입한 이립자(異粒子), 즉 먼지, 녹, 마모 가루 등이 유막의 두께보다 크면 그 입자가 연마재 역할을 하여 단면을 연마하여 마모가 급속히 진행되고, 또 입자가 꽤 클 때에는 단면 간에 압연되어 얕은 홈의 흔적이 나타난다.

따라서 기름 속에 이물이 들어가지 않도록 주의하고 오일 교환을 적절히 행하는 것이 좋다[그림 (b)].

③ 스크래칭(scratching)

기어 잇면의 이상돌기나 단단한 이물이 유막을 뚫고 상대 잇면에 가늘고 긴 홈을 생기게 한 것으로써, 이물의 제거로 방지할 수 있다[그림 (c)].

④ 스폴링(spalling)

과대한 하중을 연속적으로 받았을 때나 중심선의 불일치로 단면이 피로 한계를 초과하여 금속 편이 탈락되고 잇면에 홈이 남는 야금적 피로(冶金的 疲勞)의 일종이며, 과하중이나 한쪽으로 쏠리지 않도록 주의한다[그림 (d)].

⑤ 고링(goring)

기어면 간의 윤활유 막이 높은 압축력으로 파괴되어 양면이 집중적으로 융착함에 따라 서로 물고 물려서 생긴다. 이 원인은 운전 조건이 가혹하거나 오일이 부적당할 경우에 생긴다.

이와 같은 여러 가지 손상은 별개로 발생한다고 볼 수 없으며, 1개의 손상이 다른 손상의 원인이 되거나 동시에 복합된 모양으로 나타나는 경우가 많다[그림 (e)].

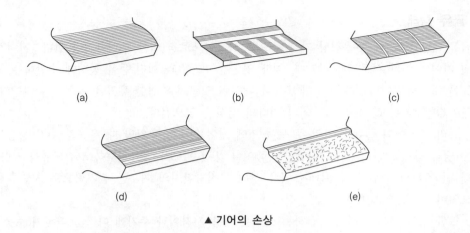

(a)　　　　　　　　　　(b)　　　　　　　　　　(c)

(d)　　　　　　　　　　(e)

▲ 기어의 손상

(9) 소음의 원인

소음은 기어의 모든 결함의 종합적인 결과를 나타내는 것으로써 다음 요소의 상태일 때와 밀접한 관계가 있다.

① 잇면의 다듬질 정도가 거칠거나 흠이 있으면 소음이 난다.
② 백래시(backlash)가 너무 적으면 소음이 난다. 보통의 경우 백래시를 규격에 맞게 조정한다.
③ 피치 오차, 이 모양, 이의 접촉 방향의 오차가 크면 소음이 커진다. 특히 피치 오차의 영향이 크다.
④ 중심 거리가 큰 편이 좋으나 너무 작으면 소음이 난다. 이것은 백래시가 적어지기 때문이다.
⑤ 기어 박스는 소음을 내는 것이 아니지만, 작은 소음을 크게 할 수도 있으므로 두께나 리브(rib)를 붙이는 데 주의를 요한다.
⑥ 기어 박스의 형상이 나쁘면 기어축의 평행도, 중심 거리, 베어링의 유동 등 기타 오차가 생겨 기어의 맞물림 상태가 나빠지므로 소음이 난다.
⑦ 윤활유가 없거나 부적당한 오일이면 소음이 난다.

(10) 기어의 마모 한계

기어의 마모는 일반적으로 피치원(pitch circle)에 있어서 이의 두께가 원치수의 40% 감소되었을 때를 한도로 하므로 20~30%의 마모에서 교환하는 것이 좋다. 보통 크레인에서는 20% 정도이며, 그중에서도 제1단 기어는 10% 마모 시 교환하는 것이 좋다.

개방된 기어에는 기어면을 담금질하여 잇면의 경도를 높여서 수명 향상을 도모하면 좋다. 이 경우 경화도(硬化度)와 마모의 한계를 일치시키지 않으면 경화층이 마모한 다음에 급속히 마모가 진행되므로 주의를 요한다.

(11) 급유 상태

급유(給油)는 크레인 운전상 가장 중요한 사항이므로 최대한 주의하여야 한다. 기어가 회전하면 기어의 이가 서로 맞물리는데, 이때 잇면은 미끄럼과 회전 등을 동시에 수반하는 복잡한 운동을 하므로, 기어의 윤활은 이 운동에 대하여 잇면에 완전한 유막을 형성하는 것이다. 이것이 불안전할 때 마모, 용착, 소음 및 기타의 현상을 일으킨다.

그리고 기어의 급유는 위의 주 목적 외에 기어 잇면이 교차할 때 온도의 순간 상승을 방지하는 냉각 작용도 한다. 점도는 잇면 하중이나 운전 온도가 높아질수록 고점도유를 사용하며, 여러 번 조금씩 나누어 급유한다. 급유 상태가 적당한지의 여부는 손가락으로 잇면을 문질러서 오일이 손 끝에 희미하게 남을 정도가 적당하다.

또한 기어 케이스 내에 공급하는 오일은 사용 시간이나 주기에 따라 교환하며(보통 2,000시간 사용), 오일에 과도한 거품이 생기거나 냄새가 날 때, 오일의 변색이 심할 때나 이물질, 먼지 등이 심할 때는 오일을 교환해 주어야 한다.

3 와이어 로프 취급과 정비

와이어 로프를 정밀 기계라고도 부르는데, 그 이유는 동일한 제조 조건의 와이어 로프라도 취급할 때 약간의 차이로 극단적으로 성능이 달라지기 때문이다.

와이어 로프의 제조업체가 와이어의 성능을 명시할 수 있는 것은 파단력뿐, 다른 어떠한 것도 보증할 수 없는 것은 와이어의 수명이 사용자의 와이어에 대한 이해 정도와 설비 조건과 사용 조건에 크게 의존하기 때문이라는 것을 염두해 두기 바란다.

(1) 와이어 로프의 측정과 직경

로프의 굵기는 그 외접원의 지름으로 나타내는데, KSD 3514에서는 로프의 호칭 지름을 mm로 표시하며 표준수(K-SA 0401)를 채택하고 있다.

와이어 로프의 직경은 끝부분에서 1.5m 이내인 부분을 제외하고 임의의 2~3곳 또는 그 이상의 여러 곳을 그림과 같은 측정 공구(버니어 캘리퍼스 : 현장 용어로는 노기스라고 부른다.)로 측정한 후 평균치를 잡는다. 제조 시 와이어 로프 직경의 허용 오차는 0~+7%까지이고, 마모된 와이어 로프의 사용 한도는 -7%까지이다.

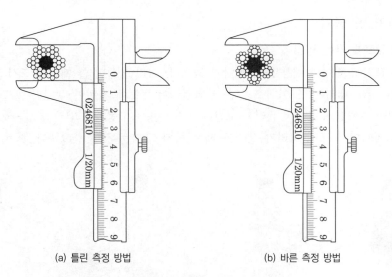

(a) 틀린 측정 방법　　　(b) 바른 측정 방법

▲ 와이어 로프 지름 측정(버니어 캘리퍼스)

(2) 로프 취급 시 유의사항

와이어 로프에는 보통 당기는 힘과 드럼, 시브 또는 물품의 각에서 구부러지기 위한 구부리는 힘이 동시에 작용하므로 같은 부분을 몇 번이고 구부리고, 날카로운 물품의 각에 직접 대고, 비틀어진 채로 사용하면 수명이 매우 짧아진다. 또한 짐을 매달았을 경우 심강유(芯鋼油)가 배어 나올 때는 안전하중을 넘어서 끊어질 염려가 있으며, 비에 노출되거나 뜨거운 건조실 안에 넣었을 때도 마찬가지이다.

(3) 운반 · 하역 · 보관상의 주의

와이어 로프는 기계 등과 마찬가지로 취급해야 한다. 로프를 화차나 트럭 같은 높은 곳에서 갑자기 떨어뜨리는 것은 절대 금물이며, 이런 경우 외상이나 압흔을 받아 수명이 짧아질 염려가 많으므로 반드시 다리를 놓아 굴리든지 크레인이나 포크 리프트로 매달아 내려야 한다. 또 울퉁불퉁한 고형물, 즉 강재나 암반 위에서 끌어당긴다든지 하면 소선이 V형으로 외상을 받아서 심한 부분적 마모를 받거나 수명이 단축되므로 피해야 한다. 로프를 보관할 시 주의해야 할 사항은 다음과 같다.

① 습기가 없고 지붕이 있는 곳을 택할 것
② 로프가 직접 지면에 닿지 않도록 반드시 각목 등으로 받쳐서 30cm 이상의 틈을 유지하도록 할 것
③ 직사광선이나 기타 열, 해풍을 피할 것
④ 산이나 황산 가스에 주의하여 부식 또는 로프 그리스의 변질을 막을 것
⑤ 한 번 사용한 로프는 표면에 부착된 모래, 진흙 등을 반드시 청소한 후 로프에 그리스를 도포하여 둘 것

(4) 로프의 감기 및 풀기

① 와이어 로프를 푸는 방법

로프는 코일 드럼이나 전용 드럼에 감겨 있으며, 이것을 풀어 쓸 때는 반드시 코일을 돌려서 당기거나 끌어내리는데, 이때 코일틀이 회전되어 로프에 자전이 생기지 않도록 해야 한다. 이 방법이 나쁘면 로프가 비틀리고 꼬임이 풀려서 형태가 붕괴되거나 킹크를 일으키는 원인이 되므로 와이어 로프에 꼬리가 생겼을 때는 즉시 고치는 것이 중요하다.

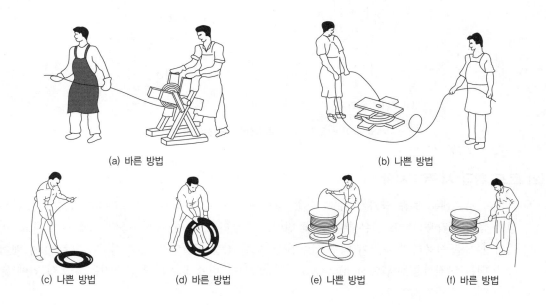

(a) 바른 방법   (b) 나쁜 방법

(c) 나쁜 방법   (d) 바른 방법   (e) 나쁜 방법   (f) 바른 방법

② 와이어 로프를 감는 방법

㉮ Z꼬임 로프는 S감기로, S꼬임 로프는 Z감기로 하면 잘 감긴다. 이것을 반대로 하면 잘 감기지 않으며 흐트러지기 쉽다. 이 현상은 드럼 직경에 대한 로프 직경의 비가 클수록 현저하다.

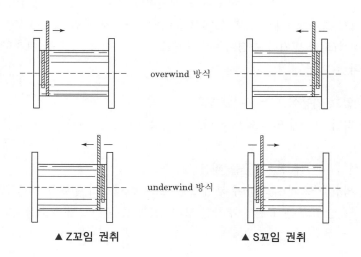

overwind 방식

underwind 방식

▲ Z꼬임 권취   ▲ S꼬임 권취

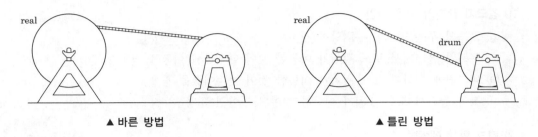

▲ 바른 방법　　　　　　　　　　　▲ 틀린 방법

ⓝ 로프 드럼에 권취할 때는 장력(tension)을 주어 균등하게 나란히 감기도록 하는 것이 중요하다.

ⓓ 최소한 2층 이상 감도록 하고, 사정이 허락되면 5층 이상도 좋다.

ⓡ 로프가 드럼에 권취되어 있을 때는 로프가 활차(sheave)에서 그림과 같은 매듭(loop)이 형성되지 않도록 주의해야 한다.

(5) 로프의 킹크(kink)

킹크에는 (−)킹크와 (+)킹크가 있으며, 전자는 꼬임이 풀리는 방향으로 되돌아간 킹크이고, 후자는 꼬임이 강해지는 방향으로 꼬인 것이다. 이렇게 보면 (−)킹크 쪽이 절단하중의 저하가 커진다. 로프에 가장 금물인 것은 킹크로서 로프의 안전율을 10배로 취해도 킹크가 생기면 절단 사고가 발생할 때가 있다. 특히, 이러한 사고는 로프가 새 것일 때에 발생하기 쉽고, 일단 킹크가 생기면 영구적이며, 겉으로 보아서 고쳐진 것같이 보여도 그곳의 파단하중은 대폭 저하되므로 절대로 사용하여서는 안 된다.

킹크가 발생한 로프의 파단하중은 킹크되지 않은 부분을 100%로 할 때, 다음과 같이 파단하중이 저하된다.

• 킹크를 일으킨 것을 고친 로프 : 약 80%

• 꼬이는 쪽의 킹크(+킹크)를 일으킨 상태의 로프 : 약 60%

• 꼬임이 풀리는 쪽의 킹크(−킹크)를 일으킨 상태의 로프 : 약 40%

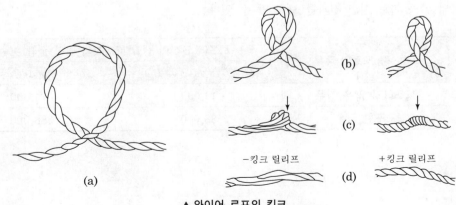

▲ 와이어 로프의 킹크

① 킹크가 생기기 쉬운 원인

㉮ 로프의 푸는 방법이 부적당한 경우

㉯ 로프가 흩어져서 로프 핏치가 이동한 것이 다시 늦추어졌을 경우

㉰ 비틀림에 의하여 로프 핏치가 이동한 것이 늦추어졌을 경우

㉱ 잡아 늘려서 로프 핏치가 이동한 것이 늦추어졌을 경우

② 킹크 발생 예방법

킹크는 로프가 비틀리거나 이완되는 경우 생기므로, 이 두 가지의 영향이 없도록 로프를 사용하면 킹크는 절대 생기지 않는다.

㉮ 로프를 풀 때는 반드시 올바른 방법으로 할 것

㉯ 사용 중 로프가 흩어지는 일이 없도록 할 것

㉰ 사용 중 또는 취부할 때 로프에 비틀림을 주지 말 것

㉱ 사용 중 로프에 이완이 생기지 않도록 할 것

(6) 와이어 로프의 윤활

① 로프 급유(도유) 필요성

로프의 수명이 마모, 피로, 부식에 좌우되는 것은 일반적으로 알고 있지만, 로프 그리스가 방식 효과뿐만 아니라 마모, 피로에 의한 로프의 손상을 경감하는 데 큰 역할을 한다는 것은 대개 인식하지 못하고 있다.

또한 와이어 로프의 심강줄(芯鋼)에는 녹 방지와 윤활을 겸한 기름이 주유되고 있고 스트랜드나 와이어 로프의 표면에도 기름칠이 되어 있다. 장기간 사용하면 효과가 떨어지고, 그대로 방치하면 스트랜드 혹은 소선 간에 마찰이 생기게 되므로 적당히 기름을 보급하는 것이 바람직하다. 특히 높은 온도에 노출될 때는 유기(油氣)가 마르지 않도록 정기적으로 기름을 새로 칠할 필요가 있다.

② 로프 그리스의 도포

로프 그리스 도포의 유무와 그리스 품질 여하가 로프 수명에 어느 정도 영향을 주는가는 다음의 굴곡 피로 시험 결과를 보면 알 수 있다.

시험 중 도포의 유무	로프에 단선이 생길 때까지의 반복 굴곡 횟수	
	$D=254mm(D/\delta=272)$	$D=610mm(D/\delta=653)$
도포하지 않은 경우	16,000	74,000
도포한 경우	38,000	386,000

즉, 도포한 경우는 도포하지 않은 경우에 비하여 로프의 수명이 2.4~5.2배로 길어지는 것을 알 수 있으며, 로프 그리스를 대별하면 대개 다음과 같다.

㉮ 흑 로프 그리스 : 주로 비도금 로프(광업용, 색도용, 일반 기계용 등)에 사용된다.

㉯ 적 로프 그리스 : 주로 아연 도금 로프(선박용, 수산용, 조교 등)에 사용된다.

㉰ 용체입 로프 그리스 : 도포 시 솔로 칠하거나, 적하도유 및 스프레이도유에 편리하도록 용제로 희석한 것으로써, 도포 후 일정 시간이 지나면 건성 또는 반건성 유막을 형성한 다. 쾌페(koepe)용 로프 그리스도 그 일종으로 방식 외에 슬립을 방지하기 위하여 사용 된다.

③ 로프 그리스의 특성

㉮ 유해한 산 혹은 알칼리, 수분 등을 함유하지 않을 것

㉯ 물에 불용성이며, 인분 또는 산성이나 알칼리성의 물에 의하여 변질되지 않을 것

㉰ 휘발성이 아닐 것

㉱ 외기에 장기간 노출되어도 점성을 잃지 않고 변질하지 않을 것

㉳ 심강 또는 로프의 틈 사이에 침투하는 성질을 가지고 있을 것

㉴ 로프에 도포하기 최적인 점성을 가진 액체 상태로 만들기 쉬울 것

㉵ 도포면의 온도가 저하되어도 갈라지거나 벗겨지지 않을 것

㉶ 도포면의 온도가 높아도 녹아버리지 않을 것

(7) 로프의 교체

① 교체 시기의 판정

로프의 수명은 지름의 감소, 마모 상태, 단선 발생 여부, 부식 상태, 변형 여부 등에 따라 달라 진다. 또한 로프의 수명은 사용 기간보다는 일의 양에 의존하므로, 사용 기간은 물론 권양 횟수 및 양 등을 매일 기록 집계하고, 매주 1회 또는 날짜를 정하여 로프의 정기 검사를 행하여 정리해 두면 로프 수명의 판정 및 로프의 양부 판정에 크게 도움이 된다.

② 로프의 손상

로프가 손상되었을 때 단선된 소선의 파단부의 형성 및 로프 손상 부분의 상태를 관찰하면 대체로 그 손상 원인을 추정할 수 있다. 따라서 로프의 손상 상태를 잘 조사하여 그 원인을 제거함으로써 로프 수명을 보다 길게 할 수 있다.

(a) 바구니형 손상   (b) 고리형 손상

▲ 로프의 손상 (계속)

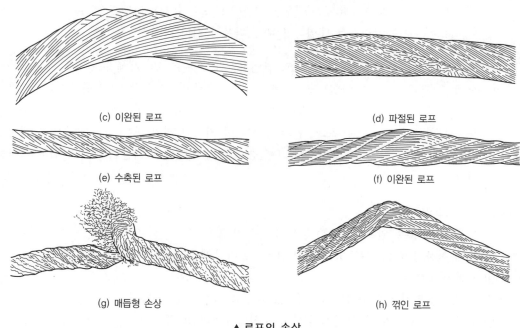

(c) 이완된 로프   (d) 파절된 로프

(e) 수축된 로프   (f) 이완된 로프

(g) 매듭형 손상   (h) 꺾인 로프

▲ 로프의 손상

(8) 로프 사용 시 주의사항

① 로프를 처음 사용할 때

로프의 취부를 끝내고 사용을 시작할 때는 처음부터 사용 하중을 그대로 걸지 말고, 로프의 속도를 늦추어 사용 하중의 1/2 정도로 걸고 수 회 운전하여 로프를 사용 준비상태로 만들어야 한다.

② 흩음(밀림)

로프가 흩어져 밀리게 되면 변형이나 킹크를 일으키며, 마모·단선을 촉진하고, 때로는 소입의 영향을 받기도 하여 수명을 현저히 감소시키므로 로프가 사용 회로에서 흩어져 밀리지 않도록 주의하여야 한다. 이 현상이 일어나기 쉬운 경우는 다음과 같다.

㉮ 활차(sheave)나 롤러(roller)가 원활히 회전하지 않을 때
㉯ 로프가 드럼에 중첩되어 감겼을 때
㉰ 탈색되었을 때
㉱ 로프가 활차의 플랜지에 접촉해 있을 때
㉲ 로프가 고정 물체에 접촉해 있을 때

③ 난권

윈치 등의 권통에 로프를 감을 때는 가능한 한 긴장시켜 긴밀히 감음으로써, 상권이 하권 사이에 끼어 감기지 않도록 한다. 상권이 하권에 끼어든다든지 흐트러져 감기면 로프의 수명을 단축시킨다.

④ **탈색**

사용 중 로프를 지나치게 풀지 않도록 하며, 활차에서 이탈되지 않도록 늘 주의하여야 한다. 만일 벗겨진 채로 사용하면 로프가 흩어져 변형, 킹크, 절단의 원인이 되어 수명이 현저하게 짧아지므로 운전 조작에 주의하고 탈색되지 않도록 한다.

⑤ **과하중**

로프는 하중이 증가할수록 손상이 급속하게 진행되므로, 과하중으로 운전 횟수를 줄이는 편보다 적정 하중으로 운전 횟수를 늘리는 편이 로프의 수명을 길어지게 한다.

또 과하중은 활차에서 면압이 크게 되어 로프의 밀림이나 변형의 원인이 되며, 외부 및 내부 마모를 촉진하고 활차의 손상을 빠르게 하므로, 다음과 같이 하여 과하중을 방지해야 한다.

㉮ 로프를 감을 때 너무 많이 감지 말 것
㉯ 로프를 풀 때 적당량 이상 풀지 말 것
㉰ 로프가 탈색한 상태에서 운전하지 말 것
㉱ 정격하중을 지킬 것

⑥ **운전 속도**

운전 속도를 느리게 할수록 로프의 손상을 적게 하지만 작업 능률의 문제가 있다. 따라서 빠른 운전을 하는 경향이 있으며, 로프의 손상도 이에 따라 심해지게 되므로, 운전 중 급격한 속도의 변화나 급시동 및 급제동은 피해야 한다.

⑦ **충격과 진동**

급격한 시동이나 제동 또는 운전 속도의 급격한 변화는 로프에 충격을 준다. 이 하중은 대단히 커서 때로는 새 로프도 완전 절단이 일어날 수도 있으며, 특히 오래 사용한 로프는 새 로프에 비하여 신율이 저하되어 있어 새 로프에 비해 절단하중이 저하되어 있다.

또, 충격은 일시적으로 끝나는 것이 아니라 대개 진동을 수반하는데, 이 진동은 곧 감소하긴 해도 로프에 주기적인 변동 응력을 주므로 피로를 재촉함은 물론 활차 등의 손상을 가져온다. 따라서 작업 시 가능한 운전에 주의하여 로프에 충격을 주지 않도록 해야 한다.

⑧ **부식**

로프가 사용 중에 물이 괸 곳이나 습한 토사 속 등을 통과하지 않도록 함은 물론, 이와 같은 환경이 로프 근처에 있으면 습도가 높아지므로 배수 등을 충분히 하여 가능한 건조한 환경에서 사용하도록 한다. 로프가 부식되면 수명은 저하되므로 부식을 방지하기 위해서는 로프에 그리스가 항상 도포되어 있도록 사용 현장에 따라 일정 기간마다 로프에 그리스를 도포해 주어야 한다. 또한 비사용 시는 로프를 지상에 방치하지 말고 반드시 드럼에 감아 두도록 하며, 장기간 사용하지 않을 때에는 로프를 건조시키고 표면의 이물질을 제거한 다음 로프 그리스를 충분히 도포한 후 드럼에 감아서 보관해야 한다.

4 재설치 및 사고 관리

(1) 해체 후 재설치 이전 점검

타워크레인이 현장에서 작업을 완료하고 다른 현장에 설치하기 위해 보관되는 시점에서 마스트, 지브, 캣 헤드와 지브를 연결 지지해 주는 타이 바(tie bar) 등 구조물의 용접 부위 및 연결핀에 대하여는 액체침투 탐상검사(PT), 초음파 탐상검사(UT), 방사선 탐상검사(RT) 등의 비파괴 검사 및 육안 검사가 철저히 이루어져야 하며, 와이어 로프 및 각 구동 부위에 대하여도 철저한 자체 점검이 실시되어야 한다.

타워크레인은 일단 고소에 설치되면 접근이 불가능하여 실질적인 검사 또는 점검이 불가능한 부위가 있으므로 이들에 대하여는 설치 전에 구조 및 용접 결함 등에 대한 비파괴 검사 등이 이루어져야 한다.

(2) 본체에 대한 사고 원인 및 관리 방안

사고의 종류	원인	관리 방안
1. 전도	(1) 지브의 설치·해체 시 무게중심의 이동으로 인한 균형 상실	• 제작회사에서 제시하는 작업 절차를 준수한다. • 가능한 한 이동식 크레인은 2대를 배치하여 작업한다.
	(2) 안전장치의 고장에 의한 과하중	• 작업 전에 반드시 안전장치의 작동을 확인한다. • 권상 능력 이상의 하중을 매달지 않는다(지브에 수평으로 하중판 부착이 필수적임).
	(3) 기초(foundation) 강도 부족	• 최대 사용 하중에 충분히 견딜 수 있도록 설계 및 시공을 한다.
	(4) 가이 로프(guy rope ; 지지 로프)의 파손, 불량	• 점검을 확실하게 실시한다. • 수평력에 대하여 충분한 강도를 갖도록 설계한다(안전율은 4 이상 유지해야 함).
	(5) 텔레스코핑 시 타워크레인 상부 무게의 불균형	• 각 제작 메이커에서 요구하는 사항을 반드시 지킨다.
2. 지브의 절손	(1) 인접 시설물 및 근접 다른 크레인과의 접촉	• 지브의 수직 높이를 조정한다.
	(2) 기복 와이어 로프의 절단	• 불량품은 반드시 작업 전에 교환한다. • 와이어 로프는 충분한 강도를 갖도록 설계한다(안전율은 5 이상 유지해야 한다).
	(3) 수평 인양 작업	• 엄금한다.
	(4) 안전장치의 고장에 의한 과하중	• 점검 후 조정 또는 교환을 한다. • 권상 능력 이상의 하중을 매달지 않는다.

사고의 종류	원인	관리 방안
3. 크레인 본체의 낙하	(1) 텔레스코핑 작업 중 작업 순서 무시	• 제작업체의 작업 절차서를 준수한다(단순 경험에 의한 작업 진행은 절대 금함).
	(2) 선회(slewing)부의 용접 상태 및 연결 볼트의 체결 상태 불량	• 크레인의 설치 전 지상에서 액체 침투 탐상 검사(P.T)를 실시하고 설치 후 또는 사용할 때 볼트의 이완 상태를 점검한다.
	(3) 지브 연결 고정핀의 체결 상태 불량	• 핀 체결의 이완 유무를 확인한다.
4. 화물의 낙하	(1) 권상용 와이어 로프의 절단	• 로프 소선의 절단, 직경의 감소, 킹크, 찌그러짐 및 부식의 유무를 점검한다.
	(2) 줄걸이 잘못으로 인한 화물 낙하	• 화물의 중심 위치를 파악하여 편심하중, 화물의 요동 및 미끄러짐 등이 발생하지 않도록 한다.
	(3) 지브와 달기 기구와의 충돌	• 권과 방지장치(과권상 및 과권하 시 자동적으로 동력을 차단하는 구조)를 항상 유효한 상태가 되도록 점검한 후 운전한다.
5. 기타	(1) 자유 선회가 되지 않는 경우	• 정기 점검을 하여 작동 상태를 확인한다. 20m/sec 이상의 폭풍 시는 선회장치의 브레이크를 풀어 지브가 자유롭게 회전 되도록 한다.
	(2) 낙뢰	• 크레인의 꼭대기에 피뢰침(KSC 9609 참조)을 설치한다.
	(3) 항공기에 의한 접촉	• 항공법에 의거 항공 장애 및 주간 장애 표지와 항공등을 설치한다.

2 / 타워크레인의 운전

1 작동 및 정지 방법

(1) 시동 전 준비

① 모든 로프와 기어는 항상 잘 윤활되어야 한다.

② 주행 기어, 솔루잉 기어, 트롤리 주행 기어, 권상 기어에 있는 모든 윤활 지점에 윤활을 하며, 다른 모든 윤활점에 주 1회 주유를 하고 기어 박스 오일 수준을 점검한다.

③ 전동 기계와 슬립 링 조립품 위의 탄소 브러시가 정확하게 설치되었는지 점검한다.

④ 크레인이 작동되는 동안 크레인(스위치, 기어, 캐비닛 등)의 표준 전압에 유의하며, VDE 표준 규격에서 인정한 ±5%의 전압 변동이 초과하지 않도록 한다.

⑤ 브레이크와 브레이크 해지장치 솔레노이드가 정확하게 작동되는지 점검하고(특히 권상 기어에 있는), 만일 필요하다면 조정하고 가동 전 최소 5번 정도 테스트한다.

⑥ 크레인을 설치한 후 플러그 대신에 브리드 밸브가 슬루잉 감속 기어장치에 설치되었는지 점검한다.

⑦ 기계적으로 권상 기어 박스에 있는 권상 기어 변속용 피니언은 완전히 맞물려야 한다.

⑧ 유압 펌프 조립품 위에 있는 브리드 밸브를 연다(클라이밍 장치가 있는 크레인의 경우).

⑨ 도르래가 정확한 곳에 위치해 있는지, 모든 와이어 로프의 상태가 좋은지 점검한다. 도르래 로프의 홈에 굳은 기름을 사용해서는 안 된다. 만일 칠한다면 로프가 도르래에서 올라가 보호대에 부딪히게 되므로 로프 유지 지시사항들을 주목해야 한다.

⑩ 모든 나사와 볼트가 꽉 조여졌는지 점검하며, 특히 볼 슬루잉 링과 타워 연결부의 나사와 볼트를 점검한다.

⑪ 크레인을 세우고 시동을 걸기 전에 레일 트랙에 오물이나 다른 장애물이 없는지, 그리고 레일 트랙이 정확하게 놓였는지 점검하고, 기초의 간격도 확인한다.

⑫ 밸러스트(ballast)가 안전하고 완전하게 설치되었는지 점검한다.

⑬ 크레인이 전 작업 높이 위로 모든 장애물로부터 자유롭게 구동할 수 있는지 점검하며, 전 트랙 거리를 따라 전원 케이블이 자유롭게 풀릴 수 있어야 한다.

⑭ 레일 클램프(rail clamps)를 제거하고, 주행 리밋 스위치와 트랙 끝 안전장치가 기울어지게 접한 곳이 트랙 끝에 정확하게 고정되어야 한다.

⑮ 트랙이 피뢰를 위해 정확하게 접지되었는지 확인한다.

⑯ 컨트롤 패널의 모든 메인 스위치를 0으로 맞춰 놓는다.

⑰ 전원 연결부를 결속하여 전원을 공급한다.

⑱ 모터 등급은 다음과 같다.

권상 모터	30/34kW
트롤리 주행 모터	1.1/4.0/5.0kW
슬루잉 모터	2×6.3kW
주행 모터	2×7.5kW

⑲ 아래 설명된 부하의 권상 속도를 주목한다(2개의 로프로 걸릴 때).

Wow 240 RX 021

Gearl : Motor4-Pole up to 8,000kg=1.3/13.3m/min

  : Motor2-Pole up to 5,600kg=26.3m/min

Gearl : Motor4-Pole up to 5,200kg=3.2/31.1m/min

  : Motor2-Pole up to 2,000kg=62.8m/min

⑳ 기어 변속은 부하가 걸린 상태에서 이루어질 수 있지만 권상 기어는 정지 상태에 있어야 한다.

㉑ 다음의 트롤리(trolley) 속도가 적용된다.

KAW 160 KV 002

Stage I (12-Pole) up to 8,000kg=9.7m/min

Stage II (4-Pole) up to 6,000kg=33.3m/min

Stage III (2-Pole) up to 3,000kg=66.7m/min

(2) 작동 절차

① 타워크레인의 작동은 크레인에 익숙하고 사고 위험 사항을 교육받아 처리 능력이 있는 믿을 만한 사람에게 맡겨야 한다.

② 허가 받지 않은 사람은 크레인을 운전할 수 없다.

③ 크레인으로 사람을 이곳저곳에 수송하는 것은 지양해야 한다.

④ 물건을 경사지게 끌어올리거나, 땅을 가로질러 밀거나, 꽉 달라붙은 물건을 움직일 때 크레인을 사용하는 것을 금지한다.

⑤ 크레인이 정상 작업을 하는 동안 권상 또는 트롤리 주행 기어가 구동되는 것을 차단하기 위해서 과부하 보호장치나 과부하 차단장치가 사용되어서는 안 된다. 크레인 운전자는 들어올려야 할 물건이 크레인의 지정 부하 용량을 초과하지 않도록 점검해야 하며, 과부하 방지장치가 작동하지 않는다 하더라도 크레인의 지정 부하 용량을 넘는 물건을 들어올려서는 안 된다. 과부하 방지장치를 물건의 무게 측정 수단으로 사용해서는 안 되며, 마음대로 크레인을 과부하해서는 안 된다.

⑥ 대부분의 경우 과부하 방지장치는 크레인 장비와 작동 양식의 각각 차이에 자동적으로 맞추어지지는 않는다. 그러므로 크레인 운전자는 크레인 작동 조건이 변할 때마다 새로운 부하 용량이나 부하 모멘트 범위에 대해 과부하 방지장치를 재조정해야 한다(예를 들면, 지브의 길이가 달라질 때).

크레인으로 파손 없이 안전하게 작업하는 것은 얼마나 주의깊게 이 규정에 맞도록 작업을 하는가에 달려 있으며, 부정확하게 설치된 과부하 방지장치는 없는 것보다 더 위험하다. 그것은 크레인 운전자에게 심각한 사고를 야기시키는 그릇된 안전의식을 주게 되기 때문이다.

⑦ 권하할 때 부하 훅을 물건이나 지면 위에 과도하게 내려놓으면 안 된다. 만일, 그렇게 되면 로프가 늘어지고 그 다음 권상 로프가 권상 드럼 위에 감기기 어렵게 될 것이다.

⑧ 만일 권상이나 권하하는 동안 여느 때와 다른 부하 모멘트가 작용하여 조정 조건이 맞지 않을 때 크레인 운전자가 즉시 비상 정지장치를 누르면 권상 기어가 즉시 정지하게 된다.

⑨ 크레인의 회전 모멘트와 주행 모멘트는 역전류를 사용하여 정지시켜야 한다. 그러나 브레이크를 걸거나 시동을 걸 때 모터를 보호하기 위해서는 조정 레버의 전환 운동수를 최소로 감소시켜야 한다. 구동장치와 모터 사이의 유체 커플링은 역전류를 사용할 때 브레이크가 갑자기 작용하는 것을 방지한다.

⑩ 크레인을 작동시킬 때 허용되는 평균 풍속은 10m/s이며, 이 풍속을 넘게 되면 크레인의 작동은 중지되어야 하고 레일 클램프는 바짝 조여져야 한다.

⑪ 크레인을 작동시키는 동안 브레이크 해지용 솔레노이드(solenoid)가 정확히 작동되는지 수시로 점검한다. 만일 잡음이 들리면 솔레노이드의 과열이나 스위치의 정확치 못한 작동이 원인이므로 이때에는 크레인 작동을 즉시 멈추고 솔레노이드를 더욱더 철저히 조사한다.

⑫ 전원 공급에 있어서 만일 지정 전압에 미치지 못한다면(자주 작동 불능의 원인이 됨) 솔레노이드 코일과 모터는 과열되고 타버릴 수도 있다. 이런 경우 전력 공급 회사에 항상 지정 전압을 공급해 주도록 요구해야 한다.

(3) 정지시킬 때의 주의사항

① 매달린 물건을 내리고 가능한 한 부하 훅을 높이 올린 다음, 최소 작업 반경으로 트롤리를 움직인다.

② 슬루잉 기어 위의 회전을 자유롭게 하는 것을 유의한다.

③ 크레인이 트랙 위에서 갑자기 이탈하는 것을 방지하기 위해 레일 클램프를 설치한다.

④ 운전자가 조종실을 떠날 때는 메인 스위치를 끈다.

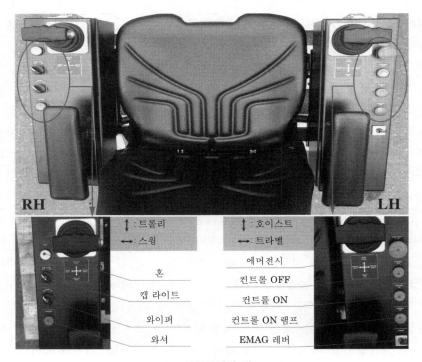

▲ 조종장치의 예

2 크레인 운전 수칙

(1) 크레인 운영 회사 및 소유자 수칙

① 크레인을 설치하기 전에 크레인 트랙을 적절한 시간에 미리 설치한다.

② 사용될 장소에 필요한 발라스트를 준비한다.

③ 크레인에 적절하게 공급되도록 전원을 적절한 시기에 준비하고, 케이블과 장비의 용량이 적절한가 확인한다.

④ 크레인이 인수될 때 크레인과 부속품들이 정확하고 안전하게 인수되었다는 것을 서명하기 위해 그 장소에 대표자나 지명된 사람이 있어야 한다.

⑤ 숙련되지 못한 사람들이 기계 조립을 할 경우, 그런 사람들에게는 기계 조립 지침을 따르도록 교육을 시켜야 한다.

⑥ 타워크레인이 양도된 후의 설치 작업과 시운전이 정확하게 이루어져야 한다.

⑦ 인수와 확인이 끝난 후에 크레인 소유자 또는 운영 회사는 뒤에 발생하는 크레인 작동에 대해 완전히 책임을 져야 한다.

(2) 크레인 관련자 및 운전자 수칙

① 18세 이상인 자 〈건설기계관리법 제27조〉

② 정신적으로, 신체적으로 정상인 자

③ 크레인의 운전과 관리에 대해 훈련을 받은 자로서 크레인 운영 회사나 크레인 소유자가 이런 점에 있어서 만족할 수 있는 자

④ 할당된 업무를 합리적으로 성실히 수행할 수 있는 자

이러한 사람들은 크레인을 운전하고 유지하는 소유주나 운영 회사에 의해서 특별히 지명되어야 한다.

(3) 크레인 운전자의 의무

① 작업이 시작될 때 크레인 운전자는 브레이크와 비상 리밋 스위치의 작동 상태를 점검하고 재해 방지를 위해 크레인을 검사해야 한다.

② 만일 안전운전에 영향을 주는 어떠한 결함들이 발견되었다면 크레인 운전자는 즉시 작업을 중지해야 한다.

③ 크레인 운전자는 담당 감독관이나 관리자에게 크레인의 결함을 보고해야 하고, 교대자에게 인계할 때 이러한 사항을 설명해야 하며, 작업자에게 조립과 분해가 된 크레인의 경우 크레인 운전자는 크레인 기록부에 결함을 기록해야 한다.

④ 제어는 일정한 곳에 설치된 제어실에서만 행해져야 한다.

⑤ 크레인 운전자가 꼭 시행할 사항

㉮ 구동 기어에 전원을 넣기 전에 제어장치는 0이나 중립 위치에 있어야 한다.

㉯ 운전을 끝마쳤을 때 모든 제어장치는 0이나 중립에 위치시키며, 동력 공급 스위치를 끄고 잠근다.

⑥ 크레인 운전자가 지켜야 할 사항

㉮ 바람이나 폭풍우에 노출된 크레인은 작업이 끝나는 시점에서 준비된 안전장치로 보호한다.

㉯ 제어실을 떠날 경우 타워 회전 크레인에서는 부하 훅을 올리고 슬루잉 기어 브레이크를 풀어 놓고, 트롤리 지브 크레인에서는 트롤리를 안전 위치에 옮겨 놓는다. 만일 바람으로 지브가 흔들리거나 건물 또는 발판(scaffolding)에 부딪힐 위험에 있다면 크레인 운전자는 크레인 소유자나 운영 회사에 의해 지시된 예방 조치를 수행해야 한다.

⑦ 크레인이 움직일 때 크레인 운전자가 물건을 볼 수 없거나 물건을 들어올리는 장비를 볼 수 없다면 운전자는 신호를 보내는 사람이 지시하는 대로 운전해야 한다. 이것은 프로그램 제어 크레인에는 적용되지 않는다.

⑧ 크레인 운전자는 필요할 때 경고 신호를 보내야 한다.

⑨ 안전장치 없이 자석, 흡입, 마찰력에 의해 물건을 들어올리는 장비를 사용할 때와 자동 기중기나 지브 러핑 기어 브레이크가 없는 크레인을 사용할 때는 물건이 사람의 머리 위를 지나가지 않도록 해야 한다. 이것은 크레인으로부터 물건을 들어올릴 때 이탈 방지장치가 없는 모든 크레인에 적용된다.

⑩ 화물 안전에 대한 책임자, 운영 또는 소유 회사에 의하여 인정된 신호자의 신호 없이는 크레인 운전자가 화물을 운반해서는 안 된다. 만일 크레인 운전자와의 신호가 필요하다면 운전자와 책임자는 작업을 수행하기 전에 신호에 대한 규약을 협의해야 한다.

⑪ 화물이 훅에 매달릴 때마다 크레인 운전자는 제어가 용이한 곳으로 이동시켜야 한다. 이것은 rocovery 크레인을 수송 수단으로 끌거나 프로그램에 의해 작동되는 크레인에는 적용되지 않는다.

⑫ 중립 위치를 이용하는 권상 기어나 지브 러핑 기어의 변속운동은 하중이 걸린 상태에서는 중단시켜야 한다.

⑬ 비상 리밋 스위치는 정상적인 크레인 작동 중에 고의적으로 작동되어서는 안 된다.

⑭ 부하 토크 제한장치가 트립된 후에 크레인 운전자는 지브를 바람 부는 쪽으로 돌려 초과부하를 올려서는 안 된다.

⑮ 건축자재 취급 크레인의 경우에는 주행이 시작될 때 권상 기어와 트롤리가 움직이지 않아야 한다.

3 작동 금지 및 유의사항

(1) 단일 작업에서 1대 이상의 크레인 사용

① 만일 여러 대의 크레인의 작업 범위가 중첩되어 있다면 회사나 대표자는 사전에 이동 형식에 대한 작업 순서를 결정하고, 크레인 운전자들은 그들의 규약을 서로 정확히 연락해야 한다.

② 만일 여러 대의 크레인을 사용하여 물건을 들어올린다면 운영 회사나 대표자는 사전에 작업 순서를 결정하고, 회사가 인정한 감독자의 입회하에 작업이 이루어져야 한다.

(2) 화물의 운반

① 주어진 운전 조건에 대해 최대 허용 부하량을 초과하는 하중을 크레인에 부하해서는 안 된다.

② 조정될 수 있는 부하 토크 제한장치를 크레인의 실제 작동 조건에 맞추어 놓아야 한다.

(3) 화물 적재의 안전 여유

레일 설치 또는 고정식 크레인의 경우 크레인 운영 회사나 소유주는 크레인에 가깝게 화물을 적재할 때 안전 여유를 크레인의 모든 외부 이동 부분으로부터 최소한 1.5m가 유지되도록 해야 한다.

(4) 보수

보수 작업은 크레인이 정지된 상태에서만 해야 하고, 지상에서 할 수 없는 보수 작업은 안전한 작업대에서 해야 한다. 만약 보수 작업이 작동 상태에서 이루어질 수밖에 없다면 다음과 같은 조치를 필히 해야 한다.

① 사람이 떨어지거나 빠질 위험이 없어야 한다.

② 보수 관계자들은 전기가 통하는 장치로부터 떨어져 있어야 한다.

③ 보수 관계자들은 말이나 신호로 크레인 운전자와 연락할 수 있어야 한다.

(5) 사람의 운반 또는 이동

① 화물 또는 화물 운반장치와 함께 사람을 운반해서는 안 된다.

② 운반되는 사람이 견고히 서 있을 수 있고 떨어지지 않도록 안전장치가 되어 있어서 로프를 조사하기 위해 크로스 멤버로 이동하는 사람은 ①항에서 제외된다.

③ 사람 운반장치로 사람을 운반하거나 이러한 장비로 작업을 수행해야 하는 경우에는 운영 회사가 믿을 수 있는 산재보험회사에 사전에 자세한 안전예방책을 문서로 받아야 한다. 운영 회사는 언급된 예방 조치를 실행할 책임이 있고 산재보험기관은 제한된 안전예방 조치를 위해 작업 금지를 명할 수 있으며, 만일 보험기관에 의해 작업이 금지된다면 작업을 해서는 안 된다.

(6) 크레인 탑승과 하차

비인가자가 크레인에 올라가서는 안 되며, 크레인 운전자의 지시가 있을 때나 정지 상태에 있을 때만 크레인에 탑승·하차할 수 있다.

(7) 크레인으로 물건을 경사지게 밀거나 끌고, 운반장치를 움직이기

물건을 경사지게 밀거나 지면을 따라 끌고 다니는 것은 안 되며, 물건 인양 장비나 물건을 실은 운반 장비를 이동시키는 것은 금지된다.

(8) 부하 당김 제한

① 권상 하중 차단장치가 되어 있어도 크레인들이 단단히 달라붙어 있는 물건을 떼어내는 데 사용되어서는 안 된다.
② 정상 작업을 하는 동안에도 비상 리밋 스위치로 보호된 제한된 범위 내에서만 작동될 수 있다.

(9) 임시로 사용되는 크레인의 조립, 분해, 교환

① 임시로 사용되는 크레인은 알맞은 지면의 부하 중력에 따라 사용되어야 한다. 필요하다면 지면의 부하 부담 능력에 따라서 설치하고, 버팀대를 사용한다.
② 작업하는 장소에서 설치, 분해, 교환되는 임시로 사용되는 크레인들은 설치 기준에 따라서 작업을 해야 하고, 크레인 소유자나 운영 회사에 의해서 임명된 사람이 감독하여야 한다.

(10) 크레인에 대한 분해 검사와 수정 작업, 크레인의 작동 범위 내에서의 작업

모든 예정된 분해 검사와 크레인에서의 수정 작업 또는 크레인의 주행 범위 내에서 작업을 위하여 크레인을 운행하는 회사나 위임된 대표자는 다음 안전예방책을 준비하고, 그 예방책이 이루어지도록 감독해야 한다.

① 크레인의 스위치를 내리고 우발적이거나 악의 있는 재시동은 삼가야 한다.
② 만일 크레인에서 물건이 떨어질 위험이 있다면 위험 지역 근처에 비상 경계선을 설치하거나 안내 표지판을 설치해야 한다.
③ 크레인을 레일 블록으로 보호해야 하고, 또한 크레인이 다른 크레인과 충돌하는 것을 방지하기 위해서 이동 중인 크레인에 보호물을 장치시켜야 한다.
④ 필요하다면 인접 궤도에 있는 크레인을 포함해서 근접하는 크레인의 운전자는 작업하는 일의 성질과 위치를 알려야 하며, 이와 같은 사항은 교대 시에 다음 운전자에게 전달해야 한다.

위 사항에 명시된 안전조치가 부적당하거나 작동 사유를 받아들일 수 없을 때 또는 목적에 부적합할 때 운영하는 회사나 위임된 대표자는 부가적인 대안이나 다른 안전예방책을 명령하고 감독해야 한다.

(11) 분해 또는 수정 작업의 반복

크레인은 운영 또는 소유 회사, 위임된 대표자의 승인이 있을 때 다음의 분해 및 수정 작업 또는 크레인의 작동 범위 내에 있는 작업이 이행될 수 있도록 해야 한다.

① 모든 작업이 끝났는가?
② 크레인이 안전한 작동 조건에 놓여 있는가?
③ 작업을 하고 있는 사람이 크레인을 떠났는가?

4 슬루잉 기어 위의 지브 회전시키는 법

(1) 작동 설명

지브를 자유롭게 회전시키는 푸시 버튼은 운전실에 설치되어 있다. 이 버튼은 크레인이 가동하기 전에 작동된다. 브레이크의 메인 솔레노이드에 전류가 흐르게 되면 브레이크를 작동시킬 수 있고, 리밋 스위치가 '브레이크 해지'에 있게 되려면 지브를 자유롭게 회전시켜야 하고 이런 작동은 컨트롤 전류가 꺼졌을 때에만 가능하다.

메인 솔레노이드 옆에 설치되어 있는 록킹 솔레노이드에 전류가 바(bar)를 앞으로 밀어낸다. time lag rag reay switch는 메인 솔레노이드의 전류를 끄고 이것은 앞으로 밀려진 록킹 바(locking bar)에 압력을 주게 되며, 그 결과로 전류가 흐르지 않는 상태에서 브레이크가 해지되고 열려진 상태에 있게 된다.

오랫동안 전력 공급이 불가능한 경우 '자유로운 지브 회전'을 위해 브레이크 메인 솔레노이드는 수동으로 완전히 밀어야 한다. 이 위치에서 바는 앞으로 밀리고 록킹 솔레노이드의 수동 조작이 가능해진다. 메인 솔레노이드가 풀려진 후에 메인 솔레노이드는 앞으로 밀어낸 록킹 바에 압력을 준다.

(2) 크레인 시동

슬루잉 기어를 작동시키면 이들 단체는 자동적으로 행해지고 슬루잉 기어 브레이크는 처음 스위치를 켠 상태와 같이 작동되며, 공인되지 않은 사람에 의한 지브 회전 등의 크레인 작동은 금지되어 있다. 그 작동은 크레인 운전자에 의해서만 이루어져야 하며, 브레이크는 전류가 흐르지 않는 상태에서 해지되고 개방된 상태에 있게 된다.

크레인 스위치를 켠 후 크레인이 시동될 때 슬루잉 기어를 가동하면 슬루잉 기어 브레이크는 자동으로 열리게 된다. 이 경우 메인 솔레노이드는 전류가 흐르게 되어 닫혀지며, 이것은 록킹 솔레노이드로부터 이미 앞으로 밀린 바를 해지하게 하고, 그리고 나서 바는 설치된 스프링의 힘으로 자동적으로 제자리로 돌아가게 된다.

제6장 예상문제

타워크레인의 보수 · 운전

01 국내 타워크레인 안전 및 검사 기준상 권상용 와이어 로프의 안전율은?

① 4 이상
② 5 이상
③ 6 이상
④ 7 이상

[해설] 권상용 와이어 로프와 지브 기복용 및 횡행과 주행용 와이어 로프는 안전율이 5 이상이다.

02 타워크레인 운전 요령에서 선회 작업 시 작업 공간을 제한하여 작업하고자 할 때는 다음 중 어떤 안전장치를 활용해야 하는가?

① 와이어 로프 꼬임 방지장치
② 선회 브레이크 풀림장치
③ 선회 제한 리밋 스위치
④ 트롤리 로프 긴장장치

[해설] 선회 브레이크는 선회 동작을 정지시키기 위한 것이고, 선회 제한 리밋 스위치는 작업 공간을 일정 범위로 제한하는 것이므로 혼동하지 말아야 한다.

03 일반적으로 해체 작업 시 운전 준수 사항으로 틀린 것은?

① 지브의 균형은 해체 작업과는 연관성이 없다.
② 비상 정지장치는 만일의 사태에 사용한다.
③ 마스트를 내릴 때는 지상 작업자를 대피시킨다.
④ 순간 풍속 10m/s를 초과하는 즉시 작업을 중지한다.

[해설] 해체 작업 시에도 균형을 잃어버리면 전도될 수 있으므로 매우 중요하다.

04 다음 중 건물 내부에서 클라이밍 작업을 하고자 할 때 가장 중요한 준비 사항에 해당하는 것은?

① 타워크레인의 클라이밍 매뉴얼에 따른 장비 하중 분석과 보강재 도면에 따라 프레임 및 기초를 준비한다.
② 타워크레인 클라이밍 작업에 필요한 줄걸이 방법을 확인한다.
③ 타워크레인 클라이밍 작업에 필요한 줄걸이 보조 용구(샤클, 벨트슬링 등)를 준비한다.
④ 크레인 사용 준비를 위하여 클라이밍 작업을 하고자 하는 타워크레인의 각 부재의 중량을 확인한다.

05 벨트를 풀리에 걸 때는 어떤 상태에서 걸어야 하는가?

① 회전을 중지시킨 후 건다.
② 저속으로 회전시키면서 건다.
③ 중속으로 회전시키면서 건다.
④ 고속으로 회전시키면서 건다.

[해설] 벨트를 풀리에 걸 때 풀리가 회전되고 있으면 매우 위험하다.

06 와이어 로프의 교체 대상으로 틀린 것은?

① 소선 수의 10% 이상이 단선된 것
② 공칭 직경이 5% 감소된 것
③ 킹크된 것
④ 현저하게 변형되거나 부식된 것

[해설] 와이어 로프 교체 기준에서 공칭 직경의 감소는 7%이다.

정답 01 ② 02 ③ 03 ① 04 ① 05 ① 06 ②

07 안전율을 구하는 공식으로 맞는 것은?

① 안전율 = 이동 하중/고정 하중

② 안전율 = 시험 하중/정격하중

③ 안전율 = 사용 하중/절단하중

④ 안전율 = 절단하중/사용 하중

해설 안전율 = $\dfrac{\text{절단(파단) 하중}}{\text{사용(정격) 하중}}$

08 설치 작업 시작 전 고려해야 할 착안 사항이 아닌 것은?

① 기상 확인

② 역할 분담 지시

③ 줄걸이, 공구 안전점검

④ 타워크레인 기종 선정

해설 타워크레인의 기종 선정은 건설 공사의 기초 설비 계획에서 결정한 후, 설치 작업 시작 전 착안 사항들을 고려하여 설치한다.

09 2대 이상이 근접하여 설치된 타워크레인에서 화물을 운반할 때 운전 시 가장 주의해야 할 동작은?

① 권상 동작

② 권하 동작

③ 선회 동작

④ 트롤리 이동 동작

해설 2대 이상의 타워크레인이 작업을 하고 있을 때에는 권상·권하보다 선회 시 충돌 등에 주의하도록 한다.

10 와이어 로프에 킹크 현상이 가장 발생하기 쉬운 경우는?

① 새로운 로프를 취급할 경우

② 새로운 로프를 교환 후 약 10회 작동하였을 경우

③ 로프의 사용 한도가 되었을 경우

④ 로프의 사용 한도를 지났을 경우

11 타워크레인 지브에서의 이동 요령 중 안전에 어긋나는 것은?

① 트롤리의 점검대를 이용한 이동

② 안전 로프에 안전대를 사용하여 이동

③ 2인 1조로 손을 잡고 이동

④ 지브 내부의 보도 이용

해설 지브에서 이동을 할 때는 안전 로프에 안전대를 설치하고 점검대나 내부 보도를 이용하여 이동하도록 한다.

12 와이어 가잉으로 고정할 때 준수해야 할 사항이 아닌 것은?

① 등각에 따라 4-6-8 가닥으로 지지 및 고정이 가능하다.

② 경사각은 30~90°의 안전 각도를 유지한다.

③ 가잉용 와이어의 코어는 섬유심이 바람직하다.

④ 와이어 긴장은 장력 조절장치 또는 턴버클을 사용한다.

해설 와이어 가잉은 4-6-8 가닥으로 고정하며 턴버클 등으로 장력 조절을 한다.

13 와이어 가잉 클립(clip) 결속 시의 준수 사항으로 옳은 것은?

① 클립의 새들은 로프의 힘이 많이 걸리는 쪽에 있어야 한다.

② 클립의 새들은 로프의 힘이 적게 걸리는 쪽에 있어야 한다.

③ 클립의 너트 방향을 설치 수의 1/2씩 나누어 조임한다.

④ 클립의 너트 방향을 아래·위 교차가 되게 조임한다.

14 수직 볼트를 사용하는 마스트의 볼트 체결 방법으로 맞는 것은?

① 대각선 방향으로 아래, 위로 향하게 조립한다.
② 볼트의 헤드부가 전체 위로 향하게 조립한다.
③ 볼트의 헤드부가 전체 아래로 향하게 조립한다.
④ 왼쪽부터 하나씩 아래, 위로 향하게 조립한다.

15 타워크레인 지브가 절손되는 원인에 대한 설명으로 가장 관계가 먼 것은?

① 인접 시설물과의 충돌
② 러핑형 지브의 경사각
③ 정격하중 이상의 과부하
④ 지브와 달기 기구와의 충돌

해설 지브의 절손은 과부하와 달기 기구 및 시설물의 충돌 등에 원인이 있다.

16 와이어 손상의 분류에 대한 설명으로 틀린 것은?

① 와이어는 사용 중 시브 및 드럼 등의 접촉에 의해 마모가 생기는데 이때 직경이 7% 마모 시 교환한다.
② 사용 중 소선의 단선이 전체 소선 수의 50%가 되면 교환한다.
③ 과하중을 들어올릴 경우 내·외층의 소선이 맞부딪치게 되어 피로 현상을 일으키게 된다.
④ 열의 영향으로 감도가 저하되는데 이때 심강이 철심일 경우 300℃까지 사용이 가능하다.

해설 와이어 로프 소선의 단선은 전체 소선 수의 10% 이상이면 교환하도록 한다.

17 타워크레인의 훅(hook)이 상승할 때 줄걸이 등 와이어 로프에 장력이 걸리면 일단 정지하고 확인할 사항이 아닌 것은?

① 줄걸이용 와이어 로프에 걸리는 장력이 균등한가를 확인
② 화물이 붕괴될 우려는 없는가를 확인
③ 보호대가 벗겨질 우려는 없는가를 확인
④ 권과 방지장치는 정상 작동하는지 확인

해설 권과 방지장치의 정상 작동 여부는 훅(hook)의 상승 이전에 확인할 사항이다.

18 타워크레인의 운전자가 안전운전을 위해 준수할 사항이 아닌 것은?

① 타워크레인 구동 부분의 윤활이 정상인가 확인한다.
② 타워크레인의 해체 일정을 확인한다.
③ 브레이크의 작동 상태가 정상인가 확인한다.
④ 타워크레인의 각종 안전장치의 이상 유무를 확인한다.

해설 타워크레인 설치 및 해체 일정 확인은 안전운전 사항이 아니고 운영에 관한 사항이다.

19 다음 중 ( ) 안에 알맞은 것은?

타워크레인의 주행 레일에는 양 끝부분 또는 이에 준하는 장소에 완충장치, 완충재 또는 당해 주행 차륜 지름의 ( ) 이상의 높이 정지 기구를 설치하여야 한다.

① 2분의 1   ② 3분의 1
③ 4분의 1   ④ 5분의 1

해설 크레인 제작·안전·검사기준 제41조의 규정에 의하여 횡행 레일에는 횡행 차륜 지름의 1/4, 주행 레일에는 주행 차륜 지름의 1/2 이상 높이의 정지 기구를 설치하여야 한다.

정답 14 ③ 15 ② 16 ② 17 ④ 18 ② 19 ①

20 시브 외경과 이탈 방지용 플레이트 간격으로 가장 적합한 것은?

① 3mm ② 6mm

③ 9mm ④ 12mm

해설 와이어 로프 이탈 방지장치의 시브 외경과 플레이트 간격은 3mm로 체결되어 있다.

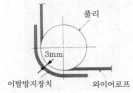

21 타워크레인 유압장치에 관한 일반 사항으로 틀린 것은?

① 클라이밍 종료 후에는 램을 수축하여 둔다.

② 오일양의 상태 점검은 클라이밍 시작 전보다 종료 후에 하는 것이 더 좋다.

③ 유압 탱크 열화 방지를 위한 보호 조치를 한다.

④ 유압장치는 유압 탱크, 실린더, 펌프, 램 등으로 되어 있다.

해설 오일양 상태 점검은 클라이밍 시작 전에 점검하도록 한다.

22 타워크레인 운전 및 정비 수칙 중 바르지 못한 것은?

① 국가가 인정하는 자격 소지자에 의해서 운전되어야 한다.

② 운전자의 시선은 언제나 지브 또는 붐 선단을 직시하여야 한다.

③ 하중이 지면에 있는 상태로 선회를 하지 말아야 한다.

④ 크레인 정비 지침을 지켜야 하며 전체 시스템에 대한 주기적인 검사를 하여야 한다.

해설 운전자의 시선은 지브나 붐의 선단을 보는 것이 아니고 인양된 화물을 주시하도록 한다.

23 작동에 의한 밸브의 종류가 아닌 것은?

① 시트 밸브

② 수동 조작 밸브

③ 전자 조작 밸브

④ 유·공압 조작 밸브

해설 밸브가 수동이나 유압·전자에 의한 것은 작동에 의하지만, 시트 밸브는 볼이나 포피트가 통로에 밀착되어 유압이나 유량에 따라 작동한다.

24 올바른 권상 작업 형태는?

① 지면에서 끌어당김 작업

② 박힌 하중 인양 작업

③ 사람 머리 위를 통과한 상태 작업

④ 신호수가 있을 경우 보이지 않는 곳에서의 물체 이동 작업

해설 타워크레인으로는 화물을 끌어당기거나 박힌 하중 인양 등은 할 수 없고, 신호수의 신호에 따라 안전한 작업을 하도록 한다.

25 타워크레인의 주행 레일 측면의 마모는 원 규격 치수의 얼마 정도인가?

① 5% 이내

② 10% 이내

③ 15% 이내

④ 20% 이내

해설 주행 레일은 균열, 두부의 변형이 없으며 측면 마모는 원래 규격 치수의 10% 이내이어야 한다.

26 유압 펌프의 흡입구에서의 캐비테이션(공동현상) 방지법이 아닌 것은?

① 오일 탱크의 오일 점도를 적당히 유지한다.

② 흡입구의 양정을 낮게 한다.

③ 흡입관의 굵기는 유압 펌프 본체 연결구의 크기와 같은 것을 사용한다.

④ 펌프의 운전 속도를 규정 속도 이상으로 한다.

27 타워크레인의 트롤리 이동 중 기계장치에서 이상음이 날 경우 적절한 조치법은?

① 트롤리 이동을 멈추고 열을 식힌 후 계속 작업한다.
② 속도가 너무 빠르지 않나 확인한다.
③ 즉시 작동을 멈추고 점검한다.
④ 작업 종료 후 조치한다.

28 와이어 로프에서 소선을 꼬아 합친 것은?

① 심강 　　　　② 트래드
③ 공심 　　　　④ 스트랜드

해설 와이어 로프는 심강, 소선, 스트랜드로 구성되며 소선을 꼬아 만든 것이 스트랜드이다.

29 선회 기어와 베어링 및 축 내에 급유를 해야 하는 주된 목적이 아닌 것은?

① 캐비테이션(공동화) 현상을 방지해 준다.
② 부분 마멸을 방지해 준다.
③ 동력 손실을 방지해 준다.
④ 냉각 작용을 한다.

해설 캐비테이션이란 유압 계통에 공기 침입 또는 진공 상태 등으로 인해 기포가 생기며 파괴되어 국부적인 고압이나 소음이 발생하는 현상을 말한다.

30 와이어 로프의 주유에 대한 설명으로 가장 알맞은 것은?

① 그리스를 와이어 로프의 전체 길이에 충분히 칠한다.
② 그리스를 와이어 로프에 칠할 필요가 없다.
③ 기계유를 로프의 심까지 충분히 적신다.
④ 그리스를 로프의 마모가 우려되는 부분만 칠하는 것이 좋다.

해설 와이어 로프의 주유는 그리스를 전체 길이에 충분히 칠해준다.

31 다음 타워크레인 검사 중 근로자 대표의 요구가 있는 경우에 근로자 대표를 입회하여야 하는 검사는?

① 완성 검사 　　　　② 설계 검사
③ 성능 검사 　　　　④ 자체 검사

해설 완성, 설계, 성능, 정기 검사는 산업안전보건법 규정에 의하여 산업안전공단에 위탁되어 있다.

32 선회 속도가 0.81rev/min으로 표시되었다. 올바른 설명은?

① 타워크레인 선회 속도는 1분당 0.81m이다.
② 타워크레인 선회 속도는 1분당 0.81cm이다.
③ 타워크레인 선회 속도는 1분당 0.81 회전이다.
④ 타워크레인 선회 속도는 1선회 시 0.81분 걸린다.

해설 rev/min는 1분당의 선회 속도를 뜻하며 1분당 0.81 회전이다.

33 타워크레인의 전도 사고의 원인이 아닌 것은?

① 과하중
② 균형 상실
③ 다른 크레인의 접촉
④ 기초 강도 부족

해설 다른 크레인에 의한 접촉은 전도의 원인이 아니라 지브의 절손, 본체 파손 등을 일으키는 원인이다.

34 유압 펌프의 고장 현상이 아닌 것은?

① 전동 모터의 체결 볼트 일부가 이완되었다.
② 오일이 토출되지 않는다.
③ 이상 소음이 난다.
④ 유량과 압력이 부족하다.

해설 전동 모터는 유압 펌프에 해당되지 않는다.

정답 27 ③ 28 ④ 29 ① 30 ① 31 ④ 32 ③ 33 ③ 34 ①

35 크레인의 운동 속도에 대한 설명으로 틀린 것은?

① 주행은 가능한 한 저속으로 운전하는 것이 좋다.

② 위험물 운반 시에는 가능한 한 저속으로 운전함이 좋다.

③ 권상 작업 시에는 양정이 짧은 것은 빠르게, 긴 것은 느리게 운전함이 좋다.

④ 권상장치에서의 속도는 하중이 가벼우면 빠르게, 무거우면 느리게 작동되도록 한다.

해설 운동 속도는 양정이 짧은 것은 느리게 하고, 긴 것은 빠르게 하여야 작업 능률이 오른다.

36 선회 작업 방법을 올바르게 설명한 것은?

① 목표한 지점을 지나치게 되면 즉시 비상 브레이크로 제동한다.

② 바람이 심할 때는 브레이크 제동을 이용하여 반발력 선회를 한다.

③ 측면에 붙어 있는 경량의 화물은 선회 작업으로 떼어 낸다.

④ 선회 브레이크는 선회 작동이 완전히 정지된 후에만 사용한다.

37 다음 중 올바른 운전이 모두 선택된 것은?

> ㉠ 훅(hook) 블록이 지면에 뉘어진 상태로 운전하지 않았음
> ㉡ 풍압 면적과 크레인 자중을 증가시킬 수 있는 다른 물체를 부착하지 않았음
> ㉢ 완성 검사가 끝나기 전에 사용하지 않았음
> ㉣ 하중을 사람 머리 위로 통과시키지 않았음

① ㉠, ㉡, ㉢   ② ㉡, ㉢, ㉣
③ ㉠, ㉡, ㉣   ④ ㉠, ㉡, ㉢, ㉣

해설 타워크레인 운전 시 하중을 사람 머리 위로 통과시키거나 훅(hook) 블록이 지면에 뉘어진 상태로 운전해서는 안 된다.

38 타워크레인 설치 시 비래 및 낙하를 방지하기 위한 안전조치가 아닌 것은?

① 작업 범위 내 통행 금지

② 운반 주머니 이용

③ 보조 로프 사용

④ 공구통 사용

해설 사용 중인 공구는 낙하 방지를 위해 연결끈을 부착한다.

39 중량물 운반 시 안전사항으로 틀린 것은?

① 화물을 운반할 경우에는 운전 반경 내를 확인한다.

② 흔들리는 화물은 사람이 승차하여 붙잡도록 한다.

③ 크레인은 규정 용량을 초과하지 않는다.

④ 무거운 물건을 상승시킨 채 오랫동안 방치하지 않는다.

해설 중량물 운반 시 어떤 경우라도 사람을 승차시켜 화물을 붙잡도록 할 수는 없다.

40 다음 중 타워크레인으로 작업 시 중량물의 흔들림(회전) 방지 조치가 아닌 것은?

① 길이가 긴 것이나 대형 중량물은 이동 중 회전하여 다른 물건과 접촉할 우려가 있는 경우 반드시 유도 로프로 유도한다.

② 작업 장소 및 매단 중량물에 따라서는 여러 개의 유도 로프로 유도할 수 있다.

③ 크레인의 선회동작 및 트롤리 이동 시 유도 로프가 다른 장애물에 걸릴 우려가 있기 때문에 이때는 유도 로프를 하지 않는 것이 좋다.

④ 중량물을 유도하는 유도 로프는 주로 섬유 벨트를 이용하는 것이 좋다.

해설 유도 로프는 작업자와 이동하면서 흔들림을 방지하기 위해 잡아 주는 로프이다.

정답 35 ③ 36 ④ 37 ④ 38 ④ 39 ② 40 ③

41 타워크레인의 운전자가 안전운전을 위해 준수할 사항이 아닌 것은?

① 타워크레의 일일 점검을 실시한다.

② 타워크레인의 해체 일정을 확인한다.

③ 훅 블록 상태가 정상인가 확인한다.

④ 타워크레인의 각종 리밋스위치의 작동 유무를 확인한다.

42 선회 링 기어와 피니언의 간극을 무엇이라 하는가?

① 스프레드(spread)

② 오일 간극(oil gap)

③ 크러시(crush)

④ 백 래시(back lash)

해설 기어와 기어 사이의 간극을 백 래시라 한다.

43 작업 중 동작을 멈추어야 할 긴급한 상황일 때 가장 먼저 해야 할 것은?

① 권상 권하 레버 정지

② 충돌 방지장치 작동

③ 비상 정지 버튼 작동

④ 트롤리 정지

해설 비상 정지 버튼을 작동한다.

44 유압유의 일반적 성질로 틀린 것은?

① 힘을 전달할 수 있다.

② 작용력을 감소시킬 수 있다.

③ 유압유는 압축성이다.

④ 운동을 전달할 수 있다.

45 유압장치의 장점이 아닌 것은?

① 무단 변속이 불가능하다.

② 에너지 저장이 가능하다.

③ 부하의 변화에 대해 안정성이 크다.

④ 작은 힘으로 큰 힘을 얻는 힘의 증대가 가능하다.

해설 유압장치는 무단 변속이 가능하다.

46 유압 펌프의 구비 조건 중 맞는 것은?

① 대형이고 가능한 중량이어야 한다.

② 흡입량이 작아야 한다.

③ 구조가 간단하여야 한다.

④ 토출량이 작아야 한다.

해설 펌프 구비 조건은 다음과 같다.

① 소형 경량이고, 토출량이 커야 한다.

② 흡입력이 커야 한다.

③ 구조가 간단하고, 고장이 적어야 한다.

④ 동력 손실이 적어야 한다.

47 유압 펌프에 관한 설명 중 틀린 것은?

① 유압 펌프는 엔진이나 전동기 등의 기계적 에너지를 받아 구동한다.

② 유체 에너지를 기계적 에너지로 변환한다.

③ 유압 펌프의 크기는 주어진 속도와 토출량으로 표시한다.

④ 유압 펌프의 종류로는 기어 펌프, 베인 펌프, 플런저 펌프 등이 있다.

해설 유압 펌프는 기계적 에너지를 유체 에너지로 변환한다.

정답 41 ② 42 ④ 43 ③ 44 ③ 45 ① 46 ③ 47 ②

제**7**장

Craftsman Tower Crane Operating

관련 법령

제 7 장 관련 법령

1 건설기계 관리법

1 목적과 용어

(1) 목적(법 제1조)(2010. 6. 30. 시행)

이 법은 건설기계의 등록·검사·형식 승인 및 건설기계 사업과 건설기계 조종사 면허 등에 관한 사항을 정하여 건설기계를 효율적으로 관리하고 건설기계의 안전도를 확보하여 건설 공사의 기계화를 촉진함을 목적으로 한다.

(2) 용어의 정의(법 제2조)

① '건설기계'란 건설 공사에 사용할 수 있는 기계로서 대통령령으로 정하는 것을 말한다.

② '폐기'란 국토교통부령으로 전하는 건설기계장치를 그 성능을 유지할 수 없도록 해체하거나 압축·파쇄·절단 또는 용해하는 것을 업으로 하는 것을 말한다.

③ '건설기계 사업'이란 건설기계 대여업·건설기계 정비업·건설기계 매매업 및 건설기계 해체 재활용업을 말한다.

④ '건설기계 대여업'이란 건설기계의 대여를 업(業)으로 하는 것을 말한다.

⑤ '건설기계 정비업'이란 건설기계를 분해, 조립 또는 수리하고 그 부분품을 가공 제작, 교체하는 등 건설기계를 원활하게 사용하기 위한 모든 행위(경미한 정비행위 등 국토교통부령으로 정하는 것은 제외한다.)를 업으로 하는 것을 말한다.

⑥ '건설기계 매매업'이란 중고 건설기계의 매매 또는 그 매매의 알선과 그에 따른 등록 사항에 관한 변경 신고의 대행을 업으로 하는 것을 말한다.

⑦ '건설기계 해체 재활용업'이란 폐기 요청된 건설기계의 인수(引受), 재활용 가능한 부품의 회수, 폐기 및 그 등록말소 신청의 대행을 업으로 하는 것을 말한다.

⑧ '중고 건설기계'란 건설기계를 제작·조립 또는 수입한 자로부터 법률 행위 또는 법률 규정에 따라 건설기계를 취득한 때부터 사실상 그 성능을 유지할 수 없을 때까지의 건설기계를 말한다.

⑨ '건설기계 형식'이란 건설기계의 구조·규격 및 성능 등에 관하여 일정하게 정한 것을 말한다.

2 등록과 말소

(1) 등록(법 제3조, 시행령 제3조, 시행규칙 제2조)

건설기계의 소유자는 대통령령으로 정하는 바에 따라 건설기계 소유자의 주소지 또는 건설기계의 사용 본거지를 관할하는 특별시장·광역시장·도지사 또는 특별자치도지사에게 취득한 날 또는 수입되어 판매된 날로부터 2개월 이내(전시, 사변, 기타 이에 준하는 국가 비상사태하에서는 5일 이내)에 등록 신청을 하여야 한다.

[벌칙] 등록되지 않은 건설기계를 사용하거나 운행한 자는 법 제40조 규정에 따라 2년 이하의 징역 또는 2천만 원 이하의 벌금 처분을 받는다.

① 등록 신청시(전자 문서 포함) 첨부 서류(시행령 제3조)

㉮ 건설기계의 출처를 증명하는 다음의 어느 하나의 서류

ⓐ 건설기계 제작증(국내에서 제작한 건설기계의 경우에 한함)

ⓑ 수입면장 또는 기타 수입 사실을 증명하는 서류(수입한 건설기계의 경우에 한함)

ⓒ 매수 증서(관청으로부터 매수한 건설기계의 경우에 한함)

㉯ 건설기계의 소유자임을 증명하는 서류. 다만, ㉮의 건설기계의 소유자임을 증명할 수 있는 경우에는 당해 서류로 갈음할 수 있다.

㉰ 건설기계 제원표

㉱ 자동차손해배상 보장법 제5조에 따른 보험 또는 공제의 가입을 증명하는 서류(타워크레인은 해당하지 않음)

② 건설기계의 범위(시행령 제2조 관련 [별표 1]) 〈개정 2019. 3.〉

건설기계명	범 위
1. 불도저	무한궤도 또는 타이어식인 것
2. 굴착기	무한궤도 또는 타이어식으로 굴착장치를 가진 자체 중량 1톤 이상인 것
3. 로더	무한궤도 또는 타이어식으로 적재장치를 가진 자체 중량 2톤 이상인 것. 다만, 차체 굴절식 조향장치가 있는 자체 중량 4톤 미만인 것은 제외한다.
4. 지게차	타이어식으로 들어올림 장치를 가진 것. 다만, 전동식으로 솔리드 타이어를 부착한 것 중 도로(도로교통법 제2조 제1호에 따른 도로를 말함, 이하 같다)가 아닌 장소에서만 운행하는 것은 제외한다.
5. 스크레이퍼	흙·모래의 굴삭 및 운반장치를 가진 자주식인 것
6. 덤프트럭	적재 용량 12톤 이상인 것. 다만, 적재 용량 12톤 이상 20톤 미만의 것으로 화물 운송에 사용하기 위하여 자동차관리법에 의한 자동차로 등록된 것을 제외한다.
7. 기중기	무한궤도 또는 타이어식으로 강재의 지주 및 선회장치를 가진 것. 다만, 궤도(레일)식인 것을 제외한다.
8. 모터 그레이더	정지장치를 가진 자주식인 것

건설기계명	범 위
9. 롤러	• 조종석과 전압장치를 가진 자주식인 것 • 피견인 진동식인 것
10. 노상 안정기	노상 안전장치를 가진 자주식인 것
11. 콘크리트 뱃칭 플랜트	골재 저장통·계량장치 및 혼합장치를 가진 것으로서 원동기를 가진 이동식인 것
12. 콘크리트 피니셔	정리 및 사상장치를 가진 것으로 원동기를 가진 것
13. 콘크리트 살포기	정리장치를 가진 것으로 원동기를 가진 것
14. 콘크리트 믹서 트럭	혼합장치를 가진 자주식인 것(재료의 투입·배출을 위한 보조장치가 부착된 것을 포함)
15. 콘크리트 펌프	콘크리트 배송 능력이 매 시간당 $5m^3$ 이상으로 원동기를 가진 이동식 과 트럭 적재식인 것
16. 아스팔트 믹싱 플랜트	골재 공급장치·건조 가열장치·혼합장치·아스팔트 공급장치를 가진 것으로 원동기를 가진 이동식인 것
17. 아스팔트 피니셔	정리 및 사상장치를 가진 것으로 원동기를 가진 것
18. 아스팔트 살포기	아스팔트 살포장치를 가진 자주식인 것
19. 골재 살포기	골재 살포장치를 가진 자주식인 것
20. 쇄석기	20kW 이상의 원동기를 가진 이동식인 것
21. 공기 압축기	공기 토출량이 매 분당 $2.83m^3$(매 cm^2당 7kg 기준) 이상의 이동식인 것
22. 천공기	천공장치를 가진 자주식인 것
23. 항타 및 항발기	원동기를 가진 것으로 해머 또는 뽑는 장치의 중량이 0.5톤 이상인 것
24. 자갈 채취기	자갈 채취장치를 가진 것으로 원동기를 가진 것
25. 준설선	펌프식·버킷식·디퍼식 또는 그래브식으로 비자항식인 것. 다만, 선 박법에 따른 선박으로 등록된 것을 제외한다.
26. 특수 건설기계	제1호부터 제25호까지의 규정 및 제27호에 따른 건설기계와 유사한 구 조 및 기능을 가진 기계류로서 국토교통부장관이 따로 정하는 것
27. 타워크레인	수직 타워의 상부에 위치한 지브를 선회시켜 중량물을 상하, 전후 또 는 좌우로 이동시킬 수 있는 정격하중 3톤 이상의 것으로서 원동기 또 는 전동기를 가진 것. 다만, 산업집적활성화 및 공장설립에 관한 법률 제16조에 따라 공장 등록 대장에 등록된 것은 제외한다.

③ **임시 운행(법 제4조, 시행규칙 제6조)**

건설기계는 등록을 한 후가 아니면 이를 사용하거나 운행하지 못한다. 다만, 등록하기 전에 일시 운행할 필요가 있을 경우에는 국토교통부령이 정하는 바에 따라 임시 운행 번호표를 제작 부착하여야 하며, 이 경우 건설기계를 제작·수입·조립한 자가 번호표를 제작 부착하며, 임시 운행 기간은 15일을 초과할 수 없다. 단, 신개발 건설기계의 임시 운행 허가 기간은 3년 이내(2012. 10. 31. 개정)이며 임시 운행 사유는 다음과 같은 경우이다.

㉮ 등록 신청을 하기 위하여 건설기계를 등록지로 운행하는 경우
㉯ 신규 등록 검사 및 확인 검사를 받기 위하여 건설기계를 검사 장소로 운행하는 경우
㉰ 수출을 위해 건설기계를 선적지로 운행하는 경우
㉱ 신개발 건설기계를 시험 연구의 목적으로 운행하는 경우(임시운행기간 3년 이내)
㉲ 판매 또는 전시를 위하여 건설기계를 일시적으로 운행할 경우

(2) 등록의 말소(법 제6조)

시·도지사는 등록된 건설기계가 다음의 어느 하나에 해당하는 경우에는 소유자의 신청이나 시·도지사의 직권으로 등록을 말소할 수 있으며, 사유가 발생한 경우 건설기계 소유자는 30일 이내(도난을 당했을 때는 2개월 이내)에 시·도지사에게 등록 말소를 신청하며 시·도지사가 직권으로 말소를 하고자 할 때에는 미리 그 뜻을 건설기계의 소유자 및 건설기계 등록원부에 등재된 이해 관계인에게 통지 후 1개월(저당권 등록된 경우 3개월)이 지난 후가 아니면 말소할 수 없다.

㉮ 거짓, 그 밖의 부정한 방법으로 등록을 한 경우
㉯ 건설기계가 천재지변 또는 이에 준하는 사고 등으로 사용할 수 없게 되거나 멸실된 경우
㉰ 건설기계의 차대가 등록 시의 차대와 다른 경우
㉱ 건설기계가 건설기계 안전 기준에 적합하지 아니하게 된 경우
㉲ 정기 검사를 받지 않아 최고를 받고 지정된 기한까지 검사를 받지 아니한 경우
㉳ 건설기계를 수출하는 경우
㉴ 건설기계를 도난당한 경우
㉵ 건설기계를 폐기한 경우
㉶ 구조적 제작 결함 등으로 건설기계를 제작자나 판매자에게 반품한 때
㉷ 건설기계를 교육·연구 목적으로 사용하는 경우

[벌칙] • 말소 사유가 발생한 날로부터 30일 이내(도난당했을 경우 2개월 이내)에 말소 신청을 하지 않으면 50
만 원의 과태료가 부과된다.
• 말소된 건설기계를 사용하거나 운행한 자는 2년 이하의 징역 또는 2천만 원 이하의 벌금이다.

(3) 건설기계 등록 번호표(법 제8조·제9조, 시행규칙 제17조)

등록된 건설기계는 국토교통부령으로 정하는 바에 따라 등록 번호표를 부착 및 봉인하고 누구든지 번호표를 가리거나, 훼손하여 알아보기 곤란하게 하지 못하며, 번호표 부착 통지서를 받은 건설기계 소유자는 3일 이내 등록 번호표 제작자 지정을 받은 자에게 신청하면 7일 이내에 제작하여 부착·봉인한다.

① 등록 번호표 제작 등의 경우(시행규칙 제17조)

㉮ 건설기계의 등록을 한 때
㉯ 등록 이전 신고를 받은 때

㉰ 등록 번호표의 재부착 등의 신청을 받은 때

㉴ 건설기계의 등록 번호를 식별하기 곤란한 때

㉵ 등록 사항 변경 신고로 번호표의 용도 구분을 변경한 때

② 등록 번호표의 반납 사유(법 제9조)

건설기계 소유자는 다음 사유가 발생한 때에는 번호표의 봉인을 뗀 후 10일 이내에 시·도지사에게 반납하며 시·도지사는 반납받은 등록 번호표를 절단·폐기하여야 한다.

㉮ 건설기계의 등록이 말소된 경우

㉯ 건설기계의 등록 사항 중 대통령령으로 정하는 사항이 변경된 경우

㉰ 등록 번호표 또는 봉인이 떨어지거나 알아보기 어렵게 된 경우(법 제8조)

> [벌칙] 반납 기일 만료 10일 이내에 반납하지 아니한 자는 50만 원 이하 과태료, 등록 번호표를 가리거나 훼손하여 알아보기 곤란하게 한 자는 과태료 100만 원 이하에 처하며, 번호표 반납을 하지 않으면 50만 원 이하의 과태료를 낸다.

③ 등록 번호의 표시(시행규칙 제13조)

건설기계 등록 번호표에는 등록 관청, 용도, 기종 및 등록 번호를 표시하여야 한다.

㉮ 색칠

ⓐ 자가용 : 녹색판에 흰색 문자

ⓑ 영업용 : 주황색판에 흰색 문자

ⓒ 관용 : 흰색판에 검정색 문자

㉯ 번호표에 표시되는 모든 문자 및 외곽선은 1.5mm 튀어나와야 한다.

㉰ 등록 번호 : 자가용 1001~4999, 영업용 5001~8999, 관용 9001~9999

㉱ 기종별 기호 표시

• 01 : 불도저	• 02 : 굴착기
• 03 : 로더	• 04 : 지게차
• 05 : 스크레이퍼	• 06 : 덤프트럭
• 07 : 기중기	• 08 : 모터 그레이더
• 09 : 롤러	• 10 : 노상 안정기
• 11 : 콘크리트 뱃칭 플랜트	• 12 : 콘크리트 피니셔
• 13 : 콘크리트 살포기	• 14 : 콘크리트 믹서 트럭
• 15 : 콘크리트 펌프	• 16 : 아스팔트 믹싱 플랜트
• 17 : 아스팔트 피니셔	• 18 : 아스팔트 살포기
• 19 : 골재 살포기	• 20 : 쇄석기
• 21 : 공기 압축기	• 22 : 천공기
• 23 : 항타 및 항발기	• 24 : 자갈 채취기
• 25 : 준설선	• 26 : 특수 건설기계
• 27 : 타워크레인	

❸ 검사와 정비 명령

(1) 검사 등(법 제13조)

① 건설기계 소유자는 다음의 구분에 따른 검사를 받은 후 검사증을 교부받아 항상 당해 건설기계에 비치하여야 한다.

㉮ **신규 등록 검사** : 건설기계를 신규로 등록할 때 실시하는 검사

㉯ **정기 검사** : 건설 공사용 건설기계로서 3년의 범위 내에서 국토교통부령으로 정하는 검사 유효 기간 만료 후에 계속하여 운행하고자 할 때 실시하는 검사

㉰ **구조 변경 검사** : 등록된 건설기계의 주요 구조를 변경 또는 개조하였을 때 실시하는 검사 (사유 발생일로부터 20일 이내에 검사를 받아야 함)

㉱ **수시 검사** : 성능이 불량하거나 사고가 자주 발생하는 건설기계의 안전 성능을 점검하기 위하여 수시로 실시하는 검사와 소유자의 신청을 받아 실시하는 검사

② 정기 검사 대상 건설기계와 검사 유효 기간(시행규칙 제22조 관련 [별표 7])

기 종	구 분	검사 유효 기간
1. 굴착기	타이어식	1년
2. 로더	타이어식	2년
3. 지게차	1톤 이상	2년
4. 덤프트럭	–	1년
5. 기중기	타이어식·트럭 적재식	1년
6. 모터 크레이더	–	2년
7. 콘크리트 믹서 트럭	–	1년
8. 콘크리트 펌프	트럭 적재식	1년
9. 아스팔트 살포기	–	1년
10. 천공기	트럭 적재식	2년
11. 타워크레인	–	6개월
12. 특수 건설기계 • 도로 보수 트럭 • 노면 파쇄기 • 노면 측정 장비 • 수목 이식기 • 터널용 고소 작업차 • 트럭 지게차 • 그 밖의 특수 건설기계	 타이어식 타이어식 타이어식 타이어식 타이어식 타이어식 –	 1년 2년 2년 2년 2년 1년 3년
13. 그 밖의 건설기계		3년

[비고] 1. 신규 등록 후의 최초 유효 기간의 산정은 등록일부터 기산한다.
　　　 2. 신규 등록일(수입된 중고 건설기계의 경우에는 제작 연도의 12월 31일)부터 20년 이상 경과된 경우 검사 유효 기간은 1년(타워크레인은 6개월)으로 한다.
　　　 3. 타워크레인을 이동 설치하는 경우에는 이동 설치할 때마다 정기 검사를 받아야 한다.

③ 정기 검사의 신청 등(시행규칙 제23조)

정기 검사를 받으려는 자는 검사 유효 기간의 만료일 전후 각각 30일 이내(북한 지역 건설 공사와 해외 임대에 따라 반출되는 건설기계 또는 해당 건설기계를 사용하는 사업이 휴지되는 경우에는 반입 후 또는 사업 재개 신고 후 30일 이내, 타워크레인을 이동 설치하는 경우 이동 설치 후 검사에 소요되는 기간 전) 정기 검사 신청서에 건설기계 검사증 사본과 자동차손해배 상 보장법 제5조의 규정에 의한 보험 가입을 증명하는 서류를 첨부하여 시·도지사에게 제출 하여야 한다. 다만, 규정에 의하여 검사 대행을 하게 한 경우에는 검사 대행자에게 이를 제출 하여야 한다.

④ 검사의 연기(시행규칙 제24조)

건설기계 소유자는 천재지변, 건설기계의 도난, 사고 발생, 압류, 1월 이상에 걸친 정비, 그 밖의 부득이한 사유로 검사 신청 기간 내에 검사를 신청할 수 없는 경우에는 검사 신청 기간 만료일까지 검사 연기 신청서를 시·도지사에게 제출하여야 한다. 규정에 의하여 검사 대행자 가 지정되었을 때에는 검사 대행자에게 제출하고 검사 연기 신청을 받은 시·도지사 또는 검 사 대행자는 그 신청일로부터 5일 이내에 검사 연기 여부를 결정하여 신청인에게 통지하여야 한다. 이 경우 검사 연기 불허 통지를 받은 자는 검사 신청 기간 만료일로부터 10일 이내에 검사 신청을 하여야 한다. 검사 연기를 하는 경우 그 연기 기간은 6월 이내로 한다.

⑤ 정비 명령(시행규칙 제31조)

시·도지사는 검사에 불합격된 건설기계에 대하여는 6개월 이내의 기간을 정하여 검사를 완 료한 날 또는 검사 대행자로부터 검사 결과를 보고받은 날부터 10일 이내에 당해 건설기계 소유자에게 정비 명령을 하여야 한다. 이때 정비 명령을 받은 건설기계 소유자는 지정된 기간 내에 건설기계를 정비한 후 다시 검사 신청을 하여야 한다.

[벌칙] 정비 명령을 이행하지 않으면 100만 원 이하의 벌금 처분을 받는다.

⑥ 검사장에서 검사를 받아야 하는 건설기계(시행규칙 제32조)

㉮ 덤프트럭
㉯ 콘크리트 믹서 트럭
㉰ 트럭 적재식 콘크리트 펌프
㉱ 아스팔트 살포기
㉲ 트럭 지게차(국토교통부 장관이 정하는 특수 건설기계인 트럭 지게차를 말한다.)

⑦ 건설기계가 위치한 장소에서 검사를 받아야 하는 건설기계(시행규칙 제32조)

㉮ 도서 지역에 있는 건설기계
㉯ 자체 중량이 40톤을 초과한 건설기계
㉰ 축중이 10톤을 초과한 건설기계
㉱ 너비가 2.5m를 초과한 건설기계
㉲ 최고 속도가 35km/h 미만인 건설기계

타워크레인은 위치한 장소에서 검사받을 수 있다.

(2) 구조 변경 검사(시행규칙 제25조)

구조 변경 검사를 받고자 하는 자는 주요 구조를 변경 또는 개조한 날부터 20일 이내에 건설기계 구조 변경 신청서를 시·도지사 또는 검사 대행자에게 제출하여 검사를 받는다.

① 구조 변경 검사 시 첨부 서류

㉮ 변경 전·후의 주요 제원 대비표

㉯ 변경 전·후의 건설기계의 외관도(외관의 변경이 있는 경우)

㉰ 변경한 부분의 도면

㉱ 안전도 검사 증명서(선박 안전 공단 및 선급 법인 발행 : 수상 작업용의 경우)

㉲ 구조 변경 사실 증명 서류(건설기계 제작·조립자 및 정비업자로 등록된 자 발행)

② 구조 변경 및 범위(시행규칙 제42조)

㉮ 건설기계의 기종 변경, 육상 작업용 건설기계의 규격 증가 또는 적재함의 용량 증가를 위한 구조 변경은 할 수 없다.

㉯ 주요 구조의 변경 및 개조의 범위

ⓐ 원동기의 형식 변경

ⓑ 동력 전달장치의 형식 변경

ⓒ 제동장치의 형식 변경

ⓓ 주행장치의 형식 변경

ⓔ 유압장치의 형식 변경

ⓕ 조종장치의 형식 변경

ⓖ 조향장치의 형식 변경

ⓗ 작업장치의 형식 변경(가공 작업을 수반하지 않은 경우 제외)

ⓘ 건설기계의 길이, 너비, 높이 등의 변경

ⓙ 수상 작업용 건설기계의 선체의 형식 변경

[벌칙] 구조 변경 검사 주요부(원동기의 형식, 제동장치의 형식, 동력전달장치의 형식, 주행장치의 형식)의 형식 변경은 2년 이하의 징역, 2000만 원 이하의 벌금, 기타 유압장치 등은 1년 이하의 징역, 1000만 원 이하의 벌금에 처하며, 수시 검사를 받지 아니하면 100만 원 이하의 벌금 처분을 받는다.

4 건설기계 사업

(1) 건설기계 사업의 등록 등(법 제21조·제24조, 시행규칙 제66조)

건설기계 사업은 건설기계 대여업, 건설기계 정비업, 건설기계 매매업, 건설기계 해체 재활용업을 말하며, 이 사업을 하려고 할 때는 국토교통부령에 따른 등록 기준을 갖추어 사업장을 관할하는 시장·군수 또는 구청장에게 등록 후 등록증을 교부받아 사업을 개시한다. 등록한 사항이 변경되거나 사업을 개업·휴업 또는 폐업하거나 휴업한 사업을 재개한 경우는 사유 발생일로부터 30일 이내에 변경 사실을 증명하는 서류를 첨부하여 변경 신고서를 등록한 시장·군수 또는 구청장에게 제출하여야 한다.

① 건설기계 대여업의 등록 기준(시행규칙 제59조 관련 [별표 14])

구 분	일 반	개 별
1. 건설기계 대수	5대 이상(2 이상의 개인 또는 법인이 공동 운영하는 경우를 포함)	4대 이하
2. 사무실	수입금의 관리, 건설기계의 건설 현장 배치 관리 등 대여업의 수행에 필요한 사무 설비 및 통신 수단을 갖출 것	없음
3. 주기장	다음에 해당하는 면적의 주기장에 대한 소유권 또는 사용권을 확보할 것 $24\text{m}^2 \times$ (타워크레인 외의 건설기계 대수)$^{0.815}$ $+ 80\text{m}^2 \times$ (타워크레인 대수)$^{0.815}$	

[비고] 1. 사무실과 주기장은 동일한 특별시·광역시·시·군 안에 위치하여야 한다(타워크레인을 소유한 경우는 제외). 다만, 특별시의 경우에는 인천광역시 및 경기도에 주기장을 설치할 수 있으며, 광역시 및 시·군의 경우에는 사무실이 위치한 광역시 및 시·군에 연접한 광역시·시·군에 주기장을 설치할 수 있다.
2. 주기장을 설치할 수 있는 지역은 농지법·국토의 계획 및 이용에 관한 법률, 그 밖의 다른 법령에 저촉되지 아니하는 지역으로서 주기장의 건축이 허용되는 지역이어야 한다.
3. 주기장은 바닥이 평탄하여 건설기계를 주기하기에 적합하여야 하며 진입로는 건설기계 및 수송용 트레일러의 통행에 지장이 없어야 한다.
4. 주기장에는 일반인이 보기 쉬운 곳에 별표 14의2 규정에 의한 건설기계 주기장의 표지를 설치하여야 한다.
5. 무한궤도식 및 드럼 등 기타 방식 건설기계의 경우에는 1대를 2분의 1대로 하여 주기장 면적을 산출한다.
6. 준설선 및 자갈 채취기 등 수상 작업용 건설기계의 경우에는 주기장 면적을 산정하는 때 건설기계 대수에 산입하지 아니한다.
7. 주기장은 2 이상의 건설기계 대여업자가 공동으로 설치할 수 있으며 이 경우 확보하여야 하는 주기장 면적은 건설기계 대여업자들이 보유한 건설기계의 총 대수를 기준으로 산출한다.
8. 2개 이상의 장소에 주기장을 설치할 경우에 그 주기장에 주기할 수 있는 건설기계의 총 대수는 각각의 주기장 면적에 대하여 주기할 수 있는 건설기계 대수를 합산하여 산출한다.

② 건설기계 정비업의 등록 기준(시행규칙 제61조 관련 [별표 15])

구 분	명 칭	제원 등	종별 내역				
			종 합	부 분	전 문		
					원동기	유 압	타워 크레인
대지 및 건물	1. 옥내 작업장 면적	사무실, 작업장, 공작실, 부속 창고 등	1,000m² 이상	300m² 이상	495m² 이상	230m² 이상	40m² 이상
	2. 옥외 작업장 면적	작업장, 주기장 등	1,460m² 이상	670m² 이상	330m² 이상	430m² 이상	–
부대 시설	3. 체인 블록 또는 호이스트 크레인	1톤 이상 (타워크레인은 제외) 유수 분리 장치 포함	5톤 이상	2톤 이상	2톤 이상	1톤 이상	1톤 이상
	4. 트럭 (이동 정비용)		○	○	○	○	○
	5. 폐유 처리 시설		○	○	○	○	
	6. 검차대		○	○	–		
정비 기계류	1. 트랙(링크)·프레스(임팩트렌치를 포함)	150톤 이상	○	–	–	–	–
	2. 트랙 링크 자동 용접기		○	–	–	–	–
	3. 롤러 아이들러 플레스	100톤 이상	○	–	–	–	–
	4. 롤러 아이들러 자동 용접기		○	–	–	–	–
	5. 롤러 아이들러 연마기		○	–	–	–	–
	6. 유압잭	이동식 10톤 이상	○	○	–	–	–
	7. 전기 용접기	10kVA 이상 (타워크레인은 3kVA 이하)	○	○	–	–	–
	8. 선반	1,200mm 이상	○	○	–	–	–
	9. 공기 압축기	7kg/cm² 이상	○	○	–	–	○
	10. 부품 세척기		○	○	○	○	○
	11. 실린더 보링 머신		–	–	○	–	–

구분	명칭	제원 등	종별 내역				
			종합	부분	전문		
					원동기	유압	타워 크레인
	12. 라인 보링 머신		–	–	○	–	–
	13. 유압 베어링 풀러	10톤 이상	–	–	–	–	○
	14. 탁상 드릴		–	–	–	–	○
	15. 탁상 그라인더		–	–	–	–	○
	16. 터미널 압착기		–	–	–	–	○
검사 시험기	1. 전조등 시험기		○	○	–	○	–
	2. 유압계		○	○	–	○	–
	3. 압축 시험기		○	○	–	–	–
	4. 제동 시험기	15톤 이상	○	–	–	–	–
	5. 분사 펌프 시험기		○	–	–	–	–
	6. 노즐 시험기		○	–	○	–	–
	7. 정반		○	○	○	○	–
	8. 매연 농도 측정기	0~100% 측정용	○	–	–	–	–
	9. 속도계 시험기	15톤 이상 120km/h 이상	○	–	–	–	–
	10. 사이드 슬립 측정기		○	–	–	–	–
	11. 조속기 봉인기		○	–	–	–	–
	12. 절연 테스터기		–	–	–	–	○
	13. 접지 저항기		–	–	–	–	○
	14. 전류 측정기		–	–	–	–	○
	15. 전기 테스터기		–	–	–	–	○
공구	1. 밸브 시트 커터		○	–	○	–	–
	2. 밸브 가이드 리머		○	–	○	–	–
	3. 토크렌치		○	○	○	○	○
	4. 버어니어 캘리퍼스		–	–	–	–	○

구 분	명 칭	제원 등	종별 내역				
			종 합	부 분	전 문		
					원동기	유 압	타워 크레인
기술자	1. 건설기계 정비 산업기사 이상		1인 이상	–	–	–	–
	2. 건설기계 정비 기능사 이상		2인 이상	2인 이상	1인 이상	1인 이상	1인 이상

[비고] 1. 자동차 종합 정비업자가 건설기계 정비업의 등록을 하는 경우에는 자동차관리법 제53조에 따른 자동차 정비업 등록 기준과 건설기계 정비업의 등록 기준이 동일한 사항은 이를 별도로 갖추지 아니할 수 있다. 이 경우 자동차 종합 정비업자의 소속 기술 인력 중 자동차 정비 기술자격과 건설기계 정비 기술자격을 동시에 갖추고 있는 자가 있는 경우에는 그에 해당하는 건설기계 정비 기술 인력을 갖춘 것으로 본다.
2. 트럭에는 정비업체명 및 전화번호를 표시하여야 한다.
3. 옥내 작업장은 콘크리트로 포장되어야 한다.
4. 영 별표 2에 따른 부분 건설기계 정비업 등록을 한 자가 타이어식 건설기계에 대하여 종합 건설기계 정비업의 사업 범위에 해당하는 사항을 정비하려고 할 때에는 종합 건설기계 정비업의 기준을 갖추어야 한다. 다만, 대지 및 건물 기준과 정비 기계류 중 트랙(링크)·프레스(임팩트 렌치를 포함)부터 롤러 아이들러 연마기까지를 제외한다.
5. 기술자 중 건설기계 산업기사는 건설기계 정비 기능사 이상인 자로서 해당 업체에 5년 이상 근무한 자로 대체할 수 있다.
6. 타워크레인 업종의 부대 시설 이동 정비용 트럭은 자동차관리법 시행규칙 별표 1에 따른 승용·승합·화물 자동차 중 선택적으로 사용할 수 있다.
7. 삭제〈2015. 9. 25.〉

③ 건설기계 매매업의 등록 기준(시행규칙 제63조 관련 [별표 16])

구 분	기 준	비 고
주기장(대지)	165m² 이상	바닥이 평탄하여 건설기계를 주기하기에 적합하여야 한다.
사무실		건설기계 매매업의 수행에 필요한 사무설비 및 통신 수단을 갖출 것.
하자 보증금 또는 보증 보험	5천만 원 이상	하자 보증금 예치 증서 또는 보증 보험 증서에 의한다.

[비고] 1. 사무실과 주기장은 동일한 특별시·광역시·시·군 안에 위치하여야 한다. 다만, 특별시·광역시 및 시의 경우에는 사무실이 위치한 특별시·광역시 및 시에 연접한 광역시·시·군에 주기장을 설치할 수 있다.
2. 주기장을 설치할 수 있는 지역은 농지법·국토의 계획 및 이용에 관한 법률, 그 밖의 다른 법령에 저촉되지 아니하는 지역으로서 주기장의 건축이 허용되는 지역이어야 한다.
3. 주기장은 2 이상의 건설기계 매매업자가 공동으로 설치할 수 있으며, 이 경우에는 1업자가 초과될 때마다 85m²의 면적을 추가로 확보하여야 한다.

④ 건설기계 해체 재활용업의 등록 기준(시행규칙 제65조의 3 관련 [별표 16의 2])

구 분		기 준
대지(작업장·야적장·사무실 등의 총면적)		2,500m² 이상
장비	구난차(견인 능력 5톤 이상) 또는 견인형 및 피견인형 특수 자동차(20톤 이상)	1대 이상
	지게차(인양 능력 5톤 이상) 또는 집게차	1대 이상
	중량기(계량 능력 20톤 이상)	1대 이상

[비고] 1. 환경 관련 법령에 따라 폐기물 소각 시설 및 폐유·폐수 처리 시설 등을 갖추고 동법령에 의한 허가 등을 별도로 받아야 한다.
　　　 2. 자동차 폐차 사업자가 건설기계 해체 재활용업의 등록을 하는 경우에는 자동차관리법 제53조 제3항에 따라 조례로 정하는 자동차 해체 재활용업(동법 제2조 제9호에 규정된 자동차 해체 재활용업)의 등록 기준 중 시설 기준과 건설기계 해체 재활용업 시설 기준이 동일한 사항은 이를 별도로 갖추지 아니할 수 있다.
　　　 3. 장비 중 구난차(견인 능력 5톤 이상)의 경우에는 사용권을 확보한 경우에도 해당 등록 기준을 갖춘 것으로 본다.
[벌칙] 등록을 하지 않고 건설기계 사업을 하거나 거짓 등록 또는 등록 기준에 미달한 자가 사업 폐지 명령에도 불구하고 사업을 계속한 경우 2년 이하의 징역 또는 2천만 원 이하의 벌금 처분을 받는다. [개정 2011. 9. 16., 2015. 1. 6.]

5 건설기계 조종사

(1) 조종사 면허(법 제26조)

건설기계를 조종하고자 하는 자는 시장·군수 또는 구청장에게 건설기계 조종사 면허를 받아야한다. 국토교통부령이 정하는 건설기계를 조종하고자 하는 자는 지방경찰청장으로부터 운전면허를 받아야 하고, 건설기계 면허를 받고자 하는 자는 해당 분야의 국가기술자격시험에 합격하여 국가기술자격증을 취득하고 적성 검사에 합격한 다음 건설기계 조종사 면허 발급을 신청하여야 한다.

제41조 [벌칙] 조종사 면허를 받지 아니하고 건설기계를 조종한 자는 1년 이하의 징역 또는 1천만 원 이하의 벌금에 처한다. (2015. 8. 11.)

① 운전면허로 조종하는 건설기계(1종 대형 면허, 시행규칙 제73조)

　㉮ 덤프트럭

　㉯ 아스팔트 살포기

　㉰ 노상 안정기

　㉱ 콘크리트 믹서 트럭

　㉲ 콘크리트 펌프

　㉳ 천공기(트럭 적재식)

　㉴ 앞의 건설기계의 범위에서 특수 건설기계 중 국토교통부장관이 지정하는 건설기계

② 건설기계 조종사 면허의 종류(시행규칙 제75조 관련 [별표 21])

면허의 종류	조종할 수 있는 건설기계
1. 불도저	불도저
2. 5톤 미만의 불도저	5톤 미만의 불도저
3. 굴착기	굴착기
4. 3톤 미만의 굴착기	3톤 미만의 굴착기
5. 로더	로더
6. 3톤 미만의 로더	3톤 미만의 로더
7. 5톤 미만의 로더	5톤 미만의 로더
8. 지게차	지게차
9. 3톤 미만의 지게차	3톤 미만의 지게차
10. 기중기	기중기
11. 롤러	롤러, 모터 그레이더, 스크레이퍼, 아스팔트 피니셔, 콘크리트 피니셔, 콘크리트 살포기 및 골재 살포기
12. 이동식 콘크리트 펌프	이동식 콘크리트 펌프
13. 쇄석기	쇄석기, 아스팔트 믹싱 플랜트, 콘크리트 배칭 플랜트
14. 공기 압축기	공기 압축기
15. 천공기	천공기(타이어식, 무한궤도식 및 굴진식을 포함한다. 다만 트럭 적재식은 제외한다.), 항타 및 항발기
16. 5톤 미만의 천공기	5톤 미만의 천공기(트럭 적재식은 제외한다.)
17. 준설선	준설선 및 자갈 채취기
18. 타워크레인	타워크레인
19. 3톤 미만의 타워크레인	3톤 미만의 타워크레인

[비고] 1. 영 별표 1의 특수 건설기계에 대한 조종사 면허의 종류는 제73조에 따라 운전면허를 받아 조종하여야 하는 특수 건설기계를 제외하고는 위 면허증에서 국토교통부 장관이 지정하는 것으로 한다.
   2. 3톤 미만의 지게차의 경우는 자동차 운전면허가 있는 사람으로 한정한다.

③ 건설기계 조종사 면허의 결격 사유(법 제27조)

㉮ 18세 미만인 사람

㉯ 건설기계 조종상의 위험과 장해를 일으킬 수 있는 정신질환자, 또는 뇌전증환자로서 국토교통부령으로 정하는 사람

㉰ 앞을 보지 못하는 사람, 듣지 못하는 사람, 그 밖에 국토교통부령이 정하는 장애인

㉱ 건설기계 조종상의 위험과 장해를 일으킬 수 있는 마약, 대마, 향정신성 의약품 또는 알코올 중독자로서 국토교통부령으로 정하는 사람

⑭ 건설기계 조종사 면허가 취소된 날부터 1년이 지나지 않았거나(법 제28조 제1호 및 제2호의 사유로 취소된 경우에는 2년) 효력정지처분 기간 중에 있는 사람

※ ① 거짓이나 그 밖의 부정한 방법으로 건설기계 조종사 면허를 받은 경우

② 건설기계 조종사 면허의 효력정지 기간 중 건설기계를 조종한 경우

> **참고**
>
> 면허 정지 중 조종을 하다 취소되거나 부정한 방법으로 면허를 받았을 때는 2년이 지나야 한다.

④ **건설기계조종사의 안전교육 등(법 제31조)**

㉮ 건설기계조종사는 건설기계로 인한 인적 · 물적 피해를 예방하기 위하여 국토교통부장관이 실시하는 안전 및 전문성 향상을 위한 교육(이하 "안전교육 등"이라 한다)을 받아야 한다.

㉯ 국토교통부장관은 제1항에 따른 안전교육 등을 위하여 필요한 경우에는 전문교육기관을 지정하여 안전교육 등을 실시하게 할 수 있다.

㉰ 제1항 및 제2항에 따른 안전교육 등의 대상 · 내용 · 방법 · 시기 및 전문교육기관의 지정기준 · 절차 등에 필요한 사항은 국토교통부령으로 정한다.

[본조신설 2018. 9. 18.] [시행일 2019. 9. 19.]

⑤ **안전교육 등의 대상 등(시행령 제83조)**

㉮ 법 제31조에 따른 안전 및 전문성 향상을 위한 교육을 받아야 하는 사람은 법 제26조 제1항 본문에 따라 건설기계조종사면허를 발급받은 사람으로 한다.

㉯ 교육대상자별 안전교육 등의 방법 및 내용은 [별표 22]의 2와 같다.

㉰ 안전교육 등을 받아야 하는 시기

ⓐ 안전교육 등을 최초로 받는 사람 : 건설기계조종사면허를 최초로 받은 날(건설기계조종사면허가 2개 이상인 경우에는 가장 최근에 취득한 건설기계조종사 면허를 최초로 받은 날을 말한다)부터 3년이 되는 날이 속하는 해의 1월 1일부터 12월 31일까지

ⓑ 안전교육 등을 받은 적이 있는 사람 : 마지막으로 안전교육 등을 받은 날([별표 22]의 2 비고 제6호에 따라 안전교육 등을 받은 것으로 보는 날을 포함한다)부터 3년이 되는 날이 속하는 해의 1월 1일부터 12월 31일까지

⑥ 건설기계 조종사 면허의 취소·정지 처분 기준(시행규칙 제79조 관련 [별표 22])

⑦ 일반기준

ⓐ 제2호 라목에 따른 사고로 인한 위반사항은 다음의 기준에 따른다.

> 1) 중상은 3주 이상의 치료를 요하는 진단이 있는 경우를 말하며, 경상은 3주 미만의 치료를 요하는 진단이 있는 경우를 말한다.
> 2) 사고 발생 원인이 불가항력이거나 피해자의 명백한 과실인 경우에는 행정처분을 하지 않는다.
> 3) 건설기계와 사람의 사고의 경우 쌍방과실인 경우에는 인명피해의 수 및 재산피해의 금액을 2분의 1로 경감한다.
> 4) 건설기계와 차(「도로교통법」 제2조 제17호가목에 따른 차를 말한다)의 사고의 경우 건설기계조종사가 그 사고원인 중 중한 위반행위를 한 경우에 한정하여 적용한다.
> 5) 사고로 인한 피해 중 처분 받을 조종사 본인의 피해는 산정을 하지 않는다.

ⓑ 면허효력정지처분의 일수를 계산하는 경우 소수점 이하는 산입하지 않는다.

ⓒ 행정처분이 확정되지 않은 2 이상의 위반사항이 있는 경우 그 위반행위가 면허취소와 면허정지에 해당하는 경우에는 면허취소를 하며, 2 이상의 위반행위가 모두 면허정지에 해당하는 경우에는 가장 중한 처분에 나머지 각 위반행위에 해당하는 면허정지기간의 2분의 1을 합산한 기간까지 가중하여 처분한다. 이 경우 합산한 면허정지기간은 1년을 초과할 수 없다.

ⓓ 1개의 위반행위가 2 이상의 위반사항에 해당하는 경우에는 가장 중한 처분에 나머지 각 위반사항에 해당하는 면허정지기간의 2분의 1을 합산한 기간까지 가중하여 처분한다. 이 경우 합산한 면허정지기간은 1년을 초과할 수 없다.

⑭ 개별기준

위반행위	근거 법조문	처분기준
가. 거짓이나 그 밖의 부정한 방법으로 건설기계조종사면허를 받은 경우	법 제28조 제1호	취소
나. 건설기계조종사면허의 효력정지기간 중 건설기계를 조종한 경우	법 제28조 제2호	취소
다. 법 제27조 제2호부터 제4호까지의 규정 중 어느 하나에 해당하게 된 경우	법 제28조 제3호	취소
라. 건설기계의 조종 중 고의 또는 과실로 중대한 사고를 일으킨 경우	법 제28조 제4호	
1) 인명피해		
① 고의로 인명피해(사망·중상·경상 등을 말한다)를 입힌 경우		취소
② 과실로 3명 이상을 사망하게 한 경우		취소

위반행위	근거 법조문	처분기준
③ 과실로 7명 이상에게 중상을 입힌 경우		취소
④ 과실로 19명 이상에게 경상을 입힌 경우		취소
⑤ 그 밖의 인명피해를 입힌 경우		
(1) 사망 1명마다		면허효력정지 45일
(2) 중상 1명마다		면허효력정지 15일
(3) 경상 1명마다		면허효력정지 5일
2) 재산피해: 피해금액 50만 원마다		면허효력정지 1일 (90일을 넘지 못함)
3) 건설기계의 조종 중 고의 또는 과실로 「도시가스사업법」 제2조 제5호에 따른 가스공급시설을 손괴하거나 가스공급시설의 기능에 장애를 입혀 가스의 공급을 방해한 경우		면허효력정지 180일
마. 「국가기술자격법」에 따른 해당 분야의 기술자격이 취소되거나 정지된 경우	법 제28조 제5호	「국가기술자격법」 제16조에 따라 조치
바. 건설기계조종사면허증을 다른 사람에게 빌려 준 경우	법 제28조 제6호	취소
사. 법 제27조의2를 위반하여 술에 취하거나 마약 등 약물을 투여한 상태에서 조종한 경우	법 제28조 제7호	
1) 술에 취한 상태(혈중알코올농도 0.03퍼센트 이상인 경우로 한다. [시행일 2019. 6. 25.] 이하 이 목에서 같다)에서 건설기계를 조종한 경우		면허효력정지 60일
2) 술에 취한 상태에서 건설기계를 조종하다가 사고로 사람을 죽게 하거나 다치게 한 경우		취소
3) 술에 만취한 상태(혈중알코올농도 0.1퍼센트 이상)에서 건설기계를 조종한 경우		취소
4) 2회 이상 술에 취한 상태에서 건설기계를 조종하여 면허효력정지를 받은 사실이 있는 사람이 다시 술에 취한 상태에서 건설기계를 조종한 경우		취소
5) 약물(마약, 대마, 향정신성 의약품 및 「유해화학물질 관리법 시행령」 제25조에 따른 환각물질을 말한다)을 투여한 상태에서 건설기계를 조종한 경우		취소

(2) 적성 검사(시행규칙 제76조)

적성 검사는 시·도지사가 지정한 의료기관, 보건소 또는 보건지소, 국·공립 병원에서 발급한 신체 검사서에 의하며 다음의 기준에 따른다.

① 두 눈을 뜨고 잰 시력(교정 시력 포함)이 0.7 이상이고, 두 눈의 시력이 각각 0.3 이상일 것
② 55dB(보청기를 사용하는 사람은 40dB)의 소리를 들을 수 있고 언어 분별력이 80% 이상일 것
③ 시각은 150도 정도일 것
④ 국토교통부령이 정하는 다음 결격 사유에 해당되지 아니할 것
   ㉮ 건설기계 조종상 위험과 장애를 일으킬 수 있는 치매, 정신분열병, 분열형 정동장애, 양극성 정동장애, 재발성 우울장애 등의 정신질환 또는 정신 발육지연, 뇌전증(뇌전증) 등이 있는 사람
   ㉯ 앞을 보지 못하거나 듣지 못하거나, 그 밖에 국토교통부령이 정하는 장애인
   ㉰ 건설기계 조종상의 위험과 장해를 일으킬 수 있는 마약, 대마, 향정신성 의약품 또는 알코올 관련 장애가 있는 사람

> **참고**
>
> 국토교통부령으로 정하는 장애인
> 다리, 머리, 척추나 그 밖의 신체장애로 앉아 있을 수 없는 사람

6 건설기계 검사 기준(시행규칙 제27조 관련 [별표 8])

(1) 공통 사항

① 등록 번호표 및 주요제원이 건설기계 등록·검사증과 일치하고 등록 번호표 부착 위치 및 봉인 상태가 양호할 것. 등록번호 새김이 등록원부에 부착된 새김탁본과 동일할 것
② 소화기는 사용이 편리한 곳에 비치되어 있을 것
③ 차체의 부식을 방지할 수 있는 외관 도장이 되어 있을 것
④ 구조 변경 내용이 건설기계 안전기준에 관한 규칙과 건설기계 검사 기준에 적합하고, 임의로 구조를 개조한 부분이 없을 것
⑤ 규격 등 제원을 실측하여 건설기계 제원표에 기재된 제원과 동일할 것(신규 등록 검사에 한함)
⑥ 수시 검사 명령 또는 정비 명령을 받은 건설기계는 명령을 받는 검사 항목에 대하여만 검사를 실시할 것

> **참고**
>
> 원동기, 하체부, 차체, 작업장치의 불도저, 모터 그레이더의 배토판부터 자갈 채취기 및 준설선까지는 이 책과 관련이 되지 않아 생략하며, 타워크레인부터 수록함

(2) **작업장치**(타워크레인만 해당)

① 구조

㉮ 마스트, 지브(jib), 선회장치, 구조물 및 각종 기계장치는 비틀림, 굴곡, 휨, 부식, 균열 및 용접 결함이 없고, 연결부 및 볼트 체결 부위에는 유격이 없을 것

㉯ 기초 바닥면은 현저한 깨짐이나 부등 침하 등이 없을 것

㉰ 클라이밍(climbing) 또는 텔레스코픽(telescopic) 장치는 안전한 구조를 갖추어야 하며, 안전에 영향이 있을 정도의 유압계통의 오일 누설이 없을 것

② 기계장치

㉮ 각 주행 전동기, 감속기, 체인, 벨트, 구동축, 지지부의 연결 고리, 로프로크 연결 볼트 및 구동축 연결 커플링은 견고히 체결되어 풀림이 없을 것

㉯ 각 전동기, 동력 전달 장치 및 트롤리 레일 및 롤러, 주행차륜(이동식에 한정) 드럼 등의 이상음, 이상 발열, 균열, 변형, 손상, 마모 등이 없을 것

㉰ 레일의 양 끝부분에는 완충장치 및 이동 한계 스위치 등의 정지장치가 정상 작동 될 것

③ 도르래 및 훅(hook)

㉮ 도르래 본체 및 로프 이탈 방지장치는 균열, 변형 등이 없고, 도르래 홈의 마모량은 로프 직경의 20% 이내일 것

㉯ 암, 보스부, 베어링 및 핀은 균열, 변형 및 마모가 없고, 발열 방지 및 마모 방지를 위하여 윤활되어 있을 것

㉰ 훅 본체는 균열, 변형 등이 없고 정격하중이 표기되어 있을 것

④ 와이어 로프

㉮ 달기 기구 및 지브의 위치가 가장 아래쪽에 위치할 때 와이어 로프는 드럼에 최소 2바퀴 이상 감겨 있을 것

㉯ 클립 간 간격은 로프 직경의 6배 이상으로 하여야 하고, 클립에 의한 와이어 로프 단말 고정을 하는 경우 클립 수는 다음의 기준에 적합할 것

직경(mm)	16 미만	16~28	28 초과
클립 수	4개	5개	6개 이상

㉰ 와이어 로프의 소선 절단 수는 한 피치 내의 소선 수 10% 미만이고 마모율은 호칭 지름의 7% 이내이며 킹크가 없을 것

⑤ 각종 이름판은 손상이 없고 조정실에는 지브 길이별 정격하중 표시판(load chart)을 부착하고, 지브에는 조종사가 잘 보이는 곳에 구간별 정격하중 및 거리 표지판을 부착할 것. 다만 거리 표시를 확인할 수 있는 모니터가 조종실에 있는 경우에는 그러하지 아니한다.

⑥ 전기 관계

㉮ 각종 전기장치의 배선은 접촉 단자 체결 나사의 풀림, 탈락, 손상, 열화 등이 없어야 하며 전선 인입구 피복의 손상 및 열화가 없을 것

㉯ 각종 전기장치는 접지되어 있어야 하고 전선의 절연 저항은 다음 기준에 적합할 것

대지 전압	150V 이하	150V 초과 ~ 300V 이하	300V 초과 ~ 400V 이하	400V 이상
절연 저항	0.1MΩ 이상	0.2MΩ 이상	0.3MΩ 이상	0.4MΩ 이상

㉰ 전자 접촉기, 과전류 보호기, 결상 보호장치는 정상적으로 작동될 것

㉱ 제어반에는 과전류 보호용 차단기 또는 퓨즈가 설치되어 있고, 그 차단 용량이 해당 전동기 등의 정격 전류에 대하여 차단기는 250%, 퓨즈는 300% 이하일 것

㉲ 컨트롤러는 원활하게 작동되어야 하며 핸들은 정지 위치에 정확하게 로크되고 작동방향의 표지판은 손상이 없고 표시가 선명할 것

㉳ 전동기는 이상 소음 및 이상 발열이 없을 것

⑦ 각종 장치를 교체하는 경우 동등 이상의 것으로 교체할 것

브러시는 이상 마모가 없어야 하며, 마모 한도는 원치수의 50% 이하일 것

⑧ 지면에서 60m 이상의 높이로 설치하는 경우 항공법 제83조에 따른 항공 장애등을 설치할 것

⑨ 설치된 이후에 검사가 용이하지 아니하는 지브 등 고소(高所)에 위치하는 부위에 대해서는 설치자가 지상에서 실시한 검사 내용을 인정할 수 있되, 수검자는 검사자의 요구가 있을 경우 ①의 ㉮에 따른 부식, 균열 등에 대한 육안 검사 또는 비파괴 검사 결과를 제시할 것

⑩ 방호장치

㉮ 권과 방지장치, 과부하 방지장치, 회전 부분 방호장치, 훅 해지장치, 미끄럼 방지장치, 경사각 지지장치, 경보장치는 정상적으로 작동될 것

㉯ 하중 시험은 정격하중의 1.05배 미만의 하중으로 한다. 다만 검사 시의 하중 시험은 지부 외측단에서 적용키로 하고 하중 및 동작 시험 후 달기 기구 및 기초부 등의 균열, 변형 또는 파손 등이 없어야 한다.

㉰ 동작 시험은 ㉯에서 규정한 하중을 매달고 일정 속도로 운전할 때 운전 동작(권상, 횡행, 주행 등)이 원활하고 방호장치는 설정 범위 내에서 정상 작동되어야 하며 브레이크는 확실하고 이상음 또는 이상 진동이 없을 것

⑪ 설치 높이는 원칙적으로 자립고(free standing) 이내이어야 한다. 다만 부득이하게 자립고 이상의 높이로 설치하는 경우에는 건설기계 안전기준에 관한 규칙 제126조에 따른 기준에 적합하여야 한다.

⑫ 그 밖의 사항

㉮ 검사 시 부품의 해체 등이 필요한 경우에는 해당 부품을 해체하여 검사할 수 있으며, 건설 기계 안전 기준에 관한 규칙을 적용하여 검사할 수 있다.

ⓘ 검사에 필요한 시험용 하중은 수검자가 준비하여 제출하여야 한다.

ⓙ 검사 시 타워크레인의 설계도서 또는 건설기계 기술사, 건축구조 기술사, 토목구조 기술사 등이 발행한 해당 현장 구조 검토서를 제시하여야 한다.

ⓚ 기초 앵커를 별도로 제작·설치하는 경우에는 기초 앵커 제작 증명서, 재료시험 성적서 및 주각부 보강 자재의 규격을 측정한 결과서와 그 측정 사진을 제시하여야 한다.

ⓛ 2017년 7월 1일 이후 수입된 중고 타워크레인의 신규 등록 검사를 받으려는 경우에는 파괴 검사기술의 진흥 및 관리에 관한 법률 제11조에 따라 비파괴검사업자로 등록한 건설기계 검사 대행자로부터 비파괴검사를 받아 그 결과를 제출하여야 한다.

(3) 기타 사항

① 자동차손해배상 보장법 시행령 제2조에 해당되는 건설기계는 같은 법 제5조에 따른 보험 또는 공제에 가입이 되어 있을 것

② 건설기계 안전기준에 관한 규칙에 적합한 특별 표지판이 부착되어 있을 것

③ 자갈 채취기 및 준설선은 선박안전법 제45조에 따른 선박 안전 기술 공단 또는 같은 법 제 60조 제2항에 따른 선급 법인이 실시한 안전도 검사가 되어 있을 것

④ 운전 정지로 인하여 건설 공사에 크게 영향을 미칠 수 있는 경우에는 운전 상태에서 검사를 시행할 수 있다.

---

2 / 건설기계 안전기준에 관한 규칙

1 개요

(1) 목적(제1조)

이 규칙은 건설기계 관리법 제12조에 따라 건설기계의 안전한 운행 또는 사용에 지장이 없도록 건설기계의 구조·규격 및 성능 등에 관한 기준을 정함을 목적으로 한다.

(2) 용어의 정의(제2조)

① '중심선'이란 타이어식 건설기계에서는 가장 앞의 차축의 중심점과 가장 뒤의 차축의 중심점 을 통과하는 직선을, 무한궤도식에서는 양쪽 무한궤도 사이의 중심점을 지나는 지면에 평행 한 종단 방향의 직선을 말한다.

② '중심면'이란 건설기계의 중심선을 포함하는 지면에 수직한 면을 말한다.

③ '타이어식 건설기계의 축선'이란 같은 차축에 연결되어 있는 바퀴 각각의 중심을 연결하는 직선으로서 건설기계의 중심면과 직각으로 교차하는 것을 말한다.

④ '무한궤도식 건설기계의 축선'이란 좌·우측 유동륜 각각의 중심을 연결하는 직선 및 좌·우측 구동륜의 중심을 연결하는 직선으로서 건설기계의 중심면과 직각으로 교차하는 것을 말한다.

⑤ '길이'란 작업장치를 부착한 자체 중량 상태의 건설기계의 앞뒤 양쪽 끝이 만드는 두 개의 횡단 방향의 수직 평면 사이의 최단 거리를 말한다. 이 경우 후사경 및 그 고정용 장치는 포함하지 아니한다.

⑥ '너비'란 작업장치를 부착한 자체 중량 상태인 건설기계의 좌우 양쪽 끝이 만드는 두 개의 종단 방향의 수직 평면 사이의 최단 거리를 말한다. 이 경우 후사경 및 그 고정용 장치는 포함하지 아니한다.

⑦ '높이'란 작업장치를 부착한 자체 중량 상태의 건설기계의 가장 위쪽 끝이 만드는 수평면으로부터 지면까지의 최단 거리를 말한다.

⑧ '최저 지상고'란 작업장치를 부착한 자체 중량 상태인 건설기계의 중심면으로부터 좌우 각각의 방향으로 윤거 또는 트랙 중심 간 거리의 100분의 25에 해당하는 거리 이내에 위치하는 차체의 가장 낮은 부분에서 지면까지의 최단 거리를 말한다.

⑨ '슈판'이란 무한궤도를 구성하는 요소로서 금속, 합성수지 또는 고무 등으로 된 판을 말한다.

⑩ '슈폭'이란 슈판의 횡단 방향 양끝을 지나는 종단 방향 두 개의 수직 평면 사이의 최단 거리를 말한다.

⑪ '트랙'이란 슈판이 링크에 의하여 연결된 것을 말한다.

⑫ '무한궤도'란 트랙 양쪽 끝의 슈판이 핀 또는 볼트 등의 이음장치에 의하여 연속적으로 연결된 것을 말한다.

⑬ '그라우저'란 슈판의 바깥 부분으로부터 돌출된 핀을 말한다.

⑭ '축거(軸距)'란 타이어식 건설기계의 앞 차축과 뒤 차축 각각의 중심을 지나는 두 개의 횡단 방향 수직면 사이의 최단 거리를 말하며, 차축이 3개 이상인 경우에는 앞쪽의 축거부터 제1축거, 제2축거, 제3축거 등으로 한다.

⑮ '텀블러 중심 간 거리'란 수평면에 놓인 무한궤도식 건설기계의 구동륜과 유동륜 각각의 축 중심을 지나는 두 개의 횡단 방향 수직면 사이의 최단 거리를 말한다. 다만, 삼각궤도의 경우에는 전방 유동륜과 후방 유동륜 각각의 축 중심을 지나는 두 개의 횡단 방향 수직면 사이의 최단 거리를 말한다.

⑯ '윤거(輪距)'란 타이어식 건설기계의 마주보는 좌우 바퀴 폭의 중심(겹바퀴인 경우에는 겹바퀴 폭의 중심을 말함)을 지나는 두 개의 종단 방향 수직면 사이의 최단 거리를 말하며, 앞쪽의 윤거부터 제1윤거, 제2윤거 등으로 한다.

⑰ '트랙 중심 간 거리'란 무한궤도식 건설기계의 좌우 트랙 폭의 중심을 지나는 두 개의 종단 방향 수직면 사이의 최단 거리를 말한다.

⑱ '자체 중량'이란 연료, 냉각수 및 윤활유 등을 가득 채우고 휴대 공구, 작업 용구 및 예비 타이어(예비 타이어를 장착하도록 한 건설기계에만 해당)를 싣거나 부착하고, 즉시 작업할 수 있는 상태에 있는 건설기계의 중량을 말한다. 이 경우 조종사의 체중은 제외하며, 타워크레인은 자립고 상태에서의 중량으로 한다.

⑲ '운전 중량'이란 자체 중량에 건설기계의 조종에 필요한 최소의 조종사가 탑승한 상태의 중량을 말하며, 조종사 1명의 체중은 65kg으로 본다.

⑳ '최대 적재 중량'이란 건설기계에 적재가 허용되는 물질을 허용된 장소에 최대로 적재하였을 때 적재된 물질의 중량을 말한다.

㉑ '총중량'이란 자체 중량에 최대 적재 중량과 조종사를 포함한 승차 인원의 체중을 합한 것을 말하며, 승차 인원 1명의 체중은 65kg으로 본다.

㉒ '윤하중'이란 수평 상태에 있는 건설기계 중량으로 인하여 각각의 바퀴에 가해지는 하중을 말한다.

㉓ '축하중'이란 수평 상태에 있는 타이어식 건설기계의 하나의 차축에 연결된 모든 바퀴의 윤하중을 합한 것을 말하며, 총중량 상태와 자체 중량 상태에 대하여 각각 구한다.

㉔ '제동 거리'란 일정한 제동 초속도로 주행 중인 건설기계가 급제동하는 경우 제동장치를 동작시키는 순간부터 정지한 때까지 주행한 거리를 말하고, 평탄하고 건조한 아스팔트 포장 노면을 기준으로 한다.

㉕ '제동 초속도'란 조종사가 제동의 필요성을 인식한 순간의 건설기계 주행 속도를 말한다.

㉖ '최소 회전 반경'이란 수평면에 놓인 건설기계가 선회할 때 바퀴 또는 기동륜의 중심이 그리는 원형 궤적 가운데 가장 큰 반지름을 가지는 궤적의 반지름을 말한다.

㉗ '최고 주행 속도'란 평탄하고 건조한 아스팔트 포장 노면에서 운전 중량 상태의 건설기계가 주행할 수 있는 최고 속도를 말한다.

㉘ '정격 출력'이란 건설기계의 목적에 맞게 장치된 원동기가 연속적으로 낼 수 있는 출력의 최고치를 말한다.

㉙ '최대 토크'란 원동기가 낼 수 있는 토크(torque)의 최대값을 말한다.

㉚ '등판 능력'이란 운전 중량 상태의 건설기계가 경사 지면을 올라갈 수 있는 능력을 말하며 경사 지면의 최대 경사각으로 표시한다. 다만, 다음의 건설기계에 대하여는 최대 적재 중량 상태를 기준으로 한다.
  ㉮ 지게차
  ㉯ 덤프트럭
  ㉰ 콘크리트 믹서 트럭
  ㉱ 아스팔트 살포기

㉛ '백호(backhoe)'란 버킷(bucket)의 굴삭 방향이 조종사 쪽으로 끌어당기는 방향인 것을 말한다.

㉜ '쇼벨(shovel)'이란 버킷의 굴삭 방향이 백호와 반대인 것을 말한다.

㉝ '대형 건설기계'란 다음의 어느 하나에 해당하는 건설기계를 말한다.

㉮ 길이가 16.7m를 초과하는 건설기계

㉯ 너비가 2.5m를 초과하는 건설기계

㉰ 높이가 4.0m를 초과하는 건설기계

㉱ 최소 회전 반경이 12m를 초과하는 건설기계

㉲ 총중량이 40톤을 초과하는 건설기계

㉳ 총중량 상태에서 축하중이 10톤을 초과하는 건설기계

㉞ '전기식 건설기계'란 축전지 또는 외부의 전원을 동력으로 사용하여 운행 또는 사용할 목적으로 제작된 건설기계를 말한다.

〈이하 생략〉

② 타워크레인

(1) 타워크레인의 종류(제95조)

① 고정식 타워크레인

콘크리트 기초 또는 고정된 기초 위에 설치된 타워크레인을 말한다.

② 상승식 타워크레인

건축 중인 구조물 위에 설치된 크레인으로서 구조물의 높이가 증가함에 따라 자체의 상승 장치에 의하여 수직 방향으로 상승시킬 수 있는 타워크레인을 말한다.

③ 주행식 타워크레인

지면 또는 구조물에 레일을 설치하여 타워크레인 자체가 레일을 타고 이동 및 정지하면서 작업할 수 있는 타워크레인을 말한다.

(2) 타워크레인의 정격하중 등(제96조)

① 타워크레인의 정격하중

타워크레인의 권상 하중에서 훅, 그래브 또는 버킷 등 달기 기구의 하중을 뺀 하중을 말한다.

② 권상 하중

타워크레인이 지브의 길이 및 경사각에 따라 들어올릴 수 있는 최대의 하중을 말한다.

③ 주행

주행식 타워크레인이 레일을 따라 이동하는 것을 말한다.

④ 횡행

대차(trolley) 및 달기 기구가 지브를 따라 이동하는 것을 말한다.

⑤ 자립고

보조적인 지지·고정 등의 수단 없이 설치된 타워크레인의 마스트 최하단부에서부터 마스트 최상단부까지의 높이를 말한다.

(3) 안정도(제97조)

① 타워크레인의 전도(顚倒)지점에서의 안정도는 한국산업규격(KS)의 타워크레인 안정성 요건에 따른다.

② 제1항에 따른 안정도는 다음의 조건에서 계산하여야 한다.

㉮ 안정도에 영향을 주는 하중은 타워크레인의 안정에 관한 가장 불리한 조건일 것

㉯ 바람은 타워크레인의 안정에 가장 불리한 방향에서 불어 올 것

③ 주행식 타워크레인은 정지하였을 때 풍하중 등 외력에 의한 이동을 방지할 수 있는 고정장치를 갖추어야 한다. 다만, 옥내에 설치되어 풍하중을 직접 받지 아니하는 타워크레인은 그러하지 아니하다.

(4) 타워크레인의 제동장치(제98조)

① 주행식 타워크레인은 주행을 제동하기 위한 제동장치를 설치하여야 한다. 이 경우 주행을 제동하기 위한 제동 토크값은 전동기 정격 토크의 100분의 50 이상이어야 한다.

② 타워크레인은 횡행을 제동하기 위한 제동장치를 설치하여야 한다.

③ 타워크레인은 선회부의 회전을 제동하기 위한 제동장치를 설치하여야 한다.

(5) 권상장치 등의 제동장치(제99조)

① 권상장치 및 기복장치는 화물 또는 지브의 강하를 제동하기 위한 제동장치를 설치하여야 한다. 다만, 수압 실린더, 유압 실린더, 공기압 실린더 또는 증기압 실린더를 사용하는 권상장치 및 기복장치에 대하여는 그러하지 아니하다.

② 제동장치는 다음의 기준에 맞아야 한다.

㉮ 제동 토크값(권상장치 또는 기복 장치에 2개 이상의 브레이크가 설치되어 있을 때는 각각의 브레이크 제동 토크값을 합한 값)은 타워크레인이 정격하중에 상당하는 하중을 들어올릴 경우 해당 타워크레인의 권상장치 또는 기복장치의 토크값(해당 토크값이 둘 이상 있을 때는 그 값 중 최대값)의 1.5배 이상일 것

㉯ 타워크레인이 정격하중을 들어올릴 경우 기중 상태를 유지할 수 있는 제동장치를 갖출 것

㉰ 타워크레인의 동력이 차단되었을 때 자동적으로 작동할 것

㉱ 전원 공급에 문제가 생겼을 경우에도 중량물이 떨어지지 아니할 것

③ 권상장치 또는 기복장치의 토크값은 저항이 없는 것으로 계산한다. 다만, 해당 권상장치 또는 기복장치에 효율이 100분의 75 이하인 웜 및 웜기어 기구가 사용되고 있는 경우에는 해당 기어 기구의 저항으로 발생하는 토크값의 2분의 1에 상당하는 저항이 있는 것으로 계산한다.

(6) 와이어 로프의 지름(제100조)

① 와이어 로프에 의하여 권상, 주행 및 횡행 등의 작동을 하는 장치(이하 여기에서 '권상장치 등'이라 함)의 드럼 피치원 지름과 해당 드럼에 감기는 와이어 로프 지름의 비 및 권상장치 등의 시브 피치원 지름과 해당 시브를 통과하는 와이어 로프 지름과의 비는 다음 표의 기준에 맞아야 한다. 다만, 권상장치 등의 이퀄라이저 시브 피치원 지름과 해당 이퀄라이저 시브를 통과하는 와이어 로프 지름과의 비는 10 이상으로 하고, 과부하 방지장치용의 시브 피치원 지름과 해당 시브를 통과하는 와이어 로프 지름과의 비는 5 이상으로 하여야 한다.

와이어 로프 구성	드럼 피치원 지름/와이어 로프 지름 또는 시브 피치원 지름/와이어 로프 지름
19본선 6꼬임 와이어 로프	25 이상
24본선 6꼬임 와이어 로프	20 이상
37본선 6꼬임 와이어 로프	16 이상
필라형 25본선 6꼬임 와이어 로프	20 이상
필라형 29본선 6꼬임 와이어 로프	16 이상
워링톤 시일형 26본선 6꼬임 와이어 로프	16 이상
워링톤 시일형 31본선 6꼬임 와이어 로프	16 이상

② 권상장치 등의 드럼의 크기는 로프의 전 길이를 1개 층으로 감을 수 있어야 한다. 다만, 설치 공간의 제약 등으로 인하여 1개 층에 감기가 불가능할 경우에는 여러 층으로 감을 수 있다.

③ 위의 단서에 따라 여러 층 감기를 하는 경우 어느 위치에서도 로프가 권상장치 등의 드럼에 정확하게 감겨야 하며, 이를 위하여 필요한 경우 로프 가이드(rope guide) 등을 사용할 수 있다.

④ 권상장치 등의 드럼의 홈은 다음의 기준에 맞아야 한다.

㉮ 홈의 반지름은 로프 공칭 지름의 0.525배부터 0.65배까지의 범위일 것. 이 경우 로프 지름의 공차를 고려하여 선정하여야 한다.

㉯ 홈의 깊이는 로프 공칭 지름의 0.25배부터 0.4배까지의 범위일 것

㉰ 홈의 피치는 1개 층 감기의 경우 로프 공칭 지름의 1.04배부터 1.15배까지의 범위일 것

㉱ 홈은 로프를 손상할 수 있는 표면 결함이 없어야 하며, 모서리 부위는 둥글게 할 것

⑤ 권상장치 등의 드럼에 감기는 와이어 로프 감김량은 다음의 기준에 맞아야 한다.

㉮ 훅의 위치가 가장 낮은 곳에 위치할 때 클램프에 고정이 되지 아니하는 로프가 드럼에 2바퀴 이상 남아 있을 것

㉯ 훅의 위치가 가장 높은 곳에 위치할 때 해당 감김층에 대하여 1바퀴 이상 여유가 있을 것

⑥ 권상장치 등의 드럼은 드럼의 끝단으로부터 로프가 이탈하여 끼이지 아니하도록 플랜지(flange), 제한장치가 부착된 로프 가이드, 그 밖의 제한 설비 등을 갖추어야 한다.

⑦ 플랜지와 제한 설비는 편평한 형상으로 하여야 하며, 측정 높이는 가장 바깥 감김층 로프 직경의 1.5배 이상이어야 한다.

(7) 와이어 로프의 감기(제101조)

① 권상장치 등의 드럼에 홈이 있는 경우 플리트(fleet) 각도는 4도 이내이어야 한다.

② 권상장치 등의 드럼에 홈이 없는 경우 플리트 각도는 2도 이내이어야 한다.

③ 권상장치 등의 드럼에 와이어 로프를 여러 층으로 감는 경우 로프를 일정하게 감기 위하여 플랜지부에서의 플리트 각도는 4도 이내어야 한다.

(8) 와이어 로프와 드럼 등의 연결(제102조)

① 와이어 로프와 드럼, 지브, 트롤리 프레임 및 훅 블록 등과의 연결은 배빗 메탈 채움, 소켓 고정, 클램프 고정, 코터 고정, 아이 스플라이스 및 클립 고정에 의하여야 한다.

② 클립 고정을 하는 경우 다음 표의 기준에 맞아야 한다. 이 경우 클립 간의 간격은 와이어 로프 지름의 6배 이상으로 한다.

와이어 로프 지름(mm)	클립 수
16 이하	4개
16 초과 28 이하	5개
28 초과	6개 이상

③ 클램프로 와이어 로프를 드럼에 고정하는 경우 클램프는 2개 이상이어야 하고, 와이어 로프 가 이탈하지 아니 하도록 견고하게 하여야 한다.

(9) 드럼의 강도 등(제103조)

권상장치 등을 구성하는 드럼, 샤프트 및 핀 등의 부품은 충분한 강도를 가져야 하고, 작동에 지장을 주는 마멸, 변형 및 균열 등이 없어야 한다.

(10) 와이어 로프의 안전율(제104조)

① 와이어 로프의 안전율은 와이어 로프의 절단하중의 값을 해당 와이어 로프에 걸리는 하중의 최대값으로 나눈 값을 말한다. 이 경우 권상용 와이어 로프 및 지브의 기복용 와이어 로프의 안전율은 와이어 로프의 중량 및 시브의 효율을 반영하여 계산한다.

② 와이어 로프는 다음 표에 따른 안전율을 갖추어야 한다.

와이어 로프의 종류	안전율
권상용 와이어 로프 지브의 기복용 와이어 로프 횡행용 와이어 로프	5.0
지브의 지지용 와이어 로프 보조 로프 및 고정용 와이어 로프	4.0

③ 권상용 와이어 로프 및 지브의 기복용 와이어 로프의 경우 달기 기구 및 지브의 위치가 가장 아래쪽에 위치할 때 드럼에 2회 이상 감길 수 있는 여유 길이가 있어야 한다.

④ 타워크레인의 와이어 로프는 철심이 들어 있는 것을 사용하여야 한다.

(11) 권상용 체인(제105조)

권상용 체인은 다음의 기준에 맞아야 한다.

① 안전율(체인의 절단하중의 값을 해당 체인에 걸리는 하중의 최대값으로 나눈 값)은 5 이상일 것

② 연결된 5개의 링크를 측정하여 연신율(延伸率)이 제조 당시 길이의 100분의 5 이하일 것. 이 경우 습동면(濕動面)의 마모량을 포함한다.

③ 링크 단면의 지름 감소가 제조 당시 지름의 100분의 10 이하일 것

④ 균열 및 부식이 없을 것

⑤ 깨지거나 홈 모양의 결함이 없을 것

⑥ 심한 변형이 없을 것

(12) 용접(제106조)

구조 부분에 사용하는 강재를 용접할 때에는 다음에서 정하는 바에 의한다.

① 아크 용접 또는 그와 동등 이상의 용접 방법으로 할 것

② 용접봉은 한국산업표준 D 7004(연강용 피복 아크 용접봉)에 맞거나 그와 동등 이상인 용접 봉으로 할 것

③ 모재를 예열할 때를 제외하고는 용접 장소의 기온이 섭씨 0도 이상일 것

④ 리벳 조임을 한 구조 부분에 대하여는 용접을 하지 말 것

⑤ 용접부에 균열, 언더컷, 오버랩 및 크레이터 등의 결함이 없을 것

(13) 조립 상태(제107조)

① 주요 부분의 조립에 사용되는 볼트, 너트는 고장력 또는 그와 동등 이상의 기계적 성질을 가진 재질을 사용하여야 하고, 풀림 방지 조치가 되어 있어야 한다. 다만, 구조 부분에 대하여 고장력 볼트를 사용한 마찰 접합의 경우에는 풀림 방지 조치를 하지 아니할 수 있다.

② 볼트는 너트 등을 조립한 후 2산 이상의 여유 나사산을 가져야 한다.

③ 각 부품은 모서리가 날카롭지 아니 하여야 하며, 튀어나온 부분이 없는 등 안전조치를 하여야 한다.

④ 마스트, 지브 및 기초 등의 구조부는 국토교통부 장관이 정하여 고시하는 기준에 따라 제조된 제품을 사용하여야 한다.

(14) 윈치 등의 설치(제108조)

① 권상장치 또는 기복장치에 사용하는 윈치는 들림, 미끄러짐 및 흔들림이 없도록 견고하게 고정하여야 한다.

② 클라이밍(climbing) 또는 텔레스코픽(telescopic) 장치는 안전한 마스트 상승 작업을 위한 구조를 갖추어야 한다.

(15) 권과 방지장치(제109조)

권상장치 및 기복장치에는 권과 방지장치(捲過防止裝置)를 설치하여야 한다. 다만, 다음의 어느 하나에 해당하는 경우에는 그러하지 아니하다.

① 유압을 동력으로 사용하는 권상장치 및 기복장치

② 내연 기관을 동력으로 사용하는 권상장치 및 기복장치

③ 마찰 클러치 방식 등 구조적으로 권과를 방지할 수 있는 권상장치

(16) 권과 방지장치의 성능(제110조)

① 권과 방지장치는 다음의 기준에 맞아야 한다.

㉮ 권과를 방지하기 위하여 자동적으로 전동기용 동력을 차단하여 작동을 정지시키는 기능을 가질 것

㉯ 훅 등 달기 기구의 상부(해당 달기 기구의 권상용 시브를 포함)와 이에 접촉할 우려가 있는 시브(경사진 시브는 제외) 및 트롤리 프레임 등의 하부와의 간격이 0.25m 이상 (직동식 권과 방지장치는 0.05m 이상)되도록 조정할 수 있는 구조일 것

㉰ 쉽게 점검할 수 있는 구조일 것

② 권과 방지장치 중 전기식은 위의 요건 외에 다음의 기준에 맞아야 한다.

㉮ 접점, 단자, 배선, 그 밖에 전기가 통하는 부분(이하 여기에서 '통전 부분'이라 함)의 외함은 강판으로 제작되거나 견고한 구조일 것

㉯ 통전 부분과 외함 간의 절연 상태는 한국산업표준 C 4504(교류 전자 개폐기) 및 한국산업 표준 C 4505(교류 전자 개폐기 조작용 스위치)에 따른 기준에 맞는 절연 효과를 가질 것

㉰ 통전 부분의 외함에는 보기 쉬운 위치에 정격 전압 및 정격 전류를 표시하거나 이를 적은 이름판을 부착할 것

㉱ 물에 젖을 염려가 있는 조건 또는 분진 등이 날리는 조건에 설치하는 전선의 피복은 물 또는 분진 등에 의하여 열화(劣化)가 발생하지 아니할 것

㉲ 접점이 개방되면 권과 방지장치가 작동되는 구조로 할 것

㉳ 통전 부분(동력을 직접 차단하는 구조인 것)에 대한 온도 시험 결과는 한국산업표준 C 4504(교류 전자 개폐기)에 따른 기준에 맞을 것

(17) 권과 경보장치(제111조)

내연 기관의 동력을 사용하는 권상장치 및 기복장치에는 다음의 기준에 맞는 권과 경보장치를 설치하여야 한다.

① 혹 등 달기 기구의 윗부분과 지브 끝에 설치된 시브와의 간격이 1m에 이르렀을 때 작동하는 구조일 것

② 물기나 분진, 진동 등에 의하여 기능의 장애가 발생하지 아니하는 구조일 것

③ 점검이 쉽고 경보음은 작업 반경 안의 작업자가 충분히 들을 수 있을 것

(18) 과부하 방지장치(제112조)

타워크레인에는 다음의 기준에 맞는 과부하 방지장치를 설치하여야 한다. 다만, 안전 밸브를 설치한 경우에는 그러하지 아니하다.

① 산업안전보건법 제34조에 따른 안전 인증을 받은 것일 것

② 정격하중의 1.05배를 들어올릴 경우 경보와 함께 권상 동작이 정지되고 부하를 증가시키는 동작이 불가능한 구조일 것

③ 임의로 조정할 수 없도록 봉인되어 있을 것

④ 접근하기 쉬운 장소에 설치하여야 하고, 과부하 시 조종사가 쉽게 경보를 들을 수 있을 것

⑤ 과부하 방지장치가 작동되면 과부하가 제거되고 해당 제어기가 중립 또는 정지 위치로 돌아갈 때까지 ②의 동작 상태를 유지할 것

(19) 안전 밸브 등(제113조)

① 유압을 동력으로 사용하는 권상장치 또는 기복장치에는 유압의 과도한 상승을 방지하기 위하여 설정 압력이 표시된 안전 밸브를 설치하여야 한다.

② 권상장치나 기복장치는 유압의 이상 저하로 인한 달기 기구의 급격한 강하를 방지하기 위하여 역지 밸브를 부착하여야 한다. 다만, 제99조에 따른 제동장치를 설치한 경우에는 그러하지 아니하다.

(20) 경사각 지시장치(제114조)

기복장치를 갖는 타워크레인은 조종사가 보기 쉽도록 조종실 또는 지브에 경사각 지시장치를 설치하여야 한다.

(21) 해지장치(제115조)

혹에는 와이어 로프 등이 이탈되는 것을 방지하는 해지장치를 부착하여야 한다. 다만, 전용 달기 기구로서 작업자의 도움 없이 짐걸이가 가능한 경우는 그러하지 아니하다.

(22) 조작 회로 등(제116조)

① 제어용 변압기 2차측의 1선이 접지되는 조작 회로에서 폐로될 우려가 있는 전자 스위치 또는 전자 접촉기 등은 다음의 기준에 따라 접속되어야 한다.
  ㉮ 코일의 한쪽 끝은 접지측의 전선에 접속할 것
  ㉯ 코일과 접지측의 전선과의 사이에는 개폐기가 없을 것
② 타워크레인은 트롤리가 지브의 가장 바깥쪽과 가장 안쪽에 접근할 경우 작동을 정지시키는 트롤리 이동 한계 스위치 등의 정지장치를 갖추어야 한다.
③ 타워크레인은 선회 구조부와 고정 부분 사이의 전기 배선 등을 보호하기 위한 선회 각도 제한 스위치를 부착하여야 한다. 다만, 구조상 전기 배선 등의 보호가 가능한 경우에는 그러하지 아니하다.
④ 타워크레인에 전원을 공급하기 위한 인입점에는 인입 개폐기를 다음의 기준에 따라 설치하여야 한다.
  ㉮ 인입 개폐기는 해당 타워크레인의 부하 정격 전류 용량 이상이고, 전동기 정격 전류의 2.5배에 그 밖의 부하 전류를 합한 값 이하일 것
  ㉯ 인입 개폐기함은 해당 타워크레인의 전원을 지상에서 쉽게 개폐할 수 있는 곳으로서 잘 보이는 곳에 설치할 것
  ㉰ 인입 개폐기의 외함에는 해당 타워크레인의 명칭 및 전원의 정격을 표시한 이름판을 붙일 것
  ㉱ 잠금장치를 설치할 것

(23) 제어기(제117조)

① 조종실이 있는 타워크레인은 조종사가 보기 쉬운 위치에 타워크레인의 작동 종류, 방향, 비상 정지 등에 관한 내용을 표시하여야 한다. 다만, 조종사가 제어기에서 손을 떼면 자동적으로 타워크레인의 작동이 정지되는 위치로 복귀하는 경우에는 그러하지 아니하다.
② 타워크레인의 무선 원격 제어기는 다음의 요건을 갖추어야 한다.
  ㉮ 타워크레인의 작동 종류, 방향과 일치하는 표시를 하여야 하고, 정해진 작동 위치가 아닌 중간 위치에서는 작동되지 아니하도록 할 것
  ㉯ 무선 원격 제어기는 주위에 설치된 다른 무선 원격 제어기의 조작 주파수 또는 주위의 유사한 조작 기구의 간섭을 받아서 오동작, 작동 불능 상태가 되지 아니할 것
  ㉰ 무선 원격 제어기는 사용 중 충격을 받으면 곧바로 작동이 정지되는 구조일 것
  ㉱ 조종실, 펜던트 스위치 또는 무선 원격 제어기를 겸용할 경우에는 선택 스위치를 부착할 것
  ㉲ 무선 원격 제어기에는 관계자 외의 자가 취급할 수 없도록 잠금장치 등을 설치할 것
  ㉳ 무선 원격 제어기에는 각각의 제어 대상 타워크레인이 표기되어 있을 것
  ㉴ 지정된 하나의 무선 원격 제어기 외의 신호에 의하여는 타워크레인이 작동되지 아니할 것
  ㉵ 무선 원격 제어기가 다음에 해당하는 경우 타워크레인이 자동으로 정지하는 구조일 것
    ⓐ 정지 신호를 수신한 경우
    ⓑ 계통상 고장 신호가 감지된 경우

ⓒ 지정 시간 이내에 분명한 신호가 감지되지 아니한 경우

㉕ 배터리 전원을 이용하는 제어기의 경우 배터리 전원의 변화로 인하여 위험한 상황이 초래되지 아니할 것

㉖ 제어기가 2개 이상인 경우에는 하나의 제어기로만 타워크레인의 작동이 통제되도록 할 것

㉗ 무선 원격 제어기는 누름 버튼 또는 레버형 스위치 등이 있어 정상적으로 작동하고 손을 떼면 자동으로 정지 스위치로 복귀할 것

㉘ 레버형 스위치는 정지 위치에서 기계식 잠금 장치 또는 무인 작동 방지 회로(deadman's handle circuit)를 갖출 것

③ 펜던트 스위치 또는 무선 원격 제어기에 표시된 타워크레인의 작동 방향과 동일한 방향이 표시된 표지판을 조종사가 보기 쉬운 위치에 부착하여야 한다.

(24) 비상 정지장치(제118조)

타워크레인에는 조종사가 비상시에 조작이 가능한 위치에 다음의 기준에 맞는 비상 정지 스위치를 설치하여야 한다.

① 비상 정지 스위치를 작동한 경우에는 타워크레인에 공급되는 동력이 차단되도록 할 것

② 비상 정지 스위치의 복귀로 비상 정지 조작 직전의 동작이 자동으로 되지 아니할 것

③ 비상 정지용 누름 버튼은 붉은색으로 표시하고, 머리 부분이 돌출되며 수동 복귀되는 구조일 것

(25) 펜던트 스위치(제119조)

① 펜던트 스위치에는 타워크레인의 비상 정지용 누름 버튼과 손을 떼면 자동적으로 정지위치로 복귀되는 각각의 작동 종류에 대한 누름 버튼 또는 스위치 등이 갖추어져 정상적으로 작동하여야 한다.

② 펜던트 스위치 조작용 전기 회로의 전압은 교류 대지 전압 150V 이하 또는 직류 300V 이하이어야 한다.

③ 펜던트 스위치에 접속된 전선은 꼬이거나 무리한 힘이 가하여지지 아니하도록 보조 와이어 로프 등으로 지지되어야 하고, 접지선이 연결되어 있어야 한다. 다만, 해딩 펜던트 스위치의 외함 구조가 절연 제품인 경우에는 접지선을 연결하지 아니할 수 있다.

④ 펜던트 스위치의 외함은 식별이 용이한 색상이어야 하며, 한국산업규격 회전기기 외함의 보호 등급 분류에 따라 다음 각 호의 보호 등급 이상이어야 한다.

㉮ 옥내용인 경우 : 아이피 43(Ingress Protection 43)

㉯ 옥외용인 경우 : 아이피 55(Ingress Protection 55)

⑤ 펜던트 스위치는 작업 위치 바닥면에서 0.9미터 이상 1.7미터 이하에 위치하여야 한다.

(26) 감전 방지장치(제119조의2)

① 타워크레인의 전기장치는 직접 접촉이나 간접 접촉으로 인한 감전사고가 일어나지 아니하도록 감전 방지장치를 설치하여야 한다.

② 전기장치의 직접 접촉 방호 및 간접 접촉 방호는 한국산업규격 감전 보호 기준에 따라야 한다.

(27) 레일의 정지 기구 등(제120조)

① 타워크레인의 횡행 레일에는 양끝 부분에 완충장치, 완충재 또는 해당 타워크레인 횡행 차륜 지름의 4분의 1 이상 높이의 정지 기구를 설치하여야 한다.

② 횡행 속도가 매 분당 48m 이상인 타워크레인의 횡행 레일에는 완충장치, 완충재 및 정지 기구에 도달하기 전의 위치에 리밋 스위치 등 전기적 정지장치를 설치하여야 한다.

③ 주행식 타워크레인의 주행 레일에는 양끝 부분에 완충장치, 완충재 또는 해당 타워크레인 주행 차륜 지름의 2분의 1 이상 높이의 정지 기구를 설치하여야 한다.

④ 주행식 타워크레인의 주행 레일에는 완충장치, 완충재 및 정지 기구에 도달하기 전의 위치에 리밋 스위치 등 전기적 정지장치를 설치하여야 한다.

(28) 선회 브레이크의 해제(제120조의 2)

타워크레인이 바람의 영향으로 전도될 우려가 있는 경우 선회 동작이 가능하도록 선회 브레이크가 해제되어 지브가 바람의 방향에 따라 회전할 수 있어야 한다.

(29) 미끄럼 방지 고정장치(제120조의 3)

옥외에 설치된 주행식 타워크레인의 고정장치는 한국산업규격 크레인 작업 및 휴지에 대한 고정장치 기준에 따라야 한다.

(30) 주행용 원동기(제120조의 4)

① 옥외에 설치된 주행식 타워크레인은 미끄럼 방지 고정장치가 설치된 위치까지 초당 16미터 풍속의 바람이 불 때에도 주행할 수 있는 원동기를 설치하여야 한다.

② 작업 바닥면에서 펜던트 스위치 또는 무선 원격 제어기를 조작하여 화물과 운전자가 함께 이동하는 주행식 타워크레인의 주행 속도는 분당 45미터 이하이어야 한다.

(31) 보도(제121조)

① 타워크레인의 지브에는 폭 40cm 이상의 보도를 전 길이에 걸쳐 설치하여야 한다. 다만, 점검대나 그 밖에 해당 타워크레인을 점검할 수 있는 설비가 갖추어져 있는 경우에는 그러하지 아니하다.

② 보도는 다음의 기준에 맞아야 한다.

㉮ 보도면으로부터 높이 90cm 이상의 위치에 난간을 설치할 것

㉯ 중간대를 설치할 것

　　㉰ 보도면으로부터 높이 10cm 이상의 발끝막이판을 설치할 것

　　㉱ 보도면은 미끄러지거나 넘어질 위험이 없는 구조일 것

(32) 사다리(제122조)

타워크레인에는 점검, 보수 및 검사를 실시하기 위하여 다음의 기준에 맞는 사다리를 설치하여야 한다.

① 발판의 간격은 25cm 이상, 35cm 이하로서 같은 간격일 것

② 발판과 지브 또는 그 밖의 다른 물체와 수평 거리는 15cm 이상일 것

③ 발이 쉽게 미끄러지거나 빠지지 아니하는 구조일 것

④ 사다리의 높이가 15m를 초과하는 것은 10m 이내마다 계단참을 설치할 것

⑤ 사다리의 높이가 6m를 초과하는 것은 방호울을 설치할 것. 이 경우 방호울은 지면에서 2.2m 이상 띄워야 한다.

⑥ 사다리의 통로는 추락 방지를 위하여 마스트의 각 단마다 지그재그로 배치하는 등 연속되지 아니한 구조일 것

⑦ 사다리의 전 길이에 걸쳐 발판의 단면 형상은 동일하여야 하며, 다각형 및 U자형 발판은 보행 면이 수평을 유지하도록 배치할 것

⑧ 발판의 지름은 20밀리미터 이상, 35밀리미터 이하일 것

(33) 타워크레인의 조종실(제123조)

① 타워크레인은 다음 각 호의 어느 하나에 해당하는 경우에는 조종실을 설치하여야 한다. 다만, 작업 바닥면에서 운전하는 타워크레인은 그러하지 아니하다.

　　㉮ 분진이 현저하게 발생하는 장소에 설치하는 타워크레인

　　㉯ 기온 변화가 심한 장소에 설치하는 타워크레인

　　㉰ 옥외에 설치하는 타워크레인

② 타워크레인의 조종실(무선 원격 제어기 또는 펜던트 스위치를 사용하여 타워크레인을 조종하는 고정된 장소를 포함)은 다음의 기준에 맞아야 한다.

　　㉮ 조종사가 안전하게 조종할 수 있도록 충분한 시야를 확보할 수 있을 것

　　㉯ 조종사가 쉽게 조작할 수 있는 위치에 개폐기, 제어기, 제동장치, 경보장치 등을 설치할 것

　　㉰ 조종사의 감전 위험이 있는 충전 부분에는 감전 방지를 위한 덮개나 울을 설치할 것

　　㉱ 조정실은 분진의 침입을 방지할 수 있는 구조로 할 것

　　㉲ 물체의 낙하 위험이 있는 장소에 설치되는 타워크레인의 조종실에는 안전망 등을 설치할 것

⑥ 조종실은 훅 등의 달기 기구와 충돌하지 아니하는 위치에 흔들림이 없도록 견고하게 고정할 것

⑦ 조정실에는 적절한 조명을 갖출 것

⑧ 조정실의 바닥은 미끄러지지 아니하는 구조로 할 것

⑨ 운전실은 자연환기가 되게 하거나 환기장치를 갖출 것

⑩ 조종실의 창유리는 강화유리, 접합유리 또는 유리·플라스틱 조합유리 중 하나로 할 것

⑪ 조종실의 용접부 및 볼트는 균열이 없고 견고하게 고정할 것

(34) 이름판 등(제124조)

① 타워크레인에는 다음의 사항을 표시한 이름판을 설치하여야 한다.

㉮ 정격하중 및 형식 번호

㉯ 제작 연월

㉰ 제작자

② 조종실에는 지브 길이별 정격하중 표시판(load chart)을 부착하고, 지브에는 조종사가 잘 보이는 곳에 구간별 정격하중 및 거리 표시판을 부착하여야 한다. 다만, 조종실에 설치된 모니터로 구간별 정격하중 및 거리를 확인할 수 있는 경우에는 지브에 구간별 정격하중 및 거리 표시판을 부착하지 아니할 수 있다.

③ 마스트 및 지브 등 주요 구조부의 잘 보이는 곳에 제작 일련번호를 각인하여야 한다.

④ 제3항에 따른 각인은 지워지거나 부식 등으로 인하여 식별이 어려워져서는 아니 된다.

(34) 경고 표시(제124조의 2)

타워크레인 제작자는 설계나 방호장치의 설치로 막을 수 없는 위험에 관하여 위험을 경고할 수 있도록 타워크레인의 적정한 부분에 경고 표지를 부착하여야 한다.

(35) 성능 유지 등(제125조)

① 타워크레인은 연속적인 정격하중 상태에서 변형이 있어서는 아니 된다.

② 타워크레인의 조립 상태나 물림 상태는 성능과 안전에 지장이 없어야 하고, 현저한 부식 등이 있어서는 아니 된다.

③ 타워크레인의 상부에는 제작 설계 시 반영되지 않은 풍압의 영향으로 구조부에 부가 응력(附加應力)을 발생시킬 수 있는 광고판 등의 부착물을 설치하여서는 아니 된다.

④ 타워크레인의 기초는 깨짐이나 부등 침하 등이 없는 견고한 구조이어야 한다.

(36) 타워크레인의 고정(제125조의 2)

① 타워크레인을 자립고 이상의 높이로 설치하는 경우에는 건축물의 벽체에 지지하는 것을 원칙으로 한다. 다만, 타워크레인을 벽체에 지지할 수 없는 등 부득이한 경우에는 와이어 로프로 지지할 수 있다.

② 타워크레인을 벽체에 지지하는 경우에는 다음 각 호의 사항을 모두 준수하여야 한다.

㉮ 타워크레인 제작사의 설치작업 설명서에 따라 기종별·모델별 설계 및 제작기준에 맞는 자재 및 부품을 사용하여 설치할 것

㉯ 콘크리트 구조물에 고정시키는 경우에는 매립하거나 관통하는 등의 방법으로 충분히 지지되도록 할 것

㉰ 건축 중인 시설물에 지지하는 경우에는 같은 시설물의 구조적 안정성에 영향이 없도록 할 것

③ 타워크레인을 와이어 로프로 지지하는 경우에는 다음 각 호의 사항을 모두 준수하여야 한다.

㉮ 와이어 로프를 고정하기 위한 전용 지지프레임은 타워크레인 제작사의 설계 및 제작기준에 맞는 자재 및 부품을 사용하여 표준방법으로 설치할 것

㉯ 와이어 로프 설치각도는 수평면에서 60도 이내로 하고, 지지점은 4개 이상으로 하며, 같은 각도로 설치할 것

㉰ 와이어 로프 고정 시 턴버클 또는 긴장장치, 클립, 섀클 등은 한국산업규격 제품 또는 한국산업규격이 없는 부품의 경우에는 이에 준하는 규격품을 사용하고, 설치된 긴장장치, 클립 등이 이완되지 아니하도록 하며, 사용 시에도 충분한 강도와 장력을 유지하도록 할 것

㉱ 작업용 와이어 로프와 지지 고정용 와이어 로프는 적정한 거리를 유지할 것

(37) 건축물 등의 구조 확인(제125조의 3)

건축주는 타워크레인이 설치되는 건축구조물이 타워크레인으로 인한 하중을 지탱할 수 있는 구조임을 확인할 수 있는 서류를 갖추어야 한다.

(38) 재료 기준 등(제126조)

여기에서 정한 사항 외에 재료 기준, 허용 응력, 구조부의 강도 계산, 기계장치, 전기장치 등 타워크레인의 구조·규격 및 성능에 관한 세부적인 기준은 국토교통부 장관이 정하여 고시한다.

3 건설기계 공통 사항

(1) 전기장치(제129조)

① 전기 배선은 피복이 되어 있어야 하고, 벗겨진 곳이 없어야 한다.

② 시동용 모터에 연결되는 전선은 시동 시에 전류가 원활하게 흐를 수 있는 충분한 용량을 사용하여야 한다.

③ 원동기를 시동할 경우 시동 보턴이나 스위치의 3회 이하의 조작(1회 조작은 약 15초간으로 함)으로 시동이 되어야 한다.

④ 건설기계의 전기장치와 축전지를 연결하는 회로에는 퓨즈가 설치되어 있어야 하고, 퓨즈 박스에는 각 퓨즈의 규격 및 기능이 표시되어 있어야 한다.

⑤ 전기 단자 및 전기 개폐기는 절연 물질로 덮어 씌워야 한다.

(2) 전기식 건설기계의 전기 안전(제129조의 2)

① 전기식 건설기계의 구조와 장치는 인체에 대한 감전과 화재 발생 위험을 방지할 수 있도록 설계 및 설치되어야 한다.

② 교류 전압 600V 이상의 전기를 사용하는 전기식 건설기계의 전기장치에는 사람이 보기 쉬운 위치에 '고전압' 및 '위험' 표시를 하여야 한다.

③ 전기식 건설기계는 건설기계를 정비 또는 작동시키거나 건설기계에 전기 합선이 발생하는 경우에 전원을 차단시킬 수 있는 장치를 갖추어야 하며, 전기 합선이 발생하는 경우에 대하여는 자동으로 전원을 차단시키는 장치 및 경보기능장치를 갖추어야 한다.

④ 외부 전원을 동력으로 사용하는 전기식 건설기계는 건설기계가 전원공급 케이블의 사용범위를 초과할 경우 자동으로 전원을 차단시키는 장치를 갖추어야 한다.

(3) 전기식 건설기계의 접지 등(제129조의 3)

① 외부 전원을 동력으로 사용하는 전기식 건설기계는 전기 회로 등에 전류에 의한 인체 감전 등을 방지하기 위하여 접지 장치를 갖추어야 하며, 아래 표에 따른 절연 및 접지 저항 기준을 만족하여야 한다.

② 전기식 건설기계의 전기 배선은 적절하게 지지되고 다른 물체와 간섭 또는 손상되지 않은 구조이어야 한다.

■ 전기식 건설기계의 절연 및 접지 저항 기준(제129조의3 관련 [별표 4])

대지 전압	150V 미만	150V 이상 300V 미만	300V 이상 400V 미만	400V 이상
접지 저항	100Ω 이하			10Ω 이하
절연 저항	0.1MΩ 이상	0.2MΩ 이상	0.3MΩ 이상	0.4MΩ 이상

3 크레인 관련 산업안전보건기준에 관한 규칙

(1) 출입의 금지(제20조)

① 사업주는 케이블 크레인을 사용하여 작업을 하는 때에 권상용 와이어 로프 또는 횡행용 와이어 로프가 통하여 있는 도르래 또는 그 부착부의 파손에 의하여 당해 와이어 로프가 튀거나 도르래 또는 부착부가 떨어져 나감으로써 발생하는 근로자의 위험을 방지하기 위하여 그 와이어 로프의 내각측로부터 위험을 발생시킬 우려가 있는 장소에 근로자를 출입시켜서는 아니 된다.

② 사업주는 인양 전자석(리프팅 마그네트) 부착 크레인을 사용하여 작업을 할 때에는 달아 올려진 화물의 아래쪽에 근로자를 출입시켜서는 아니 된다.

> **● 해설**
>
> 본 조는 케이블 크레인을 사용하거나 리프팅 마그네트 부착 크레인을 사용할 때 근로자의 위험을 방지하기 위하여 위험을 발생시킬 우려가 있는 장소에 출입을 금지하도록 규정한 것이다.
>
> (해석상 참고 사항)
>
> (1) '케이블 크레인'이란 산업 기계의 일종으로, 스팬의 양 끝에 철탑을 세우고 그 사이에 케이블을 가설하여 이것을 주행로로 하여 트롤리를 주행시키는 형식의 크레인을 말한다.
>
> (2) '인양 전자석(리프팅 마그네트) 부착 크레인'이란 크레인의 달기 기구의 일종으로, 철재류를 운반하는 데 사용되며, 전자석을 이용한 자력에 의해 철재를 운반하는 크레인을 말한다.

(2) 악천후 및 강풍 시 작업 중지(제37조)

① 사업주는 비·눈·바람 또는 그 밖의 기상 상태의 불안정으로 인하여 근로자가 위험해질 우려가 있는 경우 작업을 중지하여야 한다. 다만, 태풍 등으로 위험이 예상되거나 발생되어 긴급 복구 작업을 필요로 하는 경우에는 그러하지 아니하다.

② 사업주는 순간 풍속이 초당 10m를 초과하는 경우 타워크레인의 설치·수리·점검 또는 해체 작업을 중지하여야 하며, 순간 풍속이 초당 15m를 초과하는 경우에는 타워크레인의 운전 작업을 중지하여야 한다.

(3) 타워크레인 작업 계획서의 작성(제38조 관련 [별표 4])

① 사업주는 타워크레인의 설치·조립·해체 작업을 하는 때에는 다음의 사항을 모두 포함한 작업 계획서를 작성하고 이를 준수하여야 한다.

㉮ 타워크레인의 종류 및 형식

㉯ 설치·조립 및 해체 순서

㉰ 작업 도구·장비·가설 설비(假設設備) 및 방호 설비

㉱ 작업 인원의 구성 및 작업 근로자의 역할 범위

㉲ 142조의 규정에 의한 지지 방법

② 사업주는 제1항의 작업 계획서를 작성한 때에는 작업 근로자에게 주지시켜야 한다.

(4) 탑승의 제한 등(제86조)

① 사업주는 크레인에 의해 근로자를 운반하거나 근로자를 달아 올린 상태에서 작업에 종사시켜서는 아니 된다. 다만, 작업의 성질상 부득이한 경우 또는 안전한 작업 수행상 필요한 경우로써 크레인의 달기 기구에 전용 탑승 설비를 설치하여 그 탑승 설비에 근로자를 탑승시키는 때에는 그러하지 아니한다.

② 사업주는 위의 단서의 규정에 의한 탑승 설비에 대하여는 추락에 의한 근로자의 위험을 방지하기 위하여 다음의 조치를 하여야 한다.

㉮ 탑승 설비가 뒤집히거나 떨어지지 아니하도록 필요한 조치를 할 것

㉯ 안전대 및 구명줄을 설치하고, 안전 난간의 설치가 가능한 구조인 경우 안전 난간을 설치할 것

● **해설**

본 조는 작업 성질상 부득이한 경우 또는 안전 작업 수행상 필요한 경우를 제외하고 크레인으로 근로자를 운반하거나 근로자를 달아 올린 상태에서 작업에 종사시켜서는 안 된다고 규정한 것이다.

(해석상 참고 사항)

(1) '작업 성질상 부득이한 경우'란 다음과 같은 경우를 말한다.
　① 마스트상의 전구 교체 또는 벽면의 부분적 도장, 보수, 점검 등과 같은 임시적 소규모, 단기간의 작업을 할 경우
　② 철선(鐵線) 수리에 있어서 외관 도장, 보수 작업, 초고굴뚝 또는 수직갱의 건설(建設)에 있어서 승강할 수 있도록 대처 방법이 확립되어 있지 않은 작업을 행할 경우

(2) '안전한 작업 수행상 필요한 경우'란 콘테이너 하역을 스프레더(spreader)에 탑승하는 경우와 같이 크레인을 이용함으로써 보다 안전한 작업 수행을 기대할 수 있는 경우를 말한다.

(3) '전용 탑승 설비'란 근로자를 탑승시켜서 운반 또는 작업시키기 위한 전용 운반구 또는 작업대를 말하며, 크레인 지브 선단에 힌지로 부착되거나 와이어 로프 등으로 매어다는 설비를 말한다. 근로자 운반만을 위해 사용되는 '전용 탑승 설비'는 다음 기준에 적합해야 한다.
　① 구조 및 재료에 따라 최대 적재 하중이 정해져 있고 그것이 표시되어 있을 것
　② 끝단의 와이어 로프 안전계수는 10 이상으로 하고, 권상 체인 또는 강대 및 지점이 되는 부분의 안전계수는 5 이상으로 할 것
　③ 높이 90cm 이상되는 난간이 폭 전체에 걸쳐 설치되어 있을 것
　④ 사용 재료는 구조상 강도에 영향을 주는 손상, 변형, 부식 등이 없을 것(탑승 설비를 설계할 때에는 크레인의 권상 와이어 로프의 안전계수는 10 이상이 되도록 정격하중을 설정하여야 함)

(4) '동력 하강 방법'이란 하강을 정지했을 때 자동적으로 제동되는 것을 말한다.

---

(5) 방호장치의 조정(제134조)

① 사업주는 양중기에 과부하 방지장치·권과 방지장치·비상 정지장치 및 제동장치 등 방호장치를 부착하고 정상적으로 작동될 수 있도록 미리 조정해 두어야 한다.

② 권과 방지장치, 훅, 버킷 등 달기 기구의 윗면(그 달기 기구의 권상용 도르래가 부착된 경우에는 그 권상용 도르래의 윗면)이 상부 도르래·트롤리 프레임 등 권상장치의 아랫면과 접촉할 우려가 있는 때에는 그 간격이 0.25m 이상(직동식의 권과 방지장치는 0.05m 이상)이 되도록 조정하여야 한다.

③ 권과 방지장치를 구비하지 아니한 크레인에 대하여는 권상용 와이어 로프에 위험 표시를 하고 경보장치를 설치하는 등 권상용 와이어 로프의 권과에 의한 근로자의 위험을 방지하기 위한 조치를 하여야 한다.

● 해설

본 조는 각종 방호장치를 부착하여 사용하는 크레인에서 방호장치가 유효하게 작동될 수 있게 조정하도록 규정한 것이다.

(해석상 참고 사항)

(1) '과부하(overload)'란 초과 하중을 말하는 것으로, 기계를 안전하게 운전할 수 있는 허용 하중보다 큰 하중을 말한다. 또한 적재 초과라는 의미로서 트럭, 화차 등의 적재 초과일 경우와 사람이 하는 일의 양이나 부담이 과중한 것을 말한다.

(2) '과부하 방지장치(over load limiter)'란 과부하의 상태에서 발생하는 지브 크레인, 이동식 크레인(mobile crane)의 지브의 파손 또는 기계 본체의 전도를 방지하는 장치를 말한다. 지브 크레인, 이동식 크레인의 지브는 넘어질 경우 길이(작업 반경)의 변화에 따라 매어단 짐의 무게가 변하지 않아도 전도 모멘트(overturning moment)가 커지게 된다. 과부하 방지장치는 이와 같은 전도 모멘트의 크기와 안전 모멘트(safe moment)의 크기가 비슷하게 될 때 경보(alarm)를 발하여 운전자의 주의를 환기시키거나 작동을 자동적으로 정지시킨다.

과부하 방지장치는 하중 검출부, 선회 반경 발산기, 선회 반경 지시계, 하중 지시계 및 제어부로 구성되어 있으며, 노동부고시 제93-29호(1993. 7. 15)에 정한 크레인 또는 이동식 크레인의 과부하 방지장치 안전 기준에 합치하는 구조, 기능을 구비하고 검정 기관의 검정을 받아 합격한 것이 아니면 사용할 수 없다.

(3) '권과 방지장치(over-hoisting limit)'란 이동식 크레인, 데릭에 설치된 권상용 와이어 로프 또는 지브 등의 붐 권상(boom hoisting)용 와이어 로프의 권과를 방지하기 위한 장치를 말한다. 권상용 또는 붐 권상용 와이어 로프를 권과하였을 경우 혹 등의 권상 부속품(hoisting accessory)이 권상용 또는 붐 권상용의 지브에 부딪혀 파괴되거나 매어단 짐이 낙하하여 발생하는 재해를 방지하기 위해 이 장치가 사용된다.

권과 방지장치에는 리밋 스위치가 사용되어 드럼 회전에 연동해서 권과를 방지하는 형식인 나사형 리밋 스위치가, 캠형 리밋 스위치와 혹의 상승에 의해 직접 작동되는 리밋 스위치가 있다.

(4) '비상 정지장치'란 크레인에 돌발적인 상태가 발생했을 때 안전을 유지하기 위하여 모든 전원을 차단하여 크레인을 급정지시키는 장치를 말한다.

(5) '브레이크 장치'란 운동체와 정지체의 기계적 접촉에 의해 운동체를 감속 또는 정지 상태로 유지하는 기능을 가진 장치를 말한다.

작동부의 기능에 따라 디스크, 드럼, 밴드, 원뿔 브레이크 등으로 분류한다.

(6) 과부하의 제한(제135조)

사업주는 각종의 양중기에 적재하중을 초과하는 하중을 걸어서 사용하도록 하여서는 아니 된다.

● 해설

본 조는 크레인의 안전을 확보하기 위해 정격하중을 초과하는 하중을 걸어서 사용해서는 안 된다는 것을 규정한 것이다.

(해석상 참고 사항)

'정격하중'이란 크레인으로서 지브가 없는 크레인은 매다는 하중을, 지브가 있는 크레인은 지브의 경사각 및 길이와 지브 위의 도르래 위치에 따라 부하할 수 있는 최대의 하중으로, 각각 혹, 그래브, 버킷 등의 달기 기구의 중량을 뺀 하중을 말한다.

(7) 안전 밸브의 조정(제136조)

사업주는 유압을 동력으로 사용하는 크레인의 과도한 압력 상승을 방지하기 위한 안전 밸브에 대하여 정격하중(지브 크레인에 있어서는 최대의 정격하중)에 상당하는 하중을 걸 때의 유압에 상당하는 압력 이하로 작동되도록 조정하여 두어야 한다. 다만, 하중 시험 또는 안전도 시험을 함에 있어서 유압에 상당하는 압력으로 작동될 수 있도록 조정한 때에는 그러하지 아니한다.

● 해설

본 조는 유압을 동력으로 사용하는 크레인에서 안전 밸브 분출 압력의 조정에 관해서 규정한 것이다.

(해석상 참고 사항)

(1) '유압을 동력으로 사용하는 크레인'이란 권상장치, 지브의 기복장치 및 지브의 신축장치의 동력으로 유압을 사용하는 크레인을 말한다.

(2) '안전 밸브'란 기기(機器)나 관 등의 파괴를 방지하기 위하여 부착된 최고 압력을 한정하는 밸브로서, 설정 압력 이상이 되면 유체를 내뿜어 압력을 설정 압력 이하로 낮추도록 하는 밸브를 말한다.

---

(8) 해지장치의 사용(제137조)

사업주는 훅걸이용 와이어 로프 등이 훅으로부터 벗겨지는 것을 방지하기 위한 장치(이하 '해지장치'라 함)를 구비한 크레인을 사용하여야 하며, 당해 크레인을 사용하여 짐을 운반하는 때에는 당해 해지장치를 사용하여야 한다.

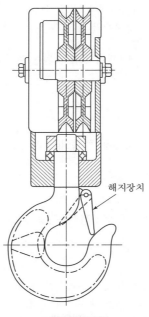

해지장치

▲ 훅 해지장치

> ● 해설
>
> 본 조는 와이어 로프의 이탈로 인해 발생되는 재해를 미연에 방지하기 위해 안전장치를 부착하도록
> 규정한 것이다.
>
> (해석상 참고 사항)
>
> '해지장치'란 와이어 로프의 이탈을 방지하기 위한 안전장치로, 혹 부위에 와이어 로프를 걸었을 때
> 벗겨지지 않도록 혹 안쪽으로 스프링을 이용하여 설치한 것이다. 혹에 와이어 로프를 걸 때는 밀어
> 넣으면 되나 와이어 로프를 혹에서 이탈시킬 때는 해지장치를 임의의 힘으로 조작하여 와이어 로프
> 를 이탈시킬 수 있도록 한 장치이다.

(9) 경사각의 제한(제138조)

사업주는 지브 크레인을 사용하여 작업을 하는 때에는 명세서에 기재되어 있는 지브의 경사각
(인양 하중이 3톤 미만인 지브 크레인에 있어서는 이를 제조한 자가 지정한 지브의 경사각) 이
상의 범위를 넘어 사용해서는 아니 된다.

> ● 해설
>
> 본 조는 크레인에서 정한 지브의 경사각 범위를 초과해서 사용해서는 안 된다는 것을 정하고 있다.
> 지브 크레인은 지브 경사각이 작게 되면 그것에 따라 정격하중도 작아지게 된다. 그러나 실제 사용할
> 때는 지브를 눕혀 경사각을 작게 한 상태에서 동일 하중을 부하하기 때문에 이로 인해 과부하가 걸려
> 크레인의 도피 재해를 일으킬 수 있으므로 크레인에 의해 정해진 경사각의 범위를 초과해서 사용해서는
> 아니 된다.
>
> (해석상 참고 사항)
>
> '제조자가 지정한 지브의 경사각 범위'란 제조자가 사양서, 설명서 등에 지브의 사용 가능한 경사각
> 의 범위로써 기재되어 있는 지브의 경사각 범위를 말한다.

(10) 폭풍에 의한 이탈 방지(제140조)

사업주는 순간 풍속이 매초당 30m를 초과하는 바람이 불어올 우려가 있을 때에는 옥외에 설치
되어 있는 주행 크레인에 대하여 이탈 방지장치를 작동시키는 등 그 이탈을 방지하기 위한 조
치를 하여야 한다.

> ● 해설
>
> 본 조는 옥외에 설치된 주행 크레인이 폭풍에 의해 이탈되는 것을 방지하기 위한 조치를 규정한 것이다.
>
> (해석상 참고 사항)
>
> '이탈 방지장치(anchor of crane)'란 폭풍 때 이탈하는 것을 방지하는 장치이며, 레일 클램프도 같은
> 목적으로 사용되나 이것이 보다 확실한 고정 방법이다. 즉 주행로 또는 전용 기초에 기계적으로 고
> 정하는 장치이다.

(11) 조립 등의 작업 시 조치 사항(제141조)

① 사업주는 크레인의 설치·조립·수리·점검 또는 해체 작업을 하는 때에는 다음의 조치를 하여야 한다.

㉮ 작업 순서를 정하고 그 순서에 의하여 작업을 실시할 것

㉯ 비·눈 그 밖의 기상 상태의 불안정으로 인하여 날씨가 몹시 나쁠 때에는 그 작업을 중지시킬 것

㉰ 작업 장소는 안전한 작업이 이루어질 수 있도록 충분한 공간을 확보하고 장애물이 없도록 할 것

㉱ 들어올리거나 내리는 기자재는 균형을 유지하면서 작업을 실시하도록 할 것

㉲ 크레인의 능력, 사용 조건 등에 따라 충분한 응력을 갖는 구조로 기초를 설치하고 침하 등이 일어나지 아니하도록 할 것

㉳ 규격품인 조립용 볼트를 사용하고, 대칭되는 곳을 순차적으로 결합하고 분해할 것

② 사업주는 크레인을 사용하는 작업을 하는 때에는 안전담당자로 하여금 다음의 사항을 이행하도록 하여야 한다.

㉮ 작업 방법과 근로자의 배치를 결정하고 당해 작업을 지휘하는 일

㉯ 재료의 결함 유무 또는 기구 및 공구 기능을 점검하고 불량품을 제거하는 일

㉰ 작업 중 안전대와 안전모의 착용 상황을 감시하는 일

● **해설**

본 조는 크레인의 조립 또는 해체 작업을 실시할 때 사업자가 취한 조치와 그 조치에 따라 선임된 작업 지휘자의 직무에 관해 규정한 것이다.

(해석상 참고 사항)

(1) '관계 근로자'란 당해 작업에 종사하는 자, 작업용 재료 등을 운반 또는 정리하는 자 및 작업 지시, 연락 등을 하는 자를 말한다.

(2) '강풍, 폭우 및 폭설 등의 악천후 작업'이란 당해 작업 지역이 실제적으로 그와 같은 악천후로 되었을 경우는 물론 당해 지역에 강풍, 폭우, 폭설 등의 기상주의보 또는 기상경보가 발표되어 악천우가 예상되는 경우도 포함된다.
'강풍'이란 10분간의 평균 풍속이 매초 10m 이상인 바람을 말한다.
'폭우'란 1회의 강우량이 50mm 이상의 강우를 말한다.
'폭설'이란 1회의 강설량이 25mm 이상의 강설을 말한다.

---

(12) 타워크레인의 지지(제142조)

① 사업주는 타워크레인을 자립고(自立高) 이상의 높이로 설치하는 경우 건축물 등의 벽체에 지지하도록 하여야 한다. 다만, 지지할 벽체가 없는 등 부득이한 경우에는 와이어 로프에 의하여 지지할 수 있다.

② 사업주는 타워크레인을 벽체에 지지하는 경우 다음의 사항을 준수하여야 한다.

㉮ 서면 심사에 관한 서류 또는 제조사의 설치 작업 설명서 등에 따라 설치할 것

ⓐ 위의 서면 심사 서류 등이 없거나 명확하지 아니한 경우에는 국가기술자격법에 따른 건축 구조·건설기계·기계안전·건설안전 기술사 또는 건설안전분야 산업안전 지도사의 확인을 받아 설치하거나 기종별·모델별 공인된 표준 방법으로 설치할 것

ⓒ 콘크리트 구조물에 고정시키는 경우에는 매립이나 관통 또는 이와 동등 이상의 방법으로 충분히 지지되도록 할 것

ⓓ 건축 중인 시설물에 지지하는 경우에는 그 시설물의 구조적 안정성에 영향이 없도록 할 것

③ 사업주는 타워크레인을 와이어 로프로 지지하는 경우 다음 각 호의 사항을 준수하여야 한다.

㉮ ②의 ㉮ 또는 ⓐ의 조치를 취할 것

㉯ 와이어 로프를 고정하기 위한 전용 지지 프레임을 사용할 것

㉰ 와이어 로프 설치 각도는 수평면에서 60도 이내로 하되, 지지점은 4개소 이상으로 하고, 같은 각도로 설치할 것

㉱ 와이어 로프와 그 고정 부위는 충분한 강도와 장력을 갖도록 설치하고, 와이어 로프를 클립·새클(shackle) 등의 고정 기구를 사용하여 견고하게 고정시켜 풀리지 아니하도록 하며, 사용 중에는 충분한 강도와 장력을 유지하도록 할 것

㉲ 와이어 로프가 가공 전선(架空電線)에 근접하지 않도록 할 것

(13) 폭풍 등으로 인한 이상 유무 점검(제143조)

사업주는 순간 풍속이 초당 30m를 초과하는 바람이 불어온 후에 옥외에 설치되어 있는 크레인을 사용하여 작업을 하는 때, 중진 이상의 진도의 지진 후에 크레인을 사용하여 작업을 하는 때에는 미리 그 크레인의 각 부위의 이상 유무를 점검하여야 한다.

> ● 해설
>
> 본 조는 폭풍 또는 중진 이상 진도의 지진 후에 크레인의 안전작업을 위하여 각 부위의 이상 유무를 점검하도록 규정한 것이다.
>
> (해석상 참고 사항)
> '중진 이상 진도의 지진'이란 진도 4 이상의 지진을 말한다.

(14) 건설물 등과의 사이 통로(제144조)

사업주는 주행 크레인 또는 선회 크레인과 건설물 또는 설비와의 사이에 통로를 설치하는 때에는 그 폭을 0.6m 이상으로 하여야 한다. 다만, 그 통로 중 건설물이 기둥에 접촉하는 부분에 대하여는 0.4m 이상으로 할 수 있다.

(15) 건설물 등의 벽체와 통로와의 간격 등(제145조)

사업주는 다음의 규정된 간격을 0.3m 이하로 하여야 한다. 다만, 근로자가 추락할 위험이 없는데에는 그러하지 아니한다.

① 크레인의 운전실 또는 운전대를 통하는 통로의 끝과 건설물 등의 벽체와의 간격

② 크레인 거더의 통로 끝과 크레인 거더와의 관계

③ 크레인 거더의 통로로 통하는 통로의 끝과 건설물 등의 벽체와의 간격

(16) 크레인 작업 시의 조치(제146조)

사업주는 크레인을 사용하여 작업을 하는 때에는 다음 각 호의 조치를 준수하여야 하고, 그 작업에 종사하는 관계 근로자에게 이를 교육하여야 한다.

① 인양할 하물(荷物)을 바닥에서 끌어당기거나 밀어내는 작업을 하지 아니할 것

② 유류 드럼이나 가스통 등 운반 도중에 떨어져 폭발하거나 누출될 가능성이 있는 위험물 용기는 보관함(또는 보관고)에 담아 안전하게 매달아 운반할 것

③ 고정된 물체를 직접 분리·제거하는 작업을 하지 아니할 것

④ 미리 근로자의 출입을 통제하여 인양 중인 하물이 작업자의 머리 위로 통과하게 하지 아니할 것

⑤ 인양할 하물이 보이지 아니하는 경우에는 어떠한 동작도 하지 아니할 것(신호하는 자에 의하여 작업을 하는 경우를 제외)

⑥ 크레인의 제작과 안전 기준에 맞는 무선 원격 제어기 또는 펜던트 스위치를 설치 사용할 것

⑦ 무선 원격 제어기 또는 펜던트 스위치를 취급하는 근로자에게는 작업 요령 등 안전 조작에 관한 사항을 충분히 주지시킬 것

제7장 예상문제

관련 법령

01 운전석이 설치된 타워크레인을 운전할 수 있는 자격을 규정하고 있는 법령은?

① 건설기계관리법 시행규칙
② 근로기준법 및 근로기준법 시행규칙
③ 유해·위험작업의 취업 제한에 관한 규칙
④ 건설산업기본법 및 산업안전법 시행규칙

02 폭발의 우려가 있는 가스 발생 장치 작업장에서 지켜야 할 사항으로 맞지 않는 것은?

① 불연성 재료 사용 금지
② 화기 사용 금지
③ 인화성 물질 사용 금지
④ 점화원이 될 수 있는 기계 사용 금지

> **해설** 폭발 우려가 있는 곳에서는 오히려 불연성 재료를 사용하도록 권장한다.

03 타워크레인 설치 해체 시 제한 최대 순간 풍속은 얼마인가?

① 10m/s ② 15m/s
③ 20m/s ④ 25m/s

> **해설** 설치 해체는 순간 풍속 10m/sec를 기준으로 한다.

04 타워크레인 관련법상 정기 검사 주기로 알맞은 것은?

① 1개월
② 3개월
③ 6개월
④ 12개월

> **해설** 타워크레인이 건설기계로 편제되어 정기 검사는 6개월로 되어 있다.

05 다음 중 타워크레인 운전자의 취업 제한에 관하여 규정하고 있는 법률은?

① 산업안전보건법 : 유해·위험작업의 취업 제한에 관한 규칙
② 하도급거래공정화에 관한 법률 : 표준 계약서
③ 산업안전보건법 : 산업안전보건기준에 관한 규칙
④ 건설산업기본법 : 건설기계관리법

> **해설** 타워크레인의 취업 제한에 관한 것은 산업안전보건법의 유해·위험작업의 취업 제한에 관한 규칙에 해당되지만, 근무를 할 수 있는 조건은 건설기계관리법에 의한 면허를 소지한 자이어야 한다.

06 타워크레인의 작업(양중 작업)을 제한하는 풍속의 기준은?

① 평균 풍속이 12m/s 초과
② 순간 풍속이 12m/s 초과
③ 평균 풍속이 15m/s 초과
④ 순간 풍속이 15m/s 초과

> **해설** 산업안전보건기준에 관한 규칙 제37조의2 규정에 의하여 순간 풍속이 15m/s를 초과하면 타워크레인의 작업을 중단한다.(2017. 3. 3.개정)

07 옥외에 설치된 주행식 타워크레인에서 순간 풍속이 얼마 이상이면 레일 이탈 방지장치를 설치하여야 하는가?

① 10m/s ② 15m/s
③ 20m/s ④ 30m/s

> **해설** 산업안전보건기준에 관한 규칙 제140조 규정에 의하여 순간 풍속이 30m/s를 초과하면 이탈 방지를 위한 조치를 해야 한다.

정답 01 ③ 02 ① 03 ① 04 ③ 05 ① 06 ④ 07 ④

08 유해·위험작업의 취업 제한에 관한 규칙에 의하여, 타워크레인 조종 업무의 적용 대상에서 제외되는 타워크레인은?

① 조종석이 설치된 정격하중이 1톤인 타워크레인

② 조종석이 설치된 정격하중이 2톤인 타워크레인

③ 조종석이 설치된 정격하중이 3톤인 타워크레인

④ 조종석이 설치되지 아니한 정격하중이 3톤인 타워크레인

해설 조종석이 설치되어 있지 않고 5톤 이상의 무인타워를 포함한다.

09 타워크레인의 설치·해체 작업 금지 시 순간 제한 풍속은?

① 10m/s   ② 20m/s

③ 30m/s   ④ 40m/s

해설 순간 풍속 10m/s 이상에서는 해체·설치 작업이 금지이고, 15m/s 이상이면 운전 작업을 중지한다.

10 국내 타워크레인 안전 및 검사 기준상 권상용 와이어 로프의 안전율은?

① 4.0   ② 5.0

③ 6.0   ④ 7.0

해설 크레인 검사 기준에 의하면 권상용 와이어 로프는 안전계수 5 이상이고, 지브 지지용 와이어 로프 안전계수는 4 이상이다.

11 타워크레인을 사용할 장소에 설치하고, 관련 법에 의해 실시하는 검사는?

① 성능 검사

② 완성 검사

③ 설계 검사

④ Q.C 검사

해설 타워크레인을 사용할 장소 이전 시 설치 후마다 완성 검사를 받아야 한다.

12 법률상 타워크레인의 종류가 아닌 것은?

① 고정식 타워크레인

② 상승식 타워크레인

③ 주행식 타워크레인

④ 천장식 타워크레인

해설 법률상 ①, ②, ③의 타워크레인이 있다.

13 타워크레인 설치(상승 포함), 해체 작업자가 특별 안전·보건교육을 이수해야 하는 최소 시간은?

① 1시간 이상

② 2시간 이상

③ 3시간 이상

④ 4시간 이상

해설 산업안전보건법 시행규칙 제33조 별표 8의 규정에 의하여 특별 안전·보건교육을 2시간 이상 받아야 한다.

14 유해·위험작업의 취업 제한에 관한 규칙에서 자격 등의 취득을 위한 지정 교육 기관으로 허가받고자 할 경우 다음 중 허가권자는?

① 국토교통부 장관

② 산업통상자원부 장관

③ 중소기업청장

④ 고용노동부 장관

해설 산업안전보건법 제47조 규정에 의하여 고용노동부 장관의 허가를 받아야 한다.

15 옥외 타워크레인에서 반드시 항공등을 설치해야 하는 타워크레인의 최소 높이는?

① 30m 이상   ② 40m 이상

③ 50m 이상   ④ 60m 이상

해설 크레인 제작·안전·검사기준 제58조 규정에 의해 지상 60m 이상 높이로 설치되는 크레인은 항공법 제41조에 의한 항공 장애등을 설치하도록 한다.

정답 08 ④   09 ①   10 ②   11 ②   12 ④   13 ②   14 ④   15 ④

16 다음 중 타워크레인으로 작업 시 중량물의 흔들림(회전) 방지 조치가 아닌 것은?

① 길이가 긴 것이나 대형 중량물은 이동 중 회전하여 다른 물건과 접촉할 우려가 있는 경우 반드시 유도 로프로 유도한다.
② 작업 장소 및 매단 중량물에 따라서는 여러 개의 유도 로프로 유도할 수 있다.
③ 크레인의 선회 동작 및 트롤리 이동 시 유도 로프가 다른 장애물에 걸릴 우려가 있기 때문에 이때는 유도 로프를 하지 않는 것이 좋다.
④ 중량물을 유도하는 유도 로프는 주로 섬유 벨트를 이용하는 것이 좋다.

해설 중량물의 흔들림은 섬유 로프로 된 유도 로프를 사용하여 유도하는 것이 좋다.

17 타워크레인의 마스트 연장 작업 시 유압장치의 점검 및 준비에 관한 사항 중 잘못된 것은? (단, 유압 실린더가 한 개인 경우)

① 유압장치의 압력을 점검 및 확인한다.
② 유압 유닛 및 유압 실린더의 작동 상태를 점검한다.
③ 텔레스코핑 케이지의 유압 실린더와 메인 지브가 같은 방향인지 확인한다.
④ 유압 펌프를 무부하로 2~3회 작동하여 공기배출 및 무부하 압력을 점검한다.

해설 유압 실린더와 메인 지브의 방향은 클라이밍 작업 준비에 해당되며 유압장치 점검 사항은 아니다.

18 국가기술자격법에 따른 무인 타워크레인의 정격하중의 기준은?

① 1톤 이상　② 3톤 미만
③ 3톤 이상　④ 5톤 이상

해설 조종석이 설치되지 않은 정격하중 5톤 이상의 무인 타워를 포함한다.

19 다음 중 (　)에 알맞은 것은?

> 옥외에 설치된 주행 크레인은 미끄럼 방지 고정장치가 설치된 위치까지 매초 (　)의 풍속을 가진 바람이 불 때에도 주행할 수 있는 출력을 가진 원동기를 설치한 것이어야 한다.

① 12m　② 14m
③ 16m　④ 18m

해설 크레인 제작·안전·검사기준 제44조에 의하여 매초 16m의 풍속을 가진 바람이 불 때에도 주행할 수 있는 원동기를 설치하여야 한다.

20 타워크레인은 화물을 싣지 아니한 상태에서 수직 동하중의 얼마에 상당하는 하중이 걸렸을 때 후방으로 넘어지지 않아야 하는가?

① 10분의 1
② 10분의 2
③ 10분의 3
④ 10분의 4

해설 타워크레인은 화물을 싣지 아니한 상태에서 수직동하중의 10분의 3에 상당하는 하중이 정격하중이 걸리는 반대 방향으로 걸렸을 때 후방으로 넘어지지 아니하여야 한다.

21 산업안전보건법 안전 기준의 와이어 로프에 대한 마모 및 교체 기준으로 틀린 것은?

① 한가닥에서 소선의 수가 10% 이상 절단된 것
② 소선 및 스트랜드의 돌출이 확인되는 것
③ 외부 마모에 의한 호칭 지름 감소가 7% 이상일 때
④ 킹크나 부식은 없어도 단말 고정을 한 것

해설 와이어 로프는 소선 수 절단 10%일 때와 지름 감소가 7% 이상일 때, 킹크와 부식 및 소선의 돌출 등이 있으면 교환한다.

22 사업주는 크레인 설치·조립·수리·점검·해체 작업을 할 때 다음의 조치를 하여야 한다. 잘못된 것은?

① 작업 순서를 정하고 그 순서에 의해 작업을 실시한다.

② 풍속에 의한 작업 정지와 기상상태 불안정으로 작업을 중지할 수 있다.

③ 작업 장소는 장애물이 있어도 충분한 공간을 확보한다.

④ 규격품인 조립용 볼트를 사용하고 대칭되는 곳은 순차적으로 결합한다.

[해설] 작업 장소가 충분해도 장애물을 제거해야 안전한 작업을 할 수 있다.

23 운전석이 설치된 타워크레인의 운전이 가능한 사람은?

① 국가기술자격법에 의한 양화 장치 운전 기능사 2급 이상의 자격을 가진 자

② 국가기술자격법에 의한 천장 크레인 운전 기능사의 자격을 가진 자

③ 국가기술자격법에 의한 타워크레인운전기능사의 자격을 가진 자

④ 국가기술자격법에 의한 승강기 보수 기능사의 자격을 가진 자

[해설] 타워크레인은 국가기술자격법에 의한 자격증을 취득한 건설기계관리법에 의한 시·도지사의 면허를 받아야 한다.

24 크레인을 사용하는 작업을 할 때에 안전 담당자가 해야 할 일이 아닌 것은?

① 작업 방법과 근로자 배치 결정

② 재료의 결함 유무 확인

③ 작업 중 안전모 착용 확인

④ 타워크레인의 안전한 운전

[해설] 타워크레인의 운전은 운전자가 한다.

25 타워크레인의 항공등을 설치하지 않아도 되는 것은?

① 상승식 크레인으로 아파트 80층 높이의 크레인

② L형 크레인으로 마스트의 높이만 70m인 크레인

③ T형 크레인으로 마스트의 높이만 60m인 크레인

④ 탑리스형 크레인으로 전체 높이 50m인 크레인

[해설] 50m인 크레인은 항공등을 설치하지 않아도 된다.

26 산업안전보건기준에 관한 규칙상 타워크레인을 와이어 로프로 지지하는 경우에 있어 사업주의 준수 사항에 해당하지 않는 것은?

① 와이어 로프 설치 각도는 수평면에서 60도 이내로 할 것

② 와이어 로프가 가공 전선(架空電線)에 근접하지 아니하도록 할 것

③ 와이어 로프는 지상의 이동용 고정장치에 신속히 해체 시킬 수 있도록 고정할 것

④ 와이어 로프의 고정 부위는 충분한 강도와 장력을 갖도록 설치할 것

[해설] 와이어 로프를 고정할 때는 고정장치에 안전하게 고정하도록 한다. 즉, 신속한 해체가 아니고 안전한 고정이 우선 사항이다.

27 사업주가 순간 풍속 30m를 초과할 때 하지 말아야 할 행동은?

① 이탈 방지장치(anchor of crane)를 풀어 놓아야 한다.

② 선회 브레이크(brake releasing device)를 풀어 놓아야 한다.

③ 운전자는 모든 작업을 멈추어야 한다.

④ 설치 해체의 모든 작업을 멈추어야 한다.

[해설] 이탈 방지장치는 고정해야 한다.

정답 22 ③ 23 ③ 24 ④ 25 ④ 26 ③ 27 ①

28 강풍·폭우·폭설 등의 악천후 작업 중 폭설의 기준은?

① 1회의 강설량 10mm 이상
② 1회의 강설량 20mm 이상
③ 1회의 강설량 25mm 이상
④ 1회의 강설량 50mm 이상

해설 폭설이란 1회의 강설량 25mm 이상의 강설을 말한다.

29 강풍의 기준은?

① 1시간당 기준 매 평균 풍속 매초 10m 이상인 바람
② 1시간당 기준 매 평균 풍속 매분 20m 이상인 바람
③ 10분 간의 평균 풍속이 매초 10m 이상인 바람
④ 10분 간의 평균 풍속이 매분 20m 이상인 바람

30 폭우의 기준은?

① 1회의 강우량이 50mm 이상인 경우
② 1회의 강우량이 100mm 이상인 경우
③ 1회의 강우량이 150mm 이상인 경우
④ 1회의 강우량이 200mm 이상인 경우

해설 폭우의 기준은 50mm 이상인 경우이다.

타워크레인운전기능사

부록 I

Craftsman Tower Crane Operating

과년도 출제문제

01 선회하는 리밋은 양방향 각각 얼마의 회전을 제한하는가?

① 2바퀴   ② 1.5바퀴

③ 2.5바퀴   ④ 1바퀴

해설 선회 리밋은 540°(1.5바퀴)로 제한한다.

02 유압 탱크에서 오일을 흡입하여 유압 밸브로 이송하는 기기는?

① 액추에이터   ② 유압 펌프

③ 유압 밸브   ④ 오일 쿨러

해설 액추에이터는 유압 펌프의 힘을 받아 일을 한다. 유압 밸브는 유체 흐름의 방향을 전환하는 기능을 가진다. 오일 쿨러는 유압유의 온도를 낮추는, 즉 냉각시키는 역할을 한다.

03 모멘트 M=P×L일 때, P와 L의 설명으로 맞는 것은?

① P : 힘, L : 길이

② P : 길이, L : 면적

③ P : 무게, L : 체적

④ P : 부피, L : 넓이

해설 모멘트＝힘(P)×길이(L)

04 타워크레인의 전자식 과부하 방지장치의 동작 방식으로 적합하지 않은 것은?

① 인장형 로드셀

② 압축형 로드셀

③ 샤프트 핀형 로드셀

④ 외팔보형 로드셀

05 권상장치의 와이어 드럼에 와이어 로프가 감길 때 홈이 없는 경우의 플리트(fleet) 허용 각도는?

① 4° 이내   ② 3° 이내

③ 2° 이내   ④ 1° 이내

해설 드럼에 와이어 로프가 감길 때의 플리트 각(fleet angle)은 2° 이하로 한다.

06 다음 중 과전류 차단기가 아닌 것은?

① 절연 케이블   ② 퓨즈

③ 배선용 차단기   ④ 누전차단기

07 타워크레인의 지브가 바람에 의해 영향을 받는 면적을 최소화하여 타워크레인 본체를 보호하는 방호장치는?

① 충돌 방지장치

② 와이어 로프 이탈 방지장치

③ 선회 브레이크 풀림장치

④ 트롤리 정지장치

08 배선용 차단기는 퓨즈에 비하여 장점이 많은데, 그 장점이 아닌 것은?

① 개폐 기구를 겸하고, 개폐 속도가 일정하며 빠르다.

② 과전류가 1극에만 흘러도 각 극이 동시에 트립되므로 결상 등과 같은 이상이 생기지 않는다.

③ 전자 제어식 퓨즈이므로 복구 시에 교환시간이 많이 소요된다.

④ 과전류로 동작하였을 때 그 원인을 제거하면 즉시 사용할 수 있다.

정답 01. ② 02. ② 03. ① 04. ④ 05. ③ 06. ① 07. ③ 08. ③

09 타워크레인의 선회 브레이크 라이닝이 마모되었을 때 교체 시기로 가장 적절한 것은?

① 원형의 50% 이내일 때
② 원형의 60% 이내일 때
③ 원형의 70% 이내일 때
④ 원형의 80% 이내일 때

해설 브레이크는 원래 치수의 50% 이상 마모되었을 때 교체한다.

10 4℃의 순수한 물은 1m³일 때 중량이 얼마인가?

① 1,000kg ② 2,000kg
③ 3,000kg ④ 4,000kg

11 크레인 높이가 높아지게 되면 항공 장애등을 설치하여야 하는데, 그 설치 높이로 맞는 것은?

① 옥외에 지상 20m 이상 높이로 설치되는 크레인
② 옥외에 지상 30m 이상 높이로 설치되는 크레인
③ 옥외에 지상 40m 이상 높이로 설치되는 크레인
④ 옥외에 지상 60m 이상 높이로 설치되는 크레인

해설 항공 장애등은 옥외에 지상 높이가 60m 이상일 때 설치해야 한다.

12 타워크레인의 주요 구조부가 아닌 것은?

① 지브 및 타워 ② 와이어 로프
③ 방호 울 ④ 설치 기초

해설 방호 울은 베이직 앵커부에 설치되어 있는 부품이다.

13 타워크레인 위의 조명등과 항공 장애등의 외함 구조는 어떤 형식인가?

① 방우형 ② 내수형
③ 방말형 ④ 수주형

14 전압의 종류에서 특별 고압은 최소 몇 V를 초과하는 것을 말하는가?

① 600V 초과 ② 750V 초과
③ 7,000V 초과 ④ 2,000V 초과

해설 특별 고압은 교류와 직류 모두 7,000V 초과인 것을 말한다.

15 타워크레인의 텔레스코핑 작업 전 유압장치 점검 사항이 아닌 것은?

① 유압 탱크의 오일 레벨을 점검한다.
② 유압 모터의 회전 방향을 점검한다.
③ 유압 펌프의 작동 압력을 점검한다.
④ 유압장치의 자중을 점검한다.

16 기초 앵커를 설치하는 방법 중 옳지 않은 것은?

① 지내력은 접지압 이상 확보한다.
② 콘크리트 타설 또는 지반을 다짐한다.
③ 구조 계산 후 충분한 수의 파일을 항타한다.
④ 앵커 세팅 수평도는 ±5mm로 한다.

해설 앵커 세팅 수평도는 1mm 내외로 한다.

17 타워크레인의 사용 전압에 따른 접지 종류 및 허용 접지 저항에 대한 내용으로 틀린 것은?

① 저압 400V 미만은 제3종 접지이고, 접지 저항이 100Ω 이하이다.
② 저압 400V 미만은 특별 제3종 접지이고, 접지 저항이 10Ω 이하이다.
③ 고압(특별 고압)은 제1종 접지이고, 접지 저항이 10Ω 이하이다.
④ 저압 400V 이상은 특별 제3종 접지이고, 접지 저항이 100Ω 이하이다.

해설 • 전동기, 외함, 제어반 프레임 등 접지 설비의 접지 저항 : 100V 이하일 때 100Ω 이하
• 특별 제3종 접지 공사의 경우 300V 이상의 저압 기기 외함 접지 저항은 10Ω 이하로 시공한다.

정답 09. ① 10. ① 11. ④ 12. ③ 13. ③ 14. ③ 15. ④ 16. ④ 17. ④

18 크레인의 기복(luffing) 장치에 대한 설명으로 틀린 것은?

① 최고·최저각을 제한하는 구조로 되어 있다.
② 크레인의 높이를 조절하는 기계장치이다.
③ 지브의 기복 각으로 작업 반경을 조절한다.
④ 최고 경계각을 차단하는 기계적 제한장치가 있다.

`해설` L형 크레인은 지브의 각도 변화로 작업 반경을 조절한다.

19 유압의 특징에 대한 설명으로 틀린 것은?

① 액체는 압축률이 커서 쉽게 압축할 수 있다.
② 액체는 운동을 전달할 수 있다.
③ 액체는 힘을 전달할 수 있다.
④ 액체는 작용력을 증대시키거나 감소시킬 수 있다.

`해설` 액체는 압축력이 작아 응답성이 우수하다.

20 타워크레인에서 정격하중 이상의 하중을 부과하여 권상하려고 할 때 권상 동작을 정지시키는 안전장치는?

① 과권 방지장치
② 과부하 방지장치
③ 과속도 방지장치
④ 과트림 방지장치

21 타워크레인으로 중량물을 운반하는 방법 중 가장 적합한 운전방법은?

① 전 하중 전속력 운전
② 시동 후 급출발 운전
③ 빈번한 정지 후 급속 운전
④ 정격하중 정속 운전

`해설` 급출발, 급정지는 화물의 프리(움직임)를 발생시켜 위험하다.

22 선회 브레이크 풀림장치를 설명한 것으로 틀린 것은?

① 컨트롤 전원을 차단한 상태에서 동작된다.
② 지브를 바람에 따라 자유롭게 움직이게 한다.
③ 바람이 불 경우 역방향으로 작동되는 것을 방지한다.
④ 지상에서는 브레이크 해제 레버를 당겨서 작동시킨다.

23 타워크레인 작업에서 신호에 대한 설명으로 맞는 것은?

① 신호수는 재킷, 안전모 등을 착용하여 일반 작업자와 구별해야 한다.
② 타워크레인 운전 중 신호 장비는 신호수의 의도에 따라 변경될 수 있다.
③ 1대의 타워크레인에는 2인 이상의 신호수가 있어야 하며, 각기 다른 식별 방법을 제시하여야 한다.
④ 신호 장비는 우천 시 변경되어도 무방하다.

24 오른손을 뻗어서 하늘을 향해 원을 그리는 수 신호는 무엇을 뜻하는가?

① 훅 와이어가 심하게 꼬였다.
② 훅에 매달린 화물이 흔들린다.
③ 원을 그리는 방향으로 선회하라.
④ 훅을 상승시켜라.

`해설`

정답 18. ② 19. ① 20. ② 21. ④ 22. ③ 23. ① 24. ④

25 타워크레인 운전자의 장비 점검 및 관리에 대한 설명으로 옳지 않은 것은?

① 각종 제한 스위치를 수시로 조정해야 한다.
② 간헐적인 소음 및 이상 징후에 즉시 조치를 받아야 한다.
③ 작업 전후 기초 배수 및 침하 등의 상태를 점검한다.
④ 윤활부에 주기적으로 급유하고 발열체에 대해 점검한다.

26 타워크레인의 일반적인 양중 작업에 대한 설명으로 틀린 것은?

① 화물 중심선에 훅이 위치하도록 한다.
② 로프가 장력을 받으면 바로 주행을 시작한다.
③ 로프에 충분한 장력이 걸릴 때까지 서서히 권상한다.
④ 화물은 권상 이동 경로를 생각하여 지상 2m 이상의 높이에서 운반하도록 한다.

27 트롤리 이동 내외측 제어장치의 제어 위치로 맞는 것은?

① 지브 섹션의 중간
② 지브 섹션의 시작과 끝 지점
③ 카운터 지브 끝 지점
④ 트롤리 정지장치

해설 트롤리 내외측 제어장치는 메인 지브의 시작과 끝 지점을 제어 위치로 한다.

28 줄걸이 작업에 사용하는 후킹용 핀 또는 봉의 지름은 줄걸이용 와이어 로프 직경의 얼마 이상을 적용하는 것이 바람직한가?

① 1배 이상
② 2배 이상
③ 4배 이상
④ 6배 이상

29 크레인 운전 중 작업 신호에 대한 설명으로 가장 알맞은 것은?

① 운전자가 신호수의 육성 신호를 정확히 들을 수 없을 때에는 반드시 수신호를 사용한다.
② 신호수는 위험을 감수하고서라도 임무를 수행하여야 한다.
③ 신호수는 전적으로 크레인 동작에 필요한 신호에만 전념하고 인접 지역의 작업자는 무시하여도 좋다.
④ 운전자는 어떠한 경우라도 신호수의 지시에 따라 운전하여야 한다.

30 타워크레인 작업(양중 작업)을 제한하는 풍속의 기준은?

① 평균 풍속이 12m/s를 초과
② 순간 풍속이 12m/s를 초과
③ 평균 풍속이 15m/s를 초과
④ 순간 풍속이 15m/s를 초과

해설 설치 해체는 순간 풍속 10m/sec가 기준이다.

31 타워크레인의 양중 작업에서 권상 작업을 할 때 지켜야 할 사항이 아닌 것은?

① 지상에서 약간 떨어지면 매단 화물과 줄걸이 상태를 확인한다.
② 권상 작업은 가능한 한 평탄한 위치에서 실시한다.
③ 타워크레인의 권상용 와이어 로프의 안전율은 4 미만이어야 한다.
④ 권상된 화물이 흔들릴 때는 이동 전에 반드시 흔들림을 정지시킨다.

해설 권상용 와이어 로프 안전율은 5 이상이어야 한다.

32 굵은 와이어 로프(지름 16mm 이상)일 때 가장 적합한 어깨걸이 방법은?

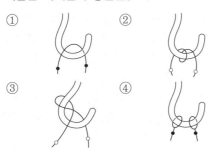

① ② ③ ④

해설 ① 반걸이
② 짝감기 걸이(14mm 이상)
③ 어깨걸이(16mm 이상)
④ 눈걸이

33 크레인용 와이어 로프에 심강을 사용하는 목적을 설명한 것으로 틀린 것은?

① 충격 하중을 흡수한다.
② 소선끼리의 마찰에 의한 마모를 방지한다.
③ 충격 하중을 분산한다.
④ 부식을 방지한다.

해설 심강은 로프의 중심에 넣는 것으로 로프의 형태 유지, 소선끼리의 마찰 방지, 부식 방지, 충격 하중 흡수 등의 기능을 한다.

34 타워크레인의 권상 작업으로 가장 좋은 방법은?

① 훅은 짐의 권상 위치에 정확히 맞추고 주행과 횡행을 동시에 작동한다.
② 줄걸이 와이어 로프가 완전히 힘을 받아 팽팽해지면 일단 정지한다.
③ 권상 작동은 흔들릴 위험이 없으므로 항상 최고 속도로 운전한다.
④ 훅을 짐의 중심 위치에 정확히 맞추었으면 권상을 계속하여 2m 이상 높이에서 맞춘다.

35 크레인으로 하중을 취급할 때 아래 그림 중 로프의 장력 T의 값이 가장 크게 요구되는 것은?

①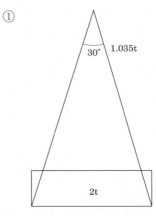
30° 1.035t
2t

② 60° 1.155t
2t

③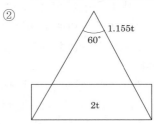
90° 1.41t
2t

④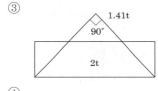
120° 2t
2t

해설 조각도 30°는 1.035배, 60°는 1.155배, 90°는 1.414배, 120°는 2배가 된다.

36 크레인에 사용되는 와이어 로프의 안전율 계산 방법은?

① S=(N×P)/Q ② S=(Q×P)/N
③ S=N×P×Q ④ S=(Q×N)/P

해설 와이어 로프의 안전율(S)
=가락 수(N)×로프의 파단력(P)/달기 하중(Q)

정답 32. ③ 33. ③ 34. ② 35. ④ 36. ①

37 시징(seizing)은 와이어 로프 지름의 몇 배를 기준으로 하는가?

① 1배   ② 3배

③ 5배   ④ 7배

> **해설** 시징의 길이는 와이어 로프 지름의 3배 정도가 적당하다.

38 크레인에 사용되는 와이어 로프의 사용 중 점검 항목으로 적합하지 않은 것은?

① 마모 상태

② 부식 상태

③ 소선의 인장강도

④ 엉킴, 꼬임 및 킹크 상태

> **해설** 소선의 인장강도는 제조사에서 검사한다.

39 다음 보기에서 타워크레인 설치·해체 작업에 관한 설명으로 옳은 것을 모두 고르면?

> ㉠ 작업 순서는 시계 방향으로 한다.
> ㉡ 작업 구역에는 관계 근로자의 출입을 금지하고 그 취지를 항상 크레인 상단 좌측에 표시한다.
> ㉢ 폭풍, 폭우 및 폭설 등의 악천후 작업에서 위험이 미칠 우려가 있을 때에는 당해 작업을 중지한다.
> ㉣ 작업 장소는 안전한 작업이 이루어질 수 있도록 충분한 공간을 확보하고 장애물이 없도록 한다.
> ㉤ 크레인의 능력, 사용 조건에 따라 충분한 내력을 갖는 구조의 기초를 설치하고 지반 침하 등이 일어나지 않도록 한다.

① ㉠, ㉡, ㉢, ㉣, ㉤

② ㉢, ㉣, ㉤

③ ㉠, ㉡, ㉢

④ ㉡, ㉢, ㉣

40 고온에서 사용되는 와이어 로프는?

① 철심 로프

② 마심 로프

③ 철심 또는 마심 로프

④ 마심에 도금한 로프

41 와이어 로프 사용 시 일반적으로 나타나는 현상이 아닌 것은?

① 마모 및 부식에 의한 로프의 단면적 감소

② 표면 경화 및 부식에 의한 로프의 질적 변화

③ 충격 또는 과하중

④ 장기간 사용으로 인한 로프의 길이 감소

42 수직 볼트를 사용하는 마스트의 볼트 체결 방법으로 맞는 것은?

① 대각선 방향으로 아래에서 위로 향하게 조립한다.

② 볼트의 헤드부가 전체 위로 향하게 조립한다.

③ 볼트의 헤드부가 전체 아래로 향하게 조립한다.

④ 왼쪽부터 하나씩 아래에서 위로 향하게 조립한다.

> **해설** 기초 앵커의 볼트는 헤드부가 전체 위로 향하게 체결하고, 마스트는 헤드부가 아래로 가게 체결한다.

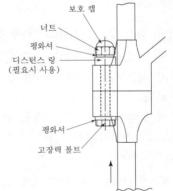

정답   37. ②   38. ③   39. ②   40. ①   41. ④   42. ③

43 타워크레인의 와이어 로프 지지 고정 방식에서 중요하지 않은 것은?

① 작업자 숙련도　② 지지 각도
③ 프레임 재질　　④ 지브 종류

44 타워크레인 설치(상승 포함) 및 해체 작업자가 특별 안전보건 교육을 이수해야 하는 최소 시간은?

① 1시간 이상　　② 2시간 이상
③ 3시간 이상　　④ 4시간 이상

해설 타워크레인 설치 상승 해체 작업자는 특별 안전보건 교육을 2시간 이상 이수하여야 한다.

45 타워크레인 검사 중 근로자 대표의 요구가 있는 경우에 근로자 대표를 입회시켜야 하는 검사는?

① 완성 검사　　② 설계 검사
③ 성능 검사　　④ 자체 검사

46 타워크레인의 클라이밍 작업 시 사전 검토 단계에 반드시 포함해야 할 사항이 아닌 것은?

① 클라이밍 타워크레인의 설계 개요
② 클라이밍 타워크레인 가설 지지 프레임 구성
③ 카운터 지브의 밸러스트 중량 가감 여부
④ 클라이밍 부재 및 접합부

47 마스트 연장 작업 시 준수 사항으로 틀린 것은?

① 순간 풍속 10m/sec 이내에서 실시한다.
② 선회 링 서포트와 마스트 사이의 체결 볼트를 푼다.
③ 작업 중에 선회 및 트롤리 이동을 한다.
④ 텔레스코핑 케이지와 선회 링 서포트는 핀으로 조립한다.

해설 텔레스코핑 작업 시에는 선회, 횡행, 권상, 권하 등의 작업을 하면 안 된다.

48 타워크레인의 설치 해체 작업 시 안전 대책이 아닌 것은?

① 지휘 계통의 명확화
② 추락 재해 방지
③ 풍속 확인
④ 크레인 성능과 디자인

해설 설치 해체 작업 시에는 지휘 계통의 명확화, 추락 재해 방지, 낙하 및 비래 방지, 최대 풍속 등을 준수해야 한다.

49 타워크레인 최초 설치 시 반드시 검토해야 할 사항이 아닌 것은?

① 타워 설치 방향
② 기초 앵커의 레벨
③ 양중 크레인의 위치
④ 갱폼의 인양 거리

해설 갱폼(gang form) : 대형화, 단순화, 시스템화한 거푸집을 말한다.

50 타워크레인 메인 지브(앞 지브)의 절손 원인으로 가장 적합한 것은?

① 호이스트 모터 소손
② 트롤리 로프의 파단
③ 정격하중의 과부하
④ 슬로잉 모터 소손

해설 슬로잉 모터는 선회 모터이다.

51 목재, 종이, 석탄 등 일반 가연물의 화재는 어떤 화재로 분류하는가?

① A급 화재　　② B급 화재
③ C급 화재　　④ D급 화재

해설 • A급 화재 : 가연성 고체에 붙는 불
• B급 화재 : 액체에 붙는 불, 휘발유 등 유류
• C급 화재 : 전기 감전의 위험이 있는 불
• D급 화재 : 금속 합금 가루에 붙는 불

정답　43. ④　44. ②　45. ④　46. ③　47. ③　48. ④　49. ④　50. ③　51. ①

52 소화하기 힘들 정도로 화재가 진행된 현장에서 제일 먼저 취해야 할 조치 사항으로 옳은 것은?

① 소화기 사용　　② 화재 신고
③ 인명 구조　　　④ 경찰서에 신고

해설 소화하기 힘들 정도로 화재가 진행된 경우에는 인명 구조가 최우선이다.

53 건설기계 작업 시 주의사항으로 틀린 것은?

① 운전석을 떠날 경우에는 기관을 정지한다.
② 작업 시에는 항상 사람의 접근에 특별히 주의한다.
③ 주행 시에는 가능한 한 평탄한 지면으로 주행한다.
④ 후진 시에는 후진 후 사람 및 장애물 등을 확인한다.

54 방호장치의 일반 원칙으로 옳지 않은 것은?

① 작업 방해 요소 제거
② 작업점 방호
③ 외관상 안전
④ 기계 특성에의 부적합성

해설 방호장치의 일반 원칙
• 기계 특성에 적합할 것
• 작업 방해 요소를 제거할 것
• 작업점을 방호할 것
• 외관상 안전할 것

55 현장에서 작업자가 작업 안전상 꼭 알아 두어야 할 사항은?

① 장비의 가격
② 종업원의 작업 환경
③ 종업원의 기술 정도
④ 안전 규칙 및 수칙

56 다음 중 안전 보호구가 아닌 것은?

① 안전모　　　　② 안전화
③ 안전 가드레일　④ 안전장갑

해설 안전 보호구로는 안전모, 안전화, 안전장갑 등이 있다.

57 보안경을 착용하는 이유로 틀린 것은?

① 유해 약물의 침입을 막기 위해
② 떨어지는 중량물을 피하기 위해
③ 비산되는 칩에 의한 부상을 막기 위해
④ 유해 광선으로부터 눈을 보호하기 위해

58 사고의 결과로 인하여 인간이 입는 인명 피해와 재산상의 손실을 무엇이라 하는가?

① 재해　　　　　② 안전
③ 사고　　　　　④ 부상

해설 재해는 사고로 인해 인간이 입는 인명 피해와 재산상의 손실을 말한다.

59 도로에 가스 배관을 매설할 때 지켜야 할 사항으로 잘못된 것은?

① 자동차 등의 하중에 대해 영향을 적게 받는 곳에 매설한다.
② 배관은 외면으로부터 도로 밑의 다른 매설물과 0.1m 이상 거리를 유지한다.
③ 포장된 차도에 매설하는 경우 배관 외면과 노반 최하부와의 거리는 0.5m 이상으로 한다.
④ 배관의 외면에서 도로 경계까지는 1m 이상의 수평거리를 유지한다.

60 수공구 사용 시 주의사항이 아닌 것은?

① 작업에 알맞은 공구를 선택하여 사용한다.
② 공구는 사용 전에 기름 등을 닦은 후 사용한다.
③ 공구는 올바른 방법으로 사용한다.
④ 개인이 만든 공구를 일반적인 작업에 사용한다.

해설 공인되지 않은 수공구를 사용해서는 안 된다.

정답 52. ③ 53. ④ 54. ④ 55. ④ 56. ③ 57. ② 58. ① 59. ② 60. ④

01 주행식 타워크레인의 레일 점검 기준으로 틀린 것은?

① 연결부 틈새는 10mm 이하일 것
② 균열 및 두부의 변형이 없을 것
③ 레일 부착 볼트는 풀림 및 탈락이 없을 것
④ 완충장치는 손상이나 어긋남이 없을 것

해설 연결부 틈새 3mm 이내, 상하좌우 편차 0.5mm 이내이다.

02 기초 앵커를 콘크리트로 고정시키는 타워크레인으로, 철골 구조물 건축과 아파트 공사 등에 적합한 형식은?

① 주행식   ② 고정식
③ 유압식   ④ 상승식

해설 타워크레인의 설치 형식은 고정식, 상승식, 주행식 등이 있으며, 고정식은 기초 앵커를 설치한 후 타워크레인 본체를 설치하는 방식이다. 주행식에는 레일식, 트럭 탑재식이 있다.

03 타워크레인 운전에 영향을 주는 안정도 설계조건에 대한 설명으로 틀린 것은?

① 하중은 가장 불리한 조건으로 설계한다.
② 안정도는 가장 불리한 값으로 설계한다.
③ 안정 모멘트 값은 전도 모멘트 값 이하로 한다.
④ 비가동 시에는 지브의 회전이 자유로워야 한다.

해설 안정 모멘트는 전도 모멘트의 값 이상이 되어야 위험을 방지할 수 있다.

04 주행용 타워크레인에만 부착되어 있는 방호장치는?

① 러핑 각도 지시계
② 주행 리밋 스위치
③ 러핑 권과 방지장치
④ 권상 권과 방지장치

해설 주행 리밋 스위치는 주행용 타워크레인에만 부착되어 있는 방호장치이다.

05 트롤리 로프 안전장치에 대한 설명으로 옳은 것은?

① 트롤리 로프의 올바른 선정을 위한 장치
② 트롤리 로프 파손 시 트롤리를 멈추게 하는 장치
③ 트롤리 로프의 긴장을 유지하는 장치
④ 트롤리 로프의 성능을 보호하는 장치

해설 트롤리 로프가 파손되었을 때 멈추는 장치는 트롤리 로프 파단 안전장치이다.

06 텔레스코핑 작업 준비 사항 중 유압장치에 관한 설명으로 틀린 것은?

① 에어벤트(air vent)를 닫는다.
② 유압 실린더의 작동 상태 및 모터의 회전 방향을 점검한다.
③ 유압장치의 압력과 오일량을 점검한다.
④ 유압 실린더와 카운터 지브를 동일한 방향으로 한다.

해설 에어벤트는 유압장치의 숨구멍으로 텔레스코핑 작업 중에 에어벤트는 열어 둔다.

정답 01. ① 02. ② 03. ③ 04. ② 05. ② 06. ①

07 유압 실린더에 대한 요구 사항이 아닌 것은?

① 단동 실린더를 사용하는 경우 로드의 수축 안전을 보장하여야 한다.

② 로드는 장비의 작업 환경 및 비활성 기간을 고려하여 부식으로부터 보호하여야 한다.

③ 실린더에는 동력 손실이나 공급관 결함이 생겼을 때 작동을 중지할 수 있도록 정지 밸브가 있어야 한다.

④ 정지 밸브는 위험한 과압을 유지할 수 있어야 한다.

08 타워크레인의 접지에 대한 설명으로 옳은 것은?

① 주행용 레일에는 접지가 필요 없다.

② 전동기 및 제어반에는 접지가 필요 없다.

③ 접지판과의 연결 도선으로 동선을 사용할 경우 그 단면적은 $30mm^2$ 이상이어야 한다.

④ 타워크레인 접지 저항은 녹색 연동선을 사용하며 20Ω 이상이다.

해설 주행식 레일, 전동기, 제어반 등은 접지가 필요하며, 접지 저항은 10Ω 이하여야 한다.

09 고정식 지브형 타워크레인이 할 수 있는 동작이 아닌 것은?

① 권상 동작　　② 주행 동작

③ 기복 동작　　④ 선회 동작

해설 고정식 지브형 타워크레인은 움직일 수 없으므로 주행 동작은 할 수 없다.

10 타워크레인의 트롤리와 관련된 안전장치가 아닌 것은?

① 트롤리 내외측 위치 제어장치

② 트롤리 로프 파손 안전장치

③ 트롤리 정지장치

④ 트롤리 각도 제한장치

해설 트롤리 각도 제한장치는 따로 없으며 지브 크레인에 각도계가 설치되어 있다.

11 타워크레인의 전기장치가 아닌 것은?

① 전동기　　② 치차류

③ 계전기　　④ 저항기

해설 치차류는 기어 부분을 말한다.

12 옥외에 설치되는 타워크레인용 전기 기계기구의 외함 구조로 가장 적절한 것은?

① 분진 방호가 가능하고 모든 방향에서 물이 뿌려졌을 때 침입하지 않는 구조

② 소음 차단이 가능하고 모든 진동에 견딜 수 있는 구조

③ 고열 차단이 가능하고 겨울철 혹한기에 견딜 수 있는 구조

④ 선회 시 충격과 강풍에 견딜 수 있는 구조

해설 분진 방호가 가능하고 모든 방향에서 물을 뿌렸을 때 침입하지 않는 구조 : 방말형

13 크레인의 균형을 유지하기 위하여 카운터 지브에 설치하는 것으로, 여러 개의 철근 콘크리트 등으로 만들어진 블록은?

① 메인 지브　　② 카운터 웨이트

③ 타이 바　　　④ 타워 헤드

해설 카운터 웨이트는 하중을 들어올릴 때 넘어지지 않도록 인장 하중에 대항해서 추를 부착해 둔 것으로, 균형추라고도 한다.

14 유압장치에 사용되는 제어 밸브의 3요소가 아닌 것은?

① 압력 제어 밸브

② 방향 제어 밸브

③ 유량 제어 밸브

④ 가속도 제어 밸브

해설 • 방향 제어 밸브 : 작동유 흐름의 방향 제어
• 압력 제어 밸브 : 유압기기를 보호하기 위해 최고 출력을 규제하고 필요 압력으로 유지
• 유량 제어 밸브 : 액추에이터의 속도와 회전 수 변화

정답　07. ①　08. ③　09. ②　10. ④　11. ②　12. ①　13. ②　14. ④

15 동력의 값이 가장 큰 것은?

① 1PS ② 1HP
③ 1kW ④ 75kg·m/s

해설 • 1PS=75kg·m/s
• 1kW=102kg·m/s
• 1HP=0.746kW

16 전기 수전반에서 인입 전원을 받을 때의 내용이 아닌 것은?

① 기동 전력을 충분히 감안하여 수전받아야 한다.
② 지브의 길이에 따라서 기동 전력이 달라져야 한다.
③ 변압기를 설치하는 경우 방호망을 설치하여 작업자를 보호할 수 있도록 한다.
④ 타워크레인용으로 단독으로 가설하여 전압 강하가 발생하지 않도록 한다.

17 저압 전로에 사용되는 배선용 차단기의 규격에 적합하지 않은 것은?

① 정격 전류 1배의 전류로는 자동적으로 동작하지 않을 것
② 정격 전류 1.25배의 전류가 통과하였을 경우는 배선용 차단기의 특성에 따른 동작 시간 내에 자동적으로 동작할 것
③ 정격 전류 2배의 전류가 통과하였을 경우는 배선용 차단기의 특성에 따른 동작 시간 내에 자동적으로 동작할 것
④ 배선용 차단기 동작 시간이 정격 전류의 2배 전류가 통과할 때가 정격 전류의 1.25배 전류가 통과할 때보다 더 길 것

18 동하중에 해당하지 않는 것은?

① 위치 하중 ② 반복 하중
③ 교번 하중 ④ 충격 하중

해설 위치 하중은 정하중에 해당된다.

19 과전류 차단기의 종류가 아닌 것은?

① 퓨즈(fuse)
② 배선용 차단기
③ 누전차단기(과전류 차단 겸용인 경우)
④ 저항기

해설 저항기는 전류 차단기가 아니라 전류 흐름을 저항으로 가감하여 속도 등을 제어하는 장치이다.

20 타워크레인의 설치 방법에 따른 분류가 아닌 것은?

① 선회형 ② 주행형
③ 상승형 ④ 고정형

해설 타워크레인은 설치 방법에 따라 고정형, 주행형, 상승형으로 나뉜다.

21 타워크레인의 작업 신호 중 무선 통신에 관한 설명으로 틀린 것은?

① 조용한 지역에서 활용된다.
② 무선 통신이 만족스럽지 못하면 수신호로 한다.
③ 통신 및 육성은 간결, 단순, 명확해야 한다.
④ 수신호와 함께 꼭 무선 통신을 하도록 한다.

해설 수신호와 함께 무선 통신을 하면 오히려 혼동을 초래할 수 있다.

22 타워크레인 양중 작업 시 줄걸이 작업자의 기본적인 자세로 바람직하지 않은 것은?

① 줄걸이 작업 중에 불안이나 의문이 있으면, 다시 한 번 고쳐 작업하고 안전을 확인한다.
② 화물의 결속이 불안정할 경우에는 작업자 중 한 사람이 화물 위에 올라가 관찰하면서 화물을 권상한다.
③ 권상 화물 밑에는 절대로 들어가지 않는다.
④ 흩어질 수 있는 화물은 잘 묶은 상태로 만들어 줄걸이를 한다.

해설 양중 작업이란 화물을 줄걸이에 매달아 올리고 내리는 작업을 말한다.

---

23 작업이 끝난 후 타워크레인을 정지시킬 때의 운전자 유의사항으로 거리가 먼 것은?

① 화물을 내리고 혹을 높이 올린 다음 트롤리를 최소 작업 반경으로 움직인다.

② 브레이크와 비상 리밋 스위치 작동 상태를 점검한다.

③ 슬루잉 기어의 회전을 자유롭게 하는 것에 유의한다.

④ 크레인이 레일에서 이탈하는 것을 방지하기 위하여 레일 클램프를 작동한다.

24 크레인으로 지상의 화물을 들어올릴 때 올바른 방법은?

① 무거운 화물은 들어올리기 전에 트롤리를 화물의 위치보다 타워 가까이에 이동시켜 들어올린다.

② 화물과 혹의 중심이 맞지 않을 때는 양중하면서 조절을 한다.

③ 균형이 잡히지 않은 평면 위의 화물은 인양하면 안 된다.

④ 시야에서 벗어난 화물을 들어올릴 때에는 지브의 기울기로 판단한다.

25 타워크레인으로 혹을 하강시켜 줄걸이 용구를 분리할 때의 작업 방법으로 잘못된 것은?

① 혹을 분리할 때는 가능한 한 낮은 위치에서 혹을 유도하여 분리한다.

② 직경이 큰 와이어 로프는 비틀림이 작용하여 흔들림이 생기기 때문에 1인이 작업하는 것이 좋다.

③ 크레인 등으로 와이어 로프를 잡아당겨 빼지 않는다.

④ 손으로 빼기 곤란한 대형 와이어 로프를 크레인 등으로 빼야 할 때는 천천히 신호를 하면서 신중히 작업한다.

26 붐이 있는 크레인 작업에서 다음과 같은 수신호는 무엇을 뜻하는가?

 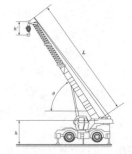

① 붐 위로 올리기

② 붐 아래로 내리기

③ 붐은 올리고 짐은 아래로 내리기

④ 붐은 내리고 짐은 올리기

해설 엄지손가락이 위로 올라가게 하면 붐 올리기이고, 아래로 하면 붐 내리기가 된다.

27 타워크레인 작업 시 신호수에 대한 설명으로 틀린 것은?

① 특별히 구분될 수 있는 복장 및 식별 장치를 갖춰야 한다.

② 소정의 신호수 교육을 받아 신호 내용을 숙지해야 한다.

③ 현장의 각 공정별로 한 사람씩 차출하여 신호수로 배치한다.

④ 신호수는 항상 크레인 동작을 볼 수 있어야 한다.

28 트롤리의 기능을 옳게 설명한 것은?

① 와이어 로프에 매달려 권상 작업을 한다.

② 카운터 지브에 설치되어 크레인의 균형을 유지한다.

③ 메인 지브에서 전후로 이동하며, 작업 반경을 결정하는 횡행장치이다.

④ 마스트의 높이를 높이는 유압 구동장치이다.

정답 23. ② 24. ③ 25. ② 26. ① 27. ③ 28. ③

29 타워크레인 설치 및 해체 작업에서 마스트를 상승 또는 하강할 때 안전한 운전방법은?

① 카운터 지브 방향으로 약간 기울도록 평형 상태를 조정한다.
② 마스트 전 길이에 걸쳐 수직도 상태를 유지한다.
③ 마스트 상승 또는 하강 시 선회 운전을 금한다.
④ 마스트 상승 또는 하강 중이라도 필요시에는 트롤리를 이동하여 균형을 조정한다.

30 타워크레인 운전 업무에 필요한 자격증(면허)은 어느 법에 근거한 것인가?

① 근로기준법 ② 건설기계관리법
③ 산업안전보건법 ④ 건설표준하도급법

31 아래 그림과 같이 무게가 2톤인 물건을 로프로 걸어 올릴 때 로프에 걸리는 무게는?

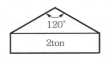

① 1ton ② 1.035ton
③ 1.4ton ④ 2ton

32 와이어 로프의 꼬임 방식에서 스트랜드와 로프의 꼬임 방향이 같은 꼬임은?

① 보통 꼬임 ② 랭 꼬임
③ 요철 꼬임 ④ 시브 꼬임

해설 와이어 로프의 스트랜드와 로프의 꼬임 방향이 같으면 랭 꼬임이며, 반대이면 보통 꼬임이다.

33 지름이 2m, 높이가 4m인 원기둥 모양의 목재를 크레인으로 운반하고자 할 때 목재의 무게는 약 몇 kgf인가? (단, 목재의 1m³당 무게는 150kgf으로 간주한다)

① 542kgf ② 942kgf
③ 1,584kgf ④ 1,885kgf

해설 원기둥의 체적$=\dfrac{\pi D^2 S}{4}$

$$=직경(D)^2 \times 높이(S) \times 0.785\left(\dfrac{\pi}{4}\right)$$
$$=2 \times 2 \times 4 \times 0.785 = 12.56m^3$$
$$=12.56m^3 \times 150kgf = 1,885kgf$$

34 크레인 권상 작업 시 신호수와 운전수의 작업 방법을 설명한 것으로 틀린 것은?

① 신호수는 안전거리를 확보한 상태에서 가능한 한 하중 가까이서 신호를 하는 것이 좋다.
② 신호수는 운전수가 잘 보이는 곳에서 신호를 하는 것이 좋다.
③ 신호수는 하중의 흔들림을 방지하기 위해 훅 바로 위의 와이어를 잡고 신호하는 것이 좋다.
④ 운전수는 신호수의 신호가 불분명할 때는 운전을 하지 말아야 한다.

35 와이어 로프 구성으로 맞지 않는 것은?

① 심강 ② 랭 꼬임
③ 스트랜드 ④ 소선

해설 랭 꼬임은 와이어 로프의 꼬임 방식으로, 와이어 로프의 구성요소에 속하지 않는다.

36 철심으로 된 와이어 로프의 내열 온도는 얼마인가?

① 100~200℃ ② 200~300℃
③ 300~400℃ ④ 700~800℃

해설 철심으로 된 와이어 로프의 내열 온도는 200~300℃이다.

37 오른손으로 왼손을 감싸고 2~3회 흔드는 신호 방법은 무슨 뜻인가?

① 천천히 이동 ② 기다려라
③ 신호 불명 ④ 기중기 이상 발생

정답 29. ③ 30. ② 31. ④ 32. ② 33. ④ 34. ③ 35. ② 36. ② 37. ②

38 매다는 체인에 균열이 발생한 경우 용접하여 사용할 수 있는가?

① 사용할 수 있다.

② 사용하면 안 된다.

③ 체인의 여유가 없는 불가피한 경우 1회에 한하여 용접하여 사용할 수도 있다.

④ 일반적으로 미소한 균열일 경우 용접 사용이 가능하다.

39 그림과 같이 물건을 들어올리려고 할 때 권상한 후에 어떤 현상이 일어나는가?

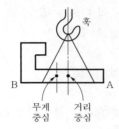

① 수평 상태가 유지된다.

② A쪽이 밑으로 기울어진다.

③ B쪽이 밑으로 기울어진다.

④ 무게중심과 훅 중심이 수직으로 만난다.

해설 거리의 중심이 기준이고 무게중심이 B쪽이기 때문에 B쪽이 밑으로 기울어진다.

40 와이어 로프의 클립 고정법에서 클립 간격은 로프 직경의 몇 배 이상으로 장착하는가?

① 3배

② 6배

③ 9배

④ 12배

해설 와이어 로프 직경이 30mm일 때는 클립 수가 6개이며, 클립과의 간격은 로프 직경의 6배이다.

41 와이어 로프를 선정할 때 주의해야 할 사항이 아닌 것은?

① 용도에 따라 손상이 적게 생기는 것을 선정한다.

② 하중의 중량이 고려된 강도를 갖춘 로프를 선정한다.

③ 심은 사용 용도에 따라 결정한다.

④ 높은 온도에서 사용할 경우 도금한 로프를 선정한다.

해설 높은 온도에서 도금된 부분이 벗겨질 수 있다.

42 산업안전기준에 관한 규칙상 타워크레인을 와이어 로프로 지지할 때 사업주의 준수 사항에 해당하지 않는 것은?

① 와이어 로프 설치 각도는 수평면에서 60° 이내로 할 것

② 와이어 로프가 가공전선(架空電線)에 근접하지 않도록 할 것

③ 와이어 로프는 지상의 이동용 고정장치에서 신속히 해체할 수 있도록 고정할 것

④ 와이어 로프의 고정 부위는 충분한 강도와 장력을 갖도록 설치할 것

해설 와이어 로프를 고정할 때는 신속한 해체가 아니라 안전한 고정을 최우선으로 고려해야 한다.

43 타워크레인의 마스트를 해체하고자 할 때 실시하는 작업이 아닌 것은?

① 마스트와 턴 테이블 하단의 연결 볼트 또는 핀을 푼다.

② 해체할 마스트와 하단 마스트의 연결 볼트 또는 핀을 푼다.

③ 마스트에 가이드 레일의 롤러를 끼워 넣는다.

④ 마스트를 가이드 레일의 안쪽으로 밀어넣는다.

해설 마스트를 가이드 레일에 밀어넣는 것은 설치 시에, 빼내는 것은 해체 시에 해당하는 작업이다.

정답 38. ② 39. ③ 40. ② 41. ④ 42. ③ 43. ④

44 마스트 연장 작업 전 운전자가 반드시 조치 또는 확인해야 할 사항과 관계가 먼 것은?

① 새로 설치될 마스트의 지브 방향 정렬
② 턴 테이블과 가이드 섹션과의 핀 고정 여부
③ 연장 작업에 참여한 작업자의 건강 진단 여부
④ 주위의 타 장비와의 충돌 및 간섭 여부

45 타워크레인 본체의 전도 원인으로 거리가 먼 것은?

① 정격하중 이상의 과부하
② 지지 보강의 파손 및 불량
③ 시공상 결합과 지반 침하
④ 접지 상태 불량

해설 접지 상태 불량은 본체 전도의 원인이 아니다.

46 타워크레인 설치, 해체 시 이동식 크레인의 선정 조건에 해당되지 않는 것은?

① 최대 권상 높이
② 가장 무거운 부재의 중량
③ 이동식 크레인의 선회 반경
④ 건축물의 높이

47 방호장치를 기계 설비에 설치할 때 철저히 조사해야 하는 항목이 맞게 연결된 것은?

① 방호 정도 – 어느 한계까지 믿을 수 있는지 여부
② 적용 범위 – 위험 발생을 경고 또는 방지하는 기능으로 할지 여부
③ 유지 관리 – 유지 관리를 하는 데 편의성과 적정성 여부
④ 신뢰도 – 기계 설비의 성능과 기능에 부합되는지 여부

48 텔레스코핑 케이지는 무슨 역할을 하는 장치인가?

① 권상장치
② 선회장치
③ 마스트를 상승 설치, 해체하기 위한 장치
④ 횡행장치

해설 마스트의 상승 설치·해체 하강 시 사용하는 유압 장치들을 텔레스코핑 케이지라고 한다.

49 타워크레인 동작 시 예기치 못한 상황이 발생했을 때 긴급히 정지하는 장치는?

① 트롤리 내외측 제어장치
② 트롤리 정지장치
③ 속도 제한장치
④ 비상 정지장치

50 동력장치에서 가장 재해가 많이 발생할 수 있는 장치는?

① 기어　　　　　② 커플링
③ 벨트　　　　　④ 차축

51 유해·위험작업의 취업 제한에 관한 규칙에 의해 타워크레인 조종 업무의 적용 대상에서 제외되는 것은?

① 조종석이 설치된 정격하중이 1톤인 타워크레인
② 조종석이 설치된 정격하중이 2톤인 타워크레인
③ 조종석이 설치된 정격하중이 3톤인 타워크레인
④ 조종석이 설치되지 않은 정격하중이 3톤인 타워크레인

해설 조종석이 설치되지 않은 5톤 미만의 타워크레인은 조정 업무의 적용 대상에서 제외된다.

정답 44. ③　45. ④　46. ④　47. ③　48. ③　49. ④　50. ③　51. ④

52 산업안전보건 표지의 종류가 아닌 것은?

① 금지 표지　　② 허가 표지

③ 경고 표지　　④ 지시 표지

53 작업장의 정리정돈에 대한 설명으로 틀린 것은?

① 사용이 끝난 공구는 즉시 정리한다.

② 공구 및 재료는 일정한 장소에 보관한다.

③ 폐자재는 지정된 장소에 보관한다.

④ 통로 한쪽에 물건을 보관한다.

54 유류로 발생한 화재에 부적합한 소화기는?

① 포말 소화기

② 이산화탄소 소화기

③ 물 소화기

④ 탄산수소염류 소화기

55 다음 중 안내 표지에 속하지 않는 것은?

① 녹십자 표지　　② 응급구호 표지

③ 비상구　　④ 출입금지

56 용접 작업과 같이 불티나 유해 광선이 나오는 작업을 할 때 착용해야 할 보호구는?

① 차광 안경　　② 방진 안경

③ 산소 마스크　　④ 보호 마스크

57 산업안전의 의의가 아닌 것은?

① 인도주의

② 대외 여론 개선

③ 생산능률의 저해

④ 기업의 경제적 손실 방지

58 건설 산업 현장에서 재해를 예방하는 방법으로 옳지 않은 것은?

① 해머의 타격면이 찌그러진 것은 사용하지 않는다.

② 타격할 때 처음은 큰 타격을 가하고 점차 작은 타격을 가한다.

③ 공동 작업 시 주위를 살피면서 공작물의 위치를 주시한다.

④ 장갑을 끼고 작업하지 말아야 하며 자루가 빠지지 않게 한다.

59 리프트(lift)의 방호장치가 아닌 것은?

① 해지장치

② 출입문 인터록

③ 권과 방지장치

④ 과부하 방지장치

60 재해 사고의 직접 원인으로 옳은 것은?

① 유전적인 요소

② 성격 결함

③ 사회적 환경 요인

④ 불안전한 행동 및 상태

해설 사고의 직접적인 원인은 작업자의 불안전한 행동 및 상태이다.

01 어떤 물질의 비중량(또는 밀도)을 물의 비중량(또는 밀도)으로 나눈 값은?

① 비체적　　　　② 비중
③ 비질량　　　　④ 차원

02 유압 탱크 세척 시 사용하는 세척제로 가장 바람직한 것은?

① 엔진오일　　　　② 경유
③ 휘발유　　　　④ 시너

해설 유압 탱크는 경유로 세척하는 것이 바람직하다.

03 권과 방지장치 검사에 대한 내용으로 틀린 것은?

① 권과를 방지하기 위하여 자동적으로 동력을 차단하고 작동을 정지시킬 수 있는지 확인
② 달기 기구(훅 등) 상부와 접촉 우려가 있는 시브(도르래)와의 간격이 최소 안전거리 이하로 유지되고 있는지 확인
③ 권과 방지장치 내부 캠의 조정 상태 및 동작 상태 확인
④ 권과 방지장치와 드럼 축의 연결 부분 상태 점검

04 타워크레인에서 들어올릴 수 있는 최대 하중은?

① 권상 하중
② 정격하중
③ 인양 하중
④ 양중 하중

해설 • 정격하중 : 크레인의 권상 하중에서 훅, 크랩, 버킷 등 달기 기구의 중량에 상당하는 하중을 뺀 하중
• 권상 하중 : 들어올릴 수 있는 최대 하중

05 과전류 차단기에 요구되는 성능에 관한 설명 중 틀린 것은?

① 전동기의 시동 전류와 같이 단시간 동안 약간의 과전류가 흘렀을 때에도 동작할 것
② 과부하 등 낮은 과전류가 장시간 계속 흘렀을 때에도 동작할 것
③ 과전류가 커졌을 때에도 동작할 것
④ 큰 단락 전류가 흘렀을 때는 순간적으로 동작할 것

해설 과전류 차단기는 전동기 시동 전류나 과부하 등 적은 과전류가 장시간 흘렀을 때 작동되면서, 큰 단락 전류가 흘렀을 때는 순간적으로 동작되어야 한다.

06 타워크레인 방호장치의 종류로 틀린 것은?

① 권과 방지장치　　② 과부하 방지장치
③ 제동장치　　　　④ 조향장치

해설 **타워크레인의 방호장치**
권과 방지장치, 과부하 방지장치, 훅 해지장치, 비상 정지장치, 선회 브레이크 풀림 방지장치, 트롤리 정지장치, 트롤리 내외측 제어장치, 트롤리 로프 파단 방지장치, 충돌 방지장치, 로프 꼬임 방지장치, 선회 제한 리밋 스위치 등

07 트롤리 로프 안전장치의 설명으로 옳은 것은?

① 메인 지브에 설치된 트롤리가 지브 내측의 운전실에 충돌하는 것을 방지하는 장치이다.
② 동작 시 예기치 못한 상황이나 동작을 멈추어야 할 상황이 발생하였을 때 정지시키는 장치이다.
③ 트롤리가 최소 반경 또는 최대 반경에서 동작 시 트롤리의 충격을 흡수하는 장치이다.
④ 트롤리 이동에 사용되는 와이어 로프 파단 시 트롤리를 멈추게 하는 장치이다.

정답 01. ②　02. ②　03. ②　04. ①　05. ①　06. ④　07. ④

08 러핑(luffing)형 타워크레인에서 일반적으로 많이 사용하는 지브의 경사각은?

① 10~60° ② 20~70°

③ 20~90° ④ 30~80°

해설 일반적인 러핑형 타워크레인의 사용 경사각은 30~80°이다.

09 크레인에서 트롤리 장치가 필요 없는 형식은?

① 해머 헤드 크레인

② 케이블 크레인

③ 러핑형 타워크레인

④ T형 타워크레인

해설 러핑형 타워크레인에는 트롤리 장치가 없고, 기복으로 화물을 운반한다.

10 타워크레인에서 화물 이동 작업에 사용하는 기계장치와 거리가 먼 것은?

① 연결 바(tie bar)

② 트롤리

③ 훅 블록

④ 권상 와이어 로프

11 과전류 차단기에 대한 설명 중 틀린 것은?

① 일반적으로 제어반에 설치한다.

② 과전류 발생 시 전로를 차단한다.

③ 차단기의 차단 용량은 정격 전류의 250%를 초과하여야 한다.

④ 접지선이 아닌 전로에 직렬로 연결한다.

12 산업안전보건기준에 관한 규칙에 의거해 크레인 사용 전에 정상 작동될 수 있도록 조정해 두어야 하는 방호장치가 아닌 것은?

① 과부하 방지장치

② 슬루잉 장치

③ 권과 방지장치

④ 비상 정지장치

13 플레밍의 오른손 법칙에서 엄지손가락은 무엇을 가리키는가?

① 도체의 운동 방향

② 자력선의 방향

③ 전류의 방향

④ 전압의 방향

해설 플레밍의 오른손 법칙에서 엄지는 도체의 운동 방향, 검지는 자력선의 방향, 중지는 유도 기전력의 방향을 가리킨다.

14 압력에 대한 설명으로 틀린 것은?

① 대기 압력은 절대 압력과 계기 압력을 합한 것이다.

② 계기 압력은 대기압을 기준으로 한 압력이다.

③ 절대 압력은 완전 진공을 기준으로 한 압력이다.

④ 진공 압력은 대기압 이하의 압력, 즉 음(−)의 계기 압력이다.

15 기복 지브형 타워크레인에서 기복 로프에 장력을 발생시키는 하중이 아닌 것은?

① 지브(붐) 자중

② 권상 하중

③ 훅 하중

④ 기복 윈치 자중

해설

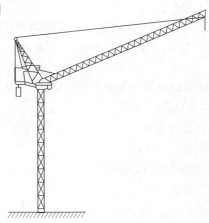

16 타워크레인의 선회장치에 대한 설명으로 옳은 것은?

① 일반적으로 마스트의 가장 위쪽에 위치하고, 메인 지브와 카운터 지브가 선회장치 위에 부착되며 캣 헤드가 고정된다.

② 메인 지브를 따라 훅에 걸린 화물을 수평으로 이동해 원하는 위치로 화물을 이동시킨다.

③ 선회장치의 직상부에는 권상장치와 균형추가 설치되어 작업 시 타워크레인의 안정성을 도모한다.

④ 선회장치의 형식에는 유압식과 전동식이 있으며, 속도 변속이 안 되기 때문에 작업 시 안전을 확보할 수 있다.

17 기계장치에서 많이 사용하는 유압장치의 구성품 중 제어 밸브의 3요소에 해당하지 않는 것은?

① 압력 제어 밸브   ② 방향 제어 밸브
③ 속도 제어 밸브   ④ 유량 제어 밸브

『해설』 유압 제어를 위한 기본 요소는 압력, 방향, 유량이다.

18 기복장치가 있는 타워크레인을 주로 사용하는 장소는?

① 대단위 아파트 건설 현장 등 작업 장소가 넓은 곳

② 도시 지역 고층 건물 공사 등 작업 장소가 협소한 곳

③ 교량의 주탑 공사장으로 바람이 많이 부는 곳

④ 작업 반경 내에 장애물이 없는 곳

19 타워크레인에 사용되는 유압장치의 주요 구성 요소가 아닌 것은?

① 유압 펌프
② 유압 실린더
③ 텔레스코핑 케이지
④ 유압 탱크

『해설』 텔레스코핑 케이지는 타워크레인의 상승, 하강 작업 시 필요한 장치이다.

20 기어 펌프의 폐입 현상에 대한 설명으로 틀린 것은?

① 폐입된 부분의 기름은 압축이나 팽창을 받는다.

② 폐입 현상은 소음과 진동 발생의 원인이 된다.

③ 기어의 맞물린 부분의 극간으로 기름이 폐입되어 토출 쪽으로 되돌려지는 현상이다.

④ 보통 기어 측면에 접하는 펌프 측판(side plate)에 릴리프 홈을 만들어 방지한다.

『해설』 기름이 흡입 쪽으로 되돌려진다.

21 달기 기구의 중량을 제외한 하중을 무엇이라 하는가?

① 끝단 하중   ② 정격하중
③ 임계 하중   ④ 수직 하중

22 타워크레인에서 훅 하강 작업 시 준수 사항으로 틀린 것은?

① 목표에 근접하면 최고 속도에서 단계별 저속 운전을 실시한다.

② 적당한 위치에 화물을 내려놓기 위해 흔들어서 내린다.

③ 장애물과의 충돌 위험이 예상되면 즉시 작업을 중지한다.

④ 부피가 큰 화물을 내릴 때에는 풍속, 풍향에 특히 주의한다.

23 타워크레인 트롤리에 대한 설명으로 옳은 것은?

① 선회할 수 있는 모든 장치를 말한다.

② 권상 윈치와 조립되어 이동할 수 있는 장치이다.

③ 메인 지브를 따라 이동하며 권상 작업을 위한 선회 반경을 결정하는 횡행장치이다.

④ 지브를 원하는 각도로 들어올릴 수 있는 장치이다.

24 타워크레인 메인 지브의 절손 원인과 거리가 먼 것은?

① 인접 시설물과의 충돌
② 트롤리의 이동
③ 정격하중 이상의 과부하
④ 지브와 달기 기구와의 충돌

25 신호수가 무전기를 사용할 때 주의할 점으로 틀린 것은?

① 메시지는 간결, 단순, 명확해야 한다.
② 신호수의 입장에서 신호한다.
③ 무전기 상태를 확인한 후 교신한다.
④ 은어, 속어, 비어를 사용하지 않는다.

> 해설 무전기 사용 시 주의사항
> • 운전자가 보는 입장에서 신호하여야 한다.
> • 반복 신호를 금지한다.
> • 은어, 속어, 비어를 사용하지 않는다.
> • 무전기의 상태를 확인한 후 교신한다.

26 타워크레인의 마스트 텔레스코핑(상승 작업) 시 크레인의 균형을 잡고 안전하게 작업하는 방법으로 옳은 것은?

① 타워크레인 제작사에서 정하는 무게를 들고 주어진 반경으로 이동시키는 방법
② 카운터 웨이트를 일시적으로 증대시키는 방법
③ 트롤리를 지브의 최대 끝단에 고정시키는 방법
④ 카운터 웨이트를 일시적으로 증대하고, 트롤리를 운전실에 가장 가까운 쪽으로 고정하는 방법

> 해설 카운터 웨이트를 일시적으로 증대는 할 수 없고, ① 항과 같이 정해진 무게(마스트 1개)를 들고 트롤리를 움직여 균형을 맞추기 위해 반경으로 이동시킨다. 이때 회전하는 것이 아니라 직진, 후진을 하여 무게중심을 맞춘다. 트롤리를 끝단에 맞추기보다 중앙에서 좌우로 맞춘다.

27 신호수가 양손을 머리 위로 올려 크게 2~3회 좌우로 흔드는 동작을 하였다면 무슨 뜻인가?

① 고속으로 선회
② 고속으로 주행
③ 운전자 호출
④ 비상 정지

28 타워크레인을 이용하여 화물을 권하 및 착지시키려 할 때 틀린 것은?

① 권하할 때는 일시에 내리지 말고 착지 전에 침목 위에서 일단 정지하여 안전을 확인한다.
② 화물의 흔들림을 정지시킨 후에 권하한다.
③ 화물을 내려놓아야 할 위치와 침목 상태(수평도, 지내력 등)를 확인한다.
④ 화물의 권하 위치 변경이 필요할 경우에는 매단 상태에서 침목 위치를 수정하고, 화물을 천천히 손으로 잡아당겨 적당한 위치에 내려놓는다.

29 신호수가 준수해야 할 사항으로 틀린 것은?

① 신호수는 지정된 방법으로 신호한다.
② 두 대의 타워크레인으로 동시에 작업할 때는 화물 좌우에서 두 사람의 신호수가 동시에 신호한다.
③ 신호수는 그 자신이 신호수로 구별될 수 있도록 눈에 잘 띄는 표시를 한다.
④ 신호장비는 밝은 색상에 신호수에게만 적용되는 특수 색상으로 한다.

> 해설 두 대의 타워크레인으로 동시에 작업할 경우에는 두 사람의 신호수가 동시에 신호해서는 안 되며 각자 신호를 해야 한다.

30 옥외에 설치되는 주행식 타워크레인이 레일 위를 주행할 때 주행 저항의 요소가 아닌 것은?

① 회전 저항
② 구배 저항
③ 가속 저항
④ 윤활 저항

정답 24. ② 25. ② 26. ① 27. ④ 28. ④ 29. ② 30. ④

31 다음 중 크레인을 운전할 때 안전운전을 위하여 가장 중요한 것은?

① 운전실 내의 정리정돈 상태
② 주행로상의 장애물 대처 방법
③ 운전자와 신호수와의 신호
④ 권상 상한 거리

32 와이어 로프의 내·외부 마모 방지 방법이 아닌 것은?

① 도유를 충분히 할 것
② 두드리거나 비비지 않도록 할 것
③ S 꼬임을 선택할 것
④ 드럼에 와이어 로프를 바르게 감을 것

33 줄걸이 작업자가 양중물의 무게중심을 잘못 확인하고 훅에 로프를 걸었을 때 발생할 수 있는 일과 관계가 없는 것은?

① 양중물이 생각하지도 않은 방향으로 간다.
② 매단 양중물이 회전하여 로프가 비틀어진다.
③ 크레인에 전혀 영향이 없다.
④ 양중물이 한쪽 방향으로 쏠려 넘어진다.

34 주먹을 머리에 대고 떼었다 붙였다 하는 신호는 무슨 뜻인가?

① 운전자 호출
② 천천히 조금씩 위로 올리기
③ 크레인 이상 발생
④ 주권 사용

35 힘의 모멘트가 M=P×L일 때 P와 L은 무엇을 뜻하는가?

① P=힘, L=길이
② P=길이, L=면적
③ P=무게, L=체적
④ P=부피, L=넓이

해설 M=모멘트, P=힘, L=길이

36 와이어 로프 안전율에 대한 설명으로 옳은 것은?

① 보조 로프 및 고정용 와이어 로프의 안전율은 6이다.
② 권상용 와이어 로프의 안전율은 5이다.
③ 지브 지지용 와이어 로프의 안전율은 6이다.
④ 횡행용 와이어 로프 및 케이블 크레인의 주행용 와이어 로프의 안전율은 7이다.

해설 보조 로프 및 고정용 와이어 로프, 지브 지지용 와이어 로프의 안전율은 4이며, 횡행용 와이어 로프 및 케이블 크레인의 와이어 로프 안전율은 5이다.

37 와이어 로프의 점검 사항이 아닌 것은?

① 소선의 단선 여부
② 킹크, 심한 변형, 부식 여부
③ 지름의 감소 여부
④ 지지 애자의 과다 파손 혹은 마모 여부

38 와이어 로프의 손상 상태로 가장 거리가 먼 것은?

① 부식   ② 마모
③ 피로   ④ 굴곡

해설 와이어 로프 손상 상태로는 마모, 소선 절단, 비틀림, 변형, 녹, 부식 등이 있으며 로프 끝 고정 상태, 꼬임, 이음매 등을 살펴야 한다.

39 안전계수가 6이고, 안전하중이 30톤인 기중기 와이어 로프의 절단하중은 몇 톤인가?

① 5톤   ② 36톤
③ 120톤   ④ 180톤

40 클립 고정이 가장 적합하게 된 것은?

해설 클립의 조임용 너트 방향이 로프의 힘이 걸리는 방향에 위치해야 장력 효율이 높고 안전하다.

정답 31. ③ 32. ③ 33. ③ 34. ④ 35. ① 36. ② 37. ④ 38. ③ 39. ④ 40. ②

41 조종석이 설치되지 않은 정격하중 5톤 이상의 무인 타워크레인(지상 리모컨)의 운전 자격을 규정하고 있는 법규는?

① 건설기계관리법 시행규칙
② 산업안전보건기준에 관한 규칙
③ 유해·위험작업의 취업 제한에 관한 규칙
④ 건설기계 안전기준에 관한 규칙

42 주행식 타워크레인의 주행 레일 설치에 대한 설명으로 틀린 것은?

① 주행 레일에도 반드시 접지를 설치한다.
② 레일 양끝에는 정지장치(buffer stop)를 설치한다.
③ 해당 타워크레인 주행 차륜 지름 4분의 1 이상 높이의 정지 기구를 설치한다.
④ 정지 기구에 도달하기 전의 위치에 리밋 스위치 등 전기적 정지장치를 설치한다.

43 타워크레인의 마스트 해체 작업 과정에 대한 설명으로 틀린 것은?

① 메인 지브와 카운터 지브의 평형을 유지한다.
② 마스트와 선회 링 서포트 연결 볼트를 푼다.
③ 마스트에 롤러를 끼운 후 마스트 간의 체결 볼트를 조인다.
④ 마스트를 가이드 레일 밖으로 밀어낸다.

해설 마스트 체결 볼트를 푼다.

44 타워크레인 해체 작업 과정에 대한 설명으로 틀린 것은?

① 지브를 분리하기 전에 카운터 웨이트를 해체한다.
② 마지막 순서로 운전실을 해체한다.
③ 운전실보다 타워 헤드를 먼저 해체한다.
④ 카운터 지브에서 권상장치를 해체한다.

해설 마지막 순서로 베이직 마스트를 해체한다.

45 텔레스코핑 작업 시 순간 풍속이 초당 얼마를 초과하면 작업을 중단해야 하는가?

① 10미터 ② 8미터
③ 5미터   ④ 2미터

해설 순간 풍속이 10m/s를 초과하면 텔레스코핑 작업을 금지해야 한다.

46 마스트 연장 작업 시 주의사항으로 틀린 것은?

① 제조사가 제시한 작업 절차를 준수한다.
② 작업 전에 반드시 타워크레인의 균형을 유지한다.
③ 마지막 마스트를 안착한 후, 볼트를 체결하기 전에 시범적 선회 작동을 한다.
④ 작업 중 트롤리의 이동 및 권상 작업 등 일체의 작동을 금지한다.

47 타워크레인의 설치·해체 작업 시의 주의사항과 가장 거리가 먼 것은?

① 해당 매뉴얼에서 인양 무게중심과 슬링 포인트를 확인한다.
② 설치 해체 시 각 부재의 유도용 로프는 반드시 와이어 로프만을 사용한다.
③ 사용 중인 공구는 낙하 방지를 위해 연결 끈 등을 부착해 둔다.
④ 이동식 크레인은 반드시 인양 여유를 감안하여 적절한 용량의 크레인을 선정한다.

48 타워크레인 설치 작업 중 운전자가 확인할 사항이 아닌 것은?

① 설치 작업 중 타워크레인의 균형 유지 여부를 확인한다.
② 설치 작업장에 작업자 이외의 자가 출입하는지의 여부를 확인한다.
③ 설치 작업계획서의 내용에 관하여 안전교육 실시 여부를 확인한다.
④ 신호자와 줄걸이 작업자의 배치 상태 및 의견 교환이 되는지를 확인한다.

정답 41. ③ 42. ③ 43. ③ 44. ② 45. ① 46. ③ 47. ② 48. ③

49 타워크레인을 와이어 로프로 지지하는 경우 준수할 사항으로 틀린 것은?

① 와이어 로프를 고정하기 위한 전용 지지 프레임을 사용할 것

② 와이어 로프의 설치 각도는 수평면에서 60° 이내로 할 것

③ 와이어 로프의 지지점은 2개소 이상 등각도로 설치할 것

④ 와이어 로프가 가공 전선에 근접하지 않도록 할 것

해설 와이어 로프 지지점은 4곳 이상이어야 한다.

50 타워크레인의 유압 실린더가 확장되면서 텔레스코핑 되고 있을 때 준수 사항으로 옳은 것은?

① 선회 작동만 할 수 있다.

② 트롤리 이동 동작만 할 수 있다.

③ 권상 동작만 할 수 있다.

④ 선회, 트롤리 이동, 권상 동작을 할 수 없다.

51 해머 작업의 안전수칙으로 틀린 것은?

① 목장갑을 끼고 작업한다.

② 해머를 사용하기 전 주위를 살핀다.

③ 해머 머리가 손상된 것은 사용하지 않는다.

④ 불꽃이 생길 수 있는 작업에는 보호 안경을 착용한다.

해설 장갑을 끼고 해머 작업을 하면 미끄러질 위험이 있다.

52 크레인 작업 방법으로 틀린 것은?

① 경우에 따라서는 수직 방향으로 달아 올린다.

② 신호수의 신호에 따라 작업한다.

③ 제한 하중 이상의 것은 달아 올리지 않는다.

④ 항상 수평으로 달아 올려야 한다.

해설 물건은 수직으로 권상하여 수평 이동하고, 선회하여 권하 작업을 해야 한다.

53 가스 및 인화성 액체에 의한 화재 예방 조치로 틀린 것은?

① 가연성 가스는 대기 중에 자주 방출시킬 것

② 인화성 액체의 취급은 폭발 한계의 범위를 초과한 농도로 할 것

③ 배관 또는 기기에서 가연성 증기의 누출 여부를 철저히 점검할 것

④ 화재를 진화하기 위한 방화장치는 위급 상황 시 눈에 잘 띄는 곳에 설치할 것

해설 인화성 액체는 폭발 한계 범위 내의 농도로 취급해야 한다.

54 폭발의 우려가 있는 가스 또는 분진이 발생하는 장소에서 지켜야 할 사항으로 틀린 것은?

① 화기 사용금지

② 인화성 물질 사용금지

③ 점화의 원인이 될 수 있는 기계 사용금지

④ 불연성 재료의 사용금지

55 불안전한 행동으로 인한 산업재해가 아닌 것은?

① 불안전한 자세

② 안전구 미착용

③ 방호장치 결함

④ 안전장치 기능 제거

56 스패너 작업 방법으로 안전상 옳은 것은?

① 스패너로 볼트를 조일 때는 앞으로 당기고 풀 때는 뒤로 민다.

② 스패너의 입이 너트의 치수보다 조금 큰 것을 사용한다.

③ 스패너 사용 시 몸의 중심을 항상 옆으로 한다.

④ 스패너로 조이고 풀 때는 항상 앞으로 당긴다.

정답 49. ③ 50. ④ 51. ① 52. ④ 53. ② 54. ④ 55. ④ 56. ④

57 엔진 오일을 급유하면 안 되는 부위는?

① 건식 공기 청정기

② 크랭크 축 저널 베어링 부위

③ 피스톤 링 부위

④ 차동기어장치

58 작업점 외에 직접 사람이 접촉하여 말려들거나 다칠 위험이 있는 장소를 덮어씌우는 방호장치는?

① 격리형 방호장치

② 위치 제한형 방호장치

③ 포집형 방호장치

④ 접근 거부형 방호장치

59 안전모의 관리 및 착용 방법으로 틀린 것은?

① 큰 충격을 받은 것은 사용을 피한다.

② 사용 후 뜨거운 스팀으로 소독하여야 한다.

③ 정해진 방법으로 착용하고 사용하여야 한다.

④ 통풍을 목적으로 모체에 구멍을 뚫어서는 안 된다.

60 적색 원형을 바탕으로 만들어지는 안전표지판은?

① 경고 표시   ② 안내 표시

③ 지시 표시   ④ 금지 표시

해설 • 경고 표시 : 노란색
• 안내 표시 : 초록색
• 지시 표시 : 파란색
• 금지 표시 : 적색

정답 57. ① 58. ① 59. ② 60. ④

01 부재에 하중이 가해지면 외력에 대응하는 내력이 부재 내부에서 발생하는데, 이것을 무엇이라 하는가? (단위는 kgf/cm²)

① 응력　　　　② 변형
③ 하중　　　　④ 모멘트

해설 • 응력 : 저항이 생기는 단면의 단면적당 내력의 크기
• 변형 : 재료에 하중이 작용하여 그 재료가 변형되는 것
• 하중 : 크레인 구조에 작용하는 외력
• 모멘트(토크) : 물리적으로 물체가 움직이도록 힘이 작용하는 효과 또는 그것을 나타내는 양 (M= P×L)

02 타워크레인을 자립고(自立高) 이상의 높이로 설치하는 경우 와이어 로프 지지 방법으로 맞지 않는 것은?

① 와이어 로프를 고정하기 위한 전용 지지 프레임을 사용할 것
② 와이어 로프 설치 각도는 수평면에서 75° 이내로 할 것
③ 와이어 로프의 고정 부위는 충분한 강도와 장력을 갖도록 설치할 것
④ 와이어 로프가 가공전선(架空電線)에 근접하지 않도록 할 것

해설 타워크레인의 지지 각도는 60° 이내로 해야 한다.

03 유압 펌프의 종류에 해당하지 않는 것은?

① 기어식　　　　② 베인식
③ 플런저식　　　④ 헬리컬식

해설 유압 펌프의 종류에는 베인식, 플런저식, 기어식(외접기어 타입, 내접기어 타입)이 있다.

04 건설기계 안전기준에 관한 규칙에서 ( ) 안에 들어갈 말로 알맞은 것은?

> 조종실에는 지브 길이별 정격하중 표시판(load chart)을 부착하고, 지브에는 조종사가 잘 보이는 곳에 구간별 ( ) 및 ( )을(를) 부착하여야 한다.

① 정격하중, 거리 표시판
② 안전하중, 정격하중 표시판
③ 지브 길이, 거리 표시판
④ 지브 길이, 정격하중 표시판

해설 메인 지브에는 운전원이 식별하기 쉽게 구간별 길이와 정격하중 표시판을 부착해야 한다.

05 옥외에 설치된 주행 타워크레인에서 순간 풍속이 얼마를 초과할 때 폭풍에 의한 이탈 방지 조치를 해야 하는가?

① 10m/s　　　　② 12m/s
③ 20m/s　　　　④ 30m/s

해설 옥외에 설치된 주행식 타워크레인은 순간 풍속이 30m/s 이상이면 풍하중의 영향에서 자유로울 수 없으므로 레일 이탈 방지장치(미끄럼 방지 고정장치)를 설치하여야 한다.

06 기계나 장치에 사용하는 유압의 이점이 아닌 것은?

① 액체는 압축할 수 있다.
② 액체는 운동을 전달할 수 있다.
③ 액체는 힘을 전달할 수 있다.
④ 액체는 작용력을 증대시키거나 감소시킬 수 있다.

해설 유압 펌프는 압력을 생성하지 않고 흐름만 생성한다.

정답 01. ①　02. ②　03. ④　04. ④　05. ④　06. ①

07 주어진 범위 내에서만 선회가 가능하도록 하며, 전기 공급 케이블 등이 과도하게 비틀리는 것을 방지하는 부품은?

① 와이어 로프 꼬임 방지장치
② 선회 브레이크 풀림장치
③ 와이어 로프 이탈 방지장치
④ 선회 제한 리밋 스위치

해설 선회 제한 리밋 스위치는 한쪽 방향으로 540°(1.5바퀴) 이상 돌아가지 않도록 설정되어 있다.

08 과전류 차단기는 적은 과전류가 (A) 계속 흘렀을 때 차단하고, 큰 과전류가 발생했을 때에는 (B)에 차단할 수 있어야 한다. ( )에 알맞은 말로 짝지어진 것은?

① A : 장시간, B : 장시간
② A : 단시간, B : 단시간
③ A : 장시간, B : 단시간
④ A : 단시간, B : 장시간

09 선회장치의 안전 조건으로 맞지 않는 것은?

① 선회 프레임 및 브래킷은 균열 또는 변형이 없을 것
② 선회 시 선회장치부에 이상음 또는 발열이 있을 것
③ 상부 회전체 각 부분의 연결핀, 볼트 및 너트는 풀림 또는 탈락이 없을 것
④ 선회 시 인접 건축물 등과의 충돌이 발생되지 않도록 안전장치를 설치하는 등의 조치를 할 것

10 선회 감속기에 사용되는 윤활유의 구비 조건으로 적합하지 않은 것은?

① 점도가 적당할 것
② 윤활성이 좋을 것
③ 유동성이 좋을 것
④ 비등점이 낮을 것

11 타워크레인 배전함의 구성과 기능을 설명한 것으로 틀린 것은?

① 전동기를 보호 및 제어하고 전원을 개폐한다.
② 철제 상자나 커버 및 난간 등을 설치한다.
③ 옥외에 두는 방수용 배전함은 양질의 절연재를 사용한다.
④ 배전함의 외부에는 반드시 적색 표시를 하여야 한다.

12 타워크레인 구조에서 기초 앵커 위쪽에서 운전실 아래까지의 구간에 위치하고 있지 않은 구조는?

① 베이직 마스트
② 카운터 지브
③ 타워 마스트
④ 텔레스코핑 케이지

해설 카운터 지브는 운전실 위쪽 뒤편에 있다.

13 주행 중 동작을 멈추어야 할 긴급한 상황일 때 가장 먼저 해야 할 것은?

① 충돌 방지장치 작동
② 권상, 권하 레버 정지
③ 비상 정지장치 작동
④ 트롤리 정지장치 작동

14 동절기에 기초 앵커를 설치할 경우 콘크리트 타설 작업 후 콘크리트 양생 기간으로 가장 적절한 것은?

① 1일 이상
② 3일 이상
③ 5일 이상
④ 10일 이상

해설 일반적인 콘크리트 양생 기간은 7~10일이며, 겨울에는 온도차 때문에 10일 이상의 양생 기간이 필요하다.

정답 07. ④ 08. ③ 09. ② 10. ④ 11. ④ 12. ② 13. ③ 14. ④

15 1개의 출구와 2개 이상의 입구가 있고, 출구가 최고 압력축 입구를 선택하는 기능이 있는 밸브는?

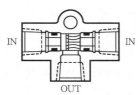

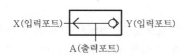

① 체크 밸브　　　② 방향 조절 밸브
③ 포트 밸브　　　④ 셔틀 밸브

16 타워크레인에서 권상 시 트롤리와 훅(hook)이 충돌하는 것을 방지하는 장치는?

① 권과 방지장치　　② 속도 제한장치
③ 충돌 방지장치　　④ 비상 정지장치

> **해설**
> • 권과 방지장치 : 권상 권하 시 과권 방지
> • 속도 제한장치 : 권상 속도의 단계별 제한
> • 충돌 방지장치 : 동일 궤도 및 작업 반경 내에서 충돌 방지
> • 비상 정지장치 : 예기치 못한 상황 시 동작 정지

17 텔레스코핑 작업에 관한 내용으로 틀린 것은?

① 텔레스코핑 작업 중 선회 동작 금지
② 연결 볼트 또는 연결 핀을 체결하기 전에는 크레인의 동작 금지
③ 연결 볼트 체결 시에는 토크렌치 사용
④ 유압 실린더 상승 중에 트롤리를 전후로 이동

> **해설** 텔레스코핑 작업 중에 트롤리를 전후로 이동시키는 작업을 해서는 안 된다.

18 저항이 10Ω일 경우 100V의 전압을 가할 때 흐르는 전류는?

① 0.1A　　　　② 10A
③ 100A　　　　④ 1000A

> **해설** $I(전류) = \dfrac{E(전압)}{R(저항)}$

19 타워크레인의 과부하 방지장치 검사에 대한 내용이 아닌 것은?

① 과부하 시 운전자가 용이하게 경보를 들을 수 있을 것
② 권상 과부하 차단 스위치의 작동 상태가 정상일 것
③ 정격하중의 1.2배에 해당하는 하중 적재 시부터 경보와 함께 작동될 것
④ 성능 검정 대상품이므로 성능 검정 합격품인지 점검할 것

20 타워크레인의 구조부에 관한 설명 중 잘못된 것은?

① 타워 마스트(tower mast) – 타워크레인을 지지해 주는 기둥(몸체) 역할을 하는 구조물로서 한 부재의 높이가 3~5m인 마스트를 볼트로 연결시켜 나가면서 설치 높이를 조정할 수 있다.
② 메인 지브(main jib) – 선회 축을 중심으로 한 외팔보 형태의 구조물로서 지브의 길이에 따라 권상 하중이 결정되며, 상부에 권상장치와 균형추가 설치된다.
③ 트롤리(trolley) – T형 타워크레인의 메인 지브를 따라 이동하며 권상 작업을 위한 선회 반경을 결정하는 횡행장치이다.
④ 훅 블록(hook block) – 트롤리에서 내려진 와이어 로프에 매달려 화물의 매달기에 필요한 일반적인 매달기 기구이다.

> **해설** 상부에 권상장치와 균형추가 설치된 것은 카운터 지브이다.

정답 15. ④　16. ①　17. ④　18. ②　19. ③　20. ②

21 타워크레인의 표준 신호 방법에서 양쪽 손을 몸 앞에 두고 두 손을 깍지 끼는 것은 무엇을 뜻하는가?

① 물건 걸기   ② 수평 이동
③ 비상 정지   ④ 주권 사용

해설 • 수평 이동 : 손바닥을 움직이고자 하는 방향의 정면으로 움직인다.
• 비상 정지 : 양손을 들어올려 크게 2~3회 좌우로 흔든다.
• 주권 사용 : 주먹을 머리에 대고 떼었다 붙였다 한다.

22 무전기를 이용하여 신호를 할 때 옳지 않은 것은?

① 혼선 상태일 때는 일방적으로 크게 말한다.
② 작업 시작 전 신호수와 운전자 간에 작업의 형태를 사전에 협의하여 숙지한다.
③ 공유 주파수를 사용함으로써 짧고 명확한 의사 전달이 되어야 한다.
④ 운전자와 신호수 간에 완전한 이해가 이루어진 것을 상호 확인해야 한다.

23 타워크레인의 운전 속도에 대한 설명으로 틀린 것은?

① 주행은 가능한 한 저속으로 한다.
② 위험물 운반 시에는 가능한 한 저속으로 운전한다.
③ 권상 작업 시 양정이 짧은 것은 빠르게, 긴 것은 느리게 운전한다.
④ 권상 작업 시 화물의 하중이 가벼우면 빠르게, 무거우면 느리게 운전한다.

24 타워크레인에서 트롤리 로프의 처짐을 방지하는 장치는?

① 트롤리 로프 안전장치
② 트롤리 로프 긴장장치
③ 트롤리 로프 정지장치
④ 트롤리 내외측 제어장치

25 타워크레인의 중량물 권하 작업 시 착지 방법으로 잘못된 것은?

① 중량물 착지 바로 전 줄걸이 로프가 인장력을 받고 있는 상태에서 일단 정지하여 안전을 확인한 후 착지시킨다.
② 중량물은 지상 바닥에 직접 놓지 말고 받침목 등을 사용한다.
③ 내려놓을 위치를 변경할 때에는 중량물을 손으로 직접 밀거나 잡아당겨 수정한다.
④ 둥근 물건을 내려놓을 때에는 굴러가는 것을 방지하기 위하여 쐐기 등을 사용한다.

26 지브를 기복하였을 때 변하지 않은 것은?

① 작업 반경   ② 인양 가능한 하중
③ 지브의 길이   ④ 지브의 경사각

해설 기복(luffing)하였을 때 지브의 길이는 변화가 없다.

27 타워크레인에서 안전작업을 위해 신호할 때 주의사항이 아닌 것은?

① 신호수는 절도 있는 동작으로 간단명료하게 신호한다.
② 신호는 운전자가 보기 쉽고 안전한 장소에서 실시한다.
③ 운전자에 대한 신호는 반드시 정해진 한 사람의 신호수가 한다.
④ 신호수는 항상 운전자만 주시하면서 신호한다.

해설 줄걸이 작업자, 운전자 등 관련 작업자 모두가 안전작업을 할 수 있도록 신호해야 한다.

28 타워크레인의 훅 상승 시 줄걸이용 와이어 로프에 장력이 걸렸을 때 일단 정지하고 확인할 사항이 아닌 것은?

① 줄걸이용 와이어 로프에 걸리는 장력이 균등한지 확인
② 화물이 붕괴될 우려는 없는지 확인
③ 보호대가 벗겨질 우려는 없는지 확인
④ 권과 방지장치가 정상 작동하는지 확인

29 트롤리의 방호장치가 아닌 것은?

① 완충 스토퍼

② 와이어 로프 꼬임 방지장치

③ 와이어 로프 긴장장치

④ 저고속 차단 스위치

해설 와이어 꼬임 방지장치는 권상 권하 작업 시 로프에 하중이 걸릴 때 꼬임에 의한 변형과 혹 블록의 회전을 방지하는 장치이다.

30 타워크레인 작업 시 사고 방지를 위한 조치로 틀린 것은?

① 태풍 시기가 아닐 경우에는 타워크레인의 자립 가능 높이보다 마스트를 1개 초과하여 작업을 실시할 수 있다.

② 타워크레인의 작업 반경별 정격하중 이내에서 양중 작업을 하여야 한다.

③ 강풍의 영향을 감소시키기 위하여 간판 등 크레인에 불필요한 구조물은 부착하지 않는다.

④ 기초의 부등 침하 방지를 위하여 지하수 및 지표수의 유입을 차단해야 한다.

해설 어떠한 이유로도 타워크레인을 자립고 이상으로 설치해서는 안 된다.

31 와이어 로프 사용에 대한 설명 중 가장 거리가 먼 것은?

① 길이 300mm 이내에서 소선이 10% 이상 절단되었을 때 교환한다.

② 고온에서 사용되는 로프는 절단되지 않아도 3개월 정도 지나면 교환한다.

③ 활차의 최소경은 로프 소선 직경의 6배이다.

④ 통상적으로 운반물과 접하는 부분은 나뭇조각 등을 사용하여 로프를 보호한다.

해설 활차의 직경은 로프 직경의 30배 이상으로 한다.

32 크레인용 와이어 로프에 대한 설명 중 틀린 것은?

① 와이어 로프의 구조는 스트랜드와 심강으로 구분한다.

② 와이어 로프 클립 고정 시 로프 직경이 30mm일 때 클립 수가 최소 4개는 되어야 한다.

③ 와이어 로프의 심강으로는 섬유심이 가장 많다.

④ 와이어 로프의 심강으로 철심을 사용할 수 있다.

해설 로프 직경이 28~36mm일 때 클립 수는 최소 6개이다.

33 와이어 로프의 열 영향에 의한 재질 변형의 한계는?

① 50℃   ② 100℃

③ 200~300℃   ④ 500~600℃

해설 와이어 로프의 내열 온도는 200~300℃이며, 그 이상이 되면 외관상으로는 이상이 없어 보여도 강도에 저하가 생긴다.

34 훅걸이 중 가장 위험한 것은?

① 눈걸이   ② 어깨걸이

③ 이중걸이   ④ 반걸이

해설 반걸이는 미끄러지기 쉬우므로 엄금한다.

35 지름이 2m, 길이가 4m인 철재 원기둥을 줄걸이 하여 인양하고자 할 때 이 기둥의 무게는 얼마인가? (단, 철의 비중은 7.8이다.)

① 62.4톤   ② 74.8톤

③ 81.6톤   ④ 97.9톤

해설 $\dfrac{\pi d^2}{4} \times 길이 \times 비중$

36 와이어 로프 단말 가공법 중 이음 효율이 가장 좋은 것은?

① 합금 및 아연 고정법

② 클립 고정법

③ 쐐기 고정법

④ 딤블붙이 스플라이스법

정답 29. ② 30. ① 31. ③ 32. ② 33. ③ 34. ④ 35. ④ 36. ①

37 와이어 로프 KS 규격에 '6×7', '6×24'라고 구성 표기가 되어 있다. 여기서 6은 무엇을 표시하는가?

① 6개의 묶음(연) ② 6개의 소선
③ 6개의 섬유 ④ 6개의 클램프

해설 와이어 로프의 구성 표기에서 6은 스트랜드(묶음, 연)수, 7과 24는 소선의 수를 뜻한다.

38 4.8톤의 부화물을 4줄걸이로 하여 60°로 매달았을 때 한 줄에 걸리는 하중은 약 몇 톤인가?

① 0.69 ② 1.23
③ 1.39 ④ 1.46

해설 한 줄에 걸리는 하중 $= \dfrac{p(\text{중량})}{4\text{줄}} \times 60°(1.155\text{배})$

39 크레인 운전 신호 방법 중 거수경례 또는 양손을 머리 위에서 교차시키는 것은 무엇을 뜻하는가?

① 수평 이동
② 기다려라
③ 크레인의 이상 발생
④ 작업 완료

해설 거수경례 또는 양손을 머리 위에서 교차시키는 것은 작업이 완료되었다는 뜻이다.

40 와이어 로프 줄걸이 방법에 관한 설명 중 옳지 않은 것은?

① 각이 진 예리한 물건 옮길 때는 로프가 손상되지 않도록 보호대를 사용하여 보호한다.
② 둥근 물건은 이중걸이를 하여 미끄러지지 않도록 한다.
③ 줄걸이 각도의 60° 이내이며, 되도록 30~45° 이내로 하는 것이 좋다.
④ 주권과 보권을 동시에 사용하여 작업한다.

해설 혹은 주권과 보권으로 구분하는데, 동시에 사용은 불가하다.

41 기중기 운전 시 주의사항으로 거리가 먼 것은?

① 하중을 경사지게 당겨서는 안 된다.
② 안전장치를 해지하고 작업을 해서는 안 된다.
③ 정격하중의 1.6배까지는 초과하여 작업을 할 수 있다.
④ 작업 개시 전에 이상 유무를 점검한 후 작업에 임해야 한다.

해설 정격하중 이상으로 권상해서는 안 된다.

42 기초 앵커 설치 시 재해 예방에 관한 사항으로 옳지 않은 것은?

① 1.5kgf/cm^2 이상의 지내력 확보
② 기초 크기 확정
③ 기초 앵커의 수평 레벨 확인
④ 콤비 앵커 사용 금지

해설 타워크레인은 지내력 2.2kgf/cm^2 이상이어야 한다.

43 마스트 상승 작업에서 메인 지브와 카운터 지브의 균형 유지 방법으로 옳은 것은?

① 작업 전 레일을 조정하여 균형을 유지한다.
② 작업 시 권상 작업을 통하여 균형을 유지한다.
③ 작업 시 선회 작업을 통하여 균형을 유지한다.
④ 작업 전 하중을 인양하여 트롤리 위치를 조정하면서 균형을 유지한다.

44 산업안전보건법상 방호 조치에 대한 근로자의 준수 사항에 해당되지 않는 것은?

① 방호 조치를 임의로 해체하지 말 것
② 방호 조치를 조정하여 사용하고자 할 때는 상급자의 허락을 받아 조정할 것
③ 사업주의 허가를 받아 방호 조치를 해체한 후, 그 사유가 소멸된 때에는 지체 없이 원상으로 회복시킬 것
④ 방호 조치의 기능이 상실된 것을 발견한 때에는 지체 없이 사업주에게 신고할 것

해설 방호 조치를 조정해서 사용해서는 안 된다.

정답 37. ① 38. ③ 39. ④ 40. ④ 41. ③ 42. ① 43. ④ 44. ②

45 와이어 가잉 클립 결속 시 준수 사항으로 옳은 것은?

① 클립의 새들은 로프의 힘이 많이 걸리는 쪽에 있어야 한다.

② 클립의 새들은 로프의 힘이 적게 걸리는 쪽에 있어야 한다.

③ 클립의 너트 방향을 설치수의 1/2씩 나누어 조인다.

④ 클립의 너트 방향을 아래위로 교차가 되게 조인다.

해설 와이어 가잉에서 중요한 요소는 장력이므로 클립의 새들은 로프의 힘이 많이 걸리는 쪽에 있어야 로프가 잘 풀리지 않는다.

46 타워크레인 설치 당일 작업 전 준비 사항 및 최종 점검 사항이 아닌 것은?

① 줄걸이 공구 등 안전점검

② 작업자 안전교육

③ 지휘 계통 확립

④ 설치계획서 작성

47 타워크레인 해체 작업 중 유의사항이 아닌 것은?

① 작업자는 반드시 안전모 등 안전장구를 착용하여야 한다.

② 우천 시에도 작업한다.

③ 안전교육 후 작업에 임한다.

④ 와이어 로프를 검사한다.

48 타워크레인의 설치를 위한 인양물 권상 작업 중 화물 낙하 요인이 아닌 것은?

① 인양물의 재질과 성능

② 잘못된 줄걸이(인양줄) 작업

③ 지브와 달기 기구와의 충돌

④ 권상용 로프의 절단

49 마스트 상승 작업(텔레스코핑) 시 반드시 준수해야 할 사항이 아닌 것은?

① 제조자 및 설치 업체에서 작성한 표준 작업 절차에 의해 작업한다.

② 텔레스코핑 작업 시 타워크레인 양쪽 지브의 균형은 반드시 유지해야 한다.

③ 텔레스코핑 작업 시 유압 실린더 위치는 카운터 지브의 반대 방향이어야 한다.

④ 텔레스코핑 작업은 반드시 제한 풍속(순간 최대 풍속은 10m/s)을 준수해야 한다.

해설 유압 실린더 위치는 카운터 지브와 동일한 방향이어야 한다.

50 크레인 조립 해체 작업 시 준수 사항이 아닌 것은?

① 작업 순서를 정하고 그 순서에 의하여 작업을 실시한다.

② 작업 장소는 안전한 작업이 이루어질 수 있도록 충분한 공간을 확보한다.

③ 들어올리거나 내리는 기자재는 균형을 유지하면서 작업한다.

④ 조립용 볼트는 나란히 차례대로 결합하고 분해한다.

해설 조립용 볼트는 대각선 대칭으로 조립한다.

51 벨트에 대한 안전사항으로 틀린 것은?

① 벨트의 이음쇠는 돌기가 없는 구조로 한다.

② 벨트를 걸 때나 벗길 때에는 기계가 정지한 상태에서 한다.

③ 벨트가 풀리에 감겨 돌아가는 부분은 커버나 덮개를 설치한다.

④ 바닥면으로부터 2m 이내에 있는 벨트는 덮개를 제거한다.

해설 바닥면으로부터 2m 이내의 벨트는 안전사고를 방지하기 위해 덮개를 한다.

정답 45. ① 46. ④ 47. ② 48. ① 49. ③ 50. ④ 51. ④

52 관련법상 작업장에 사다리식 통로를 설치할 때 준수해야 할 사항으로 틀린 것은?

① 견고한 구조로 할 것
② 발판의 간격은 일정하게 할 것
③ 사다리가 넘어지거나 미끄러지는 것을 방지하기 위한 조치를 할 것
④ 사다리식 통로의 길이가 10m 이상인 때에는 접이식으로 설치할 것

53 수공구 사용 시 유의사항으로 맞지 않는 것은?

① 무리하게 취급하지 않는다.
② 토크렌치는 볼트를 풀 때 사용한다.
③ 사용법을 숙지하여 사용한다.
④ 공구를 사용하고 나면 일정한 장소에 관리 보관한다.

54 소화 방식의 종류 중 주된 작용이 질식 소화에 해당하는 것은?

① 강화액 　　② 호스 방수
③ 에어 폼 　　④ 스프링클러

55 소화 설비 선택 시 고려하여야 할 사항이 아닌 것은?

① 작업의 성질 　　② 작업자의 성격
③ 화재의 성질 　　④ 작업장의 환경

56 중량물 운반 시 안전사항으로 틀린 것은?

① 크레인은 규정 용량을 초과하지 않는다.
② 화물을 운반할 경우에는 운전 반경 내를 확인한다.
③ 무거운 물건을 상승시킨 채 오랫동안 방치하지 않는다.
④ 흔들리는 화물은 사람이 승차하여 붙잡도록 한다.

해설 어떤 경우라도 사람을 승차시켜 화물을 붙잡도록 해서는 안 된다.

57 작업을 위한 공구 관리의 요건으로 가장 거리가 먼 것은?

① 공구별로 장소를 지정하여 보관할 것
② 공구는 항상 최소 보유량 이하로 유지할 것
③ 공구 사용 점검 후 파손된 공구는 교환할 것
④ 사용한 공구는 항상 깨끗이 한 후 보관할 것

58 가스 용접 시 사용되는 산소용 호스는 어떤 색인가?

① 적색 　　② 황색
③ 녹색 　　④ 청색

해설 산소용 호스의 색상은 녹색이다.

59 산업안전보건법령상 안전 보건 표지에서 색채와 용도가 옳게 짝지어진 것은?

① 파란색 - 지시
② 녹색 - 안내
③ 노란색 - 경고
④ 빨간색 - 금지, 경고

60 공장 내 작업 안전수칙으로 옳은 것은?

① 기름걸레나 인화 물질은 철제 상자에 보관한다.
② 공구나 부속품을 닦을 때에는 휘발유를 사용한다.
③ 차가 잭에 의해 올라가 있을 때는 직원 외에 차내 출입을 삼간다.
④ 높은 곳에서 작업할 때는 훅을 놓치지 않게 잘 잡고 체인 블록을 이용한다.

정답 52. ④　53. ②　54. ③　55. ②　56. ④　57. ②　58. ③　59. ④　60. ①

01 유압장치의 설명으로 맞는 것은?

① 물을 이용해서 전기적인 장점을 이용한 것
② 대용량의 화물을 들어올리기 위해 기계적인 장점을 이용한 것
③ 기체를 압축시켜 액체의 힘을 모은 것
④ 액체의 압력을 이용하여 기계적인 일을 시키는 것

02 타워크레인의 동력이 차단되었을 때 권상장치의 제동장치는 어떻게 되어야 하는가?

① 자동적으로 작동해야 한다.
② 수동으로 작동시켜야 한다.
③ 자동적으로 해제되어야 한다.
④ 하중의 대소에 따라 자동적으로 해제 또는 작동해야 한다.

03 텔레스코픽 장치 조작 시 사전 점검 사항으로 적합하지 않은 것은?

① 유압장치의 오일량을 점검한다.
② 전동기의 회전 방향을 점검한다.
③ 유압장치의 압력을 점검한다.
④ 선회장치의 회전 방향을 점검한다.

> 해설 텔레스코픽 장치 조작 시 사전 점검 사항
> 유압 펌프의 오일량, 모터의 회전 방향, 유압장치의 압력, 유압실린더의 작동 상태

04 타워크레인의 앵커에 작용하는 하중을 바르게 나열한 것은?

① 인장 하중, 전단 하중
② 전단 하중, 좌굴 하중
③ 압축 하중, 인장 하중
④ 압축 하중, 좌굴 하중

05 화물을 매단 상태에서 트롤리를 이동(횡행)하다 정지할 때 트롤리가 앞뒤로 흔들리면서 정지할 경우의 조치 사항으로 옳은 것은?

① 브레이크 밀림이 없도록 라이닝 상태를 점검하고 간극을 조정한다.
② 물건의 무게중심 때문에 가끔 발생하는 것으로 천천히 운전하면 무시해도 된다.
③ 트롤리 이송용 와이어 로프의 장력을 느슨하게 조정한다.
④ 트롤리의 횡행 제한 리밋 설치 위치를 재조정한다.

06 기복(luffing)형 타워크레인의 장점과 거리가 먼 것은?

① 기복 시에도 경쾌한 운전이 가능하다.
② 간섭이 심한 작업 현장에도 사용할 수 있다.
③ 기복하면서 화물도 동시에 상하로 이동한다.
④ 작업 반경 내에 장애물이 있어도 어느 정도 작업할 수 있다.

> 해설 기복 시에는 천천히 안전하게 운전해야 한다.

07 크레인 관련 용어 설명으로 적합하지 않은 것은?

① 타워크레인이란 수직 타워의 상부에 위치한 지브를 선회시키는 크레인을 말한다.
② 권상 하중이란 들어올릴 수 있는 최대의 하중을 말한다.
③ 기복이란 수직면에서 지브 각의 변화를 말하며, T형 타워크레인에만 해당하는 용어이다.
④ 호이스트란 훅이나 기타 달기 기구 등을 사용하여 화물을 권상 및 횡행하거나, 권상 동작만을 행하는 양중기를 말한다.

> 해설 기복은 L형 러핑 타워크레인에만 해당된다.

정답 01. ④ 02. ① 03. ④ 04. ④ 05. ① 06. ① 07. ③

08 유압 펌프에 대한 설명으로 맞지 않는 것은?

① 원동기의 기계적 에너지를 유체 에너지로 변환하는 기구이다.

② 작동유의 점도가 너무 높으면 소음이 발생한다.

③ 유압 펌프의 크기는 주어진 속도와 토출압력으로 표시한다.

④ 유압 펌프에서 토출량은 단위 시간에 유출하는 액체의 체적을 의미한다.

09 배선용 차단기의 동작 방식에 따른 분류가 아닌 것은?

① 전자식   ② 누전식

③ 열동전자식   ④ 열동식

10 타워크레인의 설치 방법에 따른 분류로 옳지 않은 것은?

① 고정형(stationary type)

② 상승형(climbing type)

③ 천칭형(balance type)

④ 주행형(travelling type)

해설 타워크레인은 설치 방법에 따라 고정형, 상승형, 주행형이 있다.

11 유압회로 내의 이물질과 슬러지 등의 오염물질을 회로 밖으로 배출시켜 회로를 깨끗하게 하는 것을 무엇이라 하는가?

① 푸싱(pushing)

② 리듀싱(reducing)

③ 플래싱(flashing)

④ 언로딩(unloading)

12 옥외에 설치된 주행 타워크레인의 이탈 방지장치를 작동시켜야 하는 경우는?

① 순간 풍속이 초당 10미터를 초과하는 바람이 불어올 우려가 있는 경우

② 순간 풍속이 초당 20미터를 초과하는 바람이 불어올 우려가 있는 경우

③ 순간 풍속이 초당 30미터를 초과하는 바람이 불어올 우려가 있는 경우

④ 순간 풍속이 초당 5미터를 초과하는 바람이 불어올 우려가 있는 경우

해설 주행식 타워크레인은 순간 풍속이 30m/s를 초과하는 바람이 불 경우에 이탈 방지장치를 작동하여야 한다.

13 타워크레인의 전동기 외함은 접지를 해야 하는데, 사용 전압이 440V일 경우의 접지 저항은 몇 Ω 이하여야 하는가?

① 10Ω   ② 20Ω

③ 50Ω   ④ 100Ω

해설 접지 저항은 사용 전압이 400V 이하일 때는 100Ω, 400V 이상일 때는 10Ω 이하이여야 한다.

14 권상 작업의 정격 속도에 관한 설명 중 옳은 것은?

① 크레인의 정격하중에 상당하는 하중을 매달고 권상할 수 있는 최고 속도를 말한다.

② 크레인의 권상 하중에 상당하는 하중을 매달고 권상할 수 있는 최고 속도를 말한다.

③ 크레인의 권상 하중에 상당하는 하중을 매달고 권상할 수 있는 평균 속도를 말한다.

④ 크레인의 정격하중에 상당하는 하중을 매달고 권상할 수 있는 평균 속도를 말한다.

15 타워크레인의 안전한 권상 작업 방법으로 옳지 않은 것은?

① 운전실에서 보이지 않는 곳의 작업은 신호수의 수신호나 무선 신호에 의해서 작업한다.

② 무게중심 위로 훅을 유도하고 화물의 무게중심을 낮추어 흔들림이 없도록 작업한다.

③ 권상하고자 하는 화물을 지면에서 살짝 들어올려 안정 상태를 확인한 후 작업한다.

④ 권상하고자 하는 화물은 매다는 각도를 30°로 하고, 반드시 4줄로 매달아 작업한다.

[해설] 권상 작업 시에는 2줄걸이를 주로 사용하며, 그 외에 3줄걸이와 4줄걸이가 사용된다.

16 타워크레인에 사용되는 배선의 절연 저항 측정 기준으로 틀린 것은?

① 대지 전압이 150V 이하인 경우에는 0.1MΩ 이상

② 대지 전압이 150V 이상, 300V 이하인 경우에는 0.2MΩ 이상

③ 사용 전압이 300V 이상, 400V 미만인 경우에는 0.3MΩ 이상

④ 사용 전압이 400V 이하인 경우에는 0.4MΩ 이하

[해설]
• 대지 전압이 150V 이하인 경우 : 0.1MΩ 이상
• 대지 전압이 150V 이상, 300V 이하인 경우 : 0.2MΩ 이상
• 사용 전압이 300V 이상, 400V 미만인 경우 : 0.3MΩ 이상
• 사용 전압이 400V 이상인 경우 : 0.4MΩ 이상

17 과부하 방지장치는 성능 검정 대상품이므로 성능 검정 합격품에 ( )자 마크를 부착한다. ( )에 알맞은 말은?

① "안"   ② "전"
③ "품"   ④ "정"

18 타워크레인은 선회 동작 중 선회 레버를 중립으로 놓아도 그 방향으로 더 선회하려는 성질이 있는데, 이를 무엇이라 하는가?

① 관성   ② 휘성
③ 연성   ④ 점성

[해설] 관성이란 물체가 외부의 힘을 받지 않는 한 정지 또는 등속도운동 상태를 지속하려는 성질을 말한다.

19 카운터 웨이트의 역할에 대한 설명으로 적합한 것은?

① 메인 지브의 폭에 따라 크레인의 균형을 유지한다.

② 메인 지브의 길이에 따라 크레인의 균형을 유지한다.

③ 메인 지브의 높이에 따라 크레인의 균형을 유지한다.

④ 메인 지브의 속도에 따라 크레인의 균형을 유지한다.

[해설] 메인 지브의 길이와 무게에 따라 카운트 웨이트의 수량 또는 무게가 설정된다.

20 타워크레인의 방호장치 종류가 아닌 것은?

① 권상 및 권하 방지장치
② 풍압 방지장치
③ 과부하 방지장치
④ 훅 해지장치

[해설] 방호장치의 종류로는 권상 및 권하 방지장치, 과부하 방지장치, 훅 해지장치 등이 있다.

21 크레인 작업 표준 신호 지침에서 비상 정지 신호 방법은?

① 한 손을 들어올려 주먹을 쥔다.
② 거수경례 또는 양손을 머리 위에 교차시킨다.
③ 양손을 들어올려 크게 2~3회 좌우로 흔든다.
④ 팔꿈치에 손가락을 떼었다 붙였다 한다.

22 타워크레인 작업 중 운반 화물에 발생하는 진동을 설명한 것 중 틀린 것은?

① 화물이 무거우면 진폭이 크다.
② 화물이 무거우면 진동주기가 짧다.
③ 선회 작업 시 가속도가 클수록 진폭이 크다.
④ 로프가 길수록 진동주기가 길다.

해설 화물이 무거우면 진동주기가 길다.

23 운전자가 손바닥을 안으로 하여 얼굴 앞에서 2~3회 흔드는 신호는 무슨 뜻인가?

① 작업 완료　　② 신호 불명
③ 줄걸이 작업 미비　④ 크레인 이상 발생

해설 운전자가 손바닥을 안으로 하여 얼굴 앞에서 2~3회 흔드는 신호는 신호 불명이라는 뜻이다.

24 타워크레인을 사용하여 철골 조립 작업 시 악천후로 작업을 중단해야 하는 기준 강우량은?

① 시간당 0.1mm 이상
② 시간당 0.2mm 이상
③ 시간당 0.5mm 이상
④ 시간당 1.0mm 이상

해설 악천우 시 작업 중단 기준
① 풍속 초당 10m 이상
② 강우량 시간당 1mm 이상
③ 강설량 시간당 1cm 이상

25 타워크레인 작업 시 신호 기준의 원칙으로 틀린 것은?

① 통신 및 육성 메시지는 단순, 간결, 명확해야 한다.
② 신호수는 운전자의 신호 이해 여부와 관계없이 약속에 의한 신호만 하면 된다.
③ 신호수와 운전자 간의 거리가 멀어서 수신호의 식별이 어려울 때에는 깃발에 의한 신호 또는 무전기를 사용한다.
④ 무선 통신을 통한 교신이 만족스럽지 않다면 수신호를 한다.

26 트롤리 로프 긴장장치의 기능에 관한 설명으로 틀린 것은?

① 와이어 로프의 긴장을 유지하여 정확한 위치를 제어한다.
② 연신율에 의해 느슨해진 와이어 로프를 수시로 긴장시킬 수 있는 장치이다.
③ 화물이 흔들리는 것을 와이어 로프 긴장을 이용하여 조절하는 기능을 한다.
④ 정·역방향으로 와이어 로프의 드럼 감김 능력을 원활하게 한다.

27 타워크레인 주요 구동부의 작동방법으로 틀린 것은?

① 작동 전 브레이크 등을 시험한다.
② 크레인 인양 하중표에 따라 화물을 들어올린다.
③ 운전석을 비울 때에는 주전원을 끈다.
④ 사각지대 화물은 경사지게 끌어올린다.

해설 권상 시에는 수직으로 올리며 절대로 대각이나 경사지게 올려서는 안 된다.

28 일반적인 타워크레인 조종장치에서 선회 제어 조작 방법은? (단, 운전석에 앉아 있을 때를 기준으로 한다.)

① 왼쪽 상하　　② 왼쪽 좌우
③ 오른쪽 상하　④ 오른쪽 좌우

해설 선회는 왼쪽 좌우, 트롤리는 왼쪽 앞뒤, 호이스트는 오른쪽 앞뒤로 조종한다.

29 타워크레인의 금지 작업으로 틀린 것은?

① 박힌 하중 인양 작업
② 지면을 따라 끌고 가는 작업
③ 파괴를 목적으로 하는 작업
④ 탈착된 갱폼의 인양 작업

해설 타워크레인 금지 작업
지면에 박힌 H빔 작업, 끌고 가는 작업, 파괴를 목적으로 하는 작업, 옆으로 빼는 작업

정답 22. ② 23. ② 24. ④ 25. ② 26. ③ 27. ④ 28. ② 29. ④

30 훅 상승 시 작업 방법으로 옳은 것은?

① 권상 후에도 타워의 흔들림이 멈출 때까지 저속으로 인양한다.

② 화물을 지면에서 이격한 후 안전이 확인되면 고속으로 인양해도 된다.

③ 화물이 경량일 때에는 타워에 미치는 영향이 미미하므로 저속은 생략해도 된다.

④ 화물이 인양된 후에는 권과 방지장치가 작동할 때까지 계속 인양한다.

31 마그네틱 크레인 신호에서 양손을 몸 앞에 대고 꽉 끼는 신호는 무엇을 뜻하는가?

① 마그네틱 붙이기　② 정지

③ 기다려라　　　　④ 신호 불명

해설 마그네틱 크레인 신호에서 양손을 몸 앞에 대고 꽉 끼는 신호는 마그네틱 붙이기, 양손을 몸 앞에서 측면으로 벌리는 것은 마그네틱 떼기 신호이다.

32 다음 공식 중 틀린 것은?

① 안전계수 $= \dfrac{절단하중}{안전하중}$

② 회전력 = 힘 × 거리

③ 구심력 $= \dfrac{질량 \times 선속도^2}{원운동의 반경}$

④ 응력 $= \dfrac{단면적}{압력}$

해설 응력 $= \dfrac{하중}{단면적}$

33 크레인 작업에 관한 설명 중 틀린 것은?

① 가벼운 짐이라도 외줄로 매달아서는 안 된다.

② 구멍이 없는 둥근 것을 매달 때는 로프를 + 자 무늬로 한다.

③ 부득이 두 대의 크레인으로 협력 작업을 할 때는 지휘자가 꼭 한 사람이어야 하며, 신호수는 크레인 한 대에 1명씩 필요하다.

④ 운전자는 줄걸이 상태가 좋지 않다고 판단되면 그 작업을 하지 않아야 한다.

34 줄걸이용 와이어 로프를 엮어 넣기로 고리를 만들려고 할 때 엮어 넣는 적정 길이(splice)는 얼마인가?

① 와이어 로프 지름의 5~10배

② 와이어 로프 지름의 10~20배

③ 와이어 로프 지름의 20~30배

④ 와이어 로프 지름의 30~40배

해설 엮어 넣기에는 벌려 끼우기와 감아 끼우기가 있으며, 엮어 넣는 길이는 와이어 로프 지름의 30~40배가 적당하다.

35 크레인 안전 작업을 위한 신호상 주의사항이 아닌 것은?

① 신호수는 절도 있는 동작으로 간단명료하게 신호한다.

② 운전자에 대한 신호는 반드시 정해진 한 사람의 신호수가 한다.

③ 신호수는 항상 운전자만 주시하고 줄걸이 작업자의 행동은 별로 중요시하지 않아도 된다.

④ 운전자를 보기 쉽고 안전한 장소에서 실시한다.

36 와이어 로프의 안전율을 계산하는 방법으로 맞는 것은?

① 로프의 절단하중÷로프에 걸리는 최대 허용 하중

② 로프의 절단하중÷로프에 걸리는 최소 허용 하중

③ 로프에 걸리는 최대 하중÷로프의 절단하중

④ 로프에 걸리는 최소 하중÷로프의 절단하중

정답 30. ② 31. ① 32. ④ 33. ③ 34. ④ 35. ③ 36. ①

37 크레인용 일반 와이어 로프(양질의 탄소강으로 가공한 것) 소선의 인장강도(kgf/mm²)는 보통 얼마 정도인가?

① 135~180kgf/mm²
② 13.5~18kgf/mm²
③ 10.3~10.8kgf/mm²
④ 100~115kgf/mm²

해설 소선은 와이어 로프를 구성하는 가느다란 선으로 탄소강에 특수 열처리를 한 것이며, 표준 인장강도는 135~180kgf/mm²이다.

38 가로 2m, 세로 2m, 높이 2m인 강괴(비중 8)의 무게는?

① 6톤
② 16톤
③ 32톤
④ 64톤

해설 cm³×비중=g이며, m³당 비중은 톤이다. 따라서 2×2×2=8m³이고 비중은 8이므로 64톤이 된다.

39 와이어 로프 손상의 주된 원인은?

① 마모, 부식
② 표면의 도유
③ 로프 보관 장소의 통풍
④ 로프 표면에 부착된 수분을 제거하기 위한 마른걸레질

40 줄걸이 용구를 선정하여 줄걸이할 경우 줄걸이 장력이 가장 적게 걸리는 인양 각도는?

① 45°
② 60°
③ 90°
④ 120°

해설 로프에 걸리는 하중은 조각도 30°에서 1.035배, 60°에서 1.155배, 90°에서 1.414배, 120°에서는 2배가 된다. 조각도가 작을수록 장력이 적게 걸린다.

41 산업재해의 간접 원인 중 기초 원인에 해당하지 않는 것은?

① 관리적 원인
② 학교 교육적 원인
③ 사회적 원인
④ 신체적 원인

42 타워크레인의 해체 작업 시 안전대책에 해당하지 않는 것은?

① 지휘 명령 계통의 명확화
② 중량물 낙하 방지
③ 추락 재해 방지
④ 단일 작업에서 1대 이상의 크레인 사용

해설 타워크레인 해체 작업 시 안전대책은 지휘 계통의 명확화, 추락 재해 방지, 낙하 비래 방지, 최대 풍속 준수(10m/sec) 등이 있다.

43 타워크레인의 유압 실린더가 확장되면서 텔레스코핑 되고 있을 때 준수 사항으로 옳은 것은?

① 선회 작동만 할 수 있다.
② 트롤리 이동 동작만 할 수 있다.
③ 권상 동작만 할 수 있다.
④ 선회, 트롤리 이동, 권상 동작을 모두 할 수 없다.

해설 텔레스코핑을 할 때는 모든 동작을 해서는 안 된다. (권상, 권하, 선회, 횡행, 기복, 주행)

44 와이어 가잉 작업 시 소요되는 부재 및 부품이 아닌 것은?

① 전용 프레임
② 와이어 클립
③ 장력 조절장치
④ 브레싱 타이 바

해설 브레싱 타이 바는 월 브레싱 작업에 필요한 부품이다.

정답 37. ① 38. ④ 39. ① 40. ① 41. ④ 42. ④ 43. ④ 44. ④

45 타워크레인 마스트의 텔레스코픽(telescopic) 작업 전에 준비할 사항으로 맞지 않는 것은?

① 유압장치와 카운터 지브의 위치를 동일 방향으로 맞춘다.
② 유압 실린더는 연장 작업 전에는 절대 작동을 금한다.
③ 추가할 마스트는 메인 지브 방향으로 운반한다.
④ 유압장치의 오일량과 모터의 회전 방향을 확인한다.

46 타워크레인의 상부 구조부 해체 작업에 해당하지 않는 것은?

① 카운터 지브에서 권상 기어를 분리한다.
② 타워 헤드를 분리한다.
③ 메인 지브에서 텔레스코핑 장치를 분리한다.
④ 카운터 웨이트를 분해한다.

해설 마스트에서 텔레스코핑 장치를 분리한다.

47 건물 내 클라이밍 타입의 타워크레인 설치 작업 전 검토 사항이 아닌 것은?

① 프레임 간격과 철골조 높이를 비교하여 크레인의 높이를 검토한다.
② 상승 위치의 보강 빔과 설치 기종의 클라이밍 프레임 간격을 검토한다.
③ 옥탑층에 시설물을 설치하기 전에는 크레인 해체를 원칙으로 검토한다.
④ 이동식 크레인의 설치 위치, 해체 공간의 여유는 설치 중에 검토한다.

48 타워크레인 설치(상승 포함) 해체 작업자가 특별 안전보건 교육을 이수해야 하는 최소 시간은?

① 1시간 이상　　　② 2시간 이상
③ 3시간 이상　　　④ 4시간 이상

해설 타워크레인 설치(상승 포함) 해체 작업자는 특별 안전보건 교육을 2시간 이상 이수해야 한다.

49 타워크레인 설치 후 하중 시험을 할 때 하중과 위치의 기준으로 옳은 것은?

① 정격하중의 110% → 지브의 외측단
② 최고 하중의 105% → 최대 하중 양중 지점
③ 정격하중의 105% → 지브의 외측단
④ 최고 하중의 110% → 최대 하중 양중 지점

해설 과부하 방지장치는 지브의 길이에 따라 정격하중의 1.05배 이상 권상 시 자동으로 권상 동작을 정지하는 장치이다.

50 타워크레인에서 사용하는 조립용 볼트는 대부분 12.9의 고장력 볼트를 사용하는데, 그 숫자가 의미하는 것으로 맞는 것은?

① 12 – 인장강도가 120kgf/mm^2이다.
② 9 – 볼트 등급이 9이다.
③ 12 – 보증 신뢰도가 120%이다.
④ 9 – 너트의 등급이 9이다.

해설 12는 120kgf/mm^2의 인장강도를 의미한다.

51 산업재해 발생 원인 중 직접 원인에 해당하는 것은?

① 유전적 요소　　　② 사회적 환경
③ 불안전한 행동　　④ 인간의 결함

52 다음 중 납산 배터리 액체를 취급하는 데 가장 적합한 것은?

① 고무로 만든 옷
② 가죽으로 만든 옷
③ 무명으로 만든 옷
④ 화학섬유로 만든 옷

53 다음 중 자연발화성 및 금수성 물질이 아닌 것은?

① 탄소　　　　　② 나트륨
③ 칼륨　　　　　④ 알킬알루미늄

해설 금수성 물질 : 물(수분)과 접촉하는 경우 직접적인 발화의 위험이 있는 물질 혹은 가연성 유독성 가스를 발생하는 위험성을 가진 물질로서 제3류 위험물로 분류한다.

정답　45. ②　46. ③　47. ④　48. ②　49. ③　50. ①　51. ③　52. ①　53. ①

54 교류 아크 용접기의 감전 방지용 방호장치에 해당하는 것은?

① 2차 권선장치
② 자동 전격 방지기
③ 전류 조절장치
④ 전자 계전기

해설 교류 아크 용접기의 감전 방지용 방호장치는 자동 전격 방지기이다.

55 내부가 보이지 않는 병 속에 들어 있는 약품을 냄새로 알아보고자 할 때 안전상 가장 적합한 방법은?

① 종이로 적셔서 알아본다.
② 손바람을 이용하여 확인한다.
③ 내용물을 조금 쏟아서 확인한다.
④ 숟가락으로 약간 떠서 냄새를 직접 맡아본다.

해설 병 속에 들어 있는 약품은 뚜껑을 열고 손바람을 이용하여 확인한다.

56 다음 중 일반적인 재해 조사 방법으로 적절하지 않은 것은?

① 현장의 물리적 흔적을 수집한다.
② 재해 조사는 사고 종결 후에 실시한다.
③ 재해 현장은 사진 등으로 촬영하여 보관하고 기록한다.
④ 목격자, 현장 책임자 등 많은 사람들에게 사고 당시의 상황을 듣는다.

해설 재해 조사는 사고 발생 직후부터 실시해야 한다.

57 풀리에 벨트를 걸거나 벗길 때 안전하게 하기 위한 작동 상태는?

① 중속인 상태   ② 역회전 상태
③ 정지한 상태   ④ 고속인 상태

해설 벨트를 풀리에 걸거나 벗길 때는 해당 기계의 회전을 정지시킨 후에 시행해야 한다.

58 수공구인 렌치를 사용할 때 지켜야 할 안전사항으로 옳은 것은?

① 볼트를 풀 때는 지렛대 원리를 이용하여 렌치를 밀어서 힘이 받도록 한다.
② 볼트를 조일 때는 렌치를 해머로 쳐서 조이면 강하게 조일 수 있다.
③ 렌치 작업 시 큰 힘으로 조일 경우 연장대를 끼워서 작업한다.
④ 볼트를 풀 때는 렌치 손잡이를 당길 때 힘이 받도록 한다.

59 산업안전보건법령상 안전 보건 표지의 분류 명칭이 아닌 것은?

① 금지 표지   ② 경고 표지
③ 통제 표지   ④ 안내 표지

60 다음 중 올바른 보호구 선택 방법으로 적합하지 않은 것은?

① 잘 맞아야 한다.
② 사용 목적에 적합해야 한다.
③ 사용 방법이 간편하고 손질이 쉬워야 한다.
④ 품질보다는 식별 가능 여부를 우선해야 한다.

정답 54. ② 55. ② 56. ② 57. ③ 58. ① 59. ③ 60. ④

01 타워크레인 기초 앵커 설치 순서로 가장 알맞은 것은?

> ㉠ 터파기
> ㉡ 지내력 확인
> ㉢ 버림 콘크리트 타설
> ㉣ 크레인 설치 위치 선정
> ㉤ 콘크리트 타설 및 양생
> ㉥ 기초 앵커 세팅 및 접지
> ㉦ 철근 배근 및 거푸집 조립

① ㉣ → ㉡ → ㉠ → ㉢ → ㉥ → ㉦ → ㉤
② ㉣ → ㉠ → ㉡ → ㉢ → ㉥ → ㉦ → ㉤
③ ㉣ → ㉢ → ㉠ → ㉡ → ㉥ → ㉦ → ㉤
④ ㉣ → ㉡ → ㉠ → ㉦ → ㉢ → ㉥ → ㉤

02 재료에 작용하는 하중의 설명으로 적합하지 않은 것은?

① 수직 하중이란 단면에 수직으로 작용하는 하중이며, 비틀림 하중과 압축 하중으로 구분할 수 있다.
② 전단 하중이란 단면적에 평행하게 작용하는 하중이다.
③ 굽힘 하중이란 보를 굽히게 하는 하중이다.
④ 좌굴 하중이란 기둥을 휘어지게 하는 하중이다.

03 T형 타워크레인에서 마스트(mast)와 캣 헤드(cat head) 사이에 연결되는 구조물의 명칭은?

① 지브
② 카운터 웨이트
③ 트롤리
④ 턴테이블(선회장치)

해설 마스트와 캣 헤드 사이에는 턴테이블과 운전실이 연결되어 있다.

04 주행 레일 측면의 마모는 원래 규격 치수의 얼마 이내이어야 하는가?

① 30%
② 25%
③ 20%
④ 10%

05 메인 지브와 카운터 지브의 연결 바를 상호 지탱하기 위해 설치하는 것은?

① 카운터 웨이트
② 캣 헤드
③ 트롤리
④ 훅 블록

해설 캣 헤드는 메인 지브와 카운터 지브를 타이 바로 연결하는 중심 역할을 한다.

06 파스칼의 원리에 대한 설명으로 틀린 것은?

① 유압은 면에 대하여 직각으로 작용한다.
② 유압은 모든 방향으로 일정하게 전달된다.
③ 유압은 각 부에 동일한 세기를 가지고 전달된다.
④ 유압은 압력 에너지와 속도 에너지의 변화가 없다.

07 건설기계 안전기준에 관한 규칙에 규정된 레일의 정지 기구에 대한 내용에서 ( ) 안에 들어갈 말로 옳은 것은?

> 타워크레인의 횡행 레일 양 끝부분에는 완충장치나 완충재 또는 해당 타워크레인 횡행 차륜 지름의 ( ) 이상 높이의 정지 기구를 설치하여야 한다.

① 2분의 1
② 4분의 1
③ 6분의 1
④ 8분의 1

정답 01. ① 02. ① 03. ④ 04. ④ 05. ② 06. ④ 07. ②

08 저항이 250Ω인 전구를 전압 250V의 전원에 사용할 때 전구에 흐르는 전류는 몇 A인가?

① 10A   ② 5A

③ 2.5A   ④ 1A

> **해설** • 옴의 법칙 : $전류(A) = \dfrac{전류(V)}{저항(\Omega)}$
>
> ∴ $전류 = \dfrac{250\,V}{250\,\Omega} = 1A$

09 타워크레인에 설치되어 있는 방호장치의 종류가 아닌 것은?

① 충전장치   ② 과부하 방지장치

③ 권과 방지장치   ④ 훅 해지장치

> **해설** 충전장치는 방호장치에 속하지 않는다.

10 L형 크레인과 T형 크레인의 선회 반경을 결정하는 것은?

① 훅 블록과 슬루잉 각도

② 슬루잉 기어와 선회 각

③ 지브 각과 트롤리 운행 거리

④ 카운터 지브와 지브 각

11 지브를 상하로 움직여 작업물을 인양할 수 있는 크레인은?

① L형 타워크레인

② T형 타워크레인

③ 젠트리 크레인

④ 천장 크레인

12 정격하중이 12톤, 4Fall이라고 할 때, 정격하중으로 인해 권상 와이어 로프 한 가닥에 작용하는 최대 하중은?

① 12톤   ② 6톤

③ 4톤   ④ 3톤

> **해설** 한 줄에 걸리는 하중 $= \dfrac{하중}{줄 수} = \dfrac{12}{4} = 3$

13 압력 제어 밸브의 종류에 해당하지 않는 것은?

① 스로틀 밸브(교축 밸브)

② 리듀싱 밸브(감압 밸브)

③ 시퀀스 밸브(순차 밸브)

④ 언로드 밸브(무부하 밸브)

> **해설** 스로틀 밸브는 유량 제어 밸브이다.
> 압력 제어 밸브로는 릴리프 밸브, 리듀싱 밸브, 시퀀스 밸브, 언로더 밸브, 카운터 밸런스 밸브 등이 있다.

14 다음 그림은 무엇을 나타내는가?

① 유압 펌프

② 작동유 탱크

③ 유압 실린더

④ 유압 모터

15 유압 펌프의 분류에서 회전 펌프가 아닌 것은?

① 플런저 펌프

② 기어 펌프

③ 스크류 펌프

④ 베인 펌프

> **해설** 플런저 펌프는 플런저를 실린더 내에서 왕복운동시킴으로써 유체를 가압하는 펌프이다.

16 권상장치에 속하지 않는 것은?

① 와이어 로프

② 훅 블록

③ 플랫폼

④ 시브

> **해설** 대표적인 권상장치로는 와이어 로프, 시브, 훅 블록, 전동기, 감속기, 브레이크, 유압 상승장치 등이 있다.

정답 08. ④   09. ①   10. ③   11. ①   12. ④   13. ①   14. ①   15. ①   16. ③

17 타워크레인의 기계식 과부하 방지장치 원리에 해당되지 않는 것은?

① 압축 코일 스프링의 압축 변형량과 스위치 동작

② 인장 스프링의 인장 변형량과 스위치 동작

③ 와이어 로프의 신장량과 스위치 동작

④ 원환링(다이나모미터링)과 그 내측에 조합한 판 스프링의 변형과 스위치 동작

18 배선용 차단기의 기본 구조에 해당되지 않는 것은?

① 개폐 기구　　② 과전류 트립장치

③ 단자　　　　④ 퓨즈

19 타워크레인에서 과부하 방지장치 장착에 대한 설명으로 틀린 것은?

① 접근이 용이한 장소에 설치할 것

② 타워크레인 제작 및 안전기준에 의한 성능 검정 합격품일 것

③ 정격하중의 1.1배 권상 시 경보와 함께 권상 동작이 최저 속도로 주행될 것

④ 과부하 시 운전자가 용이하게 경보를 들을 수 있을 것

해설 정격하중의 1.05배 권상 시 경보와 함께 권상 동작이 최저 속도로 주행된다.

20 마스트의 단면적이 300mm² 이상일 때 접지공사에 대한 설명으로 틀린 것은?

① 지상 높이 20m 이상은 피뢰접지를 한다.

② 접지 저항은 10Ω 이하를 유지하도록 한다.

③ 접지판 연결 알루미늄선 굵기는 30mm² 이상으로 한다.

④ 피뢰도선과 접지극은 용접 및 볼트 등의 방법으로 고정하도록 한다.

21 타워크레인에서 올바른 트롤리 작업을 설명한 것으로 틀린 것은?

① 지브의 양 끝단에서는 저속으로 운전한다.

② 트롤리를 이용하여 화물의 흔들림을 잡는다.

③ 역동작은 반드시 정지 후 동작한다.

④ 트롤리를 이용하여 화물을 끌어낸다.

22 다음 신호를 보았을 때 크레인 운전자는 어떻게 해야 하는가?

① 훅을 위로 올린다.

② 훅을 회전한다.

③ 훅을 정지한다.

④ 훅을 내린다.

해설 집게손가락을 위로 해서 수평원을 크게 그리는 것은 위로 올리라는 신호이다.

23 타워크레인 운전자의 안전수칙으로 부적합한 것은?

① 30m/s 이하의 바람이 불 때까지는 크레인 운전을 계속할 수 있다.

② 운전석을 이석할 때는 크레인의 훅을 최대한 위로 올리고 지브 안쪽으로 이동시킨다.

③ 운반물이 흔들리거나 회전하는 상태로 운반해서는 안 된다.

④ 운반물을 작업자 상부로 운반해서는 안 된다.

정답 17. ③ 18. ④ 19. ③ 20. ③ 21. ④ 22. ① 23. ①

24 타워크레인을 선회 중인 방향과 반대되는 방향으로 급조작할 때 파손될 위험이 가장 큰 곳은?

① 릴리프 밸브
② 액추에이터
③ 디스크 브레이크 에어 캡
④ 링 기어 또는 피니언 기어

25 타워크레인이 훅으로 화물을 인양하던 중 화물이 낙하하였을 때의 원인과 거리가 가장 먼 것은?

① 줄걸이 상태 불량
② 권상용 와이어 로프의 절단
③ 지브와 달기 기구와의 충돌
④ 텔레스코핑 시 상부의 불균형

26 타워크레인 권상 작업의 각 단계별 유의사항으로 틀린 것은?

① 권상 작업 슬링 로프, 섀클, 줄걸이 체결 상태 등을 점검한다.
② 줄걸이 작업자는 권상 화물 직하부에서 권상 화물의 이상 여부를 관찰한다.
③ 매단 화물이 지상에서 약간 떨어지면 일단 정지하여 화물의 안정 및 줄걸이 상태를 재확인한다.
④ 줄걸이 작업자는 안전하면서도 타워크레인 운전자가 잘 보이는 곳에 위치하여 목적지까지 화물을 유도한다.

27 타워크레인의 선회 작업 구역을 제한하고자 할 때 사용하는 안전장치는?

① 와이어 로프 꼬임 방지장치
② 선회 브레이크 풀림장치
③ 선회 제한 리밋 스위치
④ 트롤리 로프 긴장장치

28 인양하는 중량물의 중심을 결정할 때 주의사항으로 틀린 것은?

① 중심이 중량물의 위쪽이나 전후좌우로 치우친 것은 특히 주의할 것
② 중량물의 중심 판단은 정확히 할 것
③ 중량물의 중심 위에 훅을 유도할 것
④ 중량물 중심은 가급적 높일 것

29 타워크레인 작업을 위한 무전기 신호의 요건이 아닌 것은?

① 간결 ② 단순
③ 명확 ④ 중복

해설 무전기 신호는 간결, 단순, 명확해야 하며, 중복신호를 하면 혼란이 발생할 수 있다.

30 줄걸이용 체인(체인 슬링)의 링크 신장에 대한 폐기 기준은?

① 원래 값의 최소 3% 이상
② 원래 값의 최소 5% 이상
③ 원래 값의 최소 7% 이상
④ 원래 값의 최소 10% 이상

해설 체인의 폐기 기준
• 늘어난 길이가 원래 길이의 5%를 초과한 때
• 단면 지름이 원래 지름의 10% 이상 감소했을 때
• 심한 부식이나 균열, 변형, 깨지거나 모양의 결함이 있을 때

31 크레인 안전 및 검사 기준상 권상용 와이어 로프의 안전율은?

① 4.0 ② 5.0
③ 6.0 ④ 7.0

해설 • 권상용 와이어 로프 안전율 : 5.0 이상
• 지지용 와이어 로프 안전율 : 4.0 이상

32 타워크레인 신호와 관련된 사항으로 틀린 것은?

① 운전수가 정확히 인지할 수 있는 신호를 사용한다.

② 신호가 불분명할 때는 즉시 운전을 중지한다.

③ 비상시에는 신호에 관계없이 중지한다.

④ 두 사람 이상이 신호를 동시에 한다.

해설 두 사람 이상이 동시에 신호를 보내면 사고를 유발하기 때문에, 신호는 반드시 지정된 한 사람만 해야 한다.

33 인양하고자 하는 화물의 중량을 계산할 때 일반적으로 사용하는 철강류의 비중은?

① 약 5   ② 약 6

③ 약 8   ④ 약 10

해설 철의 비중은 7.8이며, 반올림해서 약 8로 한다.

34 크레인의 와이어 로프를 교환해야 할 시기로 적절한 것은?

① 지름이 공정 직경의 3% 이상 감소했을 때

② 소선 수가 10% 이상 절단되었을 때

③ 외관에 빗물이 젖어 있을 때

④ 와이어 로프에 기름이 많이 묻었을 때

해설 와이어 로프 폐기 기준
- 소선 수가 10% 이상 절단된 것
- 지름이 7% 이상 감소한 것
- 꼬이거나 심하게 변형되고 부식된 것
- 이음매가 있는 것
- 단말 고정이 손상되고 풀리거나 탈락된 것

35 크레인용 와이어 로프에 심강을 사용하는 목적이 아닌 것은?

① 인장하중을 증가시킨다.

② 스트랜드의 위치를 올바르게 유지한다.

③ 소선끼리의 마찰에 의한 마모를 방지한다.

④ 부식을 방지한다.

36 지름이 2m, 높이가 4m인 원기둥 모양의 목재를 크레인으로 운반하고자 할 때, 목재의 무게는 약 몇 kgf인가? (단, 목재의 1m³당 무게는 150kgf로 간주한다)

① 542kgf   ② 942kgf

③ 1,584kgf   ④ 1,885kgf

해설 원기둥의 체적 $= \dfrac{\pi D^2 S}{4}$

$= 직경(D)^2 \times 높이(S) \times 0.785 \left(\dfrac{\pi}{4} \right)$

$= 2 \times 2 \times 4 \times 0.785 = 12.56m^3$

$= 12.56m^3 \times 150kgf = 1,885kgf$

37 권상용 와이어 로프는 달기 기구가 가장 아래쪽에 위치할 때 드럼에 몇 회 이상 감김 여유가 있어야 하는가?

① 1회   ② 2회

③ 3회   ④ 4회

38 4.8톤의 부하물을 4줄걸이(하중이 4줄에 균등하게 부하되는 경우)로 하여 인양각도 60°로 매달았을 때 한 줄에 걸리는 하중은 몇 톤인가?

① 약 1.04톤   ② 약 1.39톤

③ 약 1.45톤   ④ 약 1.60톤

해설 한 줄에 걸리는 하중은 $\dfrac{하중}{줄 수} \times 조각도$이므로,

$\dfrac{4.8톤}{4줄} \times 1.155 = 1.386$이다.

39 줄걸이 작업 시 주의사항으로 틀린 것은?

① 여러 개를 동시에 매달 때는 일부가 떨어지는 일이 없도록 한다.

② 반드시 매다는 각도는 90° 이상으로 한다.

③ 매단 짐 위에는 올라타지 않는다.

④ 핀 사용 시에는 절대 빠지지 않도록 한다.

정답 32. ④   33. ③   34. ②   35. ①   36. ④   37. ②   38. ②   39. ②

40 설치 작업 시작 전 착안 사항이 아닌 것은?

① 기상 확인
② 역할 분담 지시
③ 줄걸이, 공구 안전점검
④ 타워크레인 기종 선정

해설 타워크레인의 기종 선정은 레이아웃 도면 검토 시 확인할 사항이다.

41 마스트 연장 작업(텔레스코핑)의 준비 사항에 해당하지 않는 것은?

① 텔레스코핑 케이지의 유압장치가 있는 방향에 카운터 지브가 위치하도록 한다.
② 유압 펌프의 오일량과 유압장치의 압력을 점검한다.
③ 과부하 방지장치의 작동 상태를 점검한다.
④ 유압 실린더의 작동 상태를 점검한다.

42 마스트와 마스트 사이에 체결되는 고장력 볼트의 체결 방법으로 옳은 것은?

① 볼트 머리를 위에서 아래로 체결
② 볼트 머리를 아래에서 위로 체결
③ 볼트 머리를 좌에서 우로 체결
④ 볼트 머리를 우에서 좌로 체결

해설 기초 앵커와 마스트 사이는 볼트 머리를 위에서 아래로 체결하며, 마스트 간에는 볼트 머리를 아래에서 위로 체결한다.

43 타워크레인 마스트 하강 작업 중 마지막 작업 순서에 해당하는 것은?

① 마스트와 볼 선회 링 서포트 연결 볼트를 푼다.
② 마스트와 마스트 체결 볼트를 푼다.
③ 실린더를 약간 올려 마스트에 롤러를 조립한다.
④ 마스트를 가이드 레일 밖으로 밀어낸다.

44 섀클(shackle)에 각인된 SWL의 의미는?

① 안전작업하중
② 제작회사의 마크
③ 절단하중
④ 재질

해설 SWL(safety working load) : 안전작업하중

45 와이어 가잉으로 고정할 때 준수해야 할 사항이 아닌 것은?

① 등각에 따라 4-6-8가닥으로 지지 및 고정할 수 있다.
② 30~90°의 안전 각도를 유지한다.
③ 가잉용 와이어의 코어는 섬유심이 바람직하다.
④ 와이어 긴장은 장력 조절장치 또는 턴버클을 사용한다.

해설 30~60°가 안전 각도이다.

46 타워크레인 본체의 전도 원인으로 거리가 먼 것은?

① 정격하중 이상의 과부하
② 지지 보강의 파손 및 불량
③ 시공상 결함과 지반 침하
④ 선회장치 고장

해설 선회장치 고장은 본체 전도와 직접적인 연관이 없다.

47 타워크레인의 마스트 상승 작업 중 발생하는 붕괴 재해에 대한 예방 대책이 아닌 것은?

① 핀이나 볼트 체결 상태 확인
② 주요 구조부의 용접 설계 검토
③ 제작사의 작업지시서에 의한 작업 순서 준수
④ 상승 작업 중에는 권상, 트롤리 이동, 선회 등 일체의 작동 금지

48 타워크레인 재해 조사 순서 중 제1단계 확인에서 사람에 관한 사항이 아닌 것은?

① 작업명과 내용
② 재해자의 인적 사항
③ 단독 혹은 공동 작업 여부
④ 작업자의 자세

정답 40. ④ 41. ③ 42. ② 43. ④ 44. ① 45. ② 46. ④ 47. ② 48. ④

49 현장에 설치된 타워크레인이 두 대 이상으로 중첩되는 경우 최소 안전 이격 거리는 얼마인가?

① 1m ② 2m
③ 3m ④ 4m

해설 타워크레인 두 대의 최소 안전 이격 거리는 2m이다.

50 타워크레인 해체 작업 시 이동식 크레인 선정에 고려해야 할 사항이 아닌 것은?

① 최대 권상 높이
② 가장 무거운 부재의 중량
③ 선회 반경
④ 기초 철근 배근도

해설 기초 철근 배근도는 기초 앵커 설치 시 철근 가공 작업에 사용되는 도면이다.

51 크레인으로 인양 시 물체의 중심을 측정하여 인양할 때에 대한 설명으로 잘못된 것은?

① 형상이 복잡한 물체의 무게중심을 확인한다.
② 인양 물체를 서서히 올려 지상 약 30cm 지점에서 정지하여 확인한다.
③ 인양 물체의 중심이 높으면 물체가 기울 수 있다.
④ 와이어 로프나 매달기용 체인이 벗겨질 우려가 있으면 되도록 높이 인양한다.

해설 와이어 로프나 매달기용 체인이 벗겨질 우려가 있으면 되도록 낮게 인양한다.

52 렌치의 사용이 적합하지 않은 것은?

① 둥근 파이프를 조일 때는 파이프 렌치를 사용한다.
② 렌치는 적당한 힘으로 볼트와 너트를 조이고 풀어야 한다.
③ 오픈 렌치는 파이프 피팅 작업에 사용한다.
④ 토크렌치는 큰 토크를 필요로 할 때만 사용한다.

53 전기 감전 위험이 생기는 경우로 가장 거리가 먼 것은?

① 몸에 땀이 배어 있을 때
② 옷이 비에 젖어 있을 때
③ 앞치마를 하지 않았을 때
④ 발밑에 물이 있을 때

해설 주변의 습도가 높거나 몸이나 옷이 물에 젖어 있을 때는 감전에 유의한다.

54 다음 중 안전의 제일 이념에 해당하는 것은?

① 품질 향상 ② 재산 보호
③ 인간 존중 ④ 생산성 향상

55 작업 중 기계에 손이 끼어 들어가는 안전사고가 발생했을 경우 우선적으로 해야 할 것은?

① 신고부터 한다.
② 응급처치를 한다.
③ 기계 전원을 끈다.
④ 신경 쓰지 않고 계속 작업한다.

해설 안전사고가 발생하면 우선 기계 전원을 꺼서 2차 사고를 방지한다.

56 감전되거나 전기 화상을 입을 위험이 있는 곳에서 작업할 때 작업자가 착용해야 할 것은?

① 구명구 ② 보호구
③ 구명조끼 ④ 비상벨

57 위험 기계 기구에 설치하는 방호장치가 아닌 것은?

① 하중 측정장치
② 급정지장치
③ 역화 방지장치
④ 자동 전격 방지장치

해설 자동 전격 방지장치란 교류 아크용접기에서 용접 작업을 중지할 경우 단시간 내에 전압을 낮추어 주는 전기적 방호장치이다.

정답 49. ② 50. ④ 51. ④ 52. ④ 53. ③ 54. ③ 55. ③ 56. ② 57. ①

58 화재가 발생하여 초기 진화를 위해 소화기를 사용하고자 할 때, 소화기 사용 순서를 바르게 나열한 것은?

> a. 안전핀을 뽑는다.
> b. 안전핀 걸림 장치를 제거한다.
> c. 손잡이를 움켜잡아 분사한다.
> d. 불이 있는 곳으로 노즐을 향하게 한다.

① a → b → c → d
② c → a → b → d
③ d → b → c → a
④ b → a → d → c

59 안전관리상 장갑을 끼면 위험할 수 있는 직업은?

① 드릴 작업
② 줄 작업
③ 용접 작업
④ 판금 작업

해설 드릴 작업 시 장갑을 끼면 장갑이 드릴에 말려들어 갈 우려가 있다.

60 수공구를 사용할 때 안전수칙으로 바르지 못한 것은?

① 톱 작업은 밀 때 절삭되게 작업한다.
② 줄 작업으로 생긴 쇳가루는 브러시로 털어 낸다.
③ 해머 작업은 미끄러짐을 방지하기 위해서 반드시 면장갑을 끼고 한다.
④ 조정 렌치는 조정 죠가 있는 부분이 힘을 받지 않게 하여 사용한다.

정답 58. ④ 59. ① 60. ③

01 타워크레인의 기초 및 상승 방법에 대한 설명으로 옳은 것은?

① 지반에 콘크리트 블록으로 고정시켜 설치하는 방법을 고정형이라 하며, 초고층 건물에 주로 사용한다.

② 건물 외부에 브래킷을 달아서 타워크레인을 상승시키는 방법을 매달기식 타워 기초라 한다.

③ 타워크레인의 기초는 지내력과 관계 없이 반드시 파일을 시공해야 한다.

④ 고층 건물 자체의 구조물에 지지하여 상승하는 방법을 상승식이라 한다.

> **해설** 상승식은 초고층 건물에 주로 쓰이며, 지내력은 22ton/m² 이상이어야 한다.

02 T형 타워크레인의 메인 지브를 이동하며 권상 작업을 위한 선회 반경을 결정하는 횡행장치는?

① 트롤리   ② 훅 블록
③ 타이 바   ④ 캣 헤드

> **해설** 트롤리는 메인 지브를 이동하며 권상 작업을 위한 선회 반경을 결정하는 횡행장치이다.

03 타워크레인에서 권과 방지장치를 설치해야 하는 작업장치만 고른 것은?

> ⓐ 권상장치   ⓑ 횡행장치
> ⓒ 선회장치   ⓓ 주행장치
> ⓔ 기복장치

① ⓐ, ⓒ   ② ⓐ, ⓔ
③ ⓑ, ⓓ   ④ ⓑ, ⓒ, ⓔ

> **해설** 권과 방지장치는 정격하중 이상을 인상할 경우 자동 차단되는 장치로, 권상장치와 기복장치에 설치해야 한다.

04 기초 앵커를 설치하는 방법 중 옳지 않은 것은?

① 지내력은 접지압 이상 확보한다.
② 앵커 세팅의 수평도는 ±5mm로 한다.
③ 콘크리트를 타설하거나 지반을 다짐한다.
④ 구조 계산 후 충분한 수의 파일을 항타한다.

> **해설** 앵커 세팅의 수평도는 ±1mm로 한다.

05 타워크레인의 주요 구조부가 아닌 것은?

① 지브 및 타워 등의 구조 부분
② 와이어 로프
③ 주요 방호장치
④ 레일의 정지 기구

06 한국에서 사용되고 있는 전력 계통의 상용 주파수는?

① 50Hz   ② 60Hz
③ 70Hz   ④ 80Hz

> **해설** 한국 및 일부 국가는 60Hz, 유럽은 50Hz를 사용한다.

07 유압 펌프에서 캐비테이션(공동 현상) 방지법이 아닌 것은?

① 흡입구의 양정을 낮게 한다.
② 오일 탱크의 오일 점도를 적당히 유지한다.
③ 펌프의 운전 속도를 규정 속도 이상으로 한다.
④ 흡입관의 굵기는 유압 펌프 본체 연결구의 크기와 같은 것을 사용한다.

> **해설** 공동 현상은 펌프에서 소음과 진동이 발생하고 양정과 효율이 급격히 저하되며, 날개 등에 부식을 일으키는 등 수명을 단축시키는 현상을 말한다. 공동 현상을 없애려면 유압 회로 내의 압력을 유지해야 한다.

정답 01. ④   02. ①   03. ②   04. ②   05. ④   06. ②   07. ③

08 유압장치에 관한 설명으로 틀린 것은?

① 유압 펌프는 기계적인 에너지를 유체 에너지로 바꾼다.
② 가압되는 유체는 저항이 최소인 곳으로 흐른다.
③ 유압력은 저항이 있는 곳에서 생성된다.
④ 고장 원인을 발견하기 쉽고 구조가 간단하다.

09 타워크레인의 과부하장치는 정격하중의 얼마 이상을 권상할 때 동작되어야 하는가?

① 정격하중의 1배
② 정격하중의 1.05배
③ 정격하중의 1.25배
④ 정격하중의 1.5배

해설 정격하중 1.05배 이상 권상 시 권상 작동을 정지하는 장치이다.

10 상하 두 부분으로 구성되어 있으며, 그 사이에 회전 테이블이 위치하는 작업장치는?

① 권상장치
② 횡행장치
③ 선회장치
④ 주행장치

해설 선회장치는 상하 두 부분과 회전 테이블로 구성되어 있다.

11 유압장치에서 제어 밸브의 3대 요소로 틀린 것은?

① 유압 제어 밸브 – 오일 종류 확인(일의 선택)
② 방향 제어 밸브 – 오일 흐름 바꿈(일의 방향)
③ 압력 제어 밸브 – 오일 압력 제어(일의 크기)
④ 유량 제어 밸브 – 오일 유량 조정(일의 속도)

12 타워크레인 방호장치와 연관이 있는 것으로 잘못 연결된 것은?

① 과부하 방지장치 – 인양 화물
② 권과 방지장치 – 와이어 로프
③ 충돌 방지장치 – 주행, 선회
④ 훅 해지장치 – 충돌 방지

해설 훅 해지장치는 와이어 로프나 벨트 슬링이 훅에서 빠져나오는 것을 방지하는 장치이다.

13 옥외 타워크레인에서 항공 장애등(燈)은 지상 높이가 최소 몇 미터 이상일 때 설치하여야 하는가?

① 40m   ② 50m
③ 60m   ④ 70m

해설 크레인 제작 안전 검사 기준 제58조 규정에 의해 지상 60m 이상 높이로 설치되는 크레인은 항공 장애등을 설치해야 한다.

14 타워크레인의 기초에 작용하는 힘에 대한 설명으로 틀린 것은?

① 작업 시 선회에 대한 슬루잉 모멘트가 기초에 전달된다.
② 타워크레인의 자중과 양중 하중은 수직력으로 기초에 전달된다.
③ 카운터 지브와 메인 지브의 모멘트 차이에 의한 전도 모멘트가 기초에 전달된다.
④ 타워크레인의 기초는 풍속의 영향을 받지 않으므로 양중 작업에만 유의해야 한다.

해설 타워크레인에서 풍속은 매우 중요하며(동하중, 풍하중 등) 설치, 해체, 상승 작업은 초속 10m 이상이면 정지해야 하고, 초속 15m 이상이면 운전 작업을 중지해야 한다. (2017년 3월 3일 개정)

정답 08. ④   09. ②   10. ③   11. ①   12. ④   13. ③   14. ④

15 전동기 외함과 제어반의 프레임 접지 저항에 대한 설명으로 옳은 것은?

① 200V에서는 50Ω일 것
② 400V 초과 시에는 50Ω일 것
③ 400V 이하일 때는 100Ω 이하일 것
④ 방폭 지역의 외함은 전압에 관계없이 100Ω 이하일 것

해설 전압이 400V를 초과할 때 접지 저항은 10Ω 이하이며, 400V 이하일 때는 100Ω 이하이다.

16 선회 브레이크 풀림장치 작동에 대한 설명으로 틀린 것은?

① 크레인 본체가 바람의 영향을 최소로 받도록 한다.
② 크레인 가동 시 선회 브레이크 풀림장치를 작동한다.
③ 크레인 비가동 시 지브가 바람 방향에 따라 자유롭게 선회하도록 한다.
④ 태풍 등에서 크레인 본체를 보호하고자 설치된 장치이다.

해설 타워크레인은 바람이 불면 지브가 영향을 많이 받으므로 브레이크 장치를 풀어 놓아야 한다.

17 타워크레인을 자립고(free standing)보다 높게 설치할 경우 마스트의 고정 및 지지 방식으로 옳은 것은?

① 벽체 지지 방법
② H-빔 지지 방법
③ 브래킷 지지 방법
④ 콘크리트 블록 지지 방법

해설 벽체 지지 고정 방식
• 지지대 3개 방식
• A-프레임과 지지대 1개 방식
• A-프레임과 로프 2개 방식
• 지지대 2개와 로프 2개 방식

18 타워크레인의 제어반에 설치된 과전류 보호용 차단기의 차단 용량은 해당 전동기 정격 전류의 몇 % 이하이어야 하는가?

① 100% 이하
② 250% 이하
③ 300% 이하
④ 350% 이하

해설 타워크레인 자체 검사 기준상 과전류 차단기의 크기는 2.5×전동기 전류이므로 250% 이하여야 한다.

19 다음 중 유압 실린더의 종류로 틀린 것은?

① 단동 실린더
② 복동 실린더
③ 다단 실린더
④ 회전 실린더

해설 유압 실린더의 종류로는 단동 실린더, 복동 실린더, 다단(텔레스코프형) 실린더가 있다.

20 타워크레인의 콘크리트 기초 앵커 설치 시 고려해야 할 사항으로 가장 거리가 먼 것은?

① 콘크리트 기초 앵커 설치 시의 지내력
② 콘크리트 블록의 크기
③ 콘크리트 블록의 형상
④ 콘크리트 블록의 강도

21 T형 타워크레인의 트롤리 이동 작업 중 갑자기 장애물을 발견했을 때 운전자의 대처 방법으로 가장 적절한 것은?

① 비상 정지 스위치를 누른다.
② 경보기를 작동한다.
③ 분전반 스위치를 끈다.
④ 재빨리 선회한다.

해설 갑작스런 위험에 노출될 경우 적색 비상 정지 스위치를 눌러야 한다.

정답 15. ③ 16. ② 17. ① 18. ② 19. ④ 20. ③ 21. ①

22 타워크레인을 사용하여 아파트나 빌딩의 거푸집 폼 해체 시 안전한 작업 방법으로 옳은 것은?

① 작업 안전을 위해 이동식 크레인과 동시에 작업한다.

② 타워크레인의 훅을 거푸집 폼에 걸고 천천히 끌어당겨서 양중한다.

③ 거푸집 폼을 체인 블록 등으로 외벽과 분리한 후에 타워크레인으로 양중한다.

④ 타워크레인으로 거푸집 폼을 고정하고 이동식 크레인으로 당겨 외벽에서 분리한다.

23 타워크레인 작업 전 조종사가 점검해야 할 사항이 아닌 것은?

① 마스트의 직진도 및 기초의 수평도

② 타워크레인의 작업 반경별 정격하중

③ 와이어 로프의 설치 상태와 손상 유무

④ 브레이크의 작동 상태

해설 기초 앵커의 수평도와 마스트의 직진도는 설치 시 점검 사항이다.

24 와이어 로프 꼬임 중 보통 꼬임의 장점이 아닌 것은?

① 휨성이 좋으며 밴딩 경사가 크다.

② 킹크가 잘 일어나지 않는다.

③ 꼬임이 강해서 모양 변형이 적다.

④ 국부적 마모가 심하지 않아 마모가 큰 곳에 사용 가능하다.

25 타워크레인 작업 시 수신호 기준서를 제공받을 필요가 없는 사람은?

① 조종사

② 정비기사

③ 신호수

④ 인양 작업 수행원

26 육성 신호에 대한 설명으로 옳지 않은 것은?

① 육성 메시지는 간결, 단순, 명확하여야 한다.

② 긴 물체, 중량물 등의 작업에서는 육성 신호를 사용해야 한다.

③ 소음이 심한 작업 지역에서는 육성보다는 무선 통신을 권장한다.

④ 신호를 접수한 운전자와 통신한 사람은 서로 완전하게 이해하였는지 확인하여야 한다.

27 와이어 로프의 클립 체결 방법으로 옳지 않은 것은?

① 가능한 한 딤블(thimble)을 부착하여야 한다.

② 클립의 새들은 로프의 힘이 걸리는 쪽에 있어야 한다.

③ 하중을 걸기 전에 단단하게 조이고, 그 이후에는 조일 필요가 없다.

④ 클립 수량과 간격은 로프 직경의 6배 이상, 수량은 최소 4개 이상이어야 한다.

28 타워크레인 인양 작업 시 줄걸이 안전사항으로 적합하지 않은 것은?

① 신호수는 원칙적으로 1인이다.

② 신호수는 타워크레인 조종사가 잘 확인할 수 있도록 정확한 위치에서 신호한다.

③ 2인 이상이 고리걸이 작업을 할 때는 상호 간에 복창 소리를 주고 받으며 진행한다.

④ 인양 작업 시 지면에 있는 보조자는 와이어 로프를 손으로 꼭 잡아 화물이 흔들리지 않게 하여야 한다.

29 신호자가 한 손을 들어올려 주먹을 쥐는 신호는 무엇을 뜻하는가?

① 작업 종료

② 운전 정지

③ 비상 정지

④ 운전자 호출

정답 22. ③ 23. ① 24. ④ 25. ② 26. ② 27. ③ 28. ④ 29. ②

30 타워크레인 운전자의 의무 사항으로 볼 수 없는 것은?

① 재해 방지를 위해 사용 전 장비 점검
② 기어 박스의 오일량 및 마모 기어의 정비
③ 장비에 특이 사항이 있을 시 교대자에게 설명
④ 안전운전에 영향을 미칠 결함 발견 시 작업 중지

해설 기어 박스 오일량 및 마모 기어 정비는 정비사가 할 일이다.

31 양손을 들어올려 크게 2~3회 좌우로 흔드는 수신호는 무슨 뜻인가?

① 고속으로 주행   ② 고속으로 권상
③ 비상 정지   ④ 운전자 호출

해설 양손을 들어올려 크게 2~3회 좌우로 흔드는 것은 비상 정지하라는 신호이다.

32 취급이 용이하고 킹크 발생이 적어 기계, 건설, 선박에 많이 사용되는 로프의 꼬임 모양은?

① 랭 S 꼬임   ② 보통 꼬임
③ 특수 꼬임   ④ 랭 Z 꼬임

33 줄걸이 용구의 안전계수를 계산하는 공식은?

① 안전계수 = 절단하중 ÷ 안전하중
② 안전계수 = 허용 응력 ÷ 극한강도
③ 안전계수 = 극한강도 ÷ 절단하중
④ 안전계수 = 허용하중 ÷ 절단하중

34 와이어 로프의 소선을 꼬아 합친 것은?

① 심강   ② 트래드
③ 공심   ④ 스트랜드

해설 소선을 꼬아서 만든 것을 스트랜드, 스트랜드를 여러 개 합친 것을 와이어 로프라 하며 그 중심에 심강이 들어간다. 심강의 종류에는 와이어심, 공심, 섬유심이 있다.

35 크레인으로 중량물을 인양하기 위해 줄걸이 작업을 할 때 주의사항으로 틀린 것은?

① 중량물의 중심 위치를 고려한다.
② 줄걸이 각도를 최대한 크게 한다.
③ 줄걸이 와이어 로프가 미끄러지지 않도록 한다.
④ 날카로운 모서리가 있는 중량물은 보호대를 사용한다.

해설 줄걸이의 안전 각도는 60° 이내로 해야 한다.

36 와이어 로프의 교체 대상으로 옳지 않은 것은?

① 한 꼬임의 소선 수가 10% 이상 단선된 것
② 공칭 직경이 5% 이상 감소한 것
③ 킹크된 것
④ 현저하게 변형되거나 부식된 것

해설 공칭 지름의 7% 이상 감소한 것을 교체해야 한다.

37 줄걸이 용구에 해당하지 않는 것은?

① 슬링 와이어 로프   ② 섬유 벨트
③ 받침대   ④ 섀클

38 와이어 로프에서 심강의 종류가 아닌 것은?

① 섬유심   ② 공심
③ 와이어심   ④ 편심

해설 심강의 종류에는 섬유심, 와이어심, 공심 등이 있다.

39 3톤의 부하물을 4줄걸이로 하여 조각도 60°로 매달았을 때, 한 줄에 걸리는 하중은 약 얼마인가?

① 0.566톤   ② 0.666톤
③ 0.766톤   ④ 0.866톤

해설 한 줄에 걸리는 하중 $= \dfrac{\text{하중}}{\text{줄 수}} \times \text{조각도}$

$= \dfrac{3\text{톤}}{4\text{줄}} \times 1.155 = 0.866\text{톤}$

정답 30. ② 31. ③ 32. ② 33. ① 34. ④ 35. ② 36. ② 37. ③ 38. ④ 39. ④

40 줄걸이용 와이어 로프에 장력이 걸린 후 일단 정지하고 줄걸이 상태를 점검할 때 확인 사항이 아닌 것은?

① 줄걸이용 와이어 로프에 장력이 균등하게 작용하는지 확인한다.
② 줄걸이용 와이어 로프의 안전율은 4 이상 되는지 확인한다.
③ 화물이 붕괴 또는 추락할 우려가 없는지 확인한다.
④ 줄걸이용 와이어 로프가 이탈할 우려는 없는지 확인한다.

해설 줄걸이용 와이어 로프의 안전율은 5 이상이어야 한다.

41 타워크레인 해체 작업 시 준수 사항으로 틀린 것은?

① 비상 정지장치는 비상 사태에 사용한다.
② 지브의 균형은 해체 작업과 연관성이 없다.
③ 마스트를 내릴 때는 지상 작업자를 대피시킨다.
④ 순간 풍속 10m/sec를 초과할 때에는 즉시 작업을 중지한다.

해설 마스트 하강 작업 시에는 지브가 앞뒤 균형을 이루도록 한 후 텔레스코핑 케이지를 작동한다.

42 텔레스코픽 요크의 핀 또는 홀의 변형을 목격했을 때 조치 사항으로 틀린 것은?

① 핀이 다소 휘었으면 분해 및 교정 후 재사용한다.
② 홀이 변형된 마스트는 해체하고 재사용하지 않는다.
③ 휘거나 변형된 핀은 파기하여 재사용하지 않는다.
④ 핀은 반드시 제작사에서 공급된 것으로 사용한다.

43 타워크레인 지브에서 이동하는 요령 중 안전에 어긋나는 것은?

① 2인 1조로 이동
② 지브 내부의 보도 이용
③ 트롤리의 점검대를 이용해 이동
④ 안전 로프의 안전대를 이용해 이동

해설 지브에서 이동할 때는 위험하므로 한 명씩 이동해야 하며 보도나 트롤리 점검대, 안전 로프의 안전대를 통해 이동해야 한다.

44 타워크레인 설치 작업 중 추락 및 낙하 위험에 따른 대책에 해당하지 않는 것은?

① 설치 작업 시 상하 이동 중 추락 방지를 위해 전용 안전벨트를 사용한다.
② 텔레스코핑 케이지의 상하부 발판을 이용하여 발판에서 작업을 한다.
③ 기초 앵커 볼트 조립 시에는 반드시 안전 벨트를 착용한 후 작업에 임한다.
④ 텔레스코핑 케이지를 마스트를 각 부재 등에 심하게 부딪히지 않도록 주의한다.

45 타워크레인 설치 작업 전 조종사가 확인해야 하는 설치 계획 확인 사항으로 틀린 것은?

① 기종 선정 적합성 여부를 확인한다.
② 타워크레인의 균형 유지 여부를 확인한다.
③ 설치할 타워크레인의 종류 및 형식을 파악한다.
④ 타워크레인의 설치 장소, 장애물, 기초 앵커 상태를 확인한다.

해설 타워크레인 균형 유지는 텔레스코핑 작업이나 설치 해체 작업 시 확인할 사항이다.

정답 40. ② 41. ② 42. ① 43. ① 44. ③ 45. ②

46 텔레스코핑 케이지 설치 방법에 대한 내용으로 틀린 것은?

① 베이직 마스트에 아래에서 위로 설치한다.
② 플랫폼이 떨어지지 않도록 단단히 조인다.
③ 슈가 흔들리는 것을 방지하고 고정장치를 제거한다.
④ 텔레스코핑 유압장치는 마스트의 텔레스코핑 사이드에 설치되도록 한다.

해설 베이직 마스트에 위에서 아래로 설치해야 한다.

47 마스트를 분리한 후 하강 운전방법으로 가장 적절한 것은?

① 바닥에 긴급히 내린다.
② 지상 바닥에 고속으로 내린다.
③ 지상 바닥에 중속으로 스윙하면서 내린다.
④ 바닥에 놓기 전 일단 정지한 후 저속으로 내린다.

48 타워크레인 설치 작업 시 인입 전원의 안전대책에 대한 설명으로 틀린 것은?

① 타워크레인용 단독 메인 케이블 전선을 사용한다.
② 케이블이 긴 경우 전압 강하를 감안하여 케이블을 선정한다.
③ 작업이 용이하게 타워크레인 전원에서 용접기 및 공기 압축기를 연결하여 사용한다.
④ 변압기 주위에 방호망을 설치하고 출입구를 만들어 관계자 이외에는 출입을 금지시킨다.

해설 인입 전원은 단독으로 사용해야 한다.

49 마스트 연장 시 균등하고 정확하게 볼트를 조일 수 있는 공구는?

① 토크렌치   ② 해머 렌치
③ 복스 렌치   ④ 에어 렌치

해설 볼트를 체결할 때는 토크렌치를 사용하여 장비에 적합한 토크압으로 체결한다.

50 타워크레인의 마스트 연장(텔레스코핑) 작업 시 준수 사항으로 틀린 것은?

① 비상 정지장치의 작동 상태를 점검한다.
② 작업 과정 중 실린더 받침대의 지지 상태를 확인한다.
③ 유압 실린더의 동작 상태를 확인하면서 진행한다.
④ 실린더 작동 전에는 반드시 타워크레인 상부의 균형 상태를 확인한다.

해설 비상 정지장치는 위급할 경우에만 사용하는 스위치이다.

51 벨트를 교체할 때 기관의 상태는?

① 고속 상태   ② 중속 상태
③ 저속 상태   ④ 정지 상태

해설 벨트 교체는 정지 상태에서 실시한다.

52 소화 작업의 기본 요소가 아닌 것은?

① 가연 물질을 제거하면 된다.
② 산소를 차단하면 된다.
③ 점화원을 제거하면 된다.
④ 연료를 기화시키면 된다.

해설 연료를 기화시키면 큰 화재로 발전하므로 기화를 차단해야 한다.

53 크레인으로 무거운 물건을 위로 달아 올릴 때 주의할 점이 아닌 것은?

① 달아 올릴 화물의 무게를 파악하여 제한하중 이하에서 작업한다.
② 매달린 화물이 불안전하다고 생각될 때는 작업을 중지한다.
③ 신호의 규정이 없으므로 작업자가 적절히 한다.
④ 신호자의 신호에 따라 작업한다.

해설 신호 규정에 따라 신호를 해야 한다.

정답 46. ① 47. ④ 48. ③ 49. ① 50. ① 51. ④ 52. ④ 53. ③

54 유류 화재 시 소화 방법으로 부적절한 것은?

① 모래를 뿌린다.

② 다량의 물을 부어 끈다.

③ ABC 소화기를 사용한다.

④ B급 화재 소화기를 사용한다.

해설 유류 화재 시 다량의 물을 뿌리면 더 큰 화재로 이어진다.

55 화재 및 폭발 우려가 있는 가스 발생장치 작업장에서 지켜야 할 사항으로 맞지 않는 것은?

① 불연성 재료 사용 금지

② 화기 사용 금지

③ 인화성 물질 사용 금지

④ 점화원이 될 수 있는 기계 사용 금지

56 밀폐된 공간에서 엔진을 가동할 때 가장 주의해야 할 사항은?

① 소음으로 인한 추락

② 배출 가스 중독

③ 진동으로 인한 직업병

④ 작업 시간

57 다음 중 드라이버 사용 방법으로 틀린 것은?

① 날 끝 홈의 폭과 깊이가 같은 것을 사용한다.

② 전기 작업 시 자루는 모두 금속으로 되어 있는 것을 사용한다.

③ 날 끝이 수평이어야 하며 둥글거나 빠진 것은 사용하지 않는다.

④ 작은 공작물이라도 한손으로 잡지 않고 바이스 등으로 고정하고 사용한다.

해설 전기 작업 시 드라이버 자루는 비도체를 사용해야한다.

58 해머 작업 시 주의사항으로 틀린 것은?

① 장갑을 끼지 않는다.

② 작업에 알맞은 무게의 해머를 사용한다.

③ 해머는 처음부터 힘차게 때린다.

④ 자루가 단단한 것을 사용한다.

59 전기 기기에 의한 감전 사고를 막기 위하여 필요한 설비로 가장 중요한 것은?

① 접지 설비

② 방폭등 설비

③ 고압계 설비

④ 대지 전위 상승 설비

해설 모든 전기 기기는 접지 설비를 한 후에 사용해야 감전 사고를 막을 수 있다.

60 진동 장애의 예방 대책이 아닌 것은?

① 실외 작업을 한다.

② 저진동 공구를 사용한다.

③ 진동 업무를 자동화한다.

④ 방진 장갑과 귀마개를 착용한다.

정답 54. ② 55. ① 56. ② 57. ② 58. ③ 59. ① 60. ①

타워크레인운전기능사

부록 Ⅱ

Craftsman Tower Crane Operating

실전 모의고사

제1회 실전 모의고사

✎ 정답 및 해설 : 406쪽

01 동력의 값이 가장 큰 것은?

① 1PS
② 1HP
③ 1kW
④ 1.2HP

02 와이어 로프의 안전계수가 5이고, 절단하중이 20,000kgf일 때 안전하중은?

① 6,000kgf
② 5,000kgf
③ 4,000kgf
④ 2,000kgf

03 저항 250Ω인 전구를 전압 250V의 전원에 사용할 경우 전구에 흐르는 전류값(A)은?

① 2.5
② 5
③ 10
④ 1

04 타워크레인 선회 브레이크의 라이닝 마모량 교체 기준은?

① 원형의 20% 이내일 때
② 원형의 30% 이내일 때
③ 원형의 40% 이내일 때
④ 원형의 50% 이내일 때

05 와이어 로프의 단말 가공 중 가장 효율적인 것은?

① 딤블(thimble)
② 소켓(socket)
③ 웨지(wedge)
④ 클립(clip)

06 타워크레인의 주요한 구동장치가 아닌 것은?

① 권상장치
② 주행장치
③ 횡행장치
④ 제동장치

07 신호법 중에서 팔을 아래로 뻗고 집게손가락을 아래로 향해서 수평원을 그리는 신호는 무슨 신호인가?

① 천천히 조금씩 올리기
② 아래로 내리기
③ 천천히 이동
④ 운전 방향 지시

08 크레인의 양중 작업 중 짐의 중심 결정 시 주의사항으로 맞는 것은?

① 중심 판단은 개략적으로 한다.
② 중심은 가급적 높도록 한다.
③ 중심이 전후, 좌우로 치우친 것은 줄걸이에 주의하지 않아도 된다.
④ 중심의 바로 위에 훅을 유도한다.

09 훅(hook)의 점검은 작업 개시 전에 실시하여야 한다. 안전에 잘못된 사항은?

① 단면 지름 감소가 원래 지름의 5% 이내일 것
② 균열이 없는 것을 사용할 것
③ 두부 및 만곡의 내측에 홈이 있는 것을 사용할 것
④ 개구부가 원래 간격의 5% 이내일 것

10 와이어 로프의 단말 가공 중 용융 금속을 부어 만든 것은?

① 딤블(thimble)
② 소켓(socket)
③ 웨지(wedge)
④ 클립(clip)

11 훅 해지장치에 대한 설명으로 맞는 것은?

① 와이어 로프의 꼬임 방지 기능

② 와이어 로프의 윤활 기능

③ 와이어 로프의 이탈 방지 기능

④ 와이어 로프의 감김 방지 기능

12 텔레스코핑 작업에 관한 내용으로 틀린 것은?

① 텔레스코핑 작업 중 선회 동작 금지

② 연결 볼트 또는 연결핀을 체결하기 전에는 크레인의 동작을 금지

③ 연결 볼트 체결 시는 토크렌치 사용

④ 유압 실린더가 상승 중에 트롤리를 전·후로 이동

13 타워크레인 트롤리에 대한 설명으로 옳은 것은?

① 선회할 수 있는 모든 장치를 말한다.

② 권상 윈치와 조립되어 이동할 수 있는 장치이다.

③ 메인 지브를 따라 이동되며, 권상 작업을 위한 선회 반경을 결정하는 횡행장치이다.

④ 지브를 원하는 각도로 들어올릴 수 있는 장치를 말한다.

14 타워크레인 설치 시 인양물 권상 작업 중 화물 낙하의 요인이 아닌 것은?

① 인양물의 재질과 성능

② 줄걸이(인양줄) 작업 잘못

③ 지브와 달기 기구와의 충돌

④ 권상용 로프의 절단

15 타워크레인 비가동 시 지브가 바람에 따라 자유롭게 움직여 풍압으로부터 타워크레인 본체를 보호하고자 설치된 장치는?

① 선회 브레이크 풀림장치

② 충돌 방지장치

③ 선회 제한 리밋 스위치

④ 와이어 로프 꼬임 방지장치

16 타워크레인 설치 시 비래 및 낙하 방지를 위한 안전조치가 아닌 것은?

① 작업 범위 내 통행 금지

② 운반 주머니 이용

③ 보조 로프 사용

④ 공구통 사용

17 유압의 특징에 대한 설명으로 틀린 것은?

① 액체는 압축률이 커서 쉽게 압축할 수 있다.

② 액체는 운동을 전달할 수 있다.

③ 액체는 힘을 전달할 수 있다.

④ 액체는 작용력을 증대시키거나 감소시킬 수 있다.

18 크레인에서 리밋 스위치의 전동에 쓰이는 일반적인 체인은?

① 롤러 체인

② 롱 링크 체인

③ 쇼트 링크 체인

④ 스타트 체인

19 다음 유압 기호 중 체크 밸브를 나타낸 것은?

20 기복(jib-luffing) 장치를 설명한 것으로 알맞지 않은 것은?

① 최고·최저 각을 제한하는 구조로 되어 있다.

② 타워크레인의 높이를 조절하는 기계장치이다.

③ 지브의 기복 각으로 작업 반경을 조절한다.

④ 최고 경계 각을 차단하는 기계적 제한장치가 있다.

21 현장에 설치된 타워크레인이 두 대 이상으로 중첩되는 경우의 최소 안전 이격 거리는 얼마인가?

① 1m ② 2m
③ 3m ④ 4m

22 텔레스코핑 작업 시 새로운 마스트를 올려놓는 곳은?

① 트롤리 ② 이동 레일
③ 타워헤드 ④ 카운터 지브

23 다음 그림에서 카운터 지브에 가까운 것은?

① ① ② ②
③ ③ ④ ④

24 L형 타워크레인에 없는 부품이나 장치는?

① 카운터 웨이트
② 트롤리
③ 훅 블록
④ 텔레스코핑 케이지

25 텔레스코핑 작업 시 마스트를 인양하는 이유로 맞는 것은?

① 카운터 웨이트를 옮기기 위해
② 균형을 맞추기 위해
③ 선회하기 위해
④ 시간을 맞추기 위해

26 타워크레인 운전 요령에서 선회 작업 시 작업 공간을 제한하여 작업하고자 할 때는 다음 중 어떤 안전장치를 활용해야 하는가?

① 와이어 로프 꼬임 방지장치
② 선회 브레이크 풀림장치
③ 선회 제한 리밋 스위치
④ 트롤리 로프 긴장장치

27 2대 이상이 근접하여 설치된 타워크레인에서 화물을 운반할 때 운전 시 가장 주의하여야 할 동작은?

① 권상 동작
② 권하 동작
③ 선회 동작
④ 트롤리 이동 동작

28 수직 볼트를 사용하는 마스트의 볼트 체결 방법으로 맞는 것은?

① 대각선 방향으로 아래, 위로 향하게 조립한다.
② 볼트의 헤드부가 전체 위로 향하게 조립한다.
③ 볼트의 헤드부가 전체 아래로 향하게 조립한다.
④ 왼쪽부터 하나씩 아래, 위로 향하게 조립한다.

29 와이어 로프에서 소선을 꼬아 합친 것은?

① 심강
② 트래드
③ 공심
④ 스트랜드

30 타워크레인 설치(상승 포함), 해체 작업자가 특별 안전·보건교육을 이수해야 하는 최소 시간은?

① 1시간 이상
② 2시간 이상
③ 3시간 이상
④ 4시간 이상

31 토크렌치의 가장 올바른 사용법은?

① 렌치 끝을 한손으로 잡고 돌리면서 눈은 게이지 눈금을 확인한다.

② 렌치 끝을 양손으로 잡고 돌리면서 눈은 게이지 눈금을 확인한다.

③ 왼손은 렌치 끝을 잡고 돌리고 오른손은 지지점을 누르고 게이지 눈금을 확인한다.

④ 오른손은 렌치 끝을 잡고 돌리고 왼손은 지지점을 누르고 게이지 눈금을 확인한다.

32 화재의 분류 중 A급 화재의 정의로 맞는 것은?

① 가장 중요한 긴급한 화재로 전기 화재이다.

② 백색원형으로 표시된 소화기를 사용하면 안 된다.

③ 마그네슘 등 금속 화재를 말한다.

④ 나무 등, 일반 가연물 화재이다.

33 산업 재해의 분류에서 사람이 평면상으로 넘어졌을 때(미끄러짐 포함)를 말하는 것은?

① 낙하　　　　② 충돌

③ 전도　　　　④ 추락

34 드릴(drill) 기기를 사용하여 작업할 때 착용을 금지하는 것은?

① 안전화

② 장갑

③ 작업모

④ 작업복

35 불안전한 행동으로 인한 산업재해가 아닌 것은?

① 불안전한 자세

② 안전구 미착용

③ 방호장치 결함

④ 안전장치 기능 제거

36 부재에 하중이 가해지면 외력에 대응하는 내력이 부재 내부에서 발생하는데, 이것을 무엇이라 하는가? (단위는 kgf/cm^2)

① 응력　　　　② 변형

③ 하중　　　　④ 모멘트

37 타워크레인에서 권상 시 트롤리와 훅(hook)이 충돌하는 것을 방지하는 장치는?

① 권과 방지장치　　② 속도 제한장치

③ 충돌 방지장치　　④ 비상 정지장치

38 훅걸이 중 가장 위험한 것은?

① 눈걸이　　　　② 어깨걸이

③ 이중걸이　　　④ 반걸이

39 마스트 상승 작업(텔레스코핑) 시 반드시 준수해야 할 사항이 아닌 것은?

① 제조자 및 설치 업체에서 작성한 표준 작업 절차에 의해 작업한다.

② 텔레스코핑 작업 시 타워크레인 양쪽 지브의 균형은 반드시 유지해야 한다.

③ 텔레스코핑 작업 시 유압 실린더 위치는 카운터 지브의 반대 방향이어야 한다.

④ 텔레스코핑 작업은 반드시 제한 풍속(순간 최대 풍속은 10m/s)을 준수해야 한다.

40 공장 내 작업 안전수칙으로 옳은 것은?

① 기름걸레나 인화 물질은 철제 상자에 보관한다.

② 공구나 부속품을 닦을 때에는 휘발유를 사용한다.

③ 차가 잭에 의해 올라가 있을 때는 직원 외에 차내 출입을 삼간다.

④ 높은 곳에서 작업할 때는 훅을 놓치지 않게 잘 잡고 체인 블록을 이용한다.

41 타워크레인의 동력이 차단되었을 때 권상장치의 제동장치는 어떻게 되어야 하는가?

① 자동적으로 작동해야 한다.
② 수동으로 작동시켜야 한다.
③ 자동적으로 해제되어야 한다.
④ 하중의 대소에 따라 자동적으로 해제 또는 작동해야 한다.

42 타워크레인에 사용되는 배선의 절연 저항 측정 기준으로 틀린 것은?

① 대지 전압이 150V 이하인 경우에는 0.1MΩ 이상
② 대지 전압이 150V 이상, 300V 이하인 경우에는 0.2MΩ 이상
③ 사용 전압이 300V 이상, 400V 미만인 경우에는 0.3MΩ 이상
④ 사용 전압이 400V 이하인 경우에는 0.4MΩ 이하

43 트롤리 로프 긴장장치의 기능에 관한 설명으로 틀린 것은?

① 와이어 로프의 긴장을 유지하여 정확한 위치를 제어한다.
② 연신율에 의해 느슨해진 와이어 로프를 수시로 긴장시킬 수 있는 장치이다.
③ 화물이 흔들리는 것을 와이어 로프 긴장을 이용하여 조절하는 기능을 한다.
④ 정·역방향으로 와이어 로프의 드럼 감김 능력을 원활하게 한다.

44 타워크레인의 상부 구조부 해체 작업에 해당하지 않는 것은?

① 카운터 지브에서 권상 기어를 분리한다.
② 타워 헤드를 분리한다.
③ 메인 지브에서 텔레스코핑 장치를 분리한다.
④ 카운터 웨이트를 분해한다.

45 와이어 로프의 안전율을 계산하는 방법으로 맞는 것은?

① 로프의 절단하중 ÷ 로프에 걸리는 최대 허용 하중
② 로프의 절단하중 ÷ 로프에 걸리는 최소 허용 하중
③ 로프에 걸리는 최대 하중 ÷ 로프의 절단하중
④ 로프에 걸리는 최소 하중 ÷ 로프의 절단하중

46 교류 아크 용접기의 감전 방지용 방호장치에 해당하는 것은?

① 2차 권선장치　　② 자동 전격 방지기
③ 전류 조절장치　　④ 전자 계전기

47 타워크레인 기초 앵커 설치 순서로 가장 알맞은 것은?

> ㉠ 터파기
> ㉡ 지내력 확인
> ㉢ 버림 콘크리트 타설
> ㉣ 크레인 설치 위치 선정
> ㉤ 콘크리트 타설 및 양생
> ㉥ 기초 앵커 세팅 및 접지
> ㉦ 철근 배근 및 거푸집 조립

① ㉣ → ㉡ → ㉠ → ㉢ → ㉥ → ㉦ → ㉤
② ㉣ → ㉠ → ㉡ → ㉢ → ㉥ → ㉦ → ㉤
③ ㉣ → ㉢ → ㉠ → ㉡ → ㉥ → ㉦ → ㉤
④ ㉣ → ㉡ → ㉠ → ㉦ → ㉢ → ㉥ → ㉤

48 타워크레인에 설치되어 있는 방호장치의 종류가 아닌 것은?

① 충전장치
② 과부하 방지장치
③ 권과 방지장치
④ 훅 해지장치

49 다음 그림은 무엇을 나타내는가?

① 유압 펌프
② 작동유 탱크
③ 유압 실린더
④ 유압 모터

50 타워크레인의 선회 작업 구역을 제한하고자 할 때 사용하는 안전장치는?

① 와이어 로프 꼬임 방지장치
② 선회 브레이크 풀림장치
③ 선회 제한 리밋 스위치
④ 트롤리 로프 긴장장치

51 크레인용 와이어 로프에 심강을 사용하는 목적이 아닌 것은?

① 인장 하중을 증가시킨다.
② 스트랜드의 위치를 올바르게 유지한다.
③ 소선끼리의 마찰에 의한 마모를 방지한다.
④ 부식을 방지한다.

52 마스트와 마스트 사이에 체결되는 고장력 볼트의 체결 방법으로 옳은 것은?

① 볼트 머리를 위에서 아래로 체결
② 볼트 머리를 아래에서 위로 체결
③ 볼트 머리를 좌에서 우로 체결
④ 볼트 머리를 우에서 좌로 체결

53 감전되거나 전기 화상을 입을 위험이 있는 곳에서 작업할 때 작업자가 착용해야 할 것은?

① 구명구   ② 보호구
③ 구명조끼   ④ 비상벨

54 T형 타워크레인의 메인 지브를 이동하며 권상 작업을 위한 선회 반경을 결정하는 횡행장치는?

① 트롤리   ② 훅 블록
③ 타이 바   ④ 캣 헤드

55 타워크레인의 과부하장치는 정격하중의 얼마 이상을 권상할 때 동작되어야 하는가?

① 정격하중의 1배
② 정격하중의 1.05배
③ 정격하중의 1.25배
④ 정격하중의 1.5배

56 타워크레인의 제어반에 설치된 과전류 보호용 차단기의 차단 용량은 해당 전동기 정격 전류의 몇 % 이하이어야 하는가?

① 100% 이하   ② 250% 이하
③ 300% 이하   ④ 350% 이하

57 타워크레인 작업 시 수신호 기준서를 제공받을 필요가 없는 사람은?

① 조종사
② 정비기사
③ 신호수
④ 인양 작업 수행원

58 취급이 용이하고 킹크 발생이 적어 기계, 건설, 선박에 많이 사용되는 로프의 꼬임 모양은?

① 랭 S 꼬임   ② 보통 꼬임
③ 특수 꼬임   ④ 랭 Z 꼬임

59 3톤의 부화물을 4줄걸이로 하여 조각도 60°로 매달았을 때, 한 줄에 걸리는 하중은 약 얼마인가?

① 0.566톤   ② 0.666톤
③ 0.766톤   ④ 0.866톤

60 소화 작업의 기본 요소가 아닌 것은?

① 가연 물질을 제거하면 된다.
② 산소를 차단하면 된다.
③ 점화원을 제거하면 된다.
④ 연료를 기화시키면 된다.

제1회 실전 모의고사 정답 및 해설

01	02	03	04	05	06	07	08	09	10	11	12	13	14	15
③	③	④	④	②	④	②	④	③	②	③	④	③	①	①
16	17	18	19	20	21	22	23	24	25	26	27	28	29	30
④	①	①	③	②	②	②	①	②	①	③	③	②	④	②
31	32	33	34	35	36	37	38	39	40	41	42	43	44	45
③	④	③	②	④	①	①	④	③	①	①	④	③	③	①
46	47	48	49	50	51	52	53	54	55	56	57	58	59	60
②	①	①	①	③	①	②	②	①	②	②	②	②	④	④

01 ① 1PS=735W
② 1HP=746W
③ 1kW=1,000W
④ 1.2HP=882W

02 정격(안전) 하중 $= \dfrac{절단(파단)하중}{안전계수}$
$= \dfrac{20,000}{5}$
$= 4,000\,kgf$

03 $I=\dfrac{E}{R}$ 이므로 $\dfrac{250V}{250\Omega}=1A$ 가 된다.

04 브레이크휠(wheel)·림(rim)의 마모는 40%까지이며, 라이닝의 마모는 50%까지이다.

05 소켓 가공법은 로프의 스트랜드와 소선을 모두 풀어 소켓에 넣어 용융 금속을 주입시켜 가공한 합금 고정법으로 정확히 하면 100% 효과를 볼 수 있다.

06 주행장치는 이동식 타워크레인에 해당한다.
횡행장치는 트롤리 구동장치이다.

07 • 천천히 조금씩 올리기 : 손바닥을 위로 하여 2~3회 흔든다.
• 아래로 내리기 : 집게손가락을 아래로 해서 수평원을 그린다.

• 운전 방향 지시 : 집게손가락으로 방향을 가리킨다.

08 중심 판단은 정확하게, 중심은 낮게, 치우친 중심은 줄걸이를 주의한다.

09 훅(hook)의 단면 지름 감소나 개구부 간격은 원래 규격의 5% 이내라야 하며, 두부 및 만곡의 내측에 홈이 없어야 한다.

12 유압 실린더가 상승 중에 트롤리를 전·후로 이동시키면 위험하다.

13 횡행장치가 없이 트롤리의 이동에 따라 선회 반경이 달라지는 것은 타워크레인이고 천장 크레인은 별도의 횡행장치가 설치되어 있다.

14 인양물 권상 작업 중 낙하 원인은 로프의 절단, 줄걸이의 잘못, 달기 기구가 지브에 충돌하는 것 등이다.

15 선회 브레이크 풀림장치는 바람에 따라 자유롭게 움직이도록 해 준다.

17 기체는 압축될 수 있지만 액체는 압축되지 않는다.

18 링크 체인은 운반용이며, 롤러 체인은 전동용이다.

20 타워크레인의 높이는 마스트를 삽입시켜서 조절한다.

22 텔레스코핑 작업 시 새로운 마스트를 이동 레일 (running rail) 롤러에 올려놓고 텔레스코핑 케이지 내부로 밀어넣는다.

24 메인 지브가 경사져 있어 트롤리를 운용하지 않고 그 경사각으로 작업 반경을 결정한다.

26 선회 브레이크는 선회 동작을 정지시키기 위한 것이고, 선회 제한 리밋 스위치는 작업 공간을 일정 범위로 제한하는 것이므로 혼동하지 말아야 한다.

27 2대 이상의 타워크레인이 작업을 하고 있을 때는 권상·권하보다 선회 시 충돌 등에 주의하도록 한다.

29 와이어 로프는 심강, 소선, 스트랜드로 구성되며 소선을 꼬아 만든 것이 스트랜드이다.

30 산업안전보건법 시행규칙 제33조 별표 8의 규정에 의하여 특별 안전·보건교육을 2시간 이상 받아야 한다.

31 토크렌치는 볼트 너트의 조임 토크를 측정하기 위한 공구로 왼손은 렌치를 잡고 오른손은 돌리면서 눈으로 게이지를 읽는다.

33 ① 낙하 : 작업 중 떨어짐
② 충돌 : 부딪힘
③ 전도 : 넘어짐
④ 추락 : 위험 지역에서 떨어짐

34 드릴 기기를 사용하는 작업에서 장갑을 끼면 말려들어갈 수 있어 위험하다.

36 • 응력 : 저항이 생기는 단면의 단면적당 내력의 크기
• 변형 : 재료에 하중이 작용하여 그 재료가 변형되는 것
• 하중 : 크레인 구조에 작용하는 외력
• 모멘트(토크) : 물리적으로 물체가 움직이도록 힘이 작용하는 효과 또는 그것을 나타내는 양 (M= P×L)

37 • 권과 방지장치 : 권상 권하 시 과권 방지
• 속도 제한장치 : 권상 속도의 단계별 제한
• 충돌 방지장치 : 동일 궤도 및 작업 반경 내에서 충돌 방지
• 비상 정지장치 : 예기치 못한 상황 시 동작 정지

38 반걸이는 미끄러지기 쉬우므로 엄금한다.

42 • 대지 전압이 150V 이하인 경우 : 0.1MΩ 이상
• 대지 전압이 150V 이상, 300V 이하인 경우 : 0.2MΩ 이상
• 사용 전압이 300V 이상, 400V 미만인 경우 : 0.3MΩ 이상
• 사용 전압이 400V 이상인 경우 : 0.4MΩ 이상

44 마스트에서 텔레스코핑 장치를 분리한다.

46 교류 아크 용접기의 감전 방지용 방호장치는 자동 전격 방지기이다.

48 충전장치는 방호장치에 속하지 않는다.

52 기초 앵커와 마스트 사이는 볼트 머리를 위에서 아래로 체결하며, 마스트 간에는 볼트 머리를 아래에서 위로 체결한다.

54 트롤리는 메인 지브를 이동하며 권상 작업을 위한 선회 반경을 결정하는 횡행장치이다

55 정격하중 1.05배 이상 권상 시 권상 작동을 정지하는 장치이다.

56 타워크레인 자체 검사 기준상 과전류 차단기의 크기는 2.5×전동기 전류이므로 250% 이하여야 한다.

59 한 줄에 걸리는 하중$=\dfrac{하중}{줄\ 수}×조각도$

$$=\dfrac{3톤}{4줄}×1.155=0.866톤$$

60 연료를 기화시키면 큰 화재로 발전하므로 기화를 차단해야 한다.

제2회 실전 모의고사

✎ 정답 및 해설 : 414쪽

01 그림과 같이 물건을 들어올리려고 했을 때 권상을 한 후에는 어떤 현상이 일어나는가?

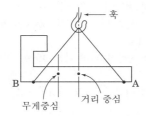

① 수평 상태가 유지된다.
② A 쪽이 밑으로 기울어진다.
③ B 쪽이 밑으로 기울어진다.
④ 무게중심과 훅 중심이 수직으로 만난다.

02 물체 중량을 구하는 공식으로 맞는 것은?

① 비중×넓이
② 무게×길이
③ 넓이×체적
④ 비중×체적

03 전기 기계 기구의 외함 구조로서 적절하지 않은 것은?

① 충전부가 노출되어야 한다.
② 폐쇄형으로 잠금장치가 있어야 한다.
③ 사용 장소에 적합한 구조여야 한다.
④ 옥외 시 방수형이어야 한다.

04 인터록 장치를 설치하는 목적으로 맞는 것은?

① 서로 상반되는 동작이 동시에 동작되지 않도록 하기 위하여
② 전기 스파크의 발생을 방지하기 위하여
③ 전자 접속 용량을 조절하기 위하여
④ 전원을 안정적으로 공급하기 위하여

05 타워크레인의 권상장치에서 달기 기구가 가장 아래쪽에 위치할 때 드럼에는 와이어 로프가 최소한 몇 회 이상의 여유 감김이 있어야 하는가?

① 1회
② 2회
③ 3회
④ 4회

06 다음 중 신호에 관련된 사항으로 틀린 것은?

① 신호수는 한 사람이어야 한다.
② 신호가 불분명할 때는 즉시 중지한다.
③ 비상시에는 신호에 관계없이 중지한다.
④ 복수 이상이 신호를 동시에 한다.

07 다음 그림은 축의 무게중심 G를 나타내고 있다. A의 거리는?

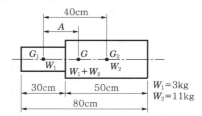

① 약 20cm
② 약 38cm
③ 약 31cm
④ 약 25cm

08 와이어 로프를 절단했을 때 꼬임이 풀리는 것을 방지하기 위한 시징은 직경의 몇 배가 적당한가?

① 1배
② 3배
③ 5배
④ 7배

09 안전계수를 구하는 공식은?

① 안전하중/절단하중
② 시험 하중/정격하중
③ 시험 하중/안전하중
④ 절단하중/안전하중

10 타워크레인 신호수가 팔을 위로 뻗고 집게손가락을 위로 해서 원을 그린 것은 어떤 신호를 의미하는가?

① 훅(hook)을 위로 올린다.
② 훅(hook)을 아래로 내린다.
③ 훅(hook)을 그 자리에 유지시킨다.
④ 훅(hook)을 천천히 올리고 내린다.

11 신호수의 무전기 사용 시 주의점이 아닌 것은?

① 반복 신호를 금지한다.
② 신호수의 입장에서 신호한다.
③ 무전기 상태를 확인 후 교신한다.
④ 은어, 속어, 비어를 사용하지 않는다.

12 훅의 폐기 기준에 맞는 것은?

① 입구 벌어짐 5% 이상, 마모율 7% 이상
② 입구 벌어짐 7% 이상, 마모율 18% 이상
③ 입구 벌어짐 10% 이상, 마모율 10% 이상
④ 입구 벌어짐 20% 이상, 마모율 20% 이상

13 타워크레인 구조물 간의 인접한 연결 부위 중 고장력 볼트 또는 핀의 체결 부위가 아닌 것은?

① 슬루잉 플랫폼 – 볼 슬루잉 링
② 베이직 마스트 – 기초앵커
③ 마스트 – 마스트
④ 운전석 – 카운터 웨이트

14 메인 지브 길이에 따라 크레인의 균형 유지에 적합하도록 선정된 여러 개의 철근 콘크리트 등으로 만들어진 블록을 카운터 지브에 설치하는 것은?

① 메인 지브
② 균형추
③ 타이 바
④ 타워 헤드

15 무한 선회 구조의 타워크레인이 필수적으로 갖춰야 할 장치로 맞는 것은?

① 선회 제한 리밋 스위치
② 유체 커플 링
③ 볼 선회 링 기어
④ 집전 슬립 링

16 기복(luffing)형 타워크레인에서 양중물의 무게가 무거운 경우 선회 반경은?

① 선회 반경이 짧아진다.
② 선회 반경이 길어진다.
③ 선회 반경이 커진다.
④ 선회 반경이 변함없다.

17 타워크레인 메인 지브(앞 지브)의 절손 원인으로 가장 적합한 것은?

① 호이스트 모터의 소손
② 트롤리 로프의 파단
③ 정격하중의 과부하
④ 슬로잉 모터 소손

18 타워크레인의 운전에 영향을 주는 안정도 설계 조건을 설명한 것 중 틀린 것은?

① 하중은 가장 불리한 조건으로 설계한다.
② 안정도는 가장 불리한 값으로 설계한다.
③ 안정 모멘트 값은 전도 모멘트의 값 이하로 한다.
④ 비가동 시는 지브의 회전이 자유로워야 한다.

19 타워크레인 해체 시 이동식 크레인 선정 조건이 아닌 것은?

① 이동식 크레인 운전자 확인
② 최대 권상 높이
③ 가장 무거운 부재 중량
④ 이동식 크레인의 선회 반경

20 과부하 방지장치에 대한 설명으로 틀린 것은?

① 지브 길이에 따라 정격하중의 1.05배 이상 권상 시 작동한다.
② 운전 중 임의로 조정하여 사용하여서는 안 된다.
③ 과권상 시 작동하여 동력을 차단하는 장치다.
④ 성능 검정 합격품을 설치하여 사용하여야 한다.

21 메인 지브를 오가며 권상 작업을 위한 선회반경을 결정하는 횡행장치는?

① 훅 블록
② 트롤리
③ 타이 바
④ 캣 헤드

22 메인 지브와 카운터 지브의 연결 바를 상호 지탱해 주기 위한 목적으로 설치된 것은?

① 트롤리
② 훅 블록
③ 캣 헤드
④ 카운터 웨이트

23 선회장치의 슬루잉 기어로 가장 적당한 것은?

① 베벨 기어와 피니언
② 워엄과 워엄 기어
③ 스큐 기어와 피니언
④ 링 기어와 피니언

24 고무 완충재를 사용하는 곳으로 맞는 것은?

① 트롤리 정지장치
② 권상·권하 방지장치
③ 훅 블록
④ 카운터 웨이트

25 타워크레인의 텔레스코핑 작업 전 유압장치 점검 사항이 아닌 것은?

① 유압 탱크의 오일 레벨을 점검한다.
② 유압 모터의 회전 방향을 점검한다.
③ 유압 펌프의 작동 압력을 점검한다.
④ 유압장치의 자중을 점검한다.

26 설치 작업 시작 전 고려해야 할 착안 사항이 아닌 것은?

① 기상 확인
② 역할 분담 지시
③ 줄걸이, 공구 안전점검
④ 타워크레인 기종 선정

27 와이어 가잉 클립(clip) 결속 시의 준수 사항으로 옳은 것은?

① 클립의 새들은 로프의 힘이 많이 걸리는 쪽에 있어야 한다.
② 클립의 새들은 로프의 힘이 적게 걸리는 쪽에 있어야 한다.
③ 클립의 너트 방향을 설치 수의 1/2씩 나누어 조임한다.
④ 클립의 너트 방향을 아래·위 교차가 되게 조임한다.

28 와이어 로프의 주유에 대한 설명으로 가장 알맞은 것은?

① 그리스를 와이어 로프의 전체 길이에 충분히 칠한다.
② 그리스를 와이어 로프에 칠할 필요가 없다.
③ 기계유를 로프의 심까지 충분히 적신다.
④ 그리스를 로프의 마모가 우려되는 부분만 칠하는 것이 좋다.

29 선회 링 기어와 피니언의 간극을 무엇이라 하는가?

① 스프레드(spread)

② 오일 간극(oil gap)

③ 크러시(crush)

④ 백 래시(back lash)

30 유해·위험작업의 취업 제한에 관한 규칙에서 자격 등의 취득을 위한 지정 교육 기관으로 허가받고자 할 경우 다음 중 허가권자는?

① 국토교통부 장관

② 산업통상자원부 장관

③ 중소기업청장

④ 고용노동부 장관

31 오픈 엔드 렌치 사용 방법으로 틀린 것은?

① 입(jaw)이 변형된 것은 사용하지 않는다.

② 볼트는 미끌리지 않도록 단단히 끼워 밀 때 힘이 작용되도록 한다.

③ 연료 파이프의 피팅을 풀고 조일 때 사용한다.

④ 자루에 파이프를 끼워 사용하지 않는다.

32 유해 광선이 있는 작업장에 필요한 보호구로 가장 적절한 것은?

① 보안경   ② 안전모

③ 귀마개   ④ 방독 마스크

33 안전·보건 표지의 종류와 형태 중에서 다음 그림의 표지로 맞는 것은?

① 안전복 착용   ② 안전모 착용

③ 보안면 착용   ④ 출입 금지

34 가스매설배관 표지판 설치 기준에 맞는 색깔은?

① 흰색 바탕 검정색 글씨로 도시가스라 쓴다.

② 검정색 바탕 흰색 글씨로 도시가스라 쓴다.

③ 적색 바탕 검정색 글씨로 도시가스라 쓴다.

④ 황색 바탕 검정색 글씨로 도시가스라 쓴다.

35 폭발의 우려가 있는 가스 또는 분진이 발생하는 장소에서 지켜야 할 사항으로 틀린 것은?

① 화기 사용금지

② 인화성 물질 사용금지

③ 점화의 원인이 될 수 있는 기계 사용금지

④ 불연성 재료의 사용금지

36 주어진 범위 내에서만 선회가 가능하도록 하며, 전기 공급 케이블 등이 과도하게 비틀리는 것을 방지하는 부품은?

① 와이어 로프 꼬임 방지장치

② 선회 브레이크 풀림장치

③ 와이어 로프 이탈 방지장치

④ 선회 제한 리밋 스위치

37 타워크레인에서 트롤리 로프의 처짐을 방지하는 장치는?

① 트롤리 로프 안전장치

② 트롤리 로프 긴장장치

③ 트롤리 로프 정지장치

④ 트롤리 내외측 제어장치

38 줄걸이용 와이어 로프를 엮어 넣기로 고리를 만들려고 할 때 엮어 넣는 적정 길이(splice)는 얼마인가?

① 와이어 로프 지름의 5~10배

② 와이어 로프 지름의 10~20배

③ 와이어 로프 지름의 20~30배

④ 와이어 로프 지름의 30~40배

39 산업안전보건법상 방호 조치에 대한 근로자의 준수 사항에 해당되지 않는 것은?

① 방호 조치를 임의로 해체하지 말 것
② 방호 조치를 조정하여 사용하고자 할 때는 상급자의 허락을 받아 조정할 것
③ 사업주의 허가를 받아 방호 조치를 해체한 후, 그 사유가 소멸된 때에는 지체 없이 원상으로 회복시킬 것
④ 방호 조치의 기능이 상실된 것을 발견한 때에는 지체 없이 사업주에게 신고할 것

40 소화 방식의 종류 중 주된 작용이 질식 소화에 해당하는 것은?

① 강화액　　　　② 호스 방수
③ 에어 폼　　　　④ 스프링클러

41 배선용 차단기의 동작 방식에 따른 분류가 아닌 것은?

① 전자식　　　　② 누전식
③ 열동전자식　　④ 열동식

42 타워크레인의 방호장치 종류가 아닌 것은?

① 권상 및 권하 방지장치
② 풍압 방지장치
③ 과부하 방지장치
④ 훅 해지장치

43 타워크레인 설치(상승 포함) 해체 작업자가 특별 안전보건 교육을 이수해야 하는 최소 시간은?

① 1시간 이상　　② 2시간 이상
③ 3시간 이상　　④ 4시간 이상

44 산업재해의 간접 원인 중 기초 원인에 해당하지 않는 것은?

① 관리적 원인　　② 학교 교육적 원인
③ 사회적 원인　　④ 신체적 원인

45 일반적인 타워크레인 조종장치에서 선회 제어 조작 방법은? (단, 운전석에 앉아 있을 때를 기준으로 한다.)

① 왼쪽 상하　　　② 왼쪽 좌우
③ 오른쪽 상하　　④ 오른쪽 좌우

46 풀리에 벨트를 걸거나 벗길 때 안전하게 하기 위한 작동 상태는?

① 중속인 상태　　② 역회전 상태
③ 정지한 상태　　④ 고속인 상태

47 그림은 타워크레인의 어떤 작업을 신호하고 있는가?

① 주권 사용　　　② 보권 사용
③ 운전자 호출　　④ 크레인 작업 개시

48 정격하중이 12톤, 4Fall이라고 할 때, 정격하중으로 인해 권상 와이어 로프 한 가닥에 작용하는 최대 하중은?

① 12톤　　　　　② 6톤
③ 4톤　　　　　　④ 3톤

49 타워크레인을 선회 중인 방향과 반대되는 방향으로 급조작할 때 파손될 위험이 가장 큰 곳은?

① 릴리프 밸브
② 액추에이터
③ 디스크 브레이크 에어 캡
④ 링 기어 또는 피니언 기어

50 크레인 안전 및 검사 기준상 권상용 와이어 로프의 안전율은?

① 4.0 ② 5.0
③ 6.0 ④ 7.0

51 섀클(shackle)에 각인된 SWL의 의미는?

① 안전작업 하중
② 제작회사의 마크
③ 절단하중
④ 재질

52 타워크레인 본체의 전도 원인으로 거리가 먼 것은?

① 정격하중 이상의 과부하
② 지지 보강의 파손 및 불량
③ 시공상 결함과 지반 침하
④ 선회장치 고장

53 안전관리상 장갑을 끼면 위험할 수 있는 직업은?

① 드릴 작업   ② 줄 작업
③ 용접 작업   ④ 판금 작업

54 타워크레인에서 권과 방지장치를 설치해야 하는 작업장치만 고른 것은?

ⓐ 권상장치   ⓑ 횡행장치
ⓒ 선회장치   ⓓ 주행장치
ⓔ 기복장치

① ⓐ, ⓒ   ② ⓐ, ⓔ
③ ⓑ, ⓓ   ④ ⓑ, ⓒ, ⓔ

55 마스트 연장 시 균등하고 정확하게 볼트를 조일 수 있는 공구는?

① 토크렌치   ② 해머 렌치
③ 복스 렌치   ④ 에어 렌치

56 선회 브레이크 풀림장치 작동에 대한 설명으로 틀린 것은?

① 크레인 본체가 바람의 영향을 최소로 받도록 한다.
② 크레인 가동 시 선회 브레이크 풀림장치를 작동한다.
③ 크레인 비가동 시 지브가 바람 방향에 따라 자유롭게 선회하도록 한다.
④ 태풍 등에서 크레인 본체를 보호하고자 설치된 장치이다.

57 타워크레인 운전자의 의무 사항으로 볼 수 없는 것은?

① 재해 방지를 위해 사용 전 장비 점검
② 기어 박스의 오일량 및 마모 기어의 정비
③ 장비에 특이 사항이 있을 시 교대자에게 설명
④ 안전운전에 영향을 미칠 결함 발견 시 작업 중지

58 와이어 로프에서 심강의 종류가 아닌 것은?

① 섬유심   ② 공심
③ 와이어심   ④ 편심

59 유압 펌프에서 캐비테이션(공동 현상) 방지법이 아닌 것은?

① 흡입구의 양정을 낮게 한다.
② 오일 탱크의 오일 점도를 적당히 유지한다.
③ 펌프의 운전 속도를 규정 속도 이상으로 한다.
④ 흡입관의 굵기는 유압 펌프 본체 연결구의 크기와 같은 것을 사용한다.

60 전기 기기에 의한 감전 사고를 막기 위하여 필요한 설비로 가장 중요한 것은?

① 접지 설비   ② 방폭등 설비
③ 고압계 설비   ④ 대지 전위 상승 설비

제2회 실전 모의고사 정답 및 해설

01	02	03	04	05	06	07	08	09	10	11	12	13	14	15
③	④	①	①	②	④	③	②	④	①	②	④	④	②	④
16	17	18	19	20	21	22	23	24	25	26	27	28	29	30
①	③	③	①	③	②	③	④	①	④	④	①	①	④	④
31	32	33	34	35	36	37	38	39	40	41	42	43	44	45
②	①	②	④	④	④	②	④	②	③	②	②	②	④	②
46	47	48	49	50	51	52	53	54	55	56	57	58	59	60
③	①	④	④	②	①	④	①	②	①	②	②	④	③	①

01 거리의 중심을 기준으로 하여 B 쪽이 무거우므로 B 쪽이 밑으로 기울어진다.

02 물체의 중량은 비중×체적으로 구해지며, m^3로 하면 톤(ton)이 되고 cm^3로 하면 그램(g)이 된다.

03 충전부는 노출되지 않도록 한다.

04 인터록은 한 가지 동작이 다른 동작과 겹쳐지지 않게 고정 작용을 해 준다.

05 모든 크레인의 권상장치 드럼에는 달기 기구가 가장 아래쪽에 위치할 때 와이어 로프가 최소한 2회 이상 감겨 있어야 한다.

06 크레인 작업 시 신호수는 복수가 아닌 한 사람이 하도록 한다.

07 $A = \dfrac{W_2 l}{W_1 + W_2}$ 이므로 $\dfrac{11}{3+11} \times 40 = 31.4\,cm$

08 시징은 로프 직경의 2~3배가 적당하다.

09 와이어 로프의 안전율
$$= \frac{\text{절단하중(F)} \times \text{로프의 줄 수} \times \text{시브 효율(N)}}{\text{권상 하중(Q)}}$$
이지만 $\dfrac{\text{절단하중}}{\text{안전하중}}$ 으로 간략하게 구한다.

10 팔을 위로 하면서 원을 그리면 위로 올리기이며, 아래로 하여 원을 그리면 아래로 내리기이다.

11 무전기 사용 시 신호는 운전자와 줄걸이 작업자, 작업 현장의 조건 등을 확인하면서 교신하도록 한다.

13 카운터 웨이트는 카운터 지브 끝부분에 부착되고 운전실은 카운터 지브와 메인 지브 사이에 위치하고 있다.

14 균형추는 콘크리트 블록으로 만들어졌으며 카운터 지브에 설치되어 타워크레인의 균형을 유지하여 준다.

15 무한 선회 구조의 타워크레인은 집전 슬립 링을 갖추어야 전원의 입출입 작용이 원활해진다.

16 양중물의 무게와 선회 반경은 반비례한다.

18 안정 모멘트는 전도 모멘트의 값 이상으로 되어야 위험을 방지할 수 있다.

19 타워크레인 해체 시 이동식 크레인을 선정할 때는 권상 높이, 부재 중량, 선회 반경을 고려하여 선정한다.

22 캣 헤드는 메인 지브와 카운터 지브의 연결 바를 상호 지탱해주기 위한 목적으로 설치된 것이다.

25 텔레스코핑 작업을 위한 유압 계통의 압력, 회전 방향 등은 점검할 수 있으나, 자체 중량을 측정할 필요는 없다.

26 타워크레인의 기종 선정은 건설 공사의 기초 설비 계획에서 결정한 후, 설치 작업 시작 전 착안 사항들을 고려하여 설치한다.

28 와이어 로프의 주유는 그리스를 전체 길이에 충분히 칠해 준다.

29 기어와 기어 사이의 간극을 백 래시라 한다.

30 산업안전보건법 제47조 규정에 의하여 고용노동부장관의 허가를 받아야 한다.

31 렌치의 사용은 당길 때 힘이 작용된다.

32 ① 보안경 : 유해 광선
② 안전모 : 낙하 및 머리 충격
③ 귀마개 : 작업장 소음으로부터 보호
④ 방독 마스크 : 가스 발생 작업장

33 둥근원에 사람 머리 그림인 안전모 착용과 안경 쓴 사람 그림인 보안경 착용을 혼동하지 않도록 한다.

36 선회 제한 리밋 스위치는 한쪽 방향으로 540°(1.5바퀴) 이상 돌아가지 않도록 설정되어 있다.

38 엮어 넣기에는 벌려 끼우기와 감아 끼우기가 있으며, 엮어 넣는 길이는 와이어 로프 지름의 30~40배가 적당하다.

39 방호 조치를 조정해서 사용해서는 안 된다.

42 방호장치의 종류로는 권상 및 권하 방지장치, 과부하 방지장치, 훅 해지장치 등이 있다.

43 타워크레인 설치(상승 포함) 해체 작업자는 특별 안전보건 교육을 2시간 이상 이수해야 한다.

45 선회는 왼쪽 좌우, 트롤리는 왼쪽 앞뒤, 호이스트는 오른쪽 앞뒤로 조종한다.

46 벨트를 풀리에 걸거나 벗길 때는 해당 기계의 회전을 정지시킨 후에 시행해야 한다.

47 주권 사용은 머리 위에 주먹을 대는 신호이고, 보권 사용은 팔꿈치에 손바닥을 떼었다 붙였다 하는 신호이다.

48 한 줄에 걸리는 하중 $= \dfrac{하중}{줄 수} = \dfrac{12}{4} = 3$

50 • 권상용 와이어 로프 안전율 : 5.0 이상
• 지지용 와이어 로프 안전율 : 4.0 이상

51 SWL(safety working load); 안전작업 하중

52 선회장치 고장은 본체 전도와 직접적인 연관이 없다.

53 드릴 작업 시 장갑을 끼면 장갑이 드릴에 말려들어 갈 우려가 있다.

54 권과 방지장치는 정격하중 이상을 인상할 경우 자동 차단되는 장치로, 권상장치와 기복장치에 설치해야 한다.

55 볼트를 체결할 때는 토크렌치를 사용하여 장비에 적합한 토크압으로 체결한다.

56 타워크레인은 바람이 불면 지브가 영향을 많이 받으므로 브레이크 장치를 풀어 놓아야 한다.

57 기어 박스 오일량 및 마모 기어 정비는 정비사가 할 일이다.

58 심강의 종류에는 섬유심, 와이어심, 공심 등이 있다.

59 공동 현상은 펌프에서 소음과 진동이 발생하고 양정과 효율이 급격히 저하되며, 날개 등에 부식을 일으키는 등 수명을 단축시키는 현상을 말한다. 공동 현상을 없애려면 유압 회로 내의 압력을 유지해야 한다.

60 모든 전기 기기는 접지 설비를 한 후에 사용해야 감전 사고를 막을 수 있다.

제3회 실전 모의고사

✎ 정답 및 해설 : 423쪽

01 1g의 물체에 작용하여 1cm/s^{2}의 가속도를 일으키는 힘의 단위는?

① 1dyn(다인) ② 1HP(마력)
③ 1ft(피트) ④ 1lb(파운드)

02 다음 중 과전류 차단기에 요구되는 성능에 해당되지 않는 것은?

① 전동기의 시동 전류와 같이 단시간 동안, 약간의 과전류에서도 동작할 것
② 과전류가 장시간 계속 흘렀을 때 동작할 것
③ 과전류가 커졌을 때 단시간에 동작할 것
④ 큰 단락 전류가 흘렀을 때는 순간적으로 동작할 것

03 타워크레인으로 철근 다발을 지상으로 내려놓을 때 가장 적합한 운전방법은?

① 철근 다발이 지면에 가까워지면 권하 속도를 서서히 증가시킨다.
② 권하 시의 속도는 하상 권상 속도와 같은 속도로 운전한다.
③ 철근 다발의 흔들림이 없다면 속도에 관계없이 작업해도 좋다.
④ 지면에 닿기 전 20cm 정도까지 내린 다음 일단 정지 후 서서히 내린다.

04 크레인에 사용되는 와이어 로프의 사용 중 점검 항목으로 적합하지 않은 것은?

① 마모 상태 검사
② 엉킴 및 꼬임 킹크 상태 검사
③ 부식 상태 검사
④ 소선의 인장강도 검사

05 붐이 있는 크레인 작업에서 다음과 같은 수신호 방법은 어떤 작업을 신호하고 있는가?

① 붐 위로 올리기
② 운전자 호출
③ 운전 방향 지시
④ 붐을 내리고 짐은 올리기

06 그림과 같은 와이어 로프 꼬임 형식은?

① 보통 S 꼬임 ② 랭 Z 꼬임
③ 보통 Z 꼬임 ④ 랭 S 꼬임

07 줄걸이용 와이어 로프를 엮어 넣기로 고리를 만들려고 한다. 이때 엮어 넣는 적정 길이(splice)는?

① 와이어 로프 지름의 5~10배
② 와이어 로프 지름의 10~20배
③ 와이어 로프 지름의 20~30배
④ 와이어 로프 지름의 30~40배

08 와이어 로프의 구조 중 소선을 꼬아 합친 것을 무엇이라고 하는가?

① 심강 ② 스트랜드
③ 소선 ④ 공심

09 양중 작업에 필요한 보조 용구가 아닌 것은?

① 턴버클　　　　② 섬유 벨트
③ 수직 클램프　　④ 섀클

10 메인 지브와 카운터 지브의 연결 바를 상호 지탱하기 위해 설치하는 것은?

① 카운터 웨이트　② 캣 헤드
③ 트롤리　　　　④ 훅 블록

11 크레인으로 중량물을 인양할 때 6,600V 고압선의 최소 이격 거리는?

① 2m 이격　　　② 3m 이격
③ 4m 이격　　　④ 5m 이격

12 과부하 방지장치는 성능 검정 대상품이므로 성능 검정 합격품에 (　)자 마크를 부착한다. (　)에 알맞은 말은?

① "안"　　　　　② "전"
③ "품"　　　　　④ "정"

13 타워크레인의 방호장치가 아닌 것은?

① 과부하 방지장치
② 베이직 마스트
③ 비상 정지장치
④ 권상 및 권하 방지장치

14 타워크레인의 해체 작업 시 준비 작업이 아닌 것은?

① 유압 실린더 방향과 카운터 지브가 동일한 방향이 되도록 고정한다.
② 유압 펌프와 실린더를 점검한다.
③ 풍속이 10m/sec 이하인지 확인한다.
④ 균형을 잡기 위해 카운터 웨이트 수량을 조절한다.

15 타워크레인에서 과부하 방지장치 장착에 대한 설명으로 틀린 것은?

① 타워크레인 제작 및 안전기준에 의한 성능 점검 합격품일 것
② 접근이 용이한 장소에 설치될 것
③ 정격하중의 2.05배 권상 시 경보와 함께 권상 동작이 정지할 것
④ 과부하 시 운전자가 용이하게 경보를 들을 수 있을 것

16 텔레스코핑 장치 조작 시 사전 점검 사항으로 적합하지 않은 것은?

① 유압장치의 오일 레벨을 점검한다.
② 전동기의 회전 방향을 점검한다.
③ 텔레스코핑 압력을 점검한다.
④ 텔레스코핑 작업 시 통풍 밸브(air vent)는 닫혀 있는지 점검한다.

17 텔레스코핑 케이지는 무슨 역할을 하는 장치인가?

① 권상장치
② 선회장치
③ 타워크레인의 마스트를 설치·해체하기 위한 장치
④ 횡행장치

18 트롤리 정지장치가 설치된 곳은?

① 카운터 지브
② 메인 지브
③ 텔레스코핑 케이지
④ 베이직 타워 마스트

19 마스트 연장 작업에서 메인 지브와 카운터 지브의 균형 유지 방법으로 옳은 것은?

① 작업 전 주행 레일을 조정하여 균형을 유지한다.
② 작업 시 권상 작업을 통하여 균형을 유지한다.
③ 작업 시 선회 작업을 통하여 균형을 유지한다.
④ 작업 전 하중을 인양하여 트롤리의 위치를 조정하면서 균형을 유지한다.

20 타워크레인 해체 작업 시 가장 선행되어야 할 사항은?

① 마스트와 볼 선회 링 서포트 연결 볼트를 푼다.
② 마스트와 마스트 체결 볼트를 푼다.
③ 카운터 지브를 해체 및 정리한다.
④ 메인 지브와 카운터 지브의 평행을 유지한다.

21 과부하 방지장치의 위치와 작동하는 하중으로 알맞은 것은?

① 위치 : 캣 헤드, 작동 하중 : 정격하중의 1.05배
② 위치 : 카운터 지브, 작동 하중 : 정격하중의 1.5배
③ 위치 : 지브의 트롤리, 작동 하중 : 정격 총하중의 2배
④ 위치 : 텔레스코핑 케이지, 작동 하중 : 정격 총 하중의 2.5배

22 권상·권하 방지장치 리밋 스위치의 구성요소가 아닌 것은?

① 캠
② 웜
③ 웜 휠
④ 권상 드럼

23 선회장치에 사용되는 기어는?

① 베벨 기어와 피니언
② 스큐 기어와 피니언
③ 워엄과 워엄 기어
④ 링 기어와 피니언

24 균형추와 윈치를 사용한 권상장치가 설치되어 있어 크레인의 전후방 균형을 유지하는 것은?

① 메인 지브
② 카운터 지브
③ 타워 헤드
④ 베이직 마스트

25 속도 제한장치가 설치된 곳은?

① 권상 모터
② 캣 헤드
③ 메인 지브
④ 배전반

26 벨트를 풀리에 걸 때는 어떤 상태에서 걸어야 하는가?

① 회전을 중지시킨 후 건다.
② 저속으로 회전시키면서 건다.
③ 중속으로 회전시키면서 건다.
④ 고속으로 회전시키면서 건다.

27 와이어 로프에 킹크 현상이 가장 발생하기 쉬운 경우는?

① 새로운 로프를 취급할 경우
② 새로운 로프를 교환 후 약 10회 작동하였을 경우
③ 로프의 사용 한도가 되었을 경우
④ 로프의 사용 한도를 지났을 경우

28 타워크레인 지브에서의 이동 요령 중 안전에 어긋나는 것은?

① 트롤리의 점검대를 이용한 이동
② 안전 로프에 안전대를 사용하여 이동
③ 2인 1조로 손을 잡고 이동
④ 지브 내부의 보도 이용

29 타워크레인의 전도 사고의 원인이 아닌 것은?

① 과하중
② 균형 상실
③ 다른 크레인의 접촉
④ 기초 강도 부족

30 작업 중 동작을 멈추어야 할 긴급한 상황일 때 가장 먼저 해야 할 것은?

① 권상 권하 레버 정지
② 충돌 방지장치 작동
③ 비상 정지 버튼 작동
④ 트롤리 정지

31 동력 전달장치 중 재해가 가장 많이 일어날 수 있는 것은?

① 기어　　　　② 차축
③ 벨트　　　　④ 커플링

32 산업 안전 보건 표지에서 다음 그림이 표시하는 것으로 맞는 것은?

① 독극물 경고　　② 폭발물 경고
③ 고압 전기 경고　④ 낙하물 경고

33 안전·보건 표지의 종류와 형태 중에서 다음 그림의 안전 표지판이 나타내는 것은?

① 보행 금지　　② 작업 금지
③ 출입 금지　　④ 사용 금지

34 스패너 작업 방법으로 안전상 옳은 것은?

① 스패너로 볼트를 조일 때는 앞으로 당기고 풀 때는 뒤로 민다.
② 스패너의 입이 너트의 치수보다 조금 큰 것을 사용한다.
③ 스패너 사용 시 몸의 중심을 항상 옆으로 한다.
④ 스패너로 조이고 풀 때는 항상 앞으로 당긴다.

35 건설기계 안전기준에 관한 규칙에서 ( ) 안에 들어갈 말로 알맞은 것은?

> 조종실에는 지브 길이별 정격하중 표시판(load chart)을 부착하고, 지브에는 조종사가 잘 보이는 곳에 구간별 ( ) 및 ( )을(를) 부착하여야 한다.

① 정격하중, 거리 표시판
② 안전하중, 정격하중 표시판
③ 지브 길이, 거리 표시판
④ 지브 길이, 정격하중 표시판

36 타워크레인 구조에서 기초 앵커 위쪽에서 운전실 아래까지의 구간에 위치하고 있지 않은 구조는?

① 베이직 마스트
② 카운터 지브
③ 타워 마스트
④ 텔레스코핑 케이지

37 타워크레인의 구조부에 관한 설명 중 잘못된 것은?

① 타워 마스트(tower mast) – 타워크레인을 지지해 주는 기둥(몸체) 역할을 하는 구조물로서 한 부재의 높이가 3~5m인 마스트를 볼트로 연결시켜 나가면서 설치 높이를 조정할 수 있다.

② 메인 지브(main jib) – 선회 축을 중심으로 한 외팔보 형태의 구조물로서 지브의 길이에 따라 권상 하중이 결정되며, 상부에 권상장치와 균형추가 설치된다.

③ 트롤리(trolley) – T형 타워크레인의 메인 지브를 따라 이동하며 권상 작업을 위한 선회 반경을 결정하는 횡행장치이다.

④ 혹 블록(hook block) – 트롤리에서 내려진 와이어 로프에 매달려 화물의 매달기에 필요한 일반적인 매달기 기구이다.

38 지브를 기복하였을 때 변하지 않은 것은?

① 작업 반경
② 인양 가능한 하중
③ 지브의 길이
④ 지브의 경사각

39 트롤리의 방호장치가 아닌 것은?

① 완충 스토퍼
② 와이어 로프 꼬임 방지장치
③ 와이어 로프 긴장장치
④ 저고속 차단 스위치

40 가스 용접 시 사용되는 산소용 호스는 어떤 색인가?

① 적색
② 황색
③ 녹색
④ 청색

41 기복(luffing)형 타워크레인의 장점과 거리가 먼 것은?

① 기복 시에도 경쾌한 운전이 가능하다.
② 간섭이 심한 작업 현장에도 사용할 수 있다.
③ 기복하면서 화물도 동시에 상하로 이동한다.
④ 작업 반경 내에 장애물이 있어도 어느 정도 작업할 수 있다.

42 유압회로 내의 이물질과 슬러지 등의 오염물질을 회로 밖으로 배출시켜 회로를 깨끗하게 하는 것을 무엇이라 하는가?

① 푸싱(pushing)
② 리듀싱(reducing)
③ 플래싱(flashing)
④ 언로딩(unloading)

43 타워크레인을 사용하여 철골 조립 작업 시 악천후로 작업을 중단해야 하는 기준 강우량은?

① 시간당 0.1mm 이상
② 시간당 0.2mm 이상
③ 시간당 0.5mm 이상
④ 시간당 1.0mm 이상

44 와이어 로프 KS 규격에 '6×7', '6×24'라고 구성 표기가 되어 있다. 여기서 6은 무엇을 표시하는가?

① 6개의 묶음(연)　② 6개의 소선
③ 6개의 섬유　④ 6개의 클램프

45 와이어 가잉 작업 시 소요되는 부재 및 부품이 아닌 것은?

① 전용 프레임
② 와이어 클립
③ 장력 조절장치
④ 브레싱 타이 바

46 다음 중 납산 배터리 액체를 취급하는 데 가장 적합한 것은?

① 고무로 만든 옷
② 가죽으로 만든 옷
③ 무명으로 만든 옷
④ 화학섬유로 만든 옷

47 산업안전보건법령상 안전 보건 표지의 분류 명칭이 아닌 것은?

① 금지 표지
② 경고 표지
③ 통제 표지
④ 안내 표지

48 T형 타워크레인에서 마스트(mast)와 캣 헤드(cat head) 사이에 연결되는 구조물의 명칭은?

① 지브
② 카운터 웨이트
③ 트롤리
④ 턴테이블(선회장치)

49 L형 크레인과 T형 크레인의 선회 반경을 결정하는 것은?

① 훅 블록과 슬루잉 각도
② 슬루잉 기어와 선회 각
③ 지브 각과 트롤리 운행 거리
④ 카운터 지브와 지브 각

50 배선용 차단기의 기본 구조에 해당되지 않는 것은?

① 개폐 기구
② 과전류 트립장치
③ 단자
④ 퓨즈

51 타워크레인 작업을 위한 무전기 신호의 요건이 아닌 것은?

① 간결
② 단순
③ 명확
④ 중복

52 크레인의 와이어 로프를 교환해야 할 시기로 적절한 것은?

① 지름이 공정 직경의 3% 이상 감소했을 때
② 소선 수가 10% 이상 절단되었을 때
③ 외관에 빗물이 젖어 있을 때
④ 와이어 로프에 기름이 많이 묻었을 때

53 타워크레인 해체 작업 시 이동식 크레인 선정에 고려해야 할 사항이 아닌 것은?

① 최대 권상 높이
② 가장 무거운 부재의 중량
③ 선회 반경
④ 기초 철근 배근도

54 렌치의 사용이 적합하지 않은 것은?

① 둥근 파이프를 조일 때는 파이프 렌치를 사용한다.
② 렌치는 적당한 힘으로 볼트와 너트를 조이고 풀어야 한다.
③ 오픈 렌치는 파이프 피팅 작업에 사용한다.
④ 토크렌치는 큰 토크를 필요로 할 때만 사용한다.

55 한국에서 사용되고 있는 전력 계통의 상용 주파수는?

① 50Hz
② 60Hz
③ 70Hz
④ 80Hz

56 옥외 타워크레인에서 항공 장애등(燈)은 지상 높이가 최소 몇 미터 이상일 때 설치하여야 하는가?

① 40m
② 50m
③ 60m
④ 70m

57 타워크레인 작업 전 조종사가 점검해야 할 사항이 아닌 것은?

① 마스트의 직진도 및 기초의 수평도
② 타워크레인의 작업 반경별 정격하중
③ 와이어 로프의 설치 상태와 손상 유무
④ 브레이크의 작동 상태

58 타워크레인의 기계식 과부하 방지장치 원리에 해당되지 않는 것은?

① 압축 코일 스프링의 압축 변형량과 스위치 동작
② 인장 스프링의 인장 변형량과 스위치 동작
③ 와이어 로프의 신장량과 스위치 동작
④ 원환링(다이나모미터링)과 그 내측에 조합한 판 스프링의 변형과 스위치 동작

59 타워크레인의 선회 작업 구역을 제한하고자 할 때 사용하는 안전장치는?

① 와이어 로프 꼬임 방지장치
② 선회 브레이크 풀림장치
③ 선회 제한 리밋 스위치
④ 트롤리 로프 긴장장치

60 유류 화재 시 소화 방법으로 부적절한 것은?

① 모래를 뿌린다.
② 다량의 물을 부어 끈다.
③ ABC 소화기를 사용한다.
④ B급 화재 소화기를 사용한다.

제3회 실전 모의고사 정답 및 해설

01	02	03	04	05	06	07	08	09	10	11	12	13	14	15
①	①	④	④	③	③	④	②	①	②	①	①	②	④	③
16	17	18	19	20	21	22	23	24	25	26	27	28	29	30
④	③	②	④	④	①	④	④	②	①	①	①	③	③	③
31	32	33	34	35	36	37	38	39	40	41	42	43	44	45
③	③	④	④	④	②	②	③	②	③	①	③	④	①	④
46	47	48	49	50	51	52	53	54	55	56	57	58	59	60
①	③	④	③	④	④	②	④	④	②	③	①	③	③	②

01 다인이란 힘의 CGS 절대 단위로서 질량 1g의 물체에 1cm/s²의 가속도를 발생시키는 힘의 강도이다.

02 과전류 차단기는 전류 흐름량이 커졌거나 장시간 통하는 등 단락 전류가 흐르면 단시간에 순간적으로 동작된다.

03 타워크레인으로 물건을 권상·권하 시에는 20~30cm 정도 들고 안전확인을 하거나 줄걸이 확인 등을 한 후 작업하도록 한다.

04 소선의 인장강도 검사는 사용 중 점검 항목이 아니고 제작 과정 사항이다.

05 엄지손가락을 위로 올라가게 하면 '붐 위로 올리기'이고, 손가락을 아래로 하면 '붐 아래로 내리기'가 된다.
집게손가락으로 운전 방향을 가리킨다.

06 소선 꼬임 방향과 스트랜드 꼬임 방향이 반대인 경우 보통 꼬임, 같은 방향은 랭 꼬임이라 하고, 오른편 꼬임은 S 꼬임, 왼편 꼬임은 Z 꼬임이라 한다.

07 엮어 넣기는 와이어 로프 지름의 30~40배로 하는 것이 적절하다.

08 와이어 로프는 소선, 심강, 스트랜드로 구성되며 소선을 꼬아 합친 것을 스트랜드라고 한다.

09 턴버클이란 지지봉과 지지용 강삭 등의 길이를 조정하기 위한 기구이다.

10 캣 헤드는 메인 지브와 카운터 지브를 타이 바로 연결하는 중심 역할을 한다.

11 6600V일 때 최소 2m 이격시켜야 한다.

13 베이직 마스트는 기초 구조물로 본다.

14 균형을 잡기 위해 카운터 웨이트의 수량을 조절하는 것은 타워크레인 설치 시에 해당되는 사항이다.

15 과부하 방지장치는 정격하중의 1.1배 권상 시 동작이 정지하여야 한다.

16 텔레스코핑 작업 시에는 통풍 밸브(에어벤트 ; air vent)를 열어 두어야 한다.

17 마스트의 설치 및 해체 시 사용되는 유압장치들을 포함하여 마스트 왼쪽에 설치된 구조물을 텔레스코핑 케이지라고 한다.

19 메인 지브와 카운터 지브의 균형은 트롤리 위치를 조정하면서 유지하도록 한다.

20 타워크레인을 해체 시 제일 먼저 메인 지브와 카운터 지브가 평행을 유지한 상태에서 선회 링 서포트와 마스트 체결을 풀어 하강 작업 후 카운터 지브를 해체·정리한다.

21 과부하 방지장치는 캣 헤드(타워 헤드)에 설치하고, 작동 하중은 정격하중의 1.05배이다.

22 권상 드럼은 리밋 스위치의 구성요소가 아니며 리밋 스위치는 캠과 웜 및 웜 휠로 구성된다.

26 벨트를 풀리에 걸 때 풀리가 회전되고 있으면 매우 위험하다.

28 지브에서 이동을 할 때는 안전 로프에 안전대를 설치하고 점검대나 내부 보도를 이용하여 이동하도록 한다.

29 다른 크레인에 의한 접촉은 전도의 원인이 아니라 지브의 절손, 본체 좌손 등을 일으키는 원인이다.

30 비상 정지 버튼을 작동한다.

31 벨트는 회전되는 부분으로 노출되어 있는 경우가 많아 재해 발생률이 높다.

32 ① 독극물 경고 : 삼각형 내에 해골 그림
② 폭발물 경고 : 삼각형 내에 폭발 그림
③ 고압 전기 경고 : 삼각형 내에 번개 그림
④ 낙하물 경고 : 삼각형 내에 돌 떨어지는 그림

33 • 보행 금지 : 둥근 원 내에 사람 그림
• 출입 금지 : 둥근 원 내에 화살표 그림
• 사용 금지 : 둥근 원 내에 사람손 그림

35 메인 지브에는 운전원이 식별하기 쉽게 구간별 길이와 정격하중 표시판을 부착해야 한다.

36 카운터 지브는 운전실 위쪽 뒤편에 있다.

37 상부에 권상장치와 균형추가 설치된 것은 카운터 지브이다.

38 기복(luffing)하였을 때 지브의 길이는 변화가 없다.

39 와이어 꼬임 방지장치는 권상 권하 작업 시 로프에 하중이 걸릴 때 꼬임에 의한 변형과 훅 블록의 회전을 방지하는 장치이다.

40 산소용 호스의 색상은 녹색이다.

41 기복 시에는 천천히 안전하게 운전해야 한다.

43 악천우 시 작업 중단 기준
• 풍속 초당 10m 이상
• 강우량 시간당 1mm 이상
• 강설량 시간당 1cm 이상

44 와이어 로프의 구성 표기에서 6은 스트랜드(묶음, 연) 수, 7과 24는 소선의 수를 뜻한다.

45 브레싱 타이 바는 월 브레싱 작업에 필요한 부품이다.

48 마스트와 캣 헤드 사이에는 턴테이블과 운전실이 연결되어 있다.

51 무전기 신호는 간결, 단순, 명확해야 하며, 중복신호를 하면 혼란이 발생할 수 있다.

52 와이어 로프 폐기 기준
• 소선 수가 10% 이상 절단된 것
• 지름이 7% 이상 감소한 것
• 꼬이거나 심하게 변형되고 부식된 것
• 이음매가 있는 것
• 단말 고정이 손상되고 풀리거나 탈락된 것

53 기초 철근 배근도는 기초 앵커 설치 시 철근 가공 작업에 사용되는 도면이다.

55 한국 및 일부 국가는 60Hz, 유럽은 50Hz를 사용한다.

56 크레인 제작 안전 검사 기준 제58조 규정에 의해 지상 60m 이상 높이로 설치되는 크레인은 항공 장애등을 설치해야 한다.

57 기초 앵커의 수평도와 마스트의 직진도는 설치 시
점검 사항이다.

60 유류 화재 시 다량의 물을 뿌리면 더 큰 화재로 이어
진다.

제4회 실전 모의고사

✐ 정답 및 해설 : 433쪽

01 타워크레인의 방호장치에 해당되는 것은?

① 카운터 지브
② 훅 블록
③ 선회장치
④ 비상정지장치

02 타워크레인에서 트롤리 이동용(횡행용) 와이어로프의 안전율은?

① 2
② 3
③ 4
④ 5

03 다음 중 타워크레인의 주요구조부가 아닌 것은?

① 설치기초
② 지브(jib)
③ 수직사다리
④ 윈치, 균형추

04 발전기의 원리인 플레밍의 오른손 법칙에서 엄지손가락은 다음 중 어느 방향을 가리키는가?

① 도체의 운동 방향
② 자력선의 방향
③ 전류의 방향
④ 전압의 방향

05 타워크레인의 동작 중 수직면에서 지브각을 변화하는 것을 무엇이라 하는가?

① 기복
② 횡행
③ 주행
④ 권상

06 다음 유압장치 중 타워크레인 상승작업에 필요한 동력(power)과 관계가 먼 것은?

① 실린더 피스톤 헤드 지름
② 펌프 유량
③ 실린더 길이
④ 릴리프밸브

07 타워크레인의 운전에 영향을 주는 안정도 설계 조건을 설명한 것 중 맞지 않는 것은?

① 안정도는 가장 불리한 값으로 설계한다.
② 하중은 가장 불리한 조건으로 설계한다.
③ 안정 모멘트값은 전도 모멘트의 값 이하로 한다.
④ 비가동 시는 지브의 회전이 자유로워야 한다.

08 옥외에 설치된 주행타워크레인에서 폭풍에 의한 이탈방지조치는 순간풍속이 얼마를 초과할 때 하여야 하는가?

① 10m/s
② 12m/s
③ 20m/s
④ 30m/s

09 타워크레인의 콘크리트 기초앵커 설치 시 고려해야 할 사항이 아닌 것은?

① 콘크리트 기초앵커 설치 시의 지내력
② 콘크리트 블록의 크기
③ 콘크리트 블록의 강도
④ 콘크리트 블록의 형상

10 타워크레인으로 들어 올릴 수 있는 최대 하중을 무슨 하중이라 하는가?

① 정격 하중
② 권상 하중
③ 끝단 하중
④ 동하중

11 다음 하중에서 동하중에 해당하지 않는 것은?

① 반복 하중
② 위치 하중
③ 교번 하중
④ 충격 하중

12 타워크레인 방호장치 점검 사항이 아닌 것은?

① 과부하 방지장치의 점검

② 슬루잉기어 손상 및 균열점검

③ 모멘트 과부하 차단스위치 작동점검

④ 훅 상부와 시브와의 간격 점검

13 다음 중 유압펌프의 분류에서 회전펌프가 아닌 것은?

① 스크루 펌프

② 피스톤 펌프

③ 기어 펌프

④ 베인 펌프

14 다음 기호 중 체크 밸브는?

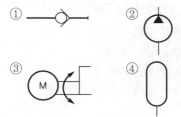

15 타워크레인의 접지에 대한 설명으로 맞는 것은?

① 주행용 레일에는 접지가 필요없다.

② 전동기 및 제어반에는 접지가 필요없다.

③ 타워크레인은 특별 3종접지로 10Ω 이상이다.

④ 타워크레인 접지저항은 녹색연동선을 사용하여 10Ω 이상이다.

16 타워크레인용 전기기계기구 외함 구조는 운전실 등 옥내에 설치되는 일부분을 제외하고는 사용 설치장소의 조건인 옥외에 적합한 구조이어야 하는데 IEC Code에 의한 IP등급 분류에 적합한 것은?

① IP54

② IP44

③ IP34

④ IP24

17 타워크레인에서 권상 시 트롤리와 훅이 충돌하는 것을 방지하는 방호장치는?

① 속도제한장치

② 권과방지장치

③ 기복방지장치

④ 비상정지장치

18 타워크레인의 선회장치를 설명하였다. 틀린 것은?

① 스러스트 또는 A-frame 구조로 되어 있다.

② 메인 지브와 카운터 지브가 상부에 부착되어 있다

③ 회전 테이블과 지브 연결 지점 점검용 난간대가 있다.

④ 마스트의 최상부에 위치하며 상·하부분으로 되어 있다.

19 다음 중 과전류차단기에 요구되는 성능에 관한 설명 중 맞는 것은?

① 과전류가 작아졌을 때 단시간에 동작할 것

② 큰 단락전류가 흘렀을 때는 순간적으로 동작할 것

③ 과부하 등 적은 과전류가 장시간 계속 흘렀을 때 동작하지 않을 것

④ 전동기의 시동전류와 같이 단시간 동안 약간의 과전류가 흘렀을 때 동작할 것

20 배선용 차단기에 대한 설명이 틀린 것은?

① 개폐기구를 겸해서 구비하고 있다.

② 접점의 개폐속도가 일정하고 빠르다.

③ 과전류가 1극(3선 중 1선)에만 흘러도 작동(차단)한다.

④ 과전류 시 작동(차단)한 차단기는 반복해서 사용할 수 없다.

21 양중용구를 사용할 때의 주의사항과 관련없는 것은?

① 하중분포

② 용구의 접촉개소

③ 하중물의 내구성

④ 인양물의 반전방향

22 타워크레인 작업 시의 신호방법으로 바람직하지 않은 것은?

① 신호수단으로 손, 깃발, 호각 등을 이용한다.
② 신호는 절도 있는 동작으로 간단 명료하게 한다.
③ 신호자는 운전자가 보기 쉽고 안전한 장소에 위치하여야 한다.
④ 운전자에 대한 신호는 신호의 정확한 전달을 위하여 최소한 2인 이상이 한다.

23 타워크레인의 안전운전 작업으로 부적합한 것은?

① 고장 중의 기기에는 반드시 표시를 할 것
② 정전 시는 전원을 OFF 위치로 할 것
③ 대형화물을 권상할 때는 신호자의 신호에 의하여 운전할 것
④ 잠깐 운전석을 비울 경우에는 컨트롤러를 ON한 상태에서 비울 것

24 인양물이 자유로이 흔들리는 현상을 프리(free)라 한다. 다음 설명 중 바르지 못한 것은?

① 슬루잉 프리 : 인양물과 지브의 최초 위치가 운전석에서 볼 때 같은 상하 일직선상에 놓이지 않았을 경우
② 이중 프리(복합 프리) : 통제하기 가장 어려운 프리로 최초 인양물 권상 시 많이 발생
③ 트롤리 프리 : 트롤리 대차가 이동하는 과정에서 발생
④ 회전 프리(원 프리) : 지브가 선회하는 과정에서 주로 발생

25 주행(travelling) 타워크레인의 상시 점검사항이 아닌 것은?

① 레일 클램프의 이상 유무
② 레일지반의 평탄성
③ 주행레일의 규격
④ 주행로의 장애물

26 다음 육성신호 메시지 중 틀린 것은?

① 간결　　　　② 단순
③ 명확　　　　④ 중복

27 수신호에 대한 설명이다. 바른 것은?

① 고시된 표준신호방법을 준수하여 신호한다.
② 경험과 지식이 있으면 신호를 무시해도 상관없다.
③ 현장의 공동작업자와 신호방법을 정하여 사용한다.
④ 타워기종마다 매뉴얼에 있는 수신호 방법을 따른다.

28 타워크레인 트롤리 전후작업 중 이동불량상태가 생기는 원인이 아닌 것은?

① 트롤리 모터의 소손
② 전압강하가 클 때
③ 트롤리 정지장치 불량
④ 트롤리 감속기 웜기어의 불량

29 타워크레인의 양중작업 방법에서 중심이 한쪽으로 치우친 하물의 줄걸이 작업 시 고려사항이 아닌 것은?

① 좌우 로프의 장력 차를 고려한다.
② 무게 중심 바로 위에 혹이 오도록 유도한다.
③ 와이어로프 줄걸이 용구는 안전율이 2 이상인 것을 선택하여 사용한다.
④ 하물의 수평유지를 위하여 주 로프와 보조로프의 길이를 다르게 한다.

30 신호방법 중 왼손을 오른손으로 감싸 2~3회 작게 흔들면서 호각을 길게 부는 신호방법은?

① 마그넷 붙이기
② 물건 걸기
③ 기다려라
④ 정지

31 크레인으로 하물을 들어올릴 경우 옳지 않은 것은?

① 화물의 중심선에 훅이 위치하도록 한다.
② 로프가 충분한 장력을 가질 때까지 서서히 권상한다.
③ 바닥에서 로프가 장력을 받을 때부터 주행을 출발시킨다.
④ 하물은 권상이동 경로를 생각하여 지상 2m 이상의 높이에서 운반하도록 한다.

32 시징(seizing)은 와이어로프 지름의 몇 배를 기준으로 하는가?

① 1
② 3
③ 5
④ 7

33 와이어로프에 킹크 현상이 가장 발생하기 쉬운 경우는?

① 새로운 로프를 교환한 후 약 10회 작동하였을 경우
② 로프의 사용한도가 되었을 경우
③ 로프의 사용한도가 지났을 경우
④ 새로운 로프를 취급할 경우

34 와이어로프 교체 시기가 아닌 것은?

① 소선의 수가 10% 이상 단선된 것
② 녹이 생겨 심하게 부식된 것
③ 공칭지름이 3% 초과된 것
④ 킹크가 생긴 것

35 지브 크레인의 일반 와이어로프 소선의 인장강도(N/mm²)는 보통 어느 정도인가?

① 1,320~1,910
② 1,220~1,300
③ 550~1,220
④ 220~550

36 지브 크레인의 지브(붐) 길이 20m 지점에서 10톤의 하물을 줄걸이하여 인양하고자 할 때 이 지점에서의 모멘트는?

① 20ton · m
② 100ton · m
③ 200ton · m
④ 300ton · m

37 체인에 대한 설명으로 틀린 것은?

① 고열물이나 수중, 해중작업에서 사용한다.
② 체인의 신장은 신품 구입 시보다 5%가 늘어나면 사용이 불가능하다.
③ 매다는 체인의 종류에는 스터드 체인, 롱 링크 체인, 쇼트 링크 체인 등이 있다.
④ 롤러 체인을 고리 모양으로 연결할 때 링크의 총수가 짝수라야 편리하며, 링크의 수가 짝수일 때 오프셋 링크를 사용하여 연결한다.

38 안전계수를 구하는 공식은?

① 안전하중/절단하중
② 시험하중/정격하중
③ 시험하중/안전하중
④ 절단하중/안전하중

39 줄걸이 작업에 사용하는 hooking용 핀 또는 봉의 지름은 줄걸이용 와이어로프 직경의 얼마 이상을 사용하는 것이 바람직한가?

① 1배 이상
② 2배 이상
③ 4배 이상
④ 6배 이상

40 크레인으로 중량물을 인양하기 위해 줄걸이 작업을 할 때의 주의사항으로 틀린 것은?

① 중량물의 중심위치를 고려한다.
② 줄걸이 각도를 최대한 크게 해준다.
③ 줄걸이 와이어로프가 미끄러지지 않도록 한다.
④ 날카로운 모서리가 있는 중량물은 보호대를 사용한다.

41 와이어 가잉으로 고정할 때 준수해야 할 사항이 아닌 것은?

① 등각에 따라 4-6-8가닥으로 지지 및 고정이 가능하다.
② 줄경사각은 30~90°의 안전각도를 유지한다.
③ 가잉용 와이어로프 코어는 섬유심이 바람직하다
④ 와이어로프 긴장은 장력조절장치 또는 턴버클을 사용한다.

42 타워크레인 설치(상승 포함), 해체 작업자가 특별안전보건교육을 이수해야 하는 최소 시간은?

① 1시간 이상
② 2시간 이상
③ 3시간 이상
④ 4시간 이상

43 타워크레인을 건물 내부에서 클라이밍 작업으로 설치하고자 할 때 클라이밍 프레임으로 건물에 고정하는 데는 반드시 몇 개를 사용하여야 하는가?

① 1개
② 2개
③ 3개
④ 4개

44 마스트 연장작업(텔레스코핑) 시 양쪽 지브의 균형을 유지하는 방법이 아닌 것은?

① 카운터 지브에 있는 밸러스트(균형추)를 내려놓는 방법
② 제작메이커에서 지정하는 무게를 권상하여 지브 위치로 트롤리를 이동하면서 균형을 유지하는 방법
③ 자체 마스트를 권상하여 지브 위치로 트롤리를 이동하면서 균형을 유지하는 방법
④ 지브 위치로 트롤리를 이동하면서 균형을 유지하는 방법

45 타워크레인에서 사용하는 조립용 볼트는 대부분 12.9의 고장력 볼트를 사용하는데 이 숫자가 의미하는 것으로 맞는 것은?

① 12 : 120kgf/mm^{2}의 인장강도
② 9 : 90kgf/mm^{2}의 인장강도
③ 12 : 볼트의 등급이 12
④ 9 : 너트의 등급이 9

46 타워크레인 지브에서 이동요령 중 안전에 어긋나는 것은?

① 안전로프에 안전대를 사용하여 이동
② 트롤리의 점검대를 이용한 이동
③ 2인 1조로 손을 잡고 이동
④ 지브 내부의 보도를 이용

47 타워크레인구조물 해체 작업 시 올바른 방법이 아닌 것은?

① 슬루잉 링 서포트와 베이직 마스트 연결 시 약간 선회를 한다.
② 마스트 핀이 체결되지 않은 상태에서 선회 동작은 금한다.
③ 해체작업 중 양쪽 지브의 균형 유지 여부를 확인한다.
④ 해체작업 시 주 전원을 차단한다.

49 수직 볼트를 사용하는 마스트의 볼트 체결방법으로 맞는 것은?

① 볼트의 헤드부가 전체 아래로 향하게 조립한다.
② 대각선 방향으로 아래, 위로 향하게 조립한다.
③ 왼쪽부터 하나씩 아래, 위로 향하게 조립한다.
④ 볼트의 헤드부가 전체 위로 향하게 조립한다.

48 유해·위험작업의 취업 제한에 관한 규칙에서 자격 등의 취득을 위한 지정교육기관으로 허가 받고자 할 경우 다음 중 허가권자는?

① 고용노동부 장관
② 해양수산부 장관
③ 지식경제부 장관
④ 중소기업부 장관

50 타워크레인 설치작업일 시작 전 착안사항이 아닌 것은?

① 줄걸이, 공구 안전점검
② 타워크레인 기종 선정
③ 역할분담 지시
④ 기상확인

51 가스가 새어 나오는 것을 검사할 때 가장 적합한 것은?

① 순수한 물을 바른다.
② 비눗물을 발라 본다.
③ 기름을 발라 본다.
④ 촛불을 대어 본다.

52 다음 조정렌치 사용상의 안전수칙 중 옳은 것은?

> ㉠ 잡아당기며 작업한다.
> ㉡ 조정죠에 당기는 힘이 많이 가해지도록 한다.
> ㉢ 볼트 머리나 너트에 꼭 끼워서 작업을 한다.
> ㉣ 조정렌치 자루에 파이프를 끼워서 작업을 한다.

① ㉠, ㉡   ② ㉠, ㉢
③ ㉡, ㉢   ④ ㉡, ㉣

53 동력전동장치에서 가장 재해가 많이 발생할 수 있는 것은?

① 기어   ② 벨트
③ 차축   ④ 커플링

54 안전·보건 표지의 종류와 형태에서 그림의 안전 표지판이 나타내는 것은?

① 보행금지   ② 작업금지
③ 출입금지   ④ 사용금지

55 해머(hammer)작업에 대한 내용으로 잘못된 것은?

① 작업자가 서로 마주보고 두드린다.
② 타격 범위에 장애물이 없도록 한다.
③ 녹슨 재료 사용 시 보안경을 사용한다.
④ 작게 시작하여 차차 큰 행정으로 작업하는 것이 좋다.

56 화재의 분류 기준에서 휘발유(액상 또는 기체상의 연료성 화재)로 인해 발생한 화재는?

① A급 화재   ② B급 화재
③ C급 화재   ④ D급 화재

57 다음 보기에서 작업자의 올바른 안전자세로 모두 짝지어진 것은?

> ㉠ 자신의 안전과 타인의 안전을 고려한다.
> ㉡ 작업에 임해서는 아무런 생각 없이 작업한다.
> ㉢ 작업장 환경 조성을 위해 노력한다.
> ㉣ 작업 안전 사항을 준수한다.

① ㉠, ㉡, ㉢
② ㉠, ㉢, ㉣
③ ㉠, ㉡, ㉣
④ ㉠, ㉡, ㉢, ㉣

58 가스용접장치에서 산소 용기의 색은?

① 청색   ② 황색
③ 적색   ④ 녹색

59 훅의 점검은 작업 개시 전에 실시하여야 한다. 안전에 잘못된 사항은?

① 단면 지름의 감소가 원래 지름의 5% 이내일 것
② 두부 및 만곡의 내측에 홈이 있는 것을 사용할 것
③ 개구부가 원래 간격의 5% 이내일 것
④ 균열이 없는 것을 사용할 것

60 산업공장에서 재해의 발생을 적게 하기 위한 방법 중 틀린 것은?

① 폐기물은 정해진 위치에 모아둔다.
② 공구는 소정의 장소에 보관한다.
③ 소화기 근처에 물건을 적재한다.
④ 통로나 창문 등에 물건을 세워 놓아서는 안 된다.

제4회 실전 모의고사 정답 및 해설

01	02	03	04	05	06	07	08	09	10	11	12	13	14	15
④	④	③	①	①	③	③	④	④	②	②	②	②	①	③
16	17	18	19	20	21	22	23	24	25	26	27	28	29	30
①	②	①	②	④	③	④	④	④	③	④	①	③	③	③
31	32	33	34	35	36	37	38	39	40	41	42	43	44	45
③	②	④	③	①	③	④	④	④	②	②	②	②	①	①
46	47	48	49	50	51	52	53	54	55	56	57	58	59	60
③	①	①	①	②	②	②	②	④	①	②	②	④	②	③

07 안정 모멘트값은 전도 모멘트의 값 이상으로 한다.

08 순간풍속 30m/s 이상이 일 경우 폭풍에 의한 이탈 방지조치와 폭풍에 의한 이상유무를 점검한다.

09 기초앵커 설치 시 지내력 2kg/cm² 이상이어야 한다.

10 • 권상하중 : 크레인이 들어 올릴 수 있는 최대하중
 • 정격하중 : 권상하중에서 훅·크래브 또는 버킷 등 달기기구의 중량에 상당하는 하중을 뺀 하중

11 동하중과 정하중이 있고, 동하중에는 반복 하중과 교번 하중, 충격 하중이 있다.

12 ④ 훅 상부와 시브와의 간격 점검은 상하 리밋 방호 장치이다
 • 슬루잉 기어 손상 및 균열 점검은 일반기계 점검 이다.

13 ①, ③, ④ : 회전펌프
 ② : 직선운동 펌프

14 ① 체크 밸브
 ② 유압 펌프
 ③ 회전형 모터
 ④ 에너지용기(어큐뮬레이터)

15 ① 주행용 레일에도 접지는 필요하다.
 ② 전동기 및 제어반에는 접지가 필요하다.
 ④ 타워크레인 접지저항은 10Ω 이하이다

16 IP 등급, IP 코드(IP Code)란 국제보호등급(International Protection Marking)을 말한다.
 방수, 방진의 기준을 가리키며, 전자기기의 방수와 방진에 대한 국제표준을 등급으로 표시한 것이다. IP54에서 5는 방진형을 말하고 먼지의 침입을 완전히 방지할 수는 없으나 전기기기의 동작 그리고 안전성을 방해하는 정도의 침입에 대하여 보호하며, IP54에서 4는 외함에 어떠한 방향에서 날라온 물, 즉 빗물에 대해서도 유해한 영향을 끼치지 않는 것을 말한다.

17 호이스트 와이어로프 드럼에 있는 권과방지장치는 리밋 스위치 형태로, 일정 높이로 훅이 올라오면, 즉 훅이 충돌하기 전 스위치를 작동, 전원을 차단하여 더 이상 충돌하지 않게 하는 장치이다.

와이어로프 드럼부분

18 선회장치(턴테이블)와 상부 구조

20 과전류 차단기

22 신호는 한 사람이 한다.

23 운전석을 비울 때는 OFF 상태로 하는 것이 안전하다.

24 원 프리는 인양물이 앞뒤, 좌우로 움직여 복합적인 프리인데, 선회와 트롤리를 동시에 움직일 경우 선회는 좌우 프리를 생성하고 트롤리는 앞뒤 프리를 만들어 결국 회전하게 된다.

25 고정식 타워크레인과 달리 주행하는 타워크레인은 레일을 상시 점검해서 주행로의 이상 유무를 확인한다. 주행레일의 규격은 한 번 설치하면 고정적이므로 상시 점검사항은 아니다.

28 트롤리 정지장치는 지브의 양 끝에 설치되어 있으므로 이동 간의 문제는 없다.

29 줄걸이 용구의 안전율은 3 이상, 와이어로프는 5 이상, 사람을 인양하는 와이어로프의 경우는 10 이상인 것을 사용한다.

30 정지는 주먹을 쥔 상태에서 한 손을 들어올린다. 물건 걸기는 깍지를 끼운다.

16. 기다려라
오른손으로 왼손을 감싸 2, 3회 작게 흔든다.
호각은 길게 분다.

31 바닥에서 로프가 장력을 받을 때부터 출발한다면 free가 생겨 하물이 흔들려 불안정한 상태가 된다.

32 와이어로프를 절단 또는 단말 가공 시에는 시징을 하여 스트랜드나 소선의 이완과 절단을 하였을 때 꼬임이 되돌아오도록 한다. 시징의 폭은 로프 지름의 2~3배가 적당하며 와이어로프 1피치의 전체가 포함되도록 하는 것이 좋다.

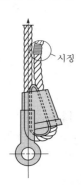
시징

33 와이어로프가 새로운 로프일 경우 킹크가 발생하기 쉽다(교재 p.267 참조).

34 와이어로프 교체 시기는 공칭지름이 7% 초과하여 마모된 것이다.

35 와이어로프 인장강도는 KS 규격(KS D 3514)에 규정되어 있다. E종 1,320, G종 1,470, A종 1,620, B종 1,770, C종 1,910N/mm^{2}의 강도이다.

36 $M = P \times L$
여기서, M : 모멘트, P : 하중, L : 거리

37 와이어로프 교체

38 안전계수=절단하중/안전하중

40 ② 줄걸이 각도를 최대한 작게 하는 것이 좋다.

41 와이어로프 설치각도는 수평면에서 60° 이내로 하고 지지점은 4개소 이상으로 한다.

42 산업안전보건법 시행규칙 제26조 [별표 4]
2시간 이상

44 ① 카운터지브에 있는 밸러스트를 내려놓기 어렵다
(모바일 크레인이 필요하다).

47 마스트 연결 시 선회 금지, 균형 유지

49

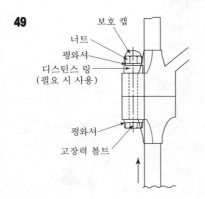

50 타워크레인의 기종은 설계 시에 선정한다.

51 아세틸렌가스 같은 경우 촛불을 대어 보면 폭발의 위험이 있다. 일반적인 가스라도 비눗물이 가장 안전하다.

52 고정죠로 물려서 꼭 끼우고 잡아 당기며 작업한다.

53 벨트가 가장 재해가 많이 발생한다.

54 사용금지를 나타낸다.

55 작게 시작하여 차차 큰 행정으로 작업하며, 해머작업자 외에 장애물이 없어야 한다.

56 • A급 화재(일반화재)
– 개념 : 연소 후 재를 남기는 종류의 화재로서 가장 일반적인 화재이며 나무, 종이, 섬유 등의 가연물 화재가 이에 속함.
– 소화 : A급 화재는 보통 물을 함유한 용액으로 냉각, 질식소화의 효과를 이용함.
• B급 화재(유류화재)
– 개념 : 연소 후 재를 남기지 않는 종류의 화재로서 유류, 가스 등의 가연성 액체나 기체 등의 화재가 이에 속함.
– 소화 : B급 화재는 포말, 분말약재를 사용하여 주로 질식소화의 효과를 이용함.
• C급 화재(전기화재)
– 개념 : 전기설비 등에서 발생하는 화재로서 수변전 설비, 전선로(電線路)의 화재가 이에 속함.
– 소화 : C급 화재는 금수성(禁水性) 화재이며 전기적 절연성을 갖는 CO_2, 할론(Halon), 분말 등의 소화약제를 이용하여 질식, 냉각, 억제소화의 효과를 이용함.
• D급 화재(금속화재)
– 개념 : 금속 또는 금속분에서 발생하는 화재로서 이는 다른 화재에 비해 발생빈도는 높지 않으며 단체(單體)금속의 자연발화, 금속분에 의한 분진폭발 등의 화재가 이에 속함.
– 소화 : D급 화재는 화재 시 높은 온도가 발생하며 냉각 시 장시간이 소요되기 때문에 일반적으로 소화작업이 어려운 것이 특징이다. 또한 주수(注水)소화는 물에 의해 발열하므로 적응성이 없으며 건조사, 건조 규조토 등으로 소화함.

57 작업에 임해서는 집중한다.

59 훅의 변형이 있어서는 안 된다.

60 소화기 근처에는 물건을 적재해서는 안 된다.

제 **5** 회 실전 모의고사

✏ 정답 및 해설 : 443쪽

01 L형(경사 지브형) 타워크레인의 운동 중 기복을 바르게 설명한 것은?

① 수직축을 중심으로 회전운동을 하는 것을 말한다.

② 거더의 레일을 따라 트롤리가 이동하는 것이다.

③ 크레인의 지브가 수직면에서 지브각의 변화를 말한다.

④ 달아 올릴 화물을 타워크레인의 마스트 쪽으로 당기거나 밀어내는 것이다.

02 전압의 종류에서 특별고압은 몇 V를 초과하는 것을 말하는가?

① 600V 초과 　② 750V 초과

③ 7,000V 초과 　④ 20,000V 초과

03 다음 중 과전류 차단기에 요구되는 성능에 해당되지 않는 것은?

① 전동기의 시동 전류와 같이 단시간 동안 약간의 과전류에서도 동작할 것

② 과전류가 장시간 계속 흘렀을 때 동작할 것

③ 과전류가 커졌을 때 단시간에 동작할 것

④ 큰 단락 전류가 흘렀을 때는 순간적으로 동작할 것

04 기초앵커를 설치하는 방법 중 옳지 않은 것은?

① 지내력은 접지압 이상 확보한다.

② 구조계산 후 충분한 수의 파일을 항타한다.

③ 버림콘크리트 타설 또는 지반을 다짐한다.

④ 앵커 세팅 수평도는 ±5mm로 한다.

05 마스트의 단면적이 300mm² 이상의 접지공사에 대한 설명 중 틀린 것은?

① 지상 높이 20m 이상은 피뢰 접지를 하도록 한다.

② 접지판 연결 알루미늄선의 굵기는 30mm² 이상으로 한다.

③ 접지저항은 10Ω 이하를 유지하도록 한다.

④ 피뢰 도선과 접지극은 용접방법으로 고정하도록 한다.

06 T형(수평지브형) 타워크레인의 방호장치에 해당되지 않는 것은?

① 권과 방지장치

② 과부하 방지장치

③ 붐전도 방지장치

④ 비상 정지장치

07 유압탱크에서 오일을 흡입하여 유압밸브로 이송하는 기기는?

① 액추에이터

② 유압펌프

③ 유압밸브

④ 오일쿨러

08 기복(jib-luffing)장치에 대한 설명으로 틀린 것은?

① 타워크레인의 높이를 조절하는 기계장치이다.

② 최고 경계각을 차단하는 기계적 제한장치가 있다.

③ 최고 최저각을 제한하는 구조로 되어 있다.

④ 지브의 기복각으로 작업반경을 조절한다.

09 모멘트 $m = P \times L$일 때 P와 L의 설명으로 맞는 것은?

① P : 길이, L : 면적

② P : 힘, L : 길이

③ P : 무게, L : 체적

④ P : 부피, L : 길이

10 건설현장에서 사용하고 있는 타워크레인의 주요 구조부가 아닌 것은?

① 브레이크

② 훅 등의 달기구

③ 전선류

④ 윈치 균형

11 주행식 타워크레인의 트랙에 관한 설명이다. 해당되지 않는 것은?

① 트랙에 접지가 되었는지 확인한다.

② 레일 트랙이 설치기준에 맞게 설치되었는지 점검한다.

③ 크레인을 기동하기 전에 레일 트랙의 장애물을 점검한다.

④ 크레인의 회전 및 주행 모멘트는 역전류를 사용하여 정지시킨다.

12 타워크레인의 지브가 바람에 의해 영향을 받는 면적을 최소로 하여 타워크레인의 본체를 보호하는 방호장치는?

① 충돌방지장치

② 와이어로프 이탈방지장치

③ 선회 브레이크 풀림장치

④ 트롤리 정지장치

13 옥외 타워크레인에서 반드시 항공등을 설치해야 하는 타워크레인의 최소 높이는?

① 30m 이상 　② 40m 이상

③ 50m 이상 　④ 60m 이상

14 다음 중 타워크레인으로 작업 시 중량물의 흔들림(회전) 방지 조치가 아닌 것은?

① 작업장소 및 매단 중량물에 따라서는 여러 개의 유도 로프로 유도할 수 있다.

② 중량물을 유도하는 유도 로프는 주로 섬유 벨트를 이용하는 것이 좋다.

③ 길이가 긴 것이나 대형 중량물은 이동 중 회전하여 다른 물건과 접촉할 우려가 있는 경우 반드시 유도 로프로 유도한다.

④ 크레인의 선회동작 및 트롤리 이동 시 유도 로프가 다른 장애물에 걸릴 우려가 있기 때문에 이때는 유도 로프를 하지 않는 것이 좋다.

15 배선용 차단기의 기본 구조에 해당되지 않는 것은?

① 개폐기 　② 과전류 트립장치

③ 단자 　④ 퓨즈

16 타워크레인의 마스트 연장작업 시 유압장치의 점검 및 준비에 관한 사항 중 잘못된 것은? (단, 유압실린더가 한 개인 경우)

① 유압장치의 압력을 점검 및 확인한다.

② 유압유닛 및 유압실린더의 작동상태를 점검한다.

③ 유압펌프를 무부하 2~3회 작동하여 공기 배출 및 무부하 압력을 점검한다.

④ 텔레스코핑 케이지의 유압실린더와 메인 지브가 같은 방향인지 확인한다.

17 강재가 그림과 같이 좌우 방향으로 하중을 받으면 그 폭은 어떻게 되는가?

① 변화 없음 　② 감소함

③ 증가함 　④ 감소 후 증가함

18 힘의 3요소가 아닌 것은?

① 작용점　　　　　② 방향
③ 속도　　　　　　④ 크기

19 타워크레인의 트롤리에 관한 안전장치가 아닌 것은?

① 트롤리 로프 꼬임 방지장치
② 트롤리 내 외측 제한장치(리밋 스위치)
③ 트롤리 로프 파단 시 트롤리를 멈추게 하는 안전장치
④ 트롤리가 최소 또는 최대 반경 위치로 주행 시 충격흡수 및 정지 장치

20 타워크레인 각 지브 길이에 따라 정격하중의 1.05배 이상 권상 시 작동하는 방호장치는?

① 권상, 권하 방지장치
② 과부하 방지장치
③ 트롤리 로프 안전장치
④ 훅 해지장치

21 크레인 줄걸이 작업용 보조 용구의 기능에 해당하는 것은?

① 한 줄에 걸리는 장력을 높인다.
② 줄걸이 각도를 낮추어 준다.
③ 줄걸이 용구와 인양물을 보호한다.
④ 줄걸이 로프의 늘어짐 현상을 줄인다.

22 타워크레인 운전 중 위험 상황이 발생한 상태에서 생소한 사람이 정지신호를 보내고 있다면 어떻게 하는 것이 가장 좋은가?

① 무시하고 계속 작업한다.
② 무조건 정지시키고 난 후 확인한다.
③ 정해진 신호수가 정지신호를 보낼 때까지 그대로 작업한다.
④ 먼저 운전자가 주위를 확인하고 그리고 신호수를 확인하고 정지한다.

23 타워크레인 지브가 절손되는 원인에 대한 설명으로 가장 관계가 먼 것은?

① 트롤리의 이동
② 인접 시설물과의 충돌
③ 정격하중 이상의 과부하
④ 지브와 달기 기구와의 충돌

24 타워크레인의 작업신호 중 무선통신에 관한 설명으로 틀린 것은?

① 통신 및 육성 신호는 간결, 단순, 명확해야 한다.
② 수신호와 함께 꼭 무선통신을 하도록 한다.
③ 무선통신이 만족하지 못하면 수신호로 한다.
④ 신호자가 보이지 않지만 통신이 가능한 지역에서도 활용된다.

25 타워크레인 신호수가 팔을 아래로 뻗고 집게손가락을 아래로 향하여 원을 그리고 있다면 어떤 신호를 의미하는가?

① 훅을 위로 올린다.
② 훅을 아래로 내린다.
③ 훅을 좌측으로 이동한다.
④ 훅을 우측으로 이동한다.

26 트롤리 이동 내·외측 제어장치의 제어위치로 맞는 것은?

① 지브 섹션의 중간
② 트롤리 정지장치
③ 카운터 지브 끝 지점
④ 지브 섹션의 시작과 끝 지점

27 옥외에 설치된 주행 크레인은 미끄럼방지 고정장치가 설치된 위치까지 매초 (　)의 풍속을 가진 바람이 불 때에도 주행할 수 있는 출력을 가진 원동기를 설치한 것이어야 한다. (　)에 알맞은 것은?

① 10m　　　　　　② 14m
③ 16m　　　　　　④ 18m

28 타워크레인으로 양중작업을 할 수 있는 것은?

① 하중을 땅에서 끌어 당기는 작업

② 땅속에 박힌 하중을 인양하는 작업

③ 어떤 물체를 파괴할 목적으로 하는 작업

④ 벽체에서 완전히 분리된 갱폼을 인양하는 작업

29 타워크레인 운전자가 안전운전을 위해 준수할 사항이 아닌 것은?

① 타워크레인의 해체 일정을 확인한다.

② 브레이크의 작동상태가 정상인가 확인한다.

③ 타워크레인 구동부분의 윤활이 정상인가 확인한다.

④ 타워크레인의 각종 안전장치의 이상 유무를 확인한다.

30 타워크레인의 훅이 상승할 때 줄걸이용 와이어로프에 장력이 걸리면 일단 정지하고 확인할 사항이 아닌 것은?

① 화물이 붕괴될 우려는 없는가 확인

② 보호대가 벗겨질 우려는 없는가 확인

③ 권과 방지장치는 정상 작동하는지 확인

④ 줄걸이용 와이어로프에 걸리는 장력이 균등한가를 확인

31 크레인에서 그림과 같이 부하물(200t)을 들어 올리려 할 때 당기는 힘은? (단, 마찰저항이나 매다는 기구 자체의 무게는 없는 것으로 가정한다.)

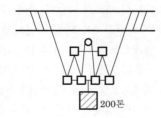
200톤

① 25t　　② 28t

③ 50t　　④ 100t

32 줄걸이용 와이어로프를 엮어 넣기로 고리를 만들려고 한다. 이때 엮어 넣는 적정 길이(splice)는?

① 와이어로프 지름의 5~10배

② 와이어로프 지름의 10~20배

③ 와이어로프 지름의 20~30배

④ 와이어로프 지름의 30~40배

33 와이어로프의 구조 중 소선을 꼬아 합친 것을 무엇이라고 하는가?

① 심강　　② 소선

③ 공심　　④ 스트랜드

34 와이어로프의 단말 가공 중 가장 효율적인 것은?

① 클립(clip)　　② 웨지(wedge)

③ 소켓(socket)　　④ 딤블(thimble)

35 권상용 체인으로 적합한 것은 링크 단면의 지름 감소가 당해 체인의 제조 시보다 몇 % 이하이어야 하는가?

① 5　　② 10

③ 15　　④ 20

36 같은 굵기의 와이어로프일지라도 소선이 가늘고 수가 많은 것에 대한 설명 중 맞는 것은?

① 유연성이 좋고 더 강하다.

② 유연성이 나쁘나 더 약하다.

③ 유연성이 좋으나 더 약하다.

④ 유연성은 나빠도 더 강하다.

37 타워크레인 해체작업 시 가장 선행되어야 할 사항은?

① 마스트와 볼 선회링 서포트 연결 볼트를 푼다.

② 마스트와 마스트 체결 볼트를 푼다.

③ 카운터 지브를 해체 및 정리한다.

④ 메인 지브와 카운터 지브의 평행을 유지한다.

38 와이어로프 손상의 분류에 대한 설명으로 틀린 것은?

① 와이어로프는 사용 중 시브 및 드럼 등의 접촉에 의해 마모가 생기는데, 이때 직경 감소가 7% 마모 시 교환한다.

② 열의 영향으로 강도가 저하되는데 이때 심강이 철심일 경우 300℃까지 사용이 가능하다.

③ 과하중을 들어 올릴 경우 내·외층의 소선이 맞부딪치게 되어 피로 현상을 일으키게 된다.

④ 사용 중 소선의 단선이 전체 소선의 50%가 단선이 되면 교환한다.

39 다음 그림은 축의 무게중심 G를 나타내고 있다. A의 거리는?

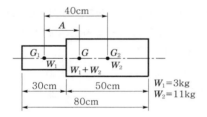

① 약 20cm ② 약 25cm
③ 약 31cm ④ 약 38cm

40 오른손으로 왼손을 감싸고 2~3회 흔드는 신호 방법은?

① 천천히 이동
② 기중기 이상 발생
③ 기다려라
④ 신호불명

41 현장에 설치된 타워크레인이 두 대 이상으로 중첩되는 경우의 최소 안전 이격거리는 얼마인가?

① 1m ② 2m
③ 3m ④ 4m

42 타워크레인의 고장력 볼트 조임방법과 관리요령이 아닌 것은?

① 마스트 조임 시 토크렌치를 사용한다.
② 나사선과 너트에 그리스를 적당량 발라준다.
③ 볼트, 너트의 느슨함을 방지하기 위해 정기점검을 한다.
④ 너트가 회전하지 않을 때까지 토크렌치로 토크값 이상으로 조인다.

43 타워크레인 해체 시 이동식 크레인 선정조건이 아닌 것은?

① 이동식 크레인 운전자 확인
② 이동식 크레인의 선회반경
③ 가장 무거운 권상 높이
④ 최대 권상 높이

44 줄걸이 작업 시 짐을 매달아 올릴 때 주의사항으로 맞지 않는 것은?

① 매다는 각도는 60° 이내로 한다.
② 짐을 전도시킬 때는 가급적 주위를 넓게 하여 실시한다.
③ 큰 짐 위에 작은 짐을 얹어서 짐이 떨어지지 않도록 한다.
④ 전도작업 도중 중심이 달라질 때는 와이어로프 등이 미끄러지지 않도록 한다.

45 다음 중 마스트 연장작업(텔레스코핑) 시 반드시 준수해야 할 사항이 아닌 것은?

① 반드시 제조자 및 설치업체에서 작성한 표준 작업절차에 의해 작업해야 한다.
② 텔레스코핑 작업 시 유압실린더의 위치는 카운터 지브의 반대 방향이어야 한다.
③ 텔레스코핑 작업 시 타워크레인 양쪽 지브의 균형 유지는 반드시 준수해야 한다.
④ 텔레스코핑 작업은 반드시 제한 풍속(순간 최대 풍속 : 10m/s)을 준수해야 한다.

46 마스트 상승 및 해체 작업을 할 때 특히 주의해야 할 사항에 해당되는 것은?

① 크레인의 균형을 유지한다.
② 컨트롤러의 성능을 확보한다.
③ 볼트의 상태를 점검한다.
④ 관련 작업자와 자주 통화한다.

47 타워크레인의 클라이밍 작업 시 사전에 검토할 때 반드시 포함하여야 할 사항이 아닌 것은?

① 클라이밍 부재 및 접합부의 검토
② 클라이밍 타워크레인 설계 개요 검토
③ 카운터 지브의 밸러스트 중량 가감 여부
④ 클라이밍 타워크레인 가설지지 프레임의 구성 검토

48 유해·위험작업의 취업제한에 관한 규칙에 의하여, 타워크레인 조종업무의 적용대상에서 제외되는 타워크레인은?

① 조종석이 설치된 정격하중 1톤인 타워크레인
② 조종석이 설치된 정격하중 2톤인 타워크레인
③ 조종석이 설치된 정격하중 3톤인 타워크레인
④ 조종석이 설치되지 아니한 정격하중 3톤인 타워크레인

49 타워크레인의 해체에 필요한 필수적인 요소로 설치 시부터 숙지해야 할 내용을 설명하였다. 틀린 것은?

① 지지·고정 시의 균형
② 상승 시의 균형
③ 주위 장애물의 간섭
④ 전원의 공급위치

50 타워크레인 최초 설치 시 반드시 검토해야 할 사항이 아닌 것은?

① 타워크레인의 설치 방향
② 기초 앵커의 레벨
③ 양중크레인의 위치
④ 갱폼의 인양거리

51 작업 중 화재 발생의 점화 원인이 될 수 있는 것과 가장 거리가 먼 것은?

① 과부하로 인한 전기장치의 과열
② 부주의로 인한 담배불
③ 전기배선의 합선
④ 연료유의 자연 발화

52 다음 보기에서 가스용접기에 사용되는 용기의 도색이 옳게 연결된 것을 모두 고른 것은?

> ㉠ 산소 – 녹색
> ㉡ 수소 – 흰색
> ㉢ 아세틸렌 – 황색

① ㉠, ㉡   ② ㉡, ㉢
③ ㉠, ㉢   ④ ㉠, ㉡, ㉢

53 방화대책의 구비사항으로 가장 거리가 먼 것은?

① 소화기구
② 스위치 표시
③ 방화벽 및 스프링클러
④ 방화사

54 안전보건표지의 종류와 형태에서 그림의 표지로 맞는 것은?

① 안전복 착용
② 안전모 착용
③ 보안면 착용
④ 마스크 착용

55 벨트에 대한 안전사항으로 틀린 것은?

① 벨트를 걸 때나 벗길 때에는 기계를 정지한 상태에서 실시한다.

② 벨트의 이음쇠는 돌기가 없는 구조로 한다.

③ 벨트가 풀리에 감겨 돌아가는 부분은 커버나 덮개를 설치한다.

④ 바닥면으로부터 2m 이내에 있는 벨트는 덮개를 제거한다.

56 가스누설 검사에 가장 좋고 안전한 것은?

① 아세톤

② 성냥불

③ 순수한 물

④ 비눗물

57 다음 중 작업표준의 목적에 해당하는 것은?

① 위험요인의 제거

② 경영자의 이해

③ 작업방식의 검토

④ 설비의 적정화 및 정리정돈

58 수공구 사용 시 유의사항으로 맞지 않는 것은?

① 토크렌치는 볼트를 풀 때 사용한다.

② 무리한 공구 취급을 금한다.

③ 공구를 사용하고 나면 일정한 장소에 관리 보관한다.

④ 수공구는 사용법을 숙지하여 사용한다.

59 폭풍이란 순간풍속이 매초당 몇 미터를 초과하는 바람인가?

① 10　　　　② 20

③ 30　　　　④ 40

60 수공구 사용에서 드라이버의 사용방법으로 틀린 것은?

① 날 끝이 홈의 폭과 길이에 맞는 것을 사용한다.

② 날 끝이 수평이어야 한다.

③ 전기작업 시에는 절연된 자루를 사용한다.

④ 단단하게 고정된 작은 공작물은 가능한 한 손으로 잡고 작업한다.

제5회 실전 모의고사 정답 및 해설

01	02	03	04	05	06	07	08	09	10	11	12	13	14	15
④	③	①	④	②	③	②	①	②	③	④	③	④	④	④
16	17	18	19	20	21	22	23	24	25	26	27	28	29	30
④	②	③	①	②	③	②	①	②	②	④	③	④	①	③
31	32	33	34	35	36	37	38	39	40	41	42	43	44	45
①	④	④	③	②	①	④	④	③	③	②	④	①	③	②
46	47	48	49	50	51	52	53	54	55	56	57	58	59	60
①	③	④	④	④	④	③	②	②	④	④	①	①	③	④

01

L형 크레인 기복(luffing)

03 ① 전동기의 시동 전류에는 차단되지 않아야 한다.

04 앵커 세팅의 수평도는 1mm 내외로 한다.

05 접지판 연결은 구리(銅)선으로 한다.

06 T형 타워크레인은 붐(지브)이 고정형이라 붐전도 방지장치가 필요 없다.

07 유압탱크에서 오일을 흡입하여 유압밸브로 이송하는 기기는 유압펌프이다.

08 기복장치는 와이어로프를 감는 드럼과, 붐과 연결한 타이 바를 들어 올려 거리를 좁히고 붐을 내려 거리를 넓히는 역할을 한다. 타워크레인의 높이는 텔레스코핑 케이지를 이용하여 높일 수 있다.

16 유압실린더와 메인지브는 반대 방향이다.

18

19 와이어로프 꼬임방지장치는 와이어로프의 꼬임을 방지하는 장치로, 혹이 회전하도록 되어 있고 트롤리 로프 꼬임방지장치는 없다.

20 권상 혹이 권상의 한계와 권하의 한계를, 트롤리로프 안전장치는 트롤리로프가 끊어졌을 경우 트롤리가 이동하지 않도록 하는 장치이고 혹 해지장치는 혹에 슬링 벨트나 와이어로프가 빠지지 않도록 하는 장치이다.

22 위험한 상태에서는 무조건 정지시켜 확인한다.

23 트롤리가 이동한다고 지브가 파손되지는 않는다.

24 수신호와 함께 무선통신을 꼭 하지 않아도 된다.

25 신호수가 팔을 아래로 뻗고 집게손가락을 아래로 향하여 원을 그리고 있다면 '아래로 내리기' 신호이다.

26 트롤리가 이동하는 지브의 전 지점의 시작과 끝에 설치되어 오버런하지 않도록 하는 장치

28 ①, ②, ③은 해서는 안 되는 작업이며, ④는 가능한 작업이다.

29 운전자가 안전을 위해 해체 일정을 확인할 필요는 없다.

30 권과방지장치는 와이어로프가 트롤리 밑까지 상승해야 작동한다.

32 와이어로프 지름의 30배 이상, 40배~50배

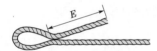

가공부의 로프 소요길이

E 50mm 이하 : 로프 지름의 40배
E 50mm 초과 : 로프 지름의 50배

37 메인 지브와 카운터 지브의 평행을 유지하고 마스트 하강 작업을 한다.

42 정상적인 토크값으로 조인다. 토크값 이상으로 조일 경우 파손이 일어날 수도 있다.

43 타워크레인을 설치하거나 해체 시 가장 중요한 것은 타워크레인 부품의 무게와 그것을 들 수 있는 인양 능력을 갖춘 크레인을 선정하는 것이다.

45 텔레스코핑 작업 시 유압실린더의 위치는 메인 지브의 반대 방향이고, 카운터 지브와 같은 방향이다.

46 마스트 상승 시 균형은 마스트를 이용하거나 전용 balance weight를 이용한다.

48 산업안전보건법 제140조(자격 등에 의한 취업 제한 등) [별표 1]의 규정에 의하면, 조종석이 설치되지 아니한 정격하중 3톤 미만은 자격증을 취득하지 않고 지정된 교육기관에서 교육만으로도 면허를 취득할 수 있다. 조종석이 설치되지 아니하더라도 정격하중 5톤 이상은 유해위험작업의 취업에 관한 규칙에 타워크레인 조종업무의 적용대상이다.

50 갱폼 : 주로 고층아파트와 같이 평면상 상하부가 동일한 단면 구조물에서 외부 벽체의 거푸집

54 안전보건표지는 금지, 경고, 지시, 안내 등이 있다. 이 그림은 안전모 착용에 대한 지시표지다.

58 토크렌치는 볼트를 조일 때 사용한다.
 • 단위 : kg-m

59 • 인양작업 금지 : 15m/sec 이상의 풍속
 • 설치해체 금지 : 10m/sec 이상의 풍속
 • 타워크레인을 점검해야 할 자연재해 풍속 :
  30m/sec 또는 지진강도 4 이상의 중진